河南省“十四五”普通高等教育规划教材

普通高等教育教材

食品化学

SHIPIN HUAXUE

康怀彬　任国艳　罗磊　主编

化学工业出版社

·北京·

内容简介

《食品化学》重点介绍了食品六大营养成分和色香味成分的结构性质、在加工和贮藏中的变化及其对食品品质和安全性的影响以及酶在食品工业中的应用。同时介绍了近年来食品化学中的热点问题和最新研究成果，以利于学生把握食品化学科学前沿和动态，拓宽视野。每章前增设知识结构、学习目标和知识引导，便于学生了解章节内容和知识框架、学习重点和难点。书中利用二维码技术嵌入视频、文献、阅读材料、知识卡片等多种资源，增加了学生学习的趣味性，拓宽了学生的知识面。章后的思考题更侧重于理论联系实际，帮助学生理解和掌握所学内容，增强其实际应用能力。本书是一本内容新颖、理论联系实际、重点突出、符合现代教学特点的新形态教材。

本书可作为高等院校食品科学与工程和食品质量与安全专业本科学生的教材，也可供食品领域或相近专业的教学科研人员及技术人员参考。

图书在版编目（CIP）数据

食品化学 / 康怀彬，任国艳，罗磊主编. -- 北京：化学工业出版社，2025. 8. --（普通高等教育教材）.
ISBN 978-7-122-48440-6

Ⅰ. TS201.2

中国国家版本馆 CIP 数据核字第 2025PN7874 号

责任编辑：熊明燕　蔡洪伟　　文字编辑：孙倩倩
责任校对：宋　玮　　装帧设计：王晓宇

出版发行：化学工业出版社
（北京市东城区青年湖南街 13 号　邮政编码 100011）
印　　装：三河市君旺印务有限公司
787mm×1092mm　1/16　印张 17¼　字数 425 千字
2025 年 10 月北京第 1 版第 1 次印刷

购书咨询：010-64518888　　售后服务：010-64518899
网　　址：http://www.cip.com.cn
凡购买本书，如有缺损质量问题，本社销售中心负责调换。

定　　价：52.00 元

前言
PREFACE

食品化学是食品科学与工程专业、食品质量与安全专业的必修专业基础课之一，被称为“打开食品科学之门的钥匙”。食品化学是从化学角度和分子、原子层次上研究食品的化学组成、结构、理化性质、营养和安全性质，探索它们在生产加工、贮藏和运销过程中发生的变化，揭示这些变化对食品品质和安全性的影响的一门基础应用科学。对于食品专业的学生和从事食品领域的科学研究人员和技术人员，掌握食品化学的基本知识和研究方法是非常必要的。

食品化学是食品科学范畴中属于应用化学的一个分支，是一门新兴的、综合的交叉性学科。食品化学与化学、生物学、生理学、植物学、动物学、医学、分子生物学以及材料科学有着密切的关系，各领域研究的新技术、新方法和新成果不断为食品化学赋予新的生命力。本书在编写过程中参考了国内外食品化学的经典教材和新的研究成果，结合现代大学教学模式的改变和大学生学习的特点，有针对性地对食品化学知识进行重构，使其内容更加聚焦。

本书主要内容包括食品六大营养成分、食品色香味成分的结构性质、成分在食品加工和贮藏中的变化及其对食品品质和安全性的影响以及酶在食品工业中的应用等。本书介绍了近年来食品化学中的热点问题和新的研究成果，以利于学生把握食品化学科学前沿和动态，拓宽视野。每章前设置知识结构、学习目标和知识引导，便于学生了解章节内容和知识框架、学习的重点和难点，以及达到的学习要求。书中以二维码的方式嵌入视频、文献、阅读材料、知识卡片等多种资源，增加了学生学习的趣味性，拓宽了学生的知识面。章后的思考题更侧重于理论联系实际，帮助学生更好地理解和掌握所学内容，增强其实际应用能力。因此，本书是一本内容新颖、理论联系实际、重点突出、符合现代教学特点的新形态教材。

全书共分为9章。本书由康怀彬、任国艳、罗磊主编。其中河南科技大学康怀彬、任国艳共同编写第1章绪论；河南科技大学崔国庭编写第2章水分；河南科技大学任国艳编写第3章碳水化合物；河南科技大学任国艳、罗小迎编写第4章蛋白质；河南科技大学崔国庭、龚明贵编写第5章脂类；河南科技大学杜琳编写第6章维生素与矿物质；河南科技大学罗磊编写第7章酶；河南科技大学康怀彬、崔国庭编写第8章色素；河南科技大学徐宝成、窦心静编写第9章食品的风味物质。全书由康怀彬、任国艳、罗磊统稿。

由于编者水平有限，书中难免有不妥之处，敬请读者批评指正。

编者

2025年3月

目录
CONTENTS

第9章 食品的风味物质 233

二维码资源目录

续表

序号	资源名称	资源类型	页码
26	M7-6 酶催化的动力学方程	视频	196
27	M8-1 色素的定义与分类	视频	205
28	M8-2 科学故事　叶绿素的发现历史	PDF	209
29	M8-3 叶绿素	视频	209
30	M8-4 血红素	视频	213
31	M8-5 类胡萝卜素	视频	217

第1章 绪论

知识结构

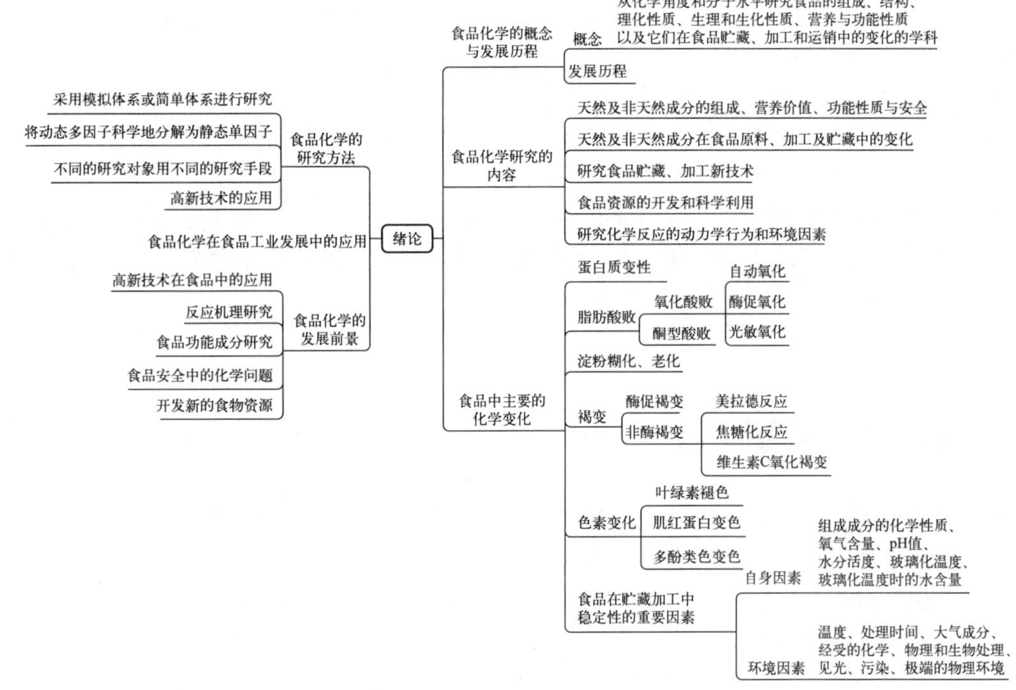

学习目标

知识目标 ① 了解国际和国内食品化学的发展历程。
② 熟悉食品化学研究的内容。
③ 掌握食品化学的主要发展方向及食品化学的概念。
④ 理解未来的食品化学发展趋势及要解决的问题。

能力目标 ① 能够运用所学知识识别和判断实际生产和生活中因食品各组分变化而引起的问题。
② 能够运用所学知识分析影响食品各组分在加工、贮运过程中变化的关键环节和参数。
③ 能够运用所学知识评价食品各组分变化对食品品质和人体健康的影响。
④ 能够运用所学知识初步设计由食品各组分变化而引起的食品质量、安全问题的解决方案。
⑤ 在所学食品化学相关知识的基础上进行创新性的思考和实践。

素养目标 ① 培养学生严谨的科学态度，辩证、创新的学科思维。
② 培养学生良好的职业道德、职业能力和职业品质以及“爱岗敬业、精益求精、执着专注、勇于创新”的工匠精神。

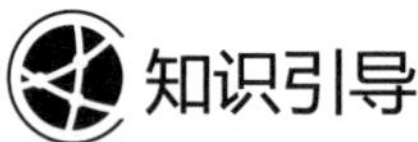

什么是食品，食品中有哪些组成成分？食品为什么会呈现特定的色、香、味、形和质地？食品生产、加工、贮运过程中组成成分会发生变化吗？这些变化对食品品质、营养性和安全性是否会产生影响？如何生产安全、健康的食品？食品化学这门课程的学习将引领你打开食品科学的大门。

食品化学是食品科学的一个重要方面，是一门研究食品的成分和性质以及化学变化的科学。食品化学与化学、生物化学、生理化学、植物学、动物学和分子生物学有着密切的关系。食品化学家需要广泛地运用上述各学科的知识来有效地研究和控制作为人类食物来源的生物物质。食品化学在社会生活中的食品安全方面有重要应用，可改善食品品质、开发食品新资源、革新食品加工工艺和贮运技术、科学调整膳食结构、改进食品包装、加强食品质量与安全控制及提高食品原料加工和综合利用水平。

1.1 食品化学的概念

要想了解食品化学的概念，首先要清楚“食品”和“化学”这两个概念。

食品是指经特定加工后，含有能够维持人体正常生长发育、新陈代谢所必需的物质的可食性物料。例如黄豆是可食性物料，但不能直接食用，因此我们称之为食物；但经过不同的加工方式，以其为原料制成的豆腐、素火腿、腐竹等可以直接食用的豆制品，被称为食品。

食品必须符合的三个基本要求：可直接食用，对人体无害；具备营养功能；良好的感官特征（色、香、味、形、质地）。食品是可以直接食用的，且食品中含有的营养成分可供人体维持正常生长发育、新陈代谢。食品中的营养成分种类繁多，主要来源有三个途径：食物原料本身固有的、外源添加的、加工过程中成分之间发生反应产生的新物质。这些成分可分为6大基本营养素和呈色、呈香、呈味物质，共同决定食品的营养性和安全性。食品的感官特征是食物经过特定的加工方法赋予的，例如牛奶经过不同的加工方式可以制备成具有不同感官特征的奶酪、奶粉、酸奶等食品。它是消费者选择食品和评价食品质量的重要依据。

食品由食物经过特定加工方式加工而成，但在加工过程中总有新的现象产生。例如烤面包的过程，面团放入烤箱之前是白色的，闻不到香味，但烤制成面包后，颜色变成褐色并散发出诱人的香气，同时质地也发生了变化。这些变化引起科学家探索其科学机理的兴趣。

而认识新物质、创造新物质是化学学科典型的特征和魅力，化学是在分子、原子层次上研究物质的组成、性质、结构与变化规律，创造新物质的科学。

食品化学就是“食品”与“化学”的结合，就是利用化学的理论和方法研究食品中所有生物和非生物成分的相互作用和变化过程的学科，即从化学角度和分子、原子层次上研究食品的化学组成、结构、理化性质、营养和安全性质，探索它们在生产加工、贮藏和运销过程中发生的变化，揭示这些变化对食品品质和安全性的影响，以便更好利用和控制这些反应提高食品的品质和安全性。

食品化学是食品科学范畴，属于应用化学的一个分支，是一门新兴的、综合的交叉性学科。它是为改善食品品质，革新食品加工工艺和贮运技术，开发食品新资源，科学调整膳食结构改进，加强食品质量控制及提高食品原料加工和综合利用水平奠定理论基础的一门学科。同时，食品化学还为新资源食品的开发、食品工程化、食品营养、食品安全、食品分析及包装等专业基础课程提供强有力的学科基础知识。

1.2　食品化学的发展历程

M1-1 文献阅读
芝麻：营养价值、植物化学成分、健康益处、食品开发和工业应用

食品化学的起源模糊不清，其整体历史尚未得到充分分析和记录。但食品化学的历史与农业化学的历史紧密交织在一起，而农业化学的历史文献并不被认为是详尽的。因此，食品化学的发展历程可根据文献记载分为五个阶段。

1.2.1　食品化学的启蒙时期

食品化学的历史渊源非常古老，可以说从人类学会使用火，利用火烘烤食物，就开始了最早的化学实践活动。我国古代酿酒、酿醋、制糖这些过程蕴藏着食品化学研究的内容，这个时期是食品化学的萌芽时期，为食品化学的成立和发展积累了宝贵的实践。

1.2.2　食品化学的发展初期

据国内外文献记载，自 18 世纪末已有许多著名的化学家取得了重要的发现，其中许多与食品化学直接或间接相关。

卡尔·威廉·舍勒（1742—1786）是历史上最伟大的化学家之一，他是瑞典的药剂师，研究了乳酸的性质（1780 年），1782 年，比阿普尔顿从柠檬汁和醋栗中提取柠檬酸的发现早很多年，并通过氧化乳酸制备了葡萄糖酸（1784 年）。他还从苹果中分离出苹果酸（1785 年），并对 20 种常见水果中的柠檬酸、苹果酸和酒石酸进行了测试（1785 年）。他从普通物质和动物物质中分离出各种新的化学成分的研究被认为是农业和食品化学精确分析研究的开端。

法国化学家安托万-洛朗·拉瓦锡（1743—1794）在最终推翻燃素理论和形成现代化学原则方面发挥了重要作用。在食品化学领域，他建立了有机分析的燃烧基本原理，是第一个证明发酵过程可以用平衡方程表达的，于 1784 年首次确定酒精的元素组成，并于 1786 年发表关于多种水果有机酸的第一篇论文。

这一时期，在化学学科发展的基础上，化学家应用有关食物分离与分析的理论与手段，从天然动植物中分离特征成分并进行简单分析，如对乳糖、柠檬酸、苹果酸和酒石酸等进行了大量研究，积累了许多零散的有关食物成分的分析资料，食品化学领域的精确分析研究由此展开。

1.2.3　食品化学的充实发展期

19—20 世纪，食品化学在农业化学发展的过程中得到了不断充实，开始在欧洲占据重要地位。食品化学的发展与食品掺假发展并驾齐驱，19 世纪前期，在发达国家食品有意掺假事件发生频率增加，这种现象主要归结于食品加工和销售日益集中，私人交易的相应减少，以及化学的发展发现一些新的化学物质如防腐剂、色素、香料等被加入食品中，极大地丰富了食品的种类和口感。这种现象引起人们对食品供应质量的担忧，英国人弗雷德里克·阿卡姆（Frederick Accum）出版的《食品掺假论》（*A Treatise on Adulterations of Food*）和一本匿名出版物《锅中的死亡》（*Death in the Pot*）引发了公众的愤怒，人们迫切想要知道哪些成分是人为添加的，检测食品中杂质的需求推动了食品化学分析的前进。在1820—1850年，很多大学建立分析研究和化学研究实验室，食品化学从此开始连续并加速地发展起来，在此期间一些著名的化学家做出了突出的贡献。

法国化学家尼古拉斯·泰奥多尔·德·索绪尔（1767—1845）研究了植物呼吸过程中的CO_2和O_2变化（1804年），通过灰化法研究了植物的矿物含量，并首次（1807年）通过氰化物技术对酒精进行了精确的元素分析。

约瑟夫·路易·盖-吕萨克（1778—1850）和路易·雅克·泰纳尔（1777—1857）在1809年发明了测定干蔬菜物质中碳、氢、氮和氧含量的第一种方法。然而，他们的氧化氰化物技术并没有提供估算水形成量的方法。

英国化学家亨利·戴维爵士（1778—1829）在1807年和1808年分离出了钾、钠、钡、锶、钙和镁等元素。他对农业和食品化学的主要贡献是编写了农业化学书籍，其中第一版《农业化学原理》（1813年），是为农业部授课而编写的教材。他的书籍有助于组织和梳理当时存在的知识。在第一版中，他写道："植物的不同部分能够分解为几种元素。它们的用途取决于这些元素的复合排列方式，这些元素能够从其有组织的部分或其所含的汁液中产生出来；研究这些物质的性质是农业化学的一个重要部分。"他指出植物通常由七到八种元素组成，其中最基本的植物通常由氢、碳和氧以不同的比例组成，但在一些情况下与氮结合在一起。

瑞典化学家约纳斯·雅各布·贝采利乌斯（1779—1848）和苏格兰化学家托马斯·汤姆森（1773—1852）的工作促成了有机分子的诞生，"没有这些有机分子，有机分析将是一片无迹可寻的沙漠，而食物分析将是一项无止境的任务"。贝采利乌斯通过分析确定了大约2000种化合物的元素组成，从而验证了定比定律。他还发明了一种精确测定有机物质水分含量的方法，弥补了盖-吕萨克和泰纳尔方法的不足。此外，汤姆森还证明了控制无机物质组成的规律同样适用于有机物质，这是极其重要的一点。

法国化学家米歇尔·欧仁·谢弗勒尔（1836—1889）在《有机分析及其应用的一般考虑》一书中列出了当时已知存在于有机物质中的元素（O、Cl、N、S、P、C、Si、H、Al、Ti、Mg、Ca、Na、Mn、Fe），并列举了当时可用于有机分析的过程：①用中性溶剂（如水、酒精或乙醚）提取，②缓慢蒸馏或分馏，③蒸汽蒸馏，④让物质通过加热至红热的管子，⑤用氧气进行分析。

谢弗勒尔是研究有机物质的先驱，他对动物脂肪组成的经典研究促成了硬脂酸和油酸的发现和命名。威廉·博蒙特博士（1785—1853）进行了经典的消化实验，推翻了希波克拉底提出的食物只含有单一营养成分的观点。他的实验在1825—1833年间进行，实验对象是中枪患者亚历克西斯·圣马丁，他的枪伤使医生可以直接观察胃内部，从而可以将食物引入胃部并观察消化过程中的变化。博蒙特博士的众多杰出成就之一是研究了醋的发酵过程（1837年），并证明乙醛是酒精和醋酸之间的中间产物。

1842年，德国化学家里比希将食物分为两类：一类是含氮食物（如植物纤维、白蛋白、酪蛋白、动物肉和血液），另一类是非含氮食物（如脂肪、碳水化合物和含酒精饮料）。尽管这种化学分类并不完全正确，但它有助于区分不同食物之间的差异。他还完善了有机物质的定量分析方法，尤其是通过燃烧的方法，并在 1847 年出版了《食品化学研究》一书，这是一本关于食品化学的早期著作。书中包含了他对肌肉水溶性成分的研究（如肌酸、肌酐、肉碱、肌苷酸、乳酸等）。

1860 年，德国的 W. Hanneberg 和 F. Stohman 发展了测定水分、脂肪、灰分、蛋白质、无氮浸出物的方法。

1874 年，分析师协会成立，它早期的研究实验主要以面包、乳品和啤酒为材料。防止食品污染和掺假以及发展食品添加剂的历史研究也为食品化学的发展做出了一定贡献。

1.2.4　食品化学的发展成熟期

20 世纪初期，食品工业在发达国家和发展中国家得到成熟发展，成为工业发展的重要支撑部分。大部分的食品物质组成已被各相关领域的科学家探明，随着工业化进程的发展，食品化学在食品加工、贮藏、运输等方面发挥重要的作用，食品化学家也通过研究食品的组成和性质，开发出许多新的食品加工技术和方法，比如冷冻、干燥、罐装等。食品的不同行业纷纷建立自身的化学基础，如乳品化学、糖业化学、水产化学、粮油化学等，食品工业各分支化学的建立为食品化学成为一门独立学科奠定了坚实的基础。同时，国际上一些标志性杂志的创立和著作的出版，例如 *Food Chemistry*、*Journal of Agriculture and Food Chemistry*，标志着食品化学作为一门独立学科正式成立。

1.2.5　食品化学的现代快速发展期

随着科技的快速发展，自 20 世纪以来，食品化学得到快速发展，新技术和方法不断涌现，使人们对食品成分的认识更加深入，人们也更想通过食品化学的知识来关注食品的营养价值、安全性和功能性等方面。

M1-2 食品化学的发展阶段

1.3　食品化学的研究内容

食品化学是利用化学的方法研究食品本质的一门科学。食品本质就涉及食品化学所要研究的内容，通过食品化学的概念，我们把食品研究内容细分为 5 个方面：食品的化学组成；食品化学组成的结构、理化性质、营养和安全性质；食品化学组成在生产、加工、贮藏和运销过程中的变化；这些变化对食品品质和安全性的影响；新技术。

1.3.1　食品的化学组成

食品的化学组成非常复杂（图 1-1），按照来源可分为天然成分、非天然成分。天然成分按照是否含有碳原子可分为有机成分和无机成分。有机成分包括碳水化合物、蛋白质、脂类、维生素、色素、激素、有毒物质和其他物质，无机成分包括水、矿物质和其他物质，其中水、矿物质、蛋白质、碳水化合物、脂类、维生素被称为 6 大基本营养素。非天然成分包括食品添加剂和污染物质。食品添加剂主要有两类，即天然来源的食品添加剂和人工合成的食品添加剂；污染物质主要来源于环境中的污染物和加工中的污染物。由此可见，食品是一个复杂的体系。食品中的成分多种多样，他们以单个分子或相互作用形成分子体系、超分子和分子集团的形式存在食品中，使食品呈现不同的色、香、味、形、质地、营养性和安全性等属性。

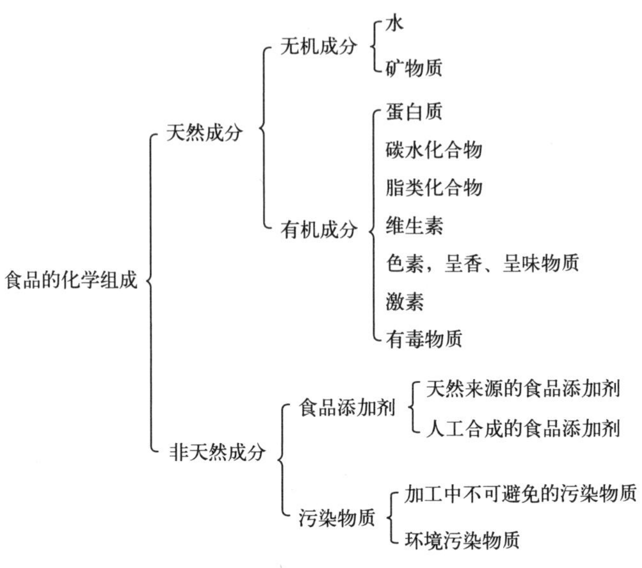

图 1-1　食品的化学组成

1.3.2　食品化学组成的结构、理化性质、营养和安全性质

食品组成成分不同，每种成分都有不同的结构、性质和功能，如蛋白质基本构成单位是氨基酸，脂类基本构成单位是甘油和脂肪酸。每一大类物质又可根据结构不同分成不同类别，如碳水化合物分为单糖、寡糖、多糖等，维生素又可分脂溶性维生素（维生素 A、维生素 D、维生素 K、维生素 E）和水溶性维生素（维生素 B 族和维生素 C 等）。不同的物质表现出来的理化性质和营养性也不同，如水主要作为溶剂，在人体中主要起到构造和修复作用，蛋白质具有不同的功能特性，如起泡性、凝胶性等，使食品呈现不同的品质，它在体内既可发挥构造和修复作用，又可以提供能量、调节生理代谢等。总之食品的化学组成决定了结构，结构又决定其理化特性，不同的理化性质决定其营养及应用，由其营养性可推测其安全性。

1.3.3　食品化学组成在生产、加工、贮藏和运销过程中的变化

食品中的化学组成成分不是一成不变的，从原料生产，经过加工、贮藏、运输到产品销售，每个过程都涉及一系列的变化。导致这些变化的原因有很多，但可归纳为两大类，一类是内因，有产品自身的因素如产品的成分、水分活度、pH 值等；一类是外因，如环境的因素：温度、处理时间、大气的成分、光照等。

食品的组成成分在加工和贮藏过程中发生的化学变化，一般包括初期变化，如生理成熟和衰老过程中的酶促变化；水分活度改变引起的变化；原料或组织因混合而引起的酶促变化和化学反应；热加工等激烈加工条件下引起的分解、聚合及变性；空气中的氧气或其他氧化剂引起的氧化反应；光照引起的光化学变化；包装材料的某些成分向食品迁移引起的变化。这些初期变化如果不能得到有效的控制，就会在初期变化生成物的基础上发生二次变化，如

游离脂肪酸与蛋白质发生反应，糖与蛋白质发生反应，氧化产物与食品其他成分的反应，蛋白质变性和凝聚、酶失活、在油炸中油发生的热聚合等反应。在这些变化中较重要的是酶促褐变、非酶促褐变、脂类氧化、蛋白质变性、蛋白质交联、蛋白质水解、低聚糖和多糖的水解和天然色素的降解等。食品成分发生了这些变化，就会产生新的物质，这些新的物质对食品的色、香、味、形、营养性和安全性也会产生影响。食品化学就是要研究这些化学反应历程、中间产物和最终产物，包括这些产物的结构、营养性和安全性，才能更好地利用和控制反应。

1.3.4　食品化学变化对食品品质和安全性的影响

食品的化学组成成分在生产加工、贮藏、运销过程中发生的化学变化，对食品的品质和安全性都会产生一定的影响，如非酶褐变反应［包括美拉德（Maillard）反应］，适度的美拉德反应可使焙烤食品产生特定的色香味，但如果美拉德反应过度，积累的类黑色素量过多，就会对安全性产生一定的影响。油炸食品所用的油，经过适度的加热氧化，赋予食品特殊的油炸香味；但如果经过长期高温加热，油脂发生聚合反应，油脂变得黏稠，会产生丙烯酰胺等致癌物质，产生不安全因素。食品组分发生的变化，对食品品质和安全性会有有利和不利影响。因此，在实际应用的过程中，我们要掌握好变化的规律，充分利用变化有利的一面，克服变化不利的因素，才能保证食品的品质、营养性和安全性。

1.3.5　食品化学新技术

如何有效控制食品组分变化朝着有利于提高食品品质、营养性和安全性方面发展还需要依靠新技术。在食品保鲜方面采用的活性缓释包装材料、辐照技术、联合干燥技术等，通过控制贮藏期间食品成分的变化保证食品的品质，达到延长贮藏期效果；食品加工过程采用的微波技术、超临界萃取技术，能提高食品品质和生产效率；微胶囊技术和 3D 打印技术，为精准营养提供技术支撑。

通过了解食品的组成、结构、理化性质、营养性和安全性，了解这些成分在生产、加工、贮藏等过程受自身和环境因素的影响而发生的相应的化学和生物化学反应，掌握和控制引起食品品质和安全性变化的规律，利用新技术和新方法保证食品品质、营养性和安全性。

M1-3 文献阅读
食品工业的第四次工业革命

1.4　食品化学的研究方法

食品化学的研究方法主要是采用化学的理论和方法来分析和综合认识食品物质组成及其变化的方法。食品化学的研究对象处于一个复杂的体系，它是把食品的化学组成、理化性质及变化的研究同食品品质和安全性的研究联系起来，因此，食品化学的研究方法又区别于一般化学的研究方法，有其自己的特点。它的研究方法根据研究的对象、目的不同而涉及分析化学、生物化学、物理化学等学科。

对于食品组成成分及其结构的分析，主要涉及分析化学的方法。可以采用经典的理化实验技术和现代的分析技术对食品组成成分进行定性和定量检测，如测量蛋白质含量的凯氏定氮法、测量还原糖含量的福林酚法。随着科技的进步，色谱法、质谱法、光谱法被应用于食品成分的检测，能更深入更全面地分析食品组成成分。如采用气相色谱仪检测食品中单糖的种类和含量比例，利用氨基酸分析仪检测食品中氨基酸的种类及含量等。利用现代质谱技术可以检测食品中的未知成分并分析其结构。

对于食品理化性质及其影响因素，主要采用物理化学的研究方法，如用干燥法和低质核磁研究食品中的水分含量，采用流变仪分析食品的流变性，用质构仪检测食品的质构特性。还有表面张力、溶解度、渗透性等，这些理化性质及影响因素的检测主要涉及物理化学的方法。

对于食品组成成分的营养性和安全性的检测，主要涉及生物化学的方法。食品的组分如蛋白质、糖类、油脂、酶、维生素等的合成、代谢、营养功能以及是否安全，需要通过生物化学的方法进行研究，然后给出科学的分析与评价。

食品在生产、加工、贮藏和运销过程中，受到外界环境条件的变化的影响，食品组成成分之间也会发生变化，这些变化产生的物质会影响食品的感官特性、营养性和安全性，因此如何利用和控制这些变化，是保证食品品质和安全性的重要条件。要想利用或控制这些变化，必须对其反应机理、反应历程、反应条件、反应产物等进行深入了解，以便为控制该反应奠定理论依据和寻求控制方法。研究食品中的化学变化是一个综合分析过程，采用的方法很多，涉及分析化学、物理化学、生物化学等。

食品是一个复杂的体系，研究对象处于复杂的、相互联系的、动态变化的体系中，使化学反应变得不确定和多样，这给食品中发生的化学反应机理及动力学的研究带来困扰，目前，在采用不同方法对食品化学进行研究时，可遵循以下四个原则。

1.4.1 采用模拟体系或简单体系进行研究

为了使食品中发生的化学变化有一个相对清晰的背景，通常会采用一个简化的、模拟的食品物质系统来进行实验，根据实验结果，提出一个合理的假设机理或反应动力学，在变化的起始物和终产物间建立化学反应方程，在此基础上研究反应的动力学，并预测该反应对食品品质和安全性的影响，然后再将所得的实验结果应用于真实的食品体系，结合食品体系反应后的真实现象，确定或修正假设结果的正确性。这种研究方法虽然避开食品这个复杂体系，能在一定程度上阐明某些化学反应，但由于研究的对象和体系过于简单化，由此而得到的结果有时很难解释真实食品体系中的情况。因此在应用该研究方法时，应明确该研究方法的不足。

1.4.2 将动态多因子科学地分解为静态单因子

食品组分发生的化学反应特别复杂，很多反应在体系内是动态的、连续发生的，但为研究其发生的机理或反应历程，人为地把动态连续发生的化学反应科学地分解为静态的分阶段进行研究。例如酶促反应，该反应在食品体系里发生，属于动态反应，随着反应的进行，底物浓度或酶浓度发生动态变化，但为了阐明底物浓度与反应速率的影响，人为地把反应过程分为 3 个阶段：在底物浓度很低时酶促反应是一级反应；当底物浓度处于中间范围时，是混合级反应；当底物浓度增加时，反应向零级反应过渡。酶促反应除了受底物、酶浓度的影响外，还会受到很多条件如温度、pH 值、压力、水分活度、抑制剂等影响，在食品体系里，这些因素可能同时存在，他们对酶促反应速率的影响是相互关联的。因此在食品体系里想明晰各因素对酶反应速率的影响是非常困难的。食品化学研究的方法是温度、pH 值、压力、水分活度、抑制剂等因素单独拿出来，在纯化学体系中研究其对酶反应速率的影响，进而揭示其反应机理。

1.4.3　不同的研究对象用不同的研究手段

食品原料的组成成分非常复杂，针对同一种食品原料，可以通过不同的加工方法生产出不同的产品，在这些加工过程中，同种原料不同组分发生的变化也不同，因此，我们在研究的过程中也要根据不同的研究对象采用不同的方法来研究。例如葡萄可加工成葡萄干，也可以酿成葡萄酒，还可以提取具有抗氧化活性的葡萄多酚。虽然这三种产品都是由葡萄原料制成的，但是在研究方法上是截然不同的。在葡萄干的加工过程中，我们要研究不同的干燥方法对葡萄干品质的影响；在葡萄酒制造过程中，我们主要看酿造的方法，结合葡萄酒的品质来优化它的酿造工艺；在葡萄多酚制备过程中，我们要研究不同的提取方法来有效地提取葡萄多酚，另外采用不同的方法提取出来的多酚，其结构理化性质、营养性和功能特性都不完全相同。因此，食品化学的研究对象是食品，与普通化学的研究对象相比，更加复杂。在食品化学研究过程中，要根据具体研究对象确定研究方法和研究手段。

1.4.4　高新技术的应用

食品化学的发展还需要不断将不同领域的高新技术应用于食品研究中，来解决食品工业中存在的重大科技问题，甚至是“卡脖子”问题。现在一些比较先进的技术，如纳米技术、组学技术、分子模拟技术、量子点技术已经被应用于食品的研究中，在食品材料、食品营养与安全、食品化学反应机理、保鲜机理等方面都有所突破。

M1-4 科技“狠活”与食品

1.5　食品化学在食品工业发展中的应用

食品化学被称为打开食品科学之门的钥匙，食品化学在食品工业技术发展中占有重要的地位。食品化学是根据现代食品工业发展的需要，在多种相关学科理论和技术发展的基础上形成和发展起来的。它具有显著的交叉性、综合性及应用性。在理论、方法和技术方面通过广泛的吸收、消化和创造过程，使食品化学成了食品科学理论和食品工业技术发展与进步的支柱学科之一，与食品科学诸多领域均有紧密联系。

食品化学在食品科学发展和研究中具有非常重要的作用。由于新的现代分析手段、分析方法和食品技术的应用以及生物学理论和应用化学理论的进展，它可以提升食品科学工作者对食品原料、食品加工与贮藏、食品加工技术应用本质的认知能力；对食品的成分、结构与营养性和反应机理有深入了解，增强研究的深度和广度；促使食品科学由定性转向定量；确定食品组分的种类及含量；制定更先进、更合理的食品标准；加速先进技术在食品工业中的应用，促使加工工艺不断更新，推动食品工业发展。表 1-1 为食品化学从不同层面对食品的研究内容。

表 1-1　食品化学从不同层面对食品的研究内容

不同层面	研究内容
食品加工	研究食品有效成分在各种加工条件下的变化，说明加工工艺的合理性，不断开发新的食品加工技术

续表

不同层面	研究内容
食品贮藏	研究不同贮藏条件下对食品成分质构的影响，不断探索开发新的贮藏手段和技术
食品营养	研究食品组分的理化性质，结合生物化学研究，为食品营养的研究提供基本的数据
食品安全与卫生	各种检测手段既可以检测食品不同属性，又可以考察食品安全
食品分析	研究食品质量检测及食品标准的制定
食品添加剂	化学合成和提取分离手段
功能及绿色食品开发	食品资源中功能因子的表征、开发及先进检测手段是新型食品开发的基础

随着科技的进步，食品科学工作者对食品研究的深度和广度的增加以及人民生活水平提高对高层次食品的需求，使现代食品正向着精细化、营养化、方便化、安全化方向发展。食品化学的发展，使人们对食品中主要成分发生的特征反应和食品原料采后生理生化反应等都有深刻的认识，如美拉德（Maillard）反应、焦糖化反应、淀粉的糊化与老化、脂肪氧化反应、酶促褐变、蛋白质变性、蛋白质功能特性、维生素降解反应、色素变色与褪色反应、风味物的变化反应等，并不断建立和更新食品化学的基础理论和应用研究成果，指导人们依靠科技进步，健康而持续地发展食品工业，可以说没有食品化学的理论指导就不可能有日益发展的现代食品工业。食品化学对食品工业的影响如表 1-2 所示。

表 1-2 食品化学对食品行业技术进步的影响

食品工业	食品化学的作用
果蔬加工贮藏	化学去皮、护色、质构控制、维生素保留、脱皮脱色、打蜡涂膜、化学保鲜、气调贮藏、活性包装、酶促榨汁、过滤和澄清以及化学防腐等
肉品加工贮藏	后处理、保汁和嫩化，护色和发色，提高肉糜乳化率、凝胶性和黏弹性，鲜肉包装，烟熏剂的生产和应用，人造肉的生产，内脏的综合利用等
饮料工业	克服速溶咖啡上浮下沉、稳定蛋白饮料水质处理、带肉果汁、果汁护色控制澄清度、提高风味、白酒降度、啤酒澄清、啤酒泡沫和苦味改善、防止啤酒馊味、果汁脱色、大豆饮料脱腥等
乳品工业	酸乳和果汁乳开发凝乳酶代用品及再制乳酪乳清，利用乳品的营养强化等
焙烤工业	生产高效膨松剂增加酥脆性，改善面包皮色和质构，防止产品老化和霉变
食用油脂工业	精炼冬化、调温脂肪改性、DHA 和 EPA 的开发利用、使用乳化剂生产抗氧化剂、减少油炸食品吸油量等
调味品工业	生产肉味汤料核苷酸鲜味剂、碘盐和有机稀盐
发酵工业	发酵产品的后处理、发酵期间的风味变化、菌体和残渣的综合利用等
基础食品工业	改良筋骨制品营养，强化水解纤维素与半纤维素生产，高果糖浆、改性淀粉、氢化植物油生产，新型甜味料生产，新型低聚糖改性油脂分离，植物蛋白质生产功能性肽，开发微生物多糖和单细胞蛋白质，食品添加剂生产和应用，野生海洋和药食两用可食资源的开发利用等
食品检验	检验标准的制定、快速分析生物传感器的研制等

近 20 年来，食品科学与工程领域发展了许多高新技术，例如可降解食品包装材料、超声辅助萃取技术、超临界萃取技术、微波食品加工技术、低温杀菌技术、辐照保鲜技术、活性包装技术、微胶囊技术等，科研人员正在把它们应用在食品工业中，这些新技术实际应用成功的关键依然是对物质结构、物性和变化的把握，因此它们的发展速度也紧紧依赖于食品化学在这一新领域内的发展速度。总之，食品化学的进一步发展不但会继续推动食品工业的发展，也会带动与食品工业密切相关的农、牧、渔等各行各业的发展。近年来，食品工业为了满足人民生活水平日益提高的需要，把食品科研投资的重点转向高、深、新的理论和技术方向，这将为食品化学的理论和应用的新突破和飞跃创造极有利的条件。

1.6　食品化学未来的发展趋势

食品化学今后的研究方向，除了继续研究不同原料和不同食品的化学组成、性质和在食品加工贮藏中的变化及其对食品品质和安全性的影响，继续研究解决现有食品工业生产中存在的各种技术问题，如变色变味、质地粗糙、货架期短、风味不自然等问题外，还将在以下几个方面进行深入研究：开发新的食品资源、新技术新方法应用、反应机理的研究、食品组分的改性、食品组分的相互作用、传统食品工业化的相关化学问题和合成食品等方面。

随着科技进步和其他学科先进技术的渗透，食品化学的发展也将迎来新的飞跃，如细胞培养肉、4D 打印食品由科幻变为现实。随着时代的进步，消费者对食品提出的不同要求，食品的优化、新时代包装、烹调体验和大数据 AI 的结合，或将成为食品化学发展新的增长点。

M1-5 文献阅读
未来食品：机遇与挑战

思考题

1. 什么是食品化学？
2. 食品化学研究的内容是什么？
3. 食品化学与食品工业之间的关系如何？
4. 食品化学未来的发展方向是什么？
5. 怎么理解食品化学是一门交叉性、综合性学科？
6. 日常生活中有哪些食品化学反应影响食品品质的例子？

参考文献

[1] Fennema O R. Food Chemistry [M]. New York：Marcel Dekker，1996.
[2] Velisek J. The chemistry of food [M]. Hoboken：Wiley，2013.
[3] 阚建全．食品化学 [M]．北京：中国农业大学出版社，2022.
[4] 汪东风．食品化学 [M]．北京：化学工业出版社，2019.
[5] 谢明勇．食品化学 [M]．北京：化学工业出版社，2024.
[6] 吴广枫，赵广华．食品化学 [M]．北京：中国农业大学出版社，2023.
[7] 康特拉戈格斯 W．食品化学导论 [M]．赵欣，易若琨，译．北京：中国纺织出版社，2023.
[8] 庄玉伟，李晓丽．食品化学 [M]．成都：四川大学出版社，2022.
[9] 李红，张华．食品化学 [M]．北京：中国纺织出版社，2022.
[10] 孙宝国，刘慧琳．健康食品产业现状与食品工业转型发展 [J]．食品科学技术学报，2023，41（2）：1-6.

［11］邹建，徐宝成．食品化学［M］．北京：中国农业大学出版社，2021.
［12］薛长湖，汪东风．高级食品化学［M］．北京：化学工业出版社，2021.
［13］达莫达兰 S. 帕金 K L. 食品化学［M］．江波，等，译．北京：中国轻工业出版社，2020.
［14］冯凤琴．食品化学［M］．北京：化学工业出版社，2020.
［15］夏红．食品化学［M］．北京：中国农业出版社，2019.
［16］江波，杨瑞金．食品化学［M］．2 版．北京：中国轻工业出版社，2018.
［17］孙庆杰，陈海华．食品化学［M］．长沙：中南大学出版社，2017.
［18］李巨秀，刘邻渭，王海滨．食品化学［M］．郑州：郑州大学出版社，2017.
［19］黄泽元，迟玉杰．食品化学［M］．北京：中国轻工业出版社，2017.
［20］朱蓓薇，陈卫．食品精准营养［M］．北京：科学出版社．2024.

第2章 水分

知识结构

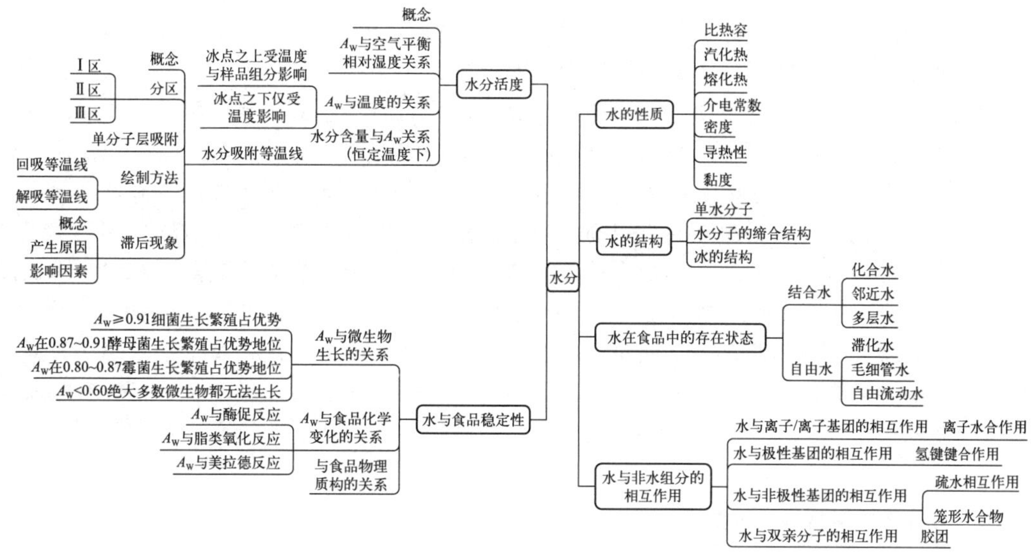

学习目标

知识目标　① 了解水在食品中的重要作用、水和冰的结构、食品中水分与非水溶质之间的相互作用关系、水分子流动性基本理论、水分的相态转变及状态图、分子流动性与食品稳定性的关系以及水分在食品中的转移规律。

② 掌握水在食品中的存在状态，水分活度，水分等温吸湿线的内涵及意义，水分活度与食品的稳定性之间的影响机制。

能力目标　① 运用水与食品的相关知识，培养设计、改造相关食品加工工艺的专业能力。

② 运用现代化手段查阅与水相关的学术资料，并对其进行归纳、总结，加强自主学习和交流的能力。

素养目标　引导学生体会科学进展永无止境，促使学生积极学习科学文化知识。

知识引导

水分是食品的重要组成成分，其在食品体系中可直接参与水解反应，还可作为酶促、氧化等诸多反应的介质，食品中的水分含量对许多反应都有重要影响。在天然食品中，水分含量一般在 50%~ 95%范围内，通过与蛋白质、糖类、脂类、盐类等之间的相互作用，对食品风味、质构、外观、新鲜程度及安全特性等有重要的影响。

在食品加工、贮藏和流通过程中所开发的诸多技术与措施，很多都是针对食品中的水分进行的。如新鲜蔬菜的脱水、水果加糖制成蜜饯等，就是降低水分活度以延长产品货架期，或者期望获得所需要的品质；多数新鲜食品和液态食品中水分含量较高，多需要采取有效的贮藏方式限制水分参与各类反应，或降低水分活度以延长保藏期；面包加工过程中加水是利用水作为介质，与淀粉、蛋白质等成分作用生产出所需的产品。不同的食物原料，水分的含量差别较大。水分含量决定食品的新鲜度、形态特点及组织结构特性。

在食品安全国家标准中，水分也是一项重要的质量评价指标。此外，水分也是生物体的重要成分，水虽无直接的营养价值，但不仅是构成机体的主要成分，而且是维持机体生命活动、调节代谢过程不可或缺的重要物质。断水比断食物对机体的危害更为严重。

水的作用有：①水使人体体温保持稳定，因为水的比热容大，一旦人体内热量增多或减少不致引起体温出现太大的波动，水的蒸发潜热大，因而蒸发少量汗水即可散发大量热量，通过血液流动使全身体温平衡；②水是一种溶剂，能够作为体内营养运输、吸收和代谢运转的载体，也可作为体内化学和生物化学的反应物和反应介质；③水是天然的润滑剂，可润滑摩擦面，减少损伤；④水是优良的增塑剂，同时也是生物大分子聚合物构象的稳定剂，以及包括酶催化剂在内的大分子动力学行为的促进剂，因此，生物体活动不断需要水分，除直接通过饮水补充外，日常饮食获取水分对人体更为重要。

水分作为食品的营养素之一，还对食品的加工、贮藏及产品品质、微生物繁殖等有重要的作用。本章主要介绍水和冰的理化特性、食品中水分的存在状态以及水分状态对食品质量和稳定性的影响。

2.1 水的理化性质

2.1.1 水的物理特性

（1）比热容、汽化热和熔化热

水分子具有形成三维氢键的能力，从而可产生较强的氢键缔合作用，导致水分发生相转变时（如汽化、熔化等），必须提供额外的能量来破坏水分子之间的氢键作用，因此水具有较高的沸点和较大的比热容、汽化热、熔化热。

（2）密度

液态水的密度和水分子间的氢键键合程度、水分子之间的距离有关，而这两个因素又与温度密切相关。随着温度的升高，水分子的配位数增多，同时水分子的布朗运动也加剧，此时水分子之间的距离增加，体积膨胀，水的密度发生变化。在0～3.98℃范围内，水分子之间以配位数的影响占据主要作用，温度升高，水的密度增加；温度继续升高（>3.98℃），水分子的布朗运动起主要作用，水的密度减小。在0℃时，水的密度为$0.99987\times10^3 kg/m^3$；在3.98℃时，水的密度达到最大，为$1\times10^3 kg/m^3$。

（3）介电常数和溶剂性

由于水的氢键缔合作用较强，从而生成较为庞大的水分子簇，产生了多分子偶极子，使得水的介电常数较高。因此，水的介电常数同样受到氢键键合的影响。20℃时水的介电常数为80.36，由于水的介电常数较大，离子型化合物在水中的溶解度较大；对于非离子极性化合物，如糖类、醇类、醛类等可与水分子形成氢键而溶解于水中；即使不溶于水的物质，如脂肪和部分蛋白质，也能在适当条件下分散在水中形成胶体溶液或乳浊液。

（4）导热性

导热性通常用热导率和热扩散系数表示。在 0℃时，水的热导率是冰的 1/4，热扩散系数是冰的 1/9，水的导热性远低于冰，从而导致了在相同温度下食品冻结的速度比解冻的速度快得多。

（5）水的黏度

常温下，液态水以水分子的缔合体（$(H_2O)_n$）形式存在，主要依靠水分子之间的静电力和氢键作用维持，导致形成的缔合体结构不稳定；同时，水分子之间形成的氢键网络是动态的，短时间内邻近水分子间的氢键键合关系易发生变化，致使多分子的缔合体也是动态变化的，因此水分子的流动性较强，黏度较低。

2.1.2　水与冰的结构

（1）单水分子的结构

水分子由氢和氧两种原子构成，其中氧原子的外层电子构型为 $2s^2 2p^4$，含有两个孤对电子和两个未成对的 2p 电子。氧与氢形成水时，氧原子发生 sp^3 杂化形成 4 个 sp^3 杂化轨道，其中两个 sp^3 杂化轨道为氧原子本身的孤对电子，另外两个 sp^3 杂化轨道与两个氢原子的 1s 轨道重叠形成两个 σ 共价键，形成一个具有四面体结构的水分子，如图 2-1 所示。氧原子位于四面体的中心，四面体的 4 个顶点中有两个被氢原子占据，其余两个氧原子的两对孤对电子所占据。由于孤对电子对成键电子的挤压作用，两个 O—H 键间夹角为 104.5°，与典型四面体的夹角有一定差别。氧具有高电负性，使得 O—H 共价键具有部分的离子特征；氢原子带有部分正电荷，氧的另外两对孤对电子带有负电荷，形成静电引力。

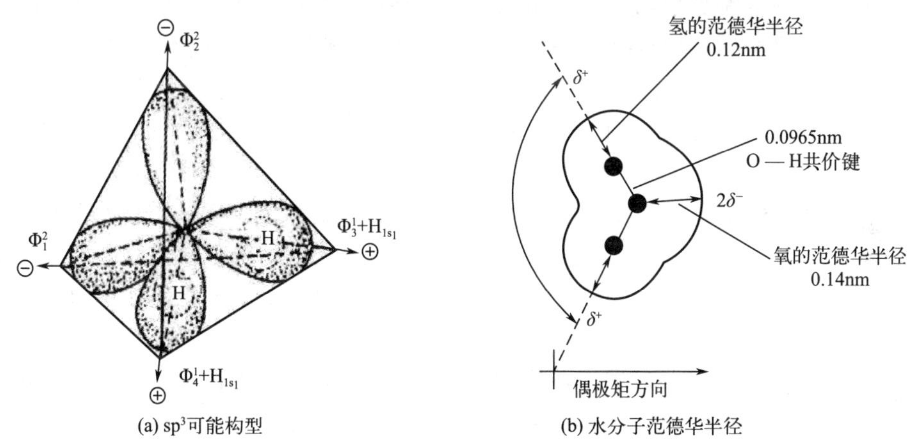

图 2-1　单分子水的结构示意图

由于氧原子的高电负性，O—H 键具有部分的离子特性，所以水中含有微量的氢离子（H^+）和羟基离子（OH^-），水分子中 O—H 键的解离能为 460kJ/mol，O—H 核间距离为 0.096nm，氧和氢原子的范德华半径分别为 0.14nm 和 0.12nm，水分子中 H—O—H 键的夹角为 104.5°，与典型的四面体夹角（109°28′）很接近，键角之所以小了约 5°，主要是受到氧原子两对孤对电子排斥作用的影响。

（2）水分子的缔合结构

由于氧原子具有强大的电负性，在水分子 O—H 键中的共用电子对强烈地偏向氧原子，

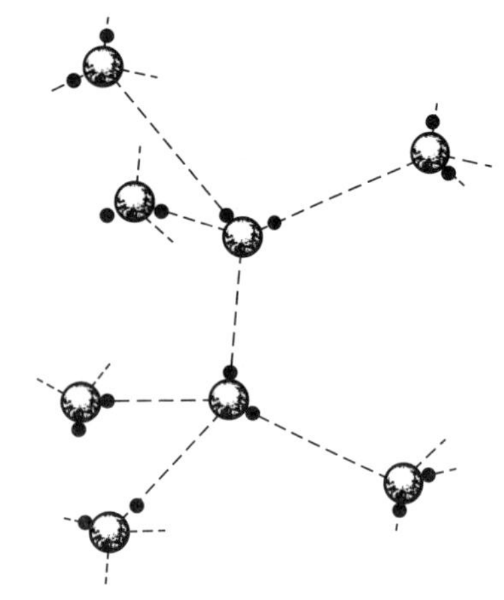

图 2-2　水分子通过氢键形成四面体构型

大空心球代表氧原子，实心小球代表氢原子，虚线代表氢键

使得氢原子带正电、氧原子端带负电，整个分子发生偶极化，形成偶极分子。这种极性使分子与分子之间通过静电产生引力，水分子中的氢原子与另一个水分子中氧原子的孤对电子相互吸引，形成分子间氢键，从而发生缔合。每个水分子中含有两个氢受体和两个氢供体，因此每个水分子可以与另外 4 个水分子发生缔合，在三维空间形成多重氢键（图 2-2）。三维空间结构中，形成氢键的解离能约为 25kJ/mol，水分子中 O—H 键的极化作用可通过氢键使电子产生位移。含有较多水分子复合物的瞬时偶极较高，因此其稳定性提高。由于质子可通过“氢键桥”（H-bridges）转移，水分子中的质子也可转移到另一个水分子上，通过这一途径形成水合 H_3O^+，其氢键的解离能增大，约为 100kJ/mol。因此，水具有一些特殊的性质，如水具有较大的比热容量、高沸点、高相变热、高介电常数等特性。

液态水多数以缔合形式存在，氢键对水的性质产生非常大的影响，它使得水具有一些异常的物理性质，例如较高的熔点和沸点，这是由于打断水分子间的氢键，需要额外的能量；水的氢键缔合产生了庞大的水分子簇，形成多分子偶极子，从而使水的介电常数显著增大；由于水分子与水分子之间的氢键是以纳秒甚至皮秒这样短暂的时间缔合的，它们快速地切断一个氢键，同时形成新的氢键网，从而使水具有较低的黏度和较高的流动性。

分子间的氢键缔合程度受温度影响。随着温度的增加，水分子的配位数增加，例如在 0℃时，冰中水分子的配位数为 4；随着温度的增加，水分子的配位数增多，水的密度增加，在 3.98℃时水的密度达到最高；当温度高于 3.98℃时，随着温度的进一步增加，水分子的配位数虽然继续增大，但水的密度降低。水分子之间的缔合程度和水分子之间的距离，共同决定了水的密度。

M2-1 科学故事　水分子内部结构的发现

研究发现，自然界中的水并不是以单一水分子形式存在的，而是由若干水分子通过氢键作用聚合在一起，形成水分子簇，俗称水分子团、水团簇、水簇。水分子簇是一种由不连续的氢键结构形成的水分子复合物。为进一步了解、研究液态水的结构，人们提出了多种液态水的理论模型，目前被广泛接受的液态水模型有以下三种：

① 混合模型　该学说认为分子间氢键短暂地浓集于成簇的水分子之间，成簇的水分子与其他更密集的水分子处于动态平衡，水分子簇的瞬间寿命约为 10^{-11}s。

② 连续模型　该学说认为，分子间氢键均匀地分布于整个水体系中，原存在于冰中的许多氢键，在冰融化时发生简单的扭曲，形成一个由水分子构成的、具有动态性质的连续网络结构。

③ 填隙式模型　该学说认为，水保留了一种类似冰的笼状结构，个别的水分子填充在笼状结构的缝隙中。

所有的模型都认为，单个水分子频繁地改变它们的排列，整个体系维持一定程度的氢键键合和网络结构。

（3）冰的结构

冰是由水分子有序排列形成的结晶，水分子间靠氢键连接在一起，形成非常疏松的刚性结构。冰晶体的基本组成单元为晶胞，在晶胞中每个水分子的配位数为4，均与最邻近的4个水分子（图2-3）缔合，形成四面体结构。在晶胞中相邻近的水分子O—O核间距为0.276nm，O—O—H键的夹角约为109°，十分接近理想四面体键角109°28′。

纯冰中不仅含有普通水分子，还有 H_3O^+ 和 OH^- 以及 H_2O 的同位素变体（大多数情况下可忽略），因此冰的结构并非完整的晶体。由于 H_3O^+ 和 OH^- 的运动以及 H_2O 的振动，冰的晶体通常是有方向性或离子型缺陷的。

水中所含溶质的种类和数量会影响冰晶的数量、大小、结构、位置和取向。研究发现，在不同溶质的影响下，冰的结构主要有4种：六方形冰晶，不规则树枝状结晶，粗糙的球状结晶和易消失的球状结晶。此外还存在各种各样的中间形式的结晶。

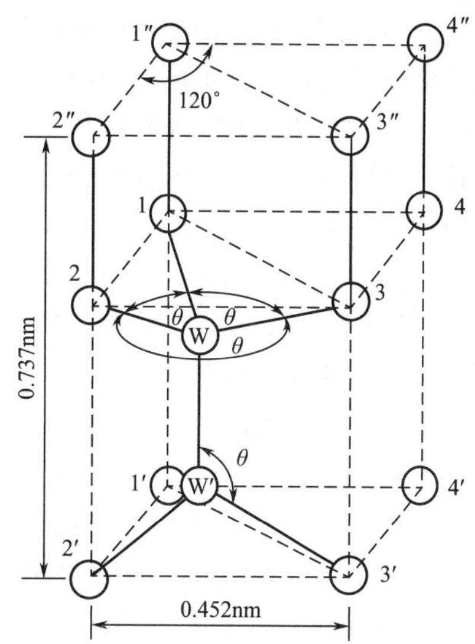

图2-3　0℃时冰的晶胞

六方形是大多数冷冻食品中主要的冰晶形式，食品在常压和0℃时，只有六方形冰晶才是比较稳定的形式，六方形冰晶的形成，需要食品在最适的低温冷却剂中缓慢冷冻，并且溶质的性质及浓度均不会严重干扰水分子的迁移，才能形成六方形冰晶。当水中含有类似明胶之类的亲水性大分子时，由于凝胶能够限制水分子的迁移，会阻碍水形成高度有序的六方形冰晶。

（4）水的过冷与冻结

水的冰点为0℃，但水并不在0℃就结冰。原因主要有两个：第一，水存在过冷现象。所谓过冷现象是指在无晶核存在时，水的温度降到冰点以下仍不析出固体冰晶的现象，即实际结晶温度低于理论结晶温度的现象。水首先被冷却成过冷的状态，直到温度降低开始出现稳定性晶核，或在振动的促进下向冰晶转化，水向冰晶转化时放出潜热，促进温度回升到0℃。一般将开始出现稳定晶核时的温度，称为过冷温度。液体越纯，过冷现象越明显。高纯水－40℃才开始结冰。如果外加晶核，在这些晶核的周围则会逐渐形成长大的结晶，这种现象称为异相成核。异相成核不必达到过冷温度时就能结冰，但此时生成的冰晶粗大。第二，水中有可溶性成分时，会降低其结晶温度。大多数食品的初始结冰温度在－1～－2.6℃，随着冻结量的增加，冻结点持续下降直到食品的共晶温度。所谓的共晶温度是指食品中未冻结液浓度增加到一种溶质的过饱和状态时，溶质的晶体和冰晶一起析出时的温度，又称为低共熔点温度。这种溶质晶体和冰晶一起析出的现象，称为共晶现象（eutectic phenomenon）。大部分食品的共晶温度在－55～－65℃之间。我国冻藏食品的温度通常为－18℃，在此温度下，冻藏食品中的水并未完全凝结固化。但是在这个温度下大部分水已经结冰，最大程度地降低了其中的化学反应，而且微生物的活动受到较大的限制。

水形成的冰晶的大小与晶核数目有关，形成的晶核越多则生成的冰晶越小。食品冷冻过程中，若温度维持在冰点和过冷温度之间时，只能产生少量的晶核，并且每个晶核会很快生长为大的冰晶。如果缓慢除去冷冻过程中放出的相变热，温度会始终保持在过冷温度以上，也会产生大的冰晶。如果快速除去相变热，使温度始终保持在过冷温度以下，即晶核的形成占优势，结果产生许多较小的结晶。

冷冻过程中，食品中冰晶的形成具体分为成核和晶体生长两个阶段。①冰晶核形成阶段：温度逐渐降低，使水分子运动减慢，其内部结构在定向排列引力下，逐渐倾向于形成类似结晶体的稳定性聚合体。继续降温过程中，当出现稳定性晶核时，水分子聚集体向冰晶逐渐转化。②晶体生长阶段：成核之后继续进行降温冻结，冰晶颗粒逐渐形成。此外，在冻结过程中，会继续以微小冰晶为晶核，发生重结晶（recrystallization）而使冰晶不断生长，随着冻藏时间延长，即使在微小温度波动甚至恒定温度条件下，食品中冰晶仍会有重结晶及生长现象的发生，导致较大冰晶不断形成，从而致使食品组织损伤作用加剧。当食品中大量的水慢慢冷却时，由于有足够的时间在冰点温度产生异相成核，因而形成的晶体结构较为粗大；若冷却速度较快，则很快形成晶核，但由于晶核增长速度相对较慢，因而就会形成微细的结晶结构。

食品冻结过程中形成的冰晶以及贮藏过程中冰晶的生长，都会对食品的感官特性、理化性质及组织结构造成严重的损伤作用。根据冻结速度的快慢可将冷冻食品分为普通冷冻食品和速冻食品。通常以食品中心温度降低至－5℃所需时间或－5℃冻结面的推进速度来区分普通冷冻和速冻，若食品中心温度从0℃降至－5℃所用时间在30min之内，即为速冻，否则为普通冷冻；或者，若食品－5℃冻结推进速度处于5～20cm/h，即为速冻，低于此速度则为普通冷冻。在食品冷冻工艺中通常提倡速冻工艺，原因在于速冻工艺下形成的冰晶体颗粒细小（呈针状），在食品组织中分布比较均匀；由于小冰晶的膨胀力小，对食品组织的破坏很小，解冻融化后的水可以重新渗透到食品组织中，使其基本保持原有的风味和营养价值；冻结时间缩短使微生物活动受到更大限制。

2.2 食品中的水分

2.2.1 食品中水的存在状态

各种食品或食品原料都是由水分和非水组分构成，它们的含水量各不相同，其中水分与非水组分间以多种形式相互作用后，便形成了不同的存在状态，性质也各异，对食品的贮藏性、加工特性也产生不同的影响，所以区分食品中水分不同存在状态的形式是必要的。一般可将食品中的水分分为自由水（又称游离水、体相水）和结合水（又称束缚水、固定水）两部分，它们的区别在于与食品中亲水性物质的缔合程度不同。

（1）结合水

结合水（bound water）又称固定水（immobilized water），是指存在于溶质或其他非水成分邻近的、与溶质分子之间通过化学键结合的那部分水。结合水依据与非水组分结合的牢固程度不同，可以将其分成为化合水、邻近水和多层水。

化合水（compound water）又称构成水、组成水，它是指与非水组分结合最牢固的，并且作为非水组分整体部分的大部分水。构成水的化学性质与纯水截然不同：构成水不能作为溶剂、不具备溶剂的性质、在－40℃时不结冰，与纯水相比，其分子平均运动速度为0，此外构成水还不能被微生物利用、不能参与化学反应，构成水在食品中占比很小。

邻近水（vicinal water）又称单层水，是指非水组分中亲水性基团周围结合的第一层水，是与离子或离子基团缔合的水，是结合最紧密的邻近水。邻近水与非水组分的结合作用力主要是水-离子和水-偶极缔合作用，此外水和溶质之间的氢键也是邻近水结合的作用力之一。邻近水在－40℃条件下不结冰、无溶解溶质的能力，与纯水相比分子平均运动大大减少，不能被微生物利用。相比于化合水，它们与非水组分的结合作用要弱一些。

多层水（multilayer water）是指位于第一层剩余位置的水和邻近水形成的几个水层，其形成作用力主要靠水-水间和水-溶质间氢键作用。尽管多层水不像化合水和邻近水那样牢固结合，但仍然与非水组分结合得较为紧密，大多数多层水在－40℃条件下不结冰，即使可以结冰，其冰点也大大降低；虽具有一定溶解溶质的能力，但溶剂能力降低；与纯水相比较，分子平均运动大大降低，不能够被微生物利用，但是能够被蒸发。

结合水（化合水、邻近水和多层水）也不是完全静止不变的，它们同邻近水分子之间的位置会发生交换作用，会随着水结合程度的增加而降低。

（2）自由水

自由水（free water）是指那些没有被非水物质化学结合的水，主要是通过一些物理作用结合的那部分水。根据这部分水与非水组分的物理作用方式，可细分为滞化水、毛细管水、自由流动水。

滞化水（entrapped water），又称为不流动水，指的是在组织中的显微和亚显微结构及膜截留住的水，这部分水不能自由流动。食品中有凝胶或细胞结构时就含有滞化水，例如在动物肌肉组织、皮冻、果冻等食品中都含有大量的滞化水，鸡蛋被煮熟之后，鸡蛋蛋白变性形成凝胶，将大量的水分以滞化水的形式保留在蛋白内。

毛细管水（capillary water）是指在生物组织的细胞间隙和食品结构组织中有毛细管力所截留的水，在生物组织中又称为细胞间水，其物理和化学性质与滞化水相似。

自由流动水（free flow water）是指动物的血浆、淋巴和尿液，植物的导管和细胞内液泡中的水，以及食品中肉眼可见的水。因为都可以自由流动，所以称为自由流动水。

自由水在食品中的性质特点如下：自由水可以结冰，冰点相对于纯水有所降低；自由水溶解溶质的能力很强，可以作为溶剂溶解小分子及分散大分子类化合物，在干燥的时候容易被除去，食品加工中的干燥、冷冻、解冻等工艺主要针对的就是这部分自由水；自由水能够被微生物利用，能够参与大多数的化学反应，是引起食品腐败的关键因素，其含量与食品的分类及功能性质密切相关；自由水的平均分子运动状态比较接近纯水。

（3）结合水与自由水对比

食品中结合水与自由水之间的界限，很难定量区分，只能依据物理、化学性质作定性区分（表2-1）。

表2-1 食品中结合水与自由水的性质

性质	结合水	自由水
一般描述	存在于溶质或其他非水成分附近的那部分水，包括化合水、邻近水及几乎全部的多层水	距离非水成分位置最远，主要以水-水氢键存在
冰点（与纯水比较）	冰点大幅下降，甚至－40℃都不结冰	能结冰，冰点略有下降
溶解溶质的能力	无	有
平动运动（分子水平）与纯水比较	大大降低，甚至无	变化较小
蒸发焓（与纯水比较）	增大	基本无变化
微生物利用	不能	能
在高水分食品中占总水分含量的比例/%	0.03～3	约96

结合水的量与食品中有机大分子极性基团的数量有比较固定的比例关系。例如，每100g蛋白质平均可结合水分约50g，每100g淀粉的持水能力在30～40g之间。结合水对食品的风味起着重要的作用，当结合水被强制与食品分离时，食品的风味与质地会发生明显改变。结合水的蒸汽压比自由水低很多，所以在一定温度下结合水不能从食品中分离出来。此外，结合水不易结冰，所以植物的种子和微生物的孢子（几乎没有自由水）在很低的温度下能够保持生命力。结合水与自由水最本质的区别是：结合水不能被化学反应利用，因为结合水不能充当化学反应的介质即溶剂，也不能参与化学反应（例如水解反应），且结合水也不能被微生物利用；而自由水既能被微生物利用，也能被化学反应利用。因此，自由水是引起食物腐败的主要原因。

M2-2 食品中水的存在状态

2.2.2 水与溶质的相互作用

在食品（食用油除外）中都含有水和非水成分，非水组分有亲水性的物质、有疏水性的物质，这些非水成分通过离子-偶极、偶极-偶极相互作用、疏水相互作用等方式与水发生强烈的或微弱的相互作用。

2.2.2.1 水与离子/离子基团的相互作用

在水中添加可解离的溶质，产生的离子或离子基团（Na^+、Cl^-、$—COO^-$、NH_4^+ 等）会与水分子偶极子之间产生离子-偶极的相互作用，这种作用被称为水合作用。这种水合作用能够破坏纯水靠氢键键合形成的四面体排列的正常结构。通过水合作用结合的水，是食品中结合最紧密的一部分水。水与离子或离子基团间的离子-偶极的相互作用强度大于水-水氢键的强度，而低于共价键的强度。如 Na^+ 与水分子的结合能（约83kJ/mol）是水分子间氢键结合能（约20kJ/mol）的4倍（图2-4）。

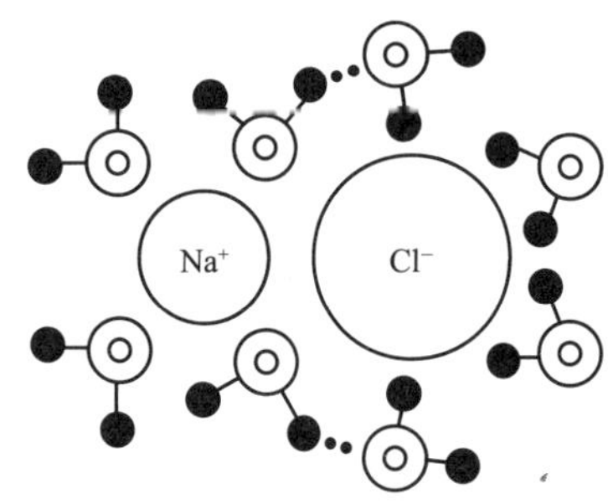

图2-4 NaCl的水合作用及分子取向

不同的离子对水结构的影响是不同的，有些离子如 K^+、Rb^+、Cs^+、NH_4^+、Cl^-、Br^-、I^-、NO_3^-、BrO_3、IO_3^-、ClO_4^- 等具有破坏水的网状结构效应，大多为负离子和大的正离子，在稀水溶液中具有净结构破坏效应（net structure-breaking effect），这类盐溶液具有比纯水好的流动性。另外一些离子如 Li^+、Na^+、Ca^{2+}、Ba^{2+}、Mg^{2+}、Al^{3+}、F^-、OH^- 等，这些大多是电场强度大、离子半径小的离子或多价离子，它们有助于水形成网状结构，这类离子的水溶液比纯水的流动性小，具有净结构形成效应（net structure-forming effect）。从实际情况来看，所有离子均能阻止水在0℃结冰，从而使得水的冰点下降，对水的结构都有破坏作用。

离子或离子基团不仅影响水的结构，还能影响水的介电常数，影响水对其他非水组分的溶解度，影响蛋白质的构象和食品体系的稳定性。此外，溶液pH会影响溶质分子的解离。

2.2.2.2 水与极性基团的相互作用

许多食品成分，如蛋白质、多糖（淀粉或纤维素）、果胶等，其结构中含有大量的极性基团，如羟基、羧基、氨基、羰基等，这些极性基团均可与水分子通过氢键相互结合。不同的极性基团与水的结合能力有所差别。水与极性基团（如羟基、羧基、氨基、羰基等）之间以偶极-偶极相互作用形成的氢键键合作用比水与离子之间的相互作用弱，与水分子之间的形成的氢键相近。不同的极性基团与水形成氢键的牢固程度有所不同，蛋白质多肽链上的赖氨酸和精氨酸侧链上的氨基、天冬氨酸和谷氨酸侧链上的羧基、肽链两端的羧基和氨基等，在溶液中均呈解离或离子团形式，这些基团与水形成氢键的键能大；蛋白质分子中的酰酸基以及淀粉、脂质、纤维素等分子中的羟基，与水形成的氢键键能小。

水与溶质形成的氢键部位的分布和定向在几何上与正常水的氢键部位是不相容的，对纯水结构具有破坏效应。如尿素这类溶质，由于几何构型原因，会对水的正常结构有明显的破坏作用，能抑制水结冰。大多数能形成氢键的溶质都会抑制水结冰。当体系中添加具有氢键键合能力的溶质时，溶液中氢键的总数一般不会明显地改变，这可能是水-溶质形成的新氢键代替了水-水氢键的缘故。

此外，生物大分子中有许多可与水分子形成氢键的基团，在生物大分子的 2 个部位或 2 个大分子之间可形成由几个水分子所构成的“水桥”。如木瓜蛋白酶中由三分子水形成的水桥（图 2-5），使肽链之间维持在一定的构象。水分子介入形成的氢键对生物大分子的结构与功能及食品功能性都有重要的影响。

2.2.2.3　水与非极性基团的相互作用

当水中存在非极性物质，如烷烃、稀有气体及引入氨基酸、脂肪酸和蛋白质等非极性基团（即疏水性物质）时，它们与水分子产生斥力，导致非极性基团附近的水分子之间的氢键键合增强，结构更为有序。与这些不相容的非极性基团邻近的水形成了特殊的结构导致熵下降，此过程称为疏水水合作用（hydrophobic hydration）［图 2-6（a）］。由于疏水水合在热力学上是不利的，当水溶液体系中存在多个疏水性基团时，会促使疏水基团之间相互聚集，从而减少水分子与非极性基团的界面面积，这是一个热力学上有利的过程（$\Delta G<0$），会自发地进行，此过程称为疏水相互作用（hydrophobic interaction）［图 2-6（b）］。

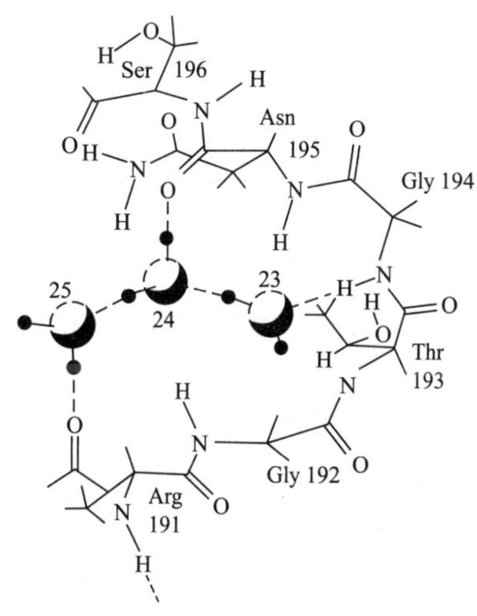

图 2-5　木瓜蛋白酶中的三分子水桥

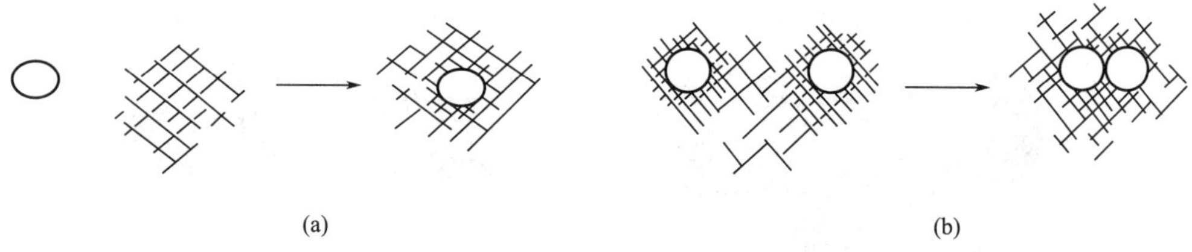

图 2-6　疏水水合作用（a）与疏水相互作用（b）

疏水相互作用对形成、维持生物大分子（如蛋白质、酶）的高级结构及生物学功能有着重要的作用。大多数球蛋白质中，有 40%～50% 的氨基酸含有疏水性基团，例如丙氨酸的甲基、苯丙氨酸的苯基、半胱氨酸的巯基、亮氨酸的异丁基等，均可与水产生疏水相互作用，其他非极性化合物如醇、脂肪酸、游离氨基酸的疏水性基团都能参与疏水相互作用。从

图 2-7 可以看出，疏水基团周围的水分子吸引负离子、排斥正离子。球状蛋白质的疏水性基团有 40%～50%分布在蛋白质的表面，暴露在水中的疏水性基团与邻近的水除了产生微弱的范德华力外，它们相互之间并无吸引力，这在热力学上是不利的，因而促使疏水基团缔合，通过疏水相互作用推动了蛋白质的折叠（图 2-8），这一过程是一个熵增过程。疏水相互作用是蛋白质折叠的主要驱动力，同时也是维持蛋白质三级结构稳定的重要作用力。此外，当蛋白质分子表面暴露的非极性基团过多时，在疏水相互作用下易发生相互聚集，产生沉淀。疏水相互作用受温度的影响，在一定温度范围内，温度降低，疏水相互作用变弱；温度升高，疏水相互作用增强。含疏水性基团较多的蛋白质其热稳定性更高。

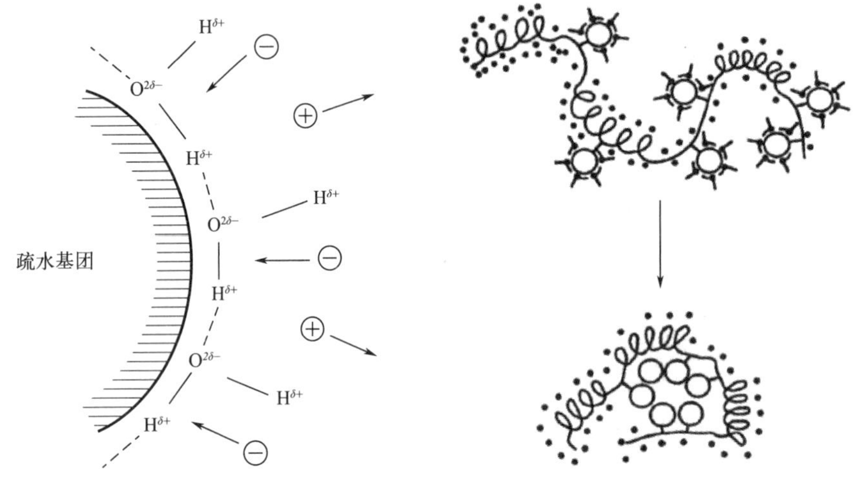

图 2-7　疏水基团表面水分的取向　　**图 2-8　球状蛋白质内部的疏水相互作用示意图**

疏水基团还能与水形成笼形水合物（图 2-9）。笼状水合物是水对一种非极性物质的响应，通过氢键键合形成一种像笼子那样的结构。此结构中，水为“宿主”，它们靠氢键键合形成像笼一样的结构，通过物理方式将非极性物质截留在笼内，被截留的物质称为“客体”。一般“宿主”由 20～74 个水分子组成，具体水分子的数量视“客体”的几何尺寸而定，常见的“客体”有低分子量烃类、稀有气体、卤代烃、二氧化碳、短链胺类等。在生物物质中最典型的就是，在暴露的蛋白质疏水基团的周围存在笼状结构。

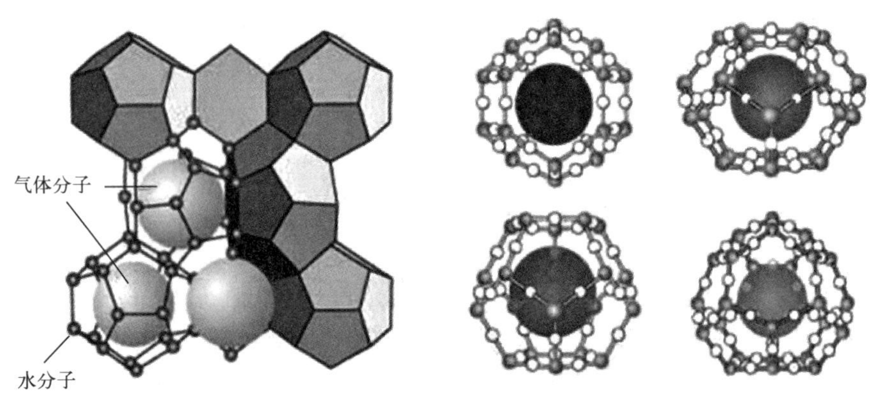

图 2-9　水分子形成的笼形水合物示意图

笼形水合物的结构与冰晶体很相似，但当形成大的晶体时，原来的四面体结构逐渐变成多面体结构。笼形水合物晶体在 0℃以上和适当压力下仍然保持稳定的晶体结构。生物物质中天然存在类似晶体的笼形水合物结构，对蛋白质等生物大分子的构象、反应及稳定性等都有重要作用。

2.2.2.4　水与双亲分子的相互作用

双亲分子就是同时存在亲水和疏水基团的分子［图 2-10（a）］，在食品体系中如脂肪酸盐、蛋白质、糖脂和核酸等。水能作为双亲分子的分散介质。水与双亲分子亲水部位羧基、羟基、磷酸基或一些含氮基团的缔合导致双亲分子的表观“增溶”，双亲分子可在水中形成大分子聚合体，即胶团。参与形成胶团的双亲分子数可由几百到几千［图 2-10（b）］。从胶团结构示意图可知，双亲分子的非极性部分指向胶团的内部，而极性部分定向到水环境，可以用于增溶非极性物质，改善其在水中的溶解性。

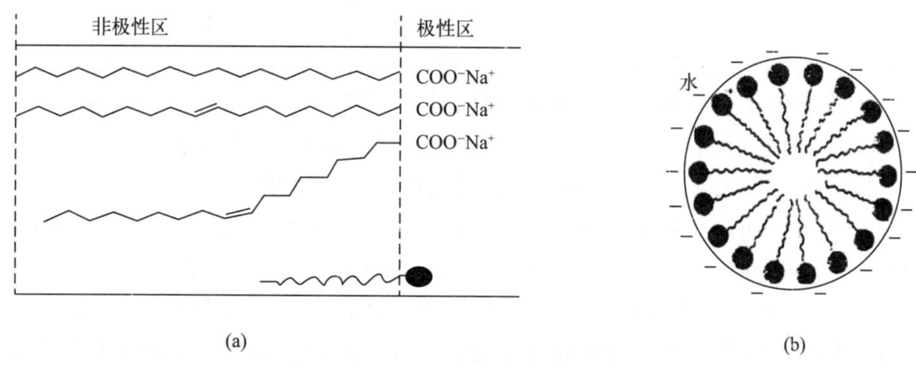

图 2-10　水与双亲分子作用示意图

（a）双亲脂肪酸盐的各结构；（b）双亲分子在水中形成的胶团结构

2.3　水分活度

在研究水分含量和食品腐败性的关系时发现水分含量的高低与食品的腐败性有一定的相关性，例如新鲜的木耳采收以后，在室温下放置一段时间就容易发霉变质；木耳干燥之后就可以在常温下长期贮存。说明同一类食物水分含量低，更有利于提高食品的稳定性。但研究发现，不同种类的食品即使水分含量相同，其腐败变质的难易程度也存在显著的不同，因此水分含量不能准确地反映食品的稳定性。例如芒果脯的水分含量是在 20%～25%之间，新采收的小麦水分含量在 25%左右，但是两者之间的稳定性、腐败性却截然不同。小麦在水分含量 20%左右的时候，在常温下保存一段时间，容易发霉；但是芒果脯在该水分含量下，却可以在室温下长期保存。为什么水分含量相同的食品，其稳定性、腐败性却显著不同？这是因为食品中水与非水组分的结合强度不同，在不同的状态下，水被微生物和生物化学反应所利用的程度存在较大的差异，因此引入了水分活度这一概念。

2.3.1　水分活度的定义

水分活度（water activity）是指溶液中溶剂水的逸度与相同温度条件下纯水逸度之比，即

$$A_w = \frac{f}{f_0} \tag{2-1}$$

式中，f 为食品中水的逸度，也就是食品中的水从食品中逸出的趋势；f_0 为相同条件下纯水的逸度。

由于水的逸度较难测定，我们通常采用食品中水的蒸气压与相同温度下纯水的饱和蒸气压的比值来表示，即

$$A_w = \frac{p}{p_0} = \frac{ERH}{100} \tag{2-2}$$

式中，p 为食品在密闭容器中达到平衡时水蒸气的分压力；p_0 为相同温度下纯水的饱和蒸气压。在室温低压时，f/f_0 和 p/p_0 之间的差值小于1%，所以通常采用 p/p_0 表示水分活度。

如果把纯水作为食品来看，则 p 和 p_0 相等，即 $A_w=1$，但是一般食品中不仅含有水，还含有非水组分，食品中水的蒸气压比纯水蒸气压要小，p 总是小于 p_0，因此 $A_w<1$。

这里需要注意的一点是，水分活度 $A_w=p/p_0$ 成立的前提条件是：理想溶液并达到热力学平衡。但食品体系一般不符合这两个条件，因此从严格意义上讲，$A_w \approx p/p_0$。

ERH（equilibrium relative humidity）为食品样品周围的空气平衡相对湿度，A_w 在数值上等于 ERH 除以 100。需要强调的是 A_w 是食品的固有性质，环境平衡相对湿度是与样品平衡的大气性质，他们仅在数值上相等。少量样品，如低于一克的样品，与环境之间达到平衡需要相当长的时间；大量的样品，在温度低于 50℃时，几乎不可能与环境达到平衡。

A_w 是表征生物组织和食品中能参与各种生理作用的水分含量与总含水量的定量关系；即 A_w 越高，能够参与生理作用的水分含量越高。A_w 反映样品中水分被微生物利用或参与各种生物化学反应的难易程度，即 A_w 越高，越容易被微生物利用，越易参与各种生物化学反应，样品越容易腐败变质、稳定性越差。A_w 也反映了样品中水分与非水组分结合的紧密程度，A_w 越高，表明水分与非水组分结合的紧密程度越低，水分更容易被除去；A_w 越低，表明水分与非水组分结合的紧密程度越高，水分比较难以被蒸发、干燥。

M2-3 水分活度

目前测定 A_w 的方法，常用的有以下 4 种：冰点测定法、相对湿度传感器测定法、恒定相对湿度平衡室法、水分活度仪测定法。

第一种方法为冰点测定法，是先测定样品中的冰点降低和水分含量，然后再根据公式计算。

$$A_w = \frac{n_1}{n_1 + n_2} \tag{2-3}$$

$$n_2 = \frac{G \Delta T_f}{1000 \times K_f} \tag{2-4}$$

式中，n_1 为溶剂的物质的量；n_2 为溶质的物质的量，可以通过测定样品的冰点，并根据公式（2-4）计算；G 为样品中溶剂的质量，g；ΔT_f 为冰点下降的温度，℃；K_f 为水的摩尔冰点下降常数，为 1.86。

第二种方法为相对湿度传感器测定法，是在恒定温度下把已知水分含量的样品放在一个密闭的室内，使其达到平衡，然后使用一种电子技术或湿度技术测量样品的环境平衡相对湿度 ERH，即可得到 A_w。

第三种方法为恒定相对湿度平衡室法，该方法是在恒定温度下，将样品和不同水分活度的饱和盐溶液放在一个康氏皿内，使皿内样品的环境空气保持在恒定的相对湿度下，让样品达到平衡，然后测定样品的水分含量变化，绘制标准曲线并依据标准曲线计算出样品的 A_w。

第四种方法是水分活度仪测定法，近些年发展迅速。该方法可以在 5 min 甚至更短的时间内测定样品的 A_w，使用简单，操作方便。

2.3.2　水分活度与温度的关系

食品体系的 A_w 与食品的组分、测定温度相关。在不同的温度下测定 A_w，其结果不同。因此测定样品 A_w 时，必须标明温度。A_w 与温度的关系可以用修改过的克劳修斯-克拉佩龙（Clausius-Clapeyron）方程来表示：

$$\frac{\mathrm{d}\ln A_w}{\mathrm{d}(1/T)}=\frac{-\Delta H}{R} \tag{2-5}$$

式中，T 为热力学温度；R 为摩尔气体常数；ΔH 为样品中水分的等量净吸附热。式（2-5）经整理后，以 $\ln A_w$ 对（$1/T$）作图（图 2-11），在水分含量不变时，呈线性关系，也就是在一定温度范围内，样品的 A_w 随温度的升高而升高。A_w 起始值为 0.5 时，在 2～40℃ 范围内，温度系数为 0.0034℃$^{-1}$。一般来说，温度每变化 10℃，A_w 变化值在 0.03～0.2 范围内改变。当水分含量增加时，温度对 A_w 的影响也提高。因此，温度的变化会影响密封食品的稳定性。

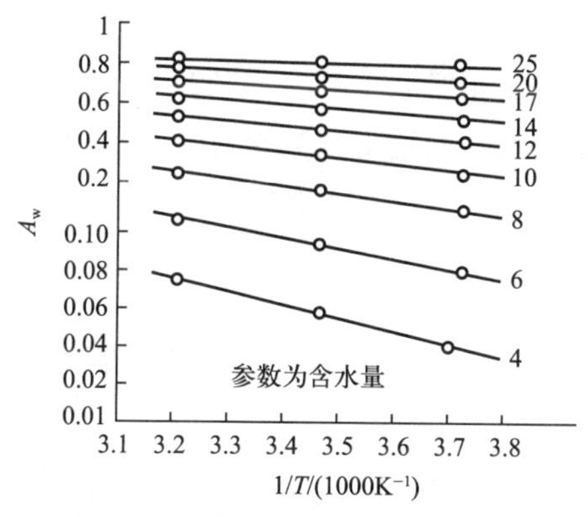

图 2-11　马铃薯淀粉的 A_w 和温度的关系

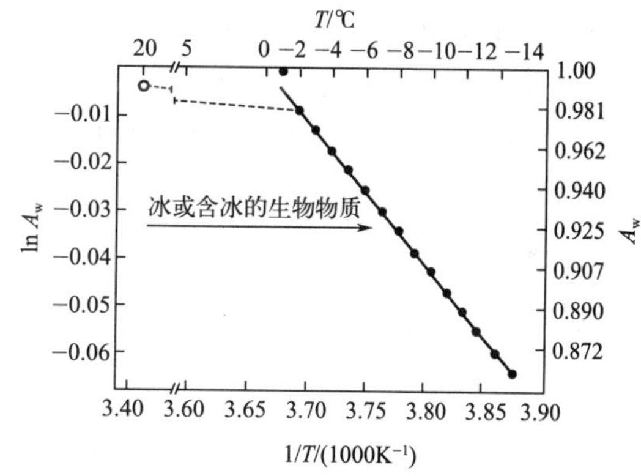

图 2-12　食品在冰点上、下时 A_w 和温度的关系

在较大温度范围内，$\ln A_w$ 对 $1/T$ 作图并非始终是一条直线，当温度低于冰点时，直线会出现断点（图 2-12）。在冰点温度以下时，食品的 A_w 计算按照式（2-6）计算。

$$A_w=\frac{p_{ff}}{p_{0(scw)}}=\frac{p_{ice}}{p_{0(scw)}} \tag{2-6}$$

式中，p_{ff} 为未完全冷冻的食品中水的蒸气压；$p_{0(scw)}$ 为过冷的纯水的蒸气压；p_{ice} 为纯冰的蒸气压。

为什么 p_0 表示的是过冷纯水的蒸气压，不是冰的蒸气压？因为如果用冰的蒸气压，那么含有冰晶的样品在冰点温度以下计算 A_w 时是没有意义的——冷冻食品中水的蒸气压与同一温度下冰的蒸气压相等。由图 2-12 发现，在低于冰点温度时，变化曲线仍呈线性关系；冰点以下，温度对 A_w 的影响远高于冰点以上温度对 A_w 的影响；当冰开始形成时，直线将在结冰温度处出现明显的折点。

分析温度与 A_w 之间的相互关系时需要注意：在冰点温度以上时，A_w 是样品组成与温度的函数，前者是主要的因素；在冰点以下，A_w 与样品的组成无关，而仅与温度有关，即冰相存在时，A_w 不受溶质的种类或比例的影响，不能根据 A_w 预测受溶质影响的反应过程，也不能根据冰点以下温度的 A_w 预测冰点以上温度的 A_w。食品温度在冰点温度以上及以下时，食品的稳定性是不同的。例如 A_w 为 0.86 时，食品的温度如果是－15℃，则化学反应缓慢，微生物生长受到抑制；但 20℃时，有些化学反应将快速进行，有些微生物会生长繁殖。

2.4 水分吸附等温线

水分活度和水分含量均能反映食品的稳定性，那水分活度和水分含量之间存在什么样的关系呢？水分活度和水分含量之间的关系，我们可以用一条曲线反映出来，这个曲线就是水分吸附等温线。

2.4.1 水分吸附等温线的定义

水分吸附等温线（moisture sorption isotherms，MSI）是在恒定温度下，使食品吸湿或干燥所得到的水分含量与水分活度的关系曲线。即以 A_w 为横坐标，以每千克干物质中水的质量为纵坐标所获得的曲线（图 2-13）。

高水分食品的水分吸附等温线图（图 2-13）涵盖了从正常到干燥状态的整个水分含量的情况，但图中并没有详细地表示出低水分区域的数据情况，而这部分数据对于食品稳定性研究至关重要，因此这类示意图实用价值并不大。把低水分的区域扩大并略去高水分区，可得到一张更有价值的 MSI（图 2-14）。

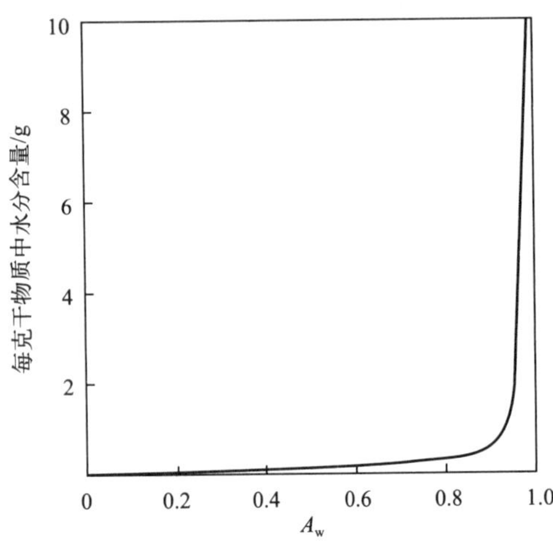

图 2-13 高水分食品的 MSI

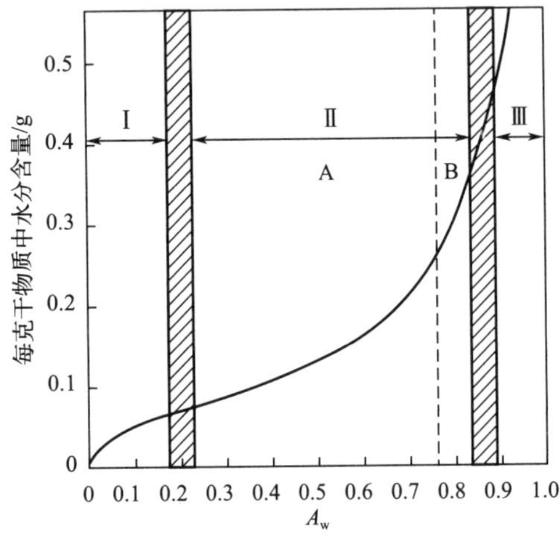

图 2-14 低水分含食品的 MSI（20℃）

在图2-14上可以将水分吸附等温线大致划分为三个区域：Ⅰ区主要水分构成为化合水；Ⅰ和Ⅱ交界处，水分主要构成为邻近水；Ⅱ区主要构成水为多分子层水；Ⅱ区及Ⅲ区的边界处主要构成为体相水。各区相关的水的性质存在着显著差别。

Ⅰ区：这部分水是食品中水分子与非水组分的羧基和氨基等离子基团以水-离子或水-偶极相互作用强烈吸附的化合水及单分子层水，它是与非水组分牢固结合的一部分水，是最少流动、最不容易移动的水。这部分水在－40℃条件下不结冰，不能作为溶剂溶解物质，对食品固体没有显著的增塑作用，可以认为是食品的一部分。在Ⅰ区的低水分端，其 A_w 近似等于0，食品的稳定性较好，但能引起脂肪的自动氧化。区间Ⅰ的水占高水食品总水分含量很小的一部分。一般为0～0.07g/g干物质，水分活度一般在0～0.25之间。

在Ⅰ区的高水分末端，即Ⅰ区和Ⅱ区分界线的位置，这部分水相当于食品的单分子层水含量，简称BET。BET可以看成是，在干物质可接近的强极性基团周围形成一个单分子层所需水的近似量，其水分活度在0.2左右。BET相当于一个干制品，在呈现最高稳定性的前提下能含有的最高水分含量，可以通过相关食品的水分含量、水分活度计算得到。

Ⅱ区：Ⅱ区水占据非水组分吸附水第一层剩余位置和亲水基团周围的另外几层位置，形成多分子层结合水，主要依靠水-水和水-溶质之间的氢键与邻近分子缔合，同时还包括直径低于1μm的毛细管中的水。水分活度在0.25～0.85之间，相当于7%～27.5%的含水量。它们的移动性比体相水差、蒸发焓比纯水大，大部分水在－40℃不结冰，具有弱溶剂能力和反应活性。当食品中的水分含量达到高于Ⅱ区和Ⅲ区的边界时，即水分活度为0.850左右，新增加的水开始溶解食品中的非水组分，并引发了固态组分的溶胀，增强体系中反应物流动，加速多数反应的进程，常温下可能会发生霉烂变质现象。区间Ⅰ和区间Ⅱ的水分含量占总水分含量的5%以下。

在区间Ⅱ和区间Ⅲ的交界处，水分活度为0.85左右时的水分含量为真实单层水分含量。不同于BET单层，真实单层代表食品组分完全水合所需的水分含量，也就是占据所有非水组分的第一层所需要的水分含量，其水分含量为0.38g/g干物质。

Ⅲ区：该区域的水是食品中结合最不牢固和最容易流动的水，A_w 在0.85～0.99之间。该区间的水在食品中以水-水氢键为主，其与非水物质结合最不牢固，流动性较大，一般为自由水。在凝胶和细胞体系中，该部分水以物理方式被截留，其宏观流动性受到阻碍。但它与稀盐溶液中水的性质相似。这部分水的蒸发焓基本上与纯水相同，既可以结冰，也可以作为溶剂，可以参与化学反应，能够被微生物利用，促进微生物的生长繁殖。Ⅲ区内的游离水在高水分含量的食品中一般占总水量的95%以上。

虽然等温线划分为三个区间，但不能准确地确定各个区间分界线的位置。除化合水外，等温线区间内和区间之间的水都能够发生相互交换。向干燥食品中增加水时虽然能够稍微改变原来所含水的性质，但在区间Ⅱ增加水时区间Ⅰ水的性质几乎保持不变，在区间Ⅲ内增加水区间Ⅱ水的性质也几乎保持不变。

因此食品中结合较为牢固的那部分水对于食品的性质、稳定性影响较小；食品中结合得最不牢固的那部分水对食品的稳定性影响更大。

2.4.2 水分吸附等温线的影响因素

食品的水分吸附等温线形状受哪些因素影响呢？总的来说，水分吸附等温线受三大类因素影响：温度、食品的种类、水分吸附等温线的制作方法。

MSI与温度密切相关，图2-15是不同温度下马铃薯切片的水分吸附等温线。如图2-15所示，从0～100℃分别做了6条吸附等温线，在水分含量相同时，水分活度随温度上升而增大；在水分活度相同时，随着温度升高，水分含量下降。这种变化符合Clausius-Clapeyron方程，也符合食品中发生的各种变化规律。

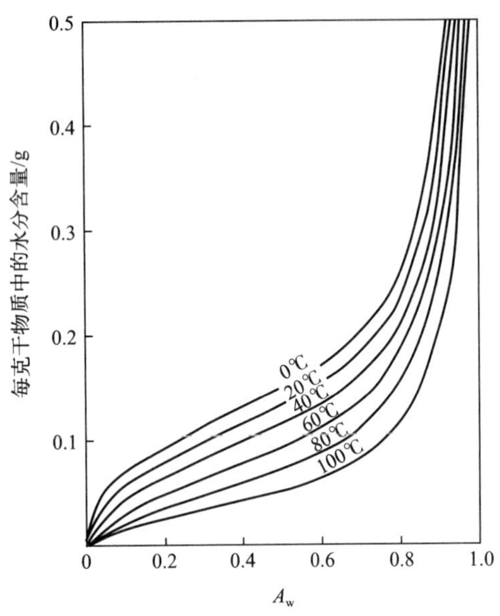

图2-15 不同温度下马铃薯片的MSI

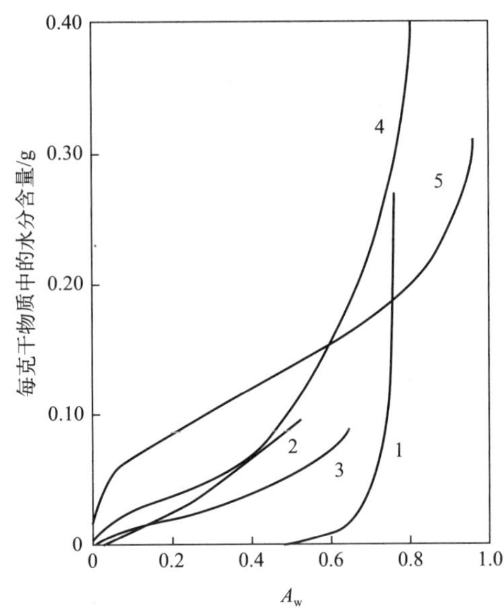

图2-16 一些食品的MSI

1—糖果（主要成分为蔗糖粉）；2—喷雾干燥的菊苣提取物；3—焙烤后的咖啡；4—猪胰脏提取粉；5—天然大米淀粉

食品的种类对于水分吸附等温线的形状有影响。食品的成分、物理结构都能影响吸附等温线的形状。大多数食品的吸附等温线呈S型，如图2-16中曲线5所示。含有大量小分子糖（如水果、糖制品）或其他可溶性小分子的（如喷雾干燥的菊苣提取物、咖啡提取物、猪胰脏提取粉）以及多聚物含量不高的食品的吸附等温线为J型，如图2-16中1、2、3、4曲线所示。

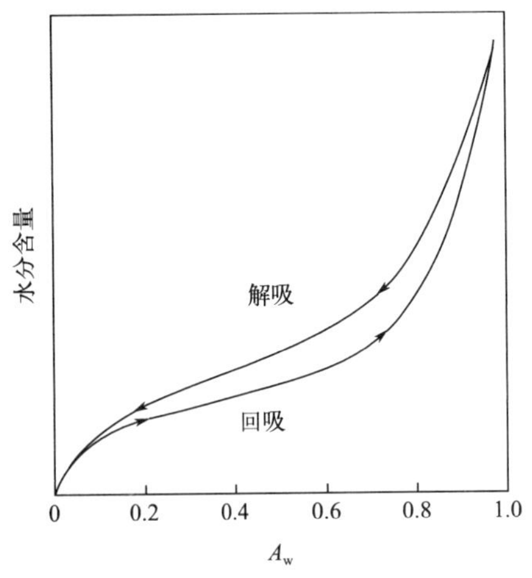

图2-17 MSI的滞后现象

水分吸附等温线的制作方法也影响它的形状。依据制作方法可以将水分吸附等温线分为回吸等温线和解吸等温线。回吸等温线是指在恒定温度下把水加到预先干燥的试样中，测定不同阶段的水分含量、水分活度得到的等温线。解吸等温线是沿着相反的方向把高水分含量的食品逐步脱水干燥，测定不同脱水阶段的水分活度和水分含量得到的等温线。如图2-17所示，解吸等温线通常在回吸等温线上方，两者不完全重合。

2.4.3　水分吸附等温线的滞后现象

采用向干燥样品中添加水的方法绘制的回吸等温线，与按照解吸过程绘制的解吸等温线并不相重叠，这种不重叠性称为滞后现象（hysteresis）。解吸等温线和回吸等温线所形成的环，被称为滞后环。

一般来说，当水分活度一定时，解吸过程中食品的水分含量大于回吸过程中水分含量，解吸曲线在上方。回吸制得的食品需要保持更低的水分含量，才能达到与解吸所制得的食品相同的安全性。

滞后环的形状取决于食品的种类、制作曲线的温度。如图 2-18 所示，高蛋白食品、高淀粉类食品、高糖/高果胶食品的滞后环形状各不相同。高蛋白食品如冷冻干燥的猪肉［图 2-18（a）］，当水分活度低于 0.90 开始出现滞后现象，但滞后环并不严重。其回吸等温线和解吸等温线均保持 S 形。

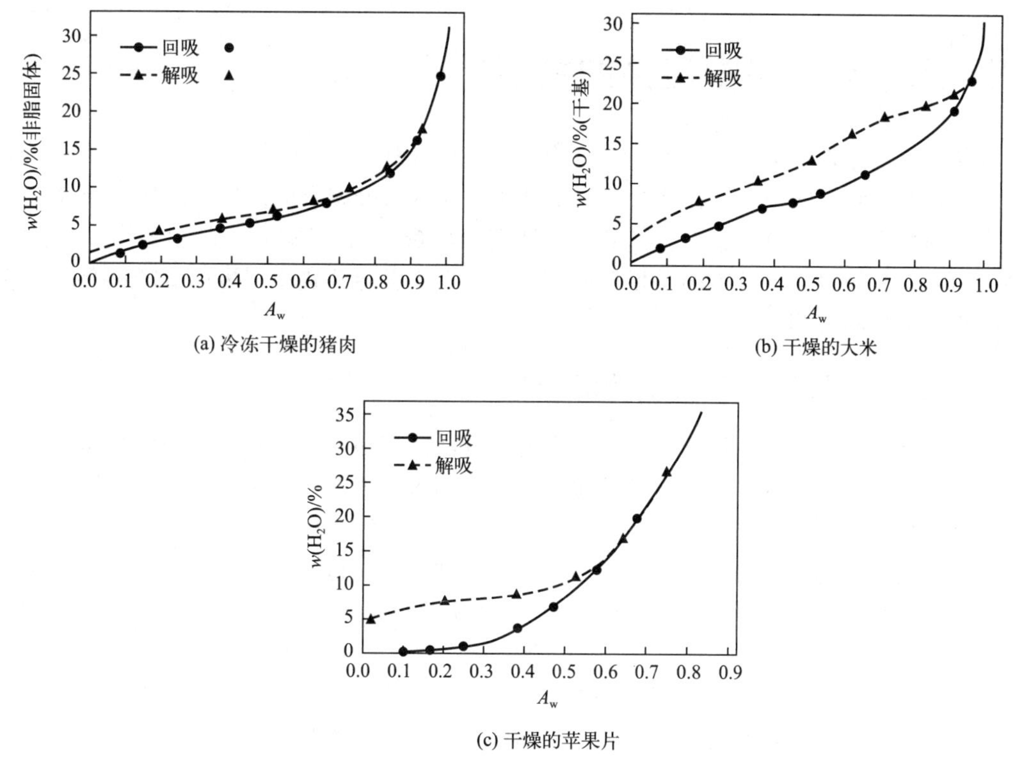

图 2-18　不同种类食品的滞后环

淀粉类食品如冷冻干燥大米［图 2-18（b）］，存在严重的滞后现象。在水分活度低于 0.95 时开始出现滞后，水分活度达到 0.7 左右时，滞后现象最为严重。

高糖、高果胶食品如空气干燥的苹果［图 2-18（c）］，滞后现象非常明显。A_w 高于 0.65 时，不存在滞后现象；在水分活度低于 0.60 开始出现明显的滞后现象。

由此可以看出不同种类的食品，其滞后环的形状大小存在显著的差异。除了食品的种类，温度也影响滞后现象。随着温度的升高，滞后程度会下降。温度升高，滞后的水分活度起点向更低水分活度方向移动，滞后环在水分吸附等温线上的跨度也降低。但是研究发现，纯蛋白滞后现象与温度无关。

是什么原因引起食品滞后现象呢？研究发现，可能存在以下几个方面原因：第一，食品解吸过程中一些吸水部位与非水组分作用，而无法完全释放出水分。第二，食品不规则形状产生的毛细管现象使得填满或抽空毛细管中的水分所需要的蒸气压不同。一般来讲，在解吸过程中，需要毛细管内部蒸气压高于外部的蒸气压。在回吸过程中填满这些毛细管，则需要毛细管外部蒸气压高于毛细管内部的蒸气压。第三，解吸时食品组织发生改变，使得回吸时，无法紧密结合水，由此导致较高的水分活度。

MSI 对于食品的加工及贮藏具有十分重要的意义：在干燥和浓缩过程中，食品脱水的难易程度与相对蒸气压之间的关系，即与水分活度有关；在配制混合食品中避免水分在配料间的转移，合理选择包装材料，测定食品包装材料的阻湿性；预测怎样的食品水分含量才能抑制微生物生长；预测食品的化学和物理性质的稳定性与水分含量之间的关系，分析食品中非水组分与水结合能力的强弱等。

M2-4 水分吸附等温线

2.5 水分与食品稳定性的关系

食品在放置过程中会发生多种变化，例如发霉、酸败、腐败变质、变软、变硬、变色等，水分影响着食品的稳定性。水分活度反映水与非水组分结合的强度，它比水分含量更能预测食品的稳定性。水分活度与食品的稳定性密切联系，A_w 影响着食品中的许多反应，例如微生物的生长繁殖、食品中的酶促反应、美拉德反应、脂肪氧化、蛋白质氧化变性、色素变色、维生素的降解等。

2.5.1 水分活度与微生物生长的关系

水分活度与微生物的生长繁殖和食品中的水分活度密切相关。水是一切生物体生命活动当中不可缺少的成分，微生物的生长繁殖需要一定的水分才能进行正常的代谢。低水分活度往往不利于微生物的生长繁殖。

食品中的微生物主要有三大类：细菌、酵母菌和霉菌。这三类微生物对于水分的需求是不同的，当水分活度低于某个临界值时，特定微生物的生长繁殖就会受到限制（表 2-2)。A_w 决定微生物在食品中萌发的时间、生长速率及死亡代谢情况等。一般来说，水分活度为 0.91～0.99 时，引起食品腐败变质的细菌生长繁殖占优势；$0.87<A_w<0.91$ 时，大多数细菌的生长繁殖受到抑制，引起食品腐败变质的酵母菌和霉菌生长占优势；大多数霉菌需要水分活度在 0.8～0.94 之间；大多数耐盐细菌需要水分活度在 0.75～0.8，耐干燥霉菌和耐高渗透压酵母菌需要水分活度在 0.65～0.6；当水分活度低于 0.6 时，食品中的绝大部分微生物难以正常生长繁殖。

同时，微生物的不同生长阶段对水分活度的阈值要求不同，如细菌形成芽孢时需要的水分活度高于繁殖生长时所需的水分活度值，霉菌孢子发芽时需要的 A_w 阈值则低于孢子发芽后菌丝生长所需的 A_w 阈值，微生物产生毒素时所需的 A_w 阈值则高于生长时所需的 A_w 阈值。

一般情况下，通过降低食品的 A_w 到一定范围以下，可以提高食品的贮藏性。对于发酵食品，加工时需将 A_w 提高至超过一定阈值才有利于酵母菌的生长繁殖及分泌代谢产物。此外，微生物对水分活度的要求，还受到食品 pH、营养物质及氧气等多种因素的影响。因此，在选定食品的水分活度时应根据具体情况进行适当调整。

表 2-2　食品的 A_w 与微生物的生长关系

A_w 范围	范围内最低 A_w 一般能抑制的微生物	该 A_w 范围内常见的食品
1.00～0.95	假单胞菌属、埃希氏杆菌属、变形杆菌属、志贺氏杆菌属、芽孢杆菌属、克雷伯氏菌属、梭菌属、产气荚膜杆菌、一些酵母菌	极易腐败的新鲜水果、蔬菜、肉、鱼、乳制品罐头、熟香肠、面包以及含约 40%的蔗糖或 7%NaCl 的食品
0.95～0.91	沙门氏菌属、副溶血弧菌、肉毒梭状芽孢杆菌、沙雷氏菌属、乳杆菌属、足球菌属、一些霉菌、酵母菌（红酵母属、毕赤酵母菌属）	奶酪、咸肉和火腿、某些浓缩果汁、蔗糖含量为 55%或含 12%NaCl 的食品
0.91～0.87	许多酵母菌（假丝酵母、毕赤酵母属）、微球菌属	发酵香肠、蛋糕、干奶酪、人造黄油及含 65%蔗糖或 15%NaCl 的食品
0.87～0.80	大多数霉菌（产霉菌毒素的青霉菌）金黄色葡萄球菌、德巴利氏酵母	大多数果汁浓缩物、甜冻乳、巧克力糖、枫糖浆、果汁糖浆、面粉、大米、含 15%～17%水分的豆类、水果糕点、火腿、软糖
0.80～0.75	大多数嗜盐杆菌、产霉菌毒素的曲霉菌	果酱、马茉兰、橘子果酱、杏仁软糖、果汁软糖
0.65～0.75	嗜干霉菌、双孢酵母	含 10%水分的燕麦片、牛轧糖块、勿奇糖（一种软质奶糖）、果冻、棉花糖、糖蜜、某些干果、坚果、蔗糖
0.65～0.60	耐高渗酵母（鲁氏酵母）、少量霉菌（红曲霉、曲霉）	含水 15%～20%的干果，某些太妃糖和焦糖、蜂蜜
0.60～0.50	微生物不增殖	含水分约 12%的面条和水分含量约 10%的调味品
0.50～0.40	微生物不增殖	水分含量约 5%的全蛋粉
0.40～0.30	微生物不增殖	含水量为 3%～5%的甜饼、脆点心和面包屑
0.30～0.20	微生物不增殖	水分为 2%～3%的全脂奶粉、含水分 5%的脱水蔬菜、含水约 5%的玉米花、脆点心、烤饼

2.5.2　水分活度与食品中化学反应的关系

2.5.2.1　水分活度与酶促反应的关系

水分活度与酶促反应的关系较为复杂。大多数酶催化的反应需要一定的水分活度，在 $A_w<0.8$ 时酶活力受到抑制。在 $0.3<A_w<0.8$ 范围内，随着水分活度增加，大多数酶促反应加快。在水分活度较低时，如淀粉酶、多酚氧化酶、过氧化物酶在 $A_w=0.25\sim0.3$ 时，其催化活力受到抑制或彻底丧失，能够减慢或阻止酶促褐变的进行。但脂肪氧化酶除外，脂肪酶在 $A_w=0.1\sim0.3$ 仍保持其活性，能催化脂肪氧化，引起甘油三酯或甘油二酯的水解反应等，如肉脂类因活性基团未被水覆盖，易与氧作用。

2.5.2.2　水分活度与油脂反应的关系

油脂氧化反应与水分活度的关系比较复杂，水分对其既有促进作用，又有抑制作用。在水分活度 0～0.33 范围内，随着水分活度的增加，油脂氧化速度降低；随着水分活度的降低，油脂氧化速度增加。油脂氧化速度与水分活度的高低呈负相关，这有两个原因：第一，由于单分子层水覆盖了氧化发生部位，阻止其与氧气接触，油脂在氧化过程中产生的氢过氧化物与水以氢键缔合，抑制了氢过氧化物分解产生自由基，阻断了油脂自动氧化反应链的进程，减缓了氧化；第二，水与金属离子水合，降低了金属离子的催化作用，从而减缓了氧化。因此，当食品中水分处于单分子层水时，可抑制氧化作用，能够降低油脂类食品（如油炸马铃薯片）的氧化，提高这类食品的稳定性，延长它们的货架期。过分干燥，反而使食品的稳定性下降。随着水分活度的升高，在 0.33～0.7 范围内，水分活度与脂肪氧化速率关系可以看出，油脂氧化的速度在增大，这可能有以下三方面的原因：第一，随着水分活度增加，水分含量也在增加，水中溶解氧的含量也在增加，使得氧化速率加快；第二，随着非水物质的吸水，大分子物质溶胀，暴露更多的活性位点，加速了脂类的氧化；第三，水的增加促进了催化剂和氧在体系中的流动性增大，使得氧化加快。油脂氧化速率并非随着水分活度增加一直增大。当 $A_w>0.8$ 时，水分活度继续增加，脂类氧化速率增加缓慢，这是由于大量的水稀释了催化剂和反应物，从而降低了催化剂的催化效力，减缓了氧化速率的增加。

2.5.2.3 水分活度与美拉德反应的关系

一定的水分活度范围内，美拉德反应速度随水分活度的增大而增大。如 $A_w<0.2$ 时，美拉德反应通常不会发生。$0.2<A_w<0.7$ 时，随着 A_w 的增大，美拉德反应速度随之迅速增加。在 $A_w=0.2\sim0.3$ 时，美拉德反应速度最低。这是由于在水分活度较低时，水与水之间、水与非水物质之间的氢键键合作用、分子缔合作用不利于反应物和反应产物的移动，抑制了美拉德反应的进行。在 $A_w=0.6\sim0.7$ 时美拉德反应引起的褐变最为严重，这是由于水分活度的增加，利于反应物和催化剂的移动，加速了美拉德反应。当 $A_w>0.7$ 时，美拉德反应速度下降，这是因为水是反应产物之一，水含量继续增加，会稀释中间产物的浓度，导致产物抑制作用，反应速度降低。

2.5.2.4 水分活度与其他化学反应的关系

食品中的化学反应的最小反应速度，一般首先出现在吸附等温线Ⅰ区间与Ⅱ区间之间的边界，即 A_w 为 0.2～0.35 范围内（单分子层水）。食品在低 A_w 下能较长时间保持稳定是因为低 A_w 抑制了食品中多数化学反应的进行，图 2-19 给出了几个典型的变化与水分活度之间的关系。

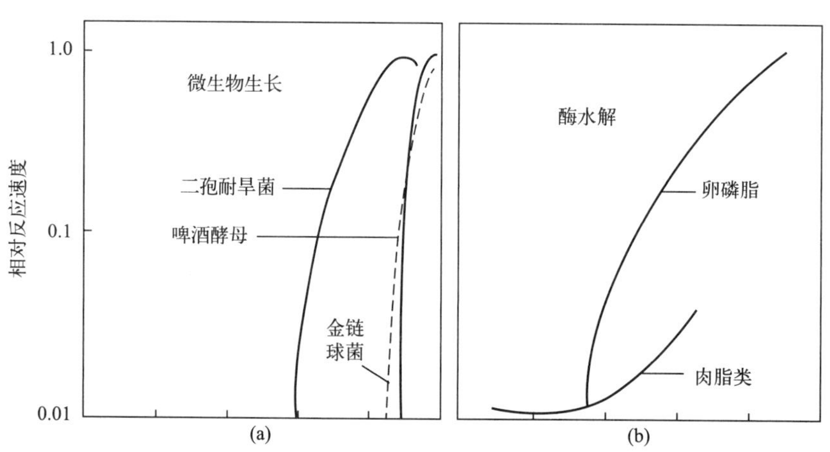

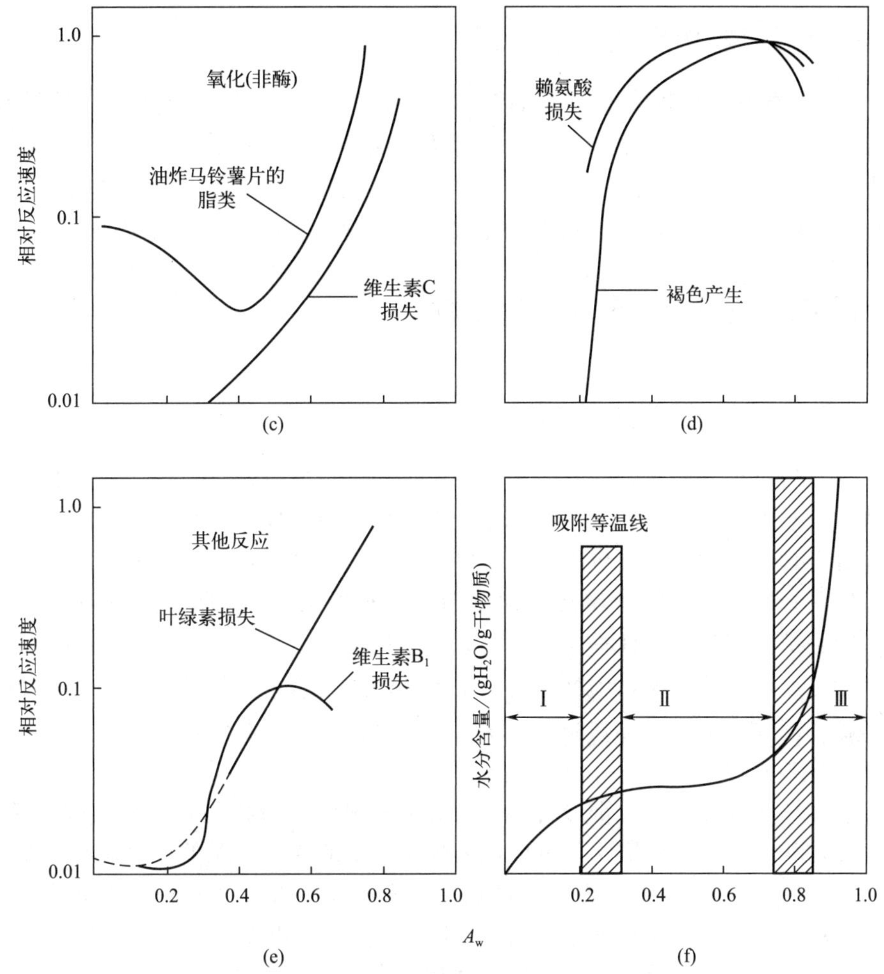

图 2-19　A_w 与食品稳定性的关系

(a) 微生物生长与 A_w 的关系；(b) 酶水解与 A_w 的关系；(c) 氧化（非酶）与 A_w 的关系；(d) 美拉德褐变与 A_w 的关系；(e) 其他的反应速度与 A_w 的关系；(f) 水分含量与 A_w 的关系

除（f）外所有的纵坐标都是代表相对速度

水影响食品中化学反应的机制有：第一，食品的低 A_w 表明自由水含量少，结合水不能作为溶剂溶解溶质，而大多数化学反应需在水溶液中进行，因此抑制了大量的化学反应进行；第二，水是很多反应的反应物，如水解反应，A_w 的下降，减少了参与反应的水含量，导致化学反应速率降低；第三，多数化学反应为离子反应，反应物需要离子化之后才能进行反应，A_w 的降低导致自由水含量下降，限制了离子化的进行；第四，在酶催化的反应中，水除了作为底物参与反应，还是运输的介质，水化促使酶和底物活化，因此，A_w 降低，大多数酶促反应受到抑制。

当 $A_w<0.2$ 时，除了氧化反应之外，其他化学反应基本处于最低值；$0.2<A_w<0.9$ 范围内，各类化学反应如维生素降解、叶绿素及水溶性色素分解的速度等均表现出随着 A_w 的增加而迅速增大，这对食品的贮藏非常不利。

2.5.3 水分活度与食品质构的关系

A_w 对食品的质地和结构也有重要的影响，特别是对干燥和半干燥食品的质地影响最大。例如保持饼干、膨化玉米花、油炸马铃薯片的脆性，需要较低的 A_w；要防止砂糖、奶粉和速溶咖啡的结块，以及控制硬糖果、蜜饯等的黏结，均需保持适当的低 A_w（0.2～0.35）；要防止硬糖开裂、糖果结晶反砂等问题，都需要控制适当的 A_w 值。

2.6 冷冻对食品稳定性的影响

2.6.1 冰与食品稳定性的关系

水形成冰之后对食品的稳定性有何影响呢？首先，冷冻（－18℃以下）能够抑制微生物的生长繁殖，抑制食品腐败。其次，冷冻能使很多化学反应速率减缓，延长冷冻食品的货架期。但冷冻对于食品中的化学反应影响比较复杂，它也会产生不利的影响。

第一是体积膨胀效应。由于水形成冰之后，体积增大 9%，体积的膨胀会产生局部压力，从而对细胞结构产生机械性损伤；生物大分子失去水分后脆性增加，也对食品质量造成影响。在解冻之后，汁液流失，细胞内酶和细胞外的底物接触，从而产生不良的反应。采用速冻、添加抗冻剂等方法可降低食品在冻结过程中产生的不利影响，有利于保持冷冻食品原有的色、香、味和质构品质。

第二是冷冻浓缩效应，加速部分化学反应。温度降低，导致大部分化学反应速率变缓。但是，在冷冻过程中，食品中非水组分的浓度提高，引起食品体系的理化性质（如非冻结相的 pH、可滴定酸度、离子强度、黏度、冰点、表面和界面张力、氧化-还原电位等）发生改变，溶质浓度增加，加快了反应速率（表 2-3 和表 2-4）。一些酶在低温下被激活，加速了酶催化反应速率（表 2-5）。此外，还将形成低共熔混合物，溶液中有氧和二氧化碳逸出，水的结构和水与溶质间的相互作用也剧烈改变，同时大分子更紧密地聚集在一起，使相互作用的可能性增大。

表 2-3 冷冻对溶质浓度及化学反应速率的影响

状态	温度的变化（T）	溶质的浓缩变化（S）	两种作用的相对影响程度	冷冻对反应速率的最终影响
Ⅰ	降低	降低	协同	降低
Ⅱ	降低	略有增加	$T>S$	略有降低
Ⅲ	降低	中等程度增加	$T=S$	无影响
Ⅳ	降低	极大增加	$T<S$	增加

表 2-4 食品冷冻过程中的化学反应加速实例

反应类型	反应物
氧化反应	维生素 C（抗坏血酸）、乳脂肪、油炸马铃薯食品中维生素 E、脂肪中 β-胡萝卜素与维生素 A 的氧化、牛奶
酶催化水解反应	蔗糖
蛋白质的不溶性	鱼、牛、兔的蛋白质

表 2-5　冷冻过程中酶催化反应加速的实例

反应类型	食品样品	反应加速的温度/℃
糖原损失与乳酸积蓄	动物肌肉组织	−3～−2.5
磷酸的水解	鳕鱼	−4
过氧化物的分解	快速冷冻马铃薯和慢速冷冻豌豆中的过氧化物酶	−5～−0.8
维生素 C 的氧化	草莓	−6

在食品冻藏过程中，冰晶体大小、数量、形状的改变也会引起食品劣变，这可能是冷冻食品品质劣变最重要的原因。由于冻藏过程中温度出现波动，温度升高时已冻结的小冰晶融化，温度再次降低时，原先未冻结的水或先前小冰晶融化的水将会扩散并附着在较大的冰晶体表面，造成再结晶的冰晶体积增大，这样对组织结构的破坏性很大。因此，在食品冻藏时，要尽量控制温度的变化，保持恒定。

食品冻藏有缓冻和速冻两种方法。速冻的肉，由于冻结速率快，形成的冰晶数量多、颗粒小且在肉组织中分布比较均匀，又由于小冰晶的膨胀力小，对肌肉组织的破坏很小，解冻融化后的水可以渗透到肌肉组织内部，因而基本上能保持原有的风味和营养价值；而缓冻的肉，结果则相反。速冻的肉解冻时，一定要采取缓慢解冻的方法，使冻结肉中的冰晶逐渐融化成水，并基本上渗透到肌肉中去，尽量不使肉汁流失，以保持肉的营养和风味。

2.6.2　玻璃化与食品稳定性的关系

水的存在状态有液态、固态和气态三种形态，在热力学上均属于稳定态，其中水分在固态时是以稳定的结晶态存在。食品体系十分复杂，与其他生物大分子一样，往往以无定形状态存在。

无定形（amorphous）是指物质所处的一种非平衡、非结晶状态，若饱和条件占优势且溶质保持非结晶，此时形成的固体就是无定形态。食品虽处于无定形态，其稳定性不会很高，但却具有优良的食品品质。因此，食品加工的任务就是在保证食品品质的同时，使食品处于亚稳态或处于相对于其他非平衡态来说比较稳定的非平衡态。

无定形态可以分为：玻璃态、橡胶态、黏流态。

玻璃态（glassy state）是物质的一种存在状态，此时的物质就像固体一样具有一定的形状和体积，又像液体一样分子之间的排列只是近似有序，因此是非晶态或无定形态。处于此状态的大分子聚合物的链段运动被冻结，只允许小尺度空间的运动（即自由体积很小），所以形态很小，类似坚硬的玻璃，因此称为玻璃态。玻璃态分子的移动性很低，物质的稳定性很高，硬糖是常见的玻璃态食品。

橡胶态（rubbery state）是指大分子聚合物转变为柔软而具有弹性的固体时的状态（此时还未熔化），分子具有相当的形变能力，它也是一种无定形态。根据形态的不同，橡胶态的转变可分为玻璃态转化区（glassy transition region）、橡胶态平台区（rubbery plateau region）和胶态流动区（rubbery flow region）等 3 个区域。

黏流态（viscous state）是指大分子聚合物能自由运动，出现类似一般液体的黏性流动的状态。

玻璃化转变温度（glass transition temperature，T_g）：指非晶态的食品体系从玻璃态到橡胶态转变的温度。T_g'是特殊的 T_g，指食品体系在冰形成时，具有最大冷冻浓缩效应的玻璃化转变温度。食品的玻璃化转变温度主要由其主要成分的玻璃化转变温度决定，其中大分子和水分产生的影响最大。一般来说，水分含量越高，食品的玻璃化转变温度越低（图 2-20）；平均分子量越大，T_g 越高。T_g 可以采用差示扫描量热法（differential scanning calorimetry，DSC）或动态机械分析（DMA）、动态机械热分析（DMTA）方法测定，也可采用热差法（DTA）、热膨胀计法、折射系数法、核磁共振或弛豫图谱分析。

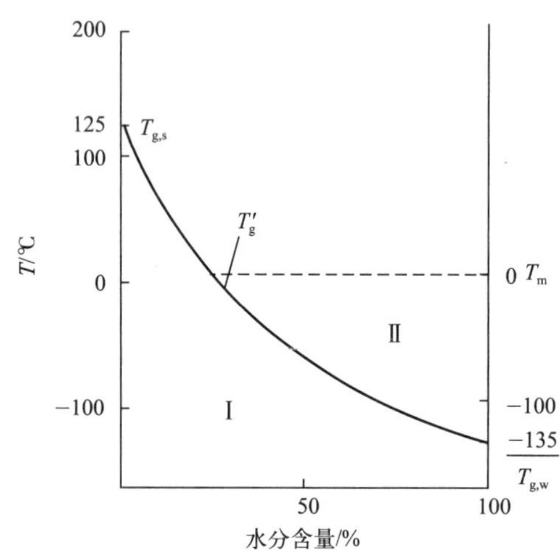

图 2-20　明胶状淀粉-水系统的相变化图

状态Ⅰ表示玻璃状；状态Ⅱ表示橡胶态；

$T_{g,s}$ 和 $T_{g,w}$ 分别表示脱水淀粉和水的相变温度；

T_m 表示冰的熔点

当 $T<T_g$ 时，大分子聚合物的分子运动能量很低，此时大分子链段不能运动，大分子聚合物呈玻璃态。

当 $T=T_g$ 时，分子热运动能增加，链段运动被激发，玻璃态开始逐渐转变到橡胶态，此时大分子聚合物处于玻璃转化区域。玻璃化转变发生在一个温度区间内，而不是某个特定的单一温度处。发生玻璃化转变时，食品体系不放出潜热、不发生一级相变、宏观上表现为一系列物理和化学性质的急剧变化，如食品体系的比体积、比热容、膨胀系数、热导率、折射率、黏度、自由体积、介电常数、红外吸收谱线和核磁共振谱线宽度等都发生突变或不连续变化。

当 $T_g<T<T_m$ 时（T_m 为熔化温度），分子的热运动能量足以使链段自由运动，但由于邻近分子链之间存在较强局部性的相互作用，整个分子链的运动仍受到很大抑制。此时聚合物柔软而具有弹性，动力黏度约为 10^7Pa·s，处于橡胶态平台区。橡胶态平台区的宽度取决于聚合物的分子量，分子量越大，该区域的温度范围越宽。

当 $T=T_m$ 时，分子热运动能量可使大分子聚合物整链开始滑动，此时橡胶态开始向黏流态转变，除了具有弹性外，出现明显的无定形流动性。此时，大分子聚合物处于橡胶态流动区。

当 $T>T_m$ 时，大分子聚合物链能自由运动，出现类似于一般液态的黏性流动，大分子聚合物处于黏流态。

食品中的水分含量和溶质种类显著影响食品的 T_g。糖类对无定形干燥食品的 T_g 影响很大，常见的糖如果糖、葡萄糖的 T_g 很低。因此，在高糖食品中，会显著降低食品的 T_g。一般来说，蛋白质和脂肪对 T_g 的影响并不显著。在没有其他外界因素影响下，水分含量是影响食品体系玻璃化转变温度的主要因素。通常每增加 1% 的水，T_g 降低 5～10℃。如表 2-6 所示，预糊化小麦淀粉与天然小麦淀粉随着含水量的增加，其 T_g 值在增大。

表 2-6　淀粉的玻璃化转变温度与含水量的关系

预糊化小麦淀粉		天然小麦淀粉	
含水量/（g/100g）	T_g/℃	含水量/（g/100g）	T_g/℃
0.153	62	0.151	90
0.166	53	0.164	67
0.181	40	0.178	59
0.222	28	0.221	40
0.247	25	0.256	33

食品的 T_g 随溶质分子量的增加而成比例增加，但当溶质分子量大于 3000 时，T_g 就不再依赖其分子量。对于具有相同分子量的同一类聚合物来说，化学结构的微小变化也会导致 T_g 的显著变化。对淀粉而言，结晶区虽然不参与玻璃化转变，但限制淀粉主链的活动，因此随淀粉结晶度的增大，T_g 增大。天然淀粉中含有 15％～35％的结晶区，而预糊化淀粉无结晶区，所以天然淀粉的 T_g 在水分含量相同的情况下明显高于后者；当水分含量在 0.221g/100g 干物质左右时，天然淀粉的 T_g 为 40℃，而预糊化淀粉的 T_g 仅为 28℃（表 2-6）。不同种类的淀粉，支链淀粉分子侧链数量越多，T_g 相应越低。如小麦支链淀粉与大米支链淀粉相比，小麦支链淀粉的侧链数量多且短，所以在水分含量相近时其 T_g 也比大米淀粉的 T_g 小。虽然 T_g 十分依赖溶质类别和水分含量，但 T_g'只依赖溶质的种类。

表 2-7 给出了部分食品的 T_g'值。蔬菜、肉类的 T_g'值一般高于果汁、水果的 T_g'值，所以冷藏或冻藏时，前几类食品的贮藏稳定性相对高于后者。但是在动物食品中，大部分脂肪和肌纤维蛋白质同时存在，在低温下并不被玻璃态物质保护，因此，即使在冻藏温度下动物食品的脂类仍具有较高的不稳定性。

表 2-7　一些食品的 T_g'

食品	T_g'/℃	食品	T_g'/℃
橘子汁	37.5±1.0	菜花	25
菠萝汁	37	冻菜豆	2.5
梨汁、苹果汁	40	青刀豆	27
桃	36	菠菜	17
香蕉	35	冰激凌	37～33
苹果	42～41	干酪	24
甜玉米	15～8	牛肌肉	11.7±0.6
鲜马铃薯	12	鳕鱼肉	12.0±0.3

2.6.3　水分转移与食品稳定性

食品中的水分转移有两种情况：第一，水分的位转移，即水分在同一食品的不同部位或在不同食品之间发生位转移，导致原来水分分布状况的改变；第二，水分发生相转移，特别是气相和液相水的互相转移，导致食品含水量的改变，这对食品的贮藏性、加工性和商品价值都有极大影响。

影响食品位转移的因素主要有两个：温度（T）和水分活度（A_w）。食品不同部位或不同食品间的温度（T）或水分活度（A_w）不同，则水的化学势就不同，水分就要沿着化学势梯度运动，从而造成食品中水分转移。从理论上讲，水分的位转移必须进行到食品中各部位水的化学势完全相等才能停止，即达到热力学平衡。

由温差引起的水分转移，是食品中水分从高温区域沿着化学势降落的方向运动，最后进入低温区域，这个过程既可在同一食品中发生，也可以在不同的食品间发生。前一种情况水分仅在食品中运动，后一种情况水分则必须借助空气介质。该过程是一个缓慢的过程。

由 A_w 差引起的水分转移，是水分从 A_w 高的区域自动地向 A_w 低的区域转移。如果把 A_w 高的苹果与 A_w 低奶粉置于同一环境中，则苹果的水分就逐渐转移到奶粉里，从而影响两者的品质。

食品中水分的相转移主要形式有水分蒸发（evaporation）和蒸汽凝结（condensing）。食品中的水分由液相转为气相，从而引起食品中水分减少的现象，称为水分蒸发。水分蒸发对食品的品质有重要的影响，如导致新鲜的水果外观缩水皱缩、新鲜度降低、脆性发生改变，降低其价值。在食品加工过程中，可以利用水分蒸发对食品进行脱水处理。从热力学角度来看，食品水分的蒸发过程是食品中水溶液形成的水蒸气和空气中的水蒸气发生转移-平衡的过程。由于食品的温度与环境温度、食品水蒸气压与环境水蒸气压不一定相同，因此两相间水分的化学势有差异。水分蒸发主要与空气湿度与饱和湿度差有关，饱和湿度差是指空气的饱和湿度与同一温度下空气中的绝对湿度之差。若饱和湿度差越大，则空气要达到饱和状态所能容纳的水蒸气量就越多，从而食品水分的蒸发量就大；反之，蒸发量就小。影响饱和湿度差的因素主要有空气温度、绝对湿度和流速等。空气的饱和湿度随着温度的变化而改变，温度升高，空气的饱和湿度也升高。在相对湿度一定时，温度升高，饱和湿度差变大，食品水分的蒸发量增大。在绝对湿度一定时，若温度升高，饱和湿度随之增大，所以饱和湿度差也加大，相对湿度降低，同样导致食品水分的蒸发量加大。若温度不变，绝对湿度改变，则饱和湿度差也随着发生变化，如果绝对湿度增大，温度不变，则相对湿度也增大，饱和湿度差减小，食品的水分蒸发量减少。空气的流动可以从食品周围带走较多的水蒸气，从而降低这部分空气的水蒸气压，加大了饱和湿度差，因而能加快食品水分的蒸发，使食品的表面干燥。

水蒸气的凝结是指空气中的水蒸气在食品表面凝结成液体水的现象。一般来讲，单位体积的空气所能容纳水蒸气的最大数量随着温度的下降而减少，当空气的温度下降一定数值时，就有可能使原来饱和的或不饱和的空气变为过饱和状态，与食品表面、食品包装容器表面等接触时，则水蒸气便可能在表面上凝结成液态水。

2.7 分子流动性与食品稳定性的关系

利用 A_w 来预测与控制食品稳定性已在食品生产中得到广泛应用，而且是一种十分有效的方法。除此之外，水的分子流动性与食品的品质稳定性之间也密切相关。

2.7.1 基本概念

分子流动性（molecular mobility，Mm）：也称分子移动性，是分子的旋转移动和平转移动性的总度量。决定食品 Mm 值的主要因素是水和食品中占支配地位的非水成分，对食品稳定性也是一个重要的影响参数。目前的研究多基于纯化学成分或纯食品原料（如蛋白质、核酸、多糖等原料）为对象，对于复杂成分食品的研究较少。

大分子缠结（macromoleculer entanglement）：指大的聚合物以随机的方式相互作用，没有形成化学键，有或没有氢键。大分子缠结能影响食品的性质，通过阻碍水分的迁移，有助于保持谷物食品的脆性，减缓冷冻食品的结晶速度。

食品的 Mm 是分子在食品贮藏与销售期间与稳定性和加工性能有关的运动形式，包括：分子的液态移动或机械拉伸作用导致其分子的移动或变形；由化学电势或电场的差异所造成的液剂或溶质的移动；由分子扩散所产生的布朗运动或原子基团的移动；在食品体系中或容器中，分子间的交联、化学反应或酶促反应所产生的分子运动与变化。Mm 与分子的黏度、质构、力学性能等也密切相关。当食品或食物处于完全且完整的结晶状态下时 Mm 值为 0，食品处于完全的玻璃态时，Mm 值几乎为 0，但绝大多数食品的 Mm 值大于 0。

决定 Mm 主要因素有：水和食品中占优势的非水成分以及食品的温度。温度越高分子流动越快，水分含量及水与非水成分之间的作用影响所有处在液相状态的成分的流动特性。相态的转变也可改变 Mm。

2.7.2　状态图

水分子流动性与食品稳定性之间的关系，可以用状态图（state diagram）表示。状态图是补充的相图（phase diagram），能够进一步说明干燥、部分干燥或冷冻食品的分子流动性（Mm）与稳定性的关系，它包含平衡状态和非平衡状态的数据，描述了不同含水量的食品在不同温度下所处的物理状态。

在恒压下，以溶质含量为横坐标，以温度为纵坐标作出的二元体系状态图如图 2-21 所示。由融化平衡曲线 T 可见，食品在低温冷冻过程中，随着冰晶的不断析出，未冻结相溶质的浓度不断提高，冰点逐渐降低，直到食品中非水组分也开始结晶（此时的温度可称为共晶温度 T_E），形成所谓共晶物后，冷冻浓缩也就终止。由于大多数食品的组成相当复杂，其共晶温度低于起始冰结晶温度，所以其未冻结相随温度降低可维持较长时间的黏稠液体过饱

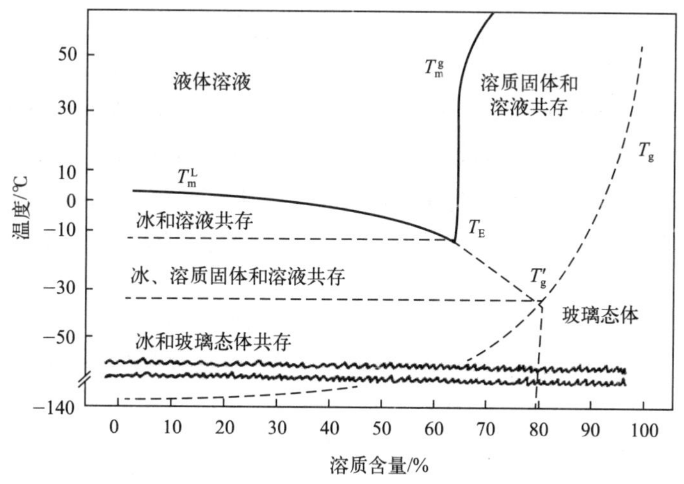

图 2-21　二元体系的状态图

和状态，即所谓的橡胶态。此时，物理、化学及生物化学反应依然存在，并终将导致食品腐败。继续降低温度，未冻结相的高浓度溶质的黏度开始显著增加，并限制了溶质晶核的分子移动与水分的扩散，食品体系将从未冻结的橡胶态转变成玻璃态，对应的温度为 T_g。

玻璃态下未冻结的水不是按照氢键方式结合的，其分子被束缚在由极高浓度的溶质所产生的具有极高黏度的玻璃态下，这种水分没有参与化学反应的活性，也不能被微生物利用。整个食品体系以非结晶性固体形式存在，具有高度稳定性。因此，低温冷冻食品的稳定性可以用该食品的贮藏温度 T 与 T_g 的差值表示，差值越大，食品的稳定性越差。

2.7.3 分子流动性对食品稳定性的影响

Mm 可以预测食品体系的化学反应速率。这些化学反应包括如蛋白质折叠反应、酶催化反应、质子转移变化、自由基结合反应等。此外，大多数食品都是以亚稳态或非平衡状态存在，其中大多数物理变化和部分化学变化均由 Mm 值控制。决定食品 Mm 值的主要成分是水和食品中占优势的非水组分。水分子体积小，常温下为液态，黏度也很低，所以在食品体系温度处于 T_g 时，水分子仍然可以转动和移动；而作为食品主要成分的蛋白质、碳水化合物等大分子聚合物，不仅是食品品质的决定因素，还影响食品的黏度、扩散性质等，所以它们也决定食品的分子移动性。因此，绝大多数食品的 Mm 值不等于 0。

大多数食品都是以亚稳态或非平衡状态存在，食品中 Mm 取决于限制性扩散速率。对于溶液中的化学反应速率主要受三方面的影响：扩散系数（D，一个反应的进行，反应物必须相互碰撞）、碰撞频率因子（A，单位时间内碰撞次数）和化学反应的活化能因子（E_a，反应物能量必须超过使它转变成产物的能量）。如果 D 对反应的限制性大于 A 和 E，那么该反应就是扩散限制反应，例如质子转移、自由基结合反应、酸碱中和反应、许多酶促反应、蛋白质折叠、聚合物链增长以及血红蛋白和肌红蛋白的氧合/去氧合作用等。

高含水量食品在室温下有的反应是限制性扩散，而对于如非催化的慢反应则是非限制性扩散，当温度降低到冰点以下和水分含量减少到溶质饱和/过饱和状态时，这些非限制性扩散反应也可能成为限制性扩散反应，主要原因可能是黏度增加。

2.7.4 水分活度和分子流动性预测食品稳定性的比较

A_w 可作为预测与控制食品品质稳定性的重要指标外，用 Mm 也可以预测食品体系的化学反应速率。食品体系的各种成分对其玻璃化转变温度会产生重要影响，了解食品体系的玻璃化转变温度与食品中各成分的关系对于食品加工和贮藏都有极好的指导意义。食品体系的玻璃化转变温度仅为预测食品贮藏稳定性提供了一个基本的准则，而且目前关于如何简单、快捷地准确测量实际食品玻璃化转变温度的方法仍处于发展阶段。如何将玻璃化转变温度、水分含量、水分活度等重要临界参数和现有的技术手段综合考虑，并应用于各类食品加工和贮藏过程的优化，是今后研究的重点。

A_w 是判断食品稳定性的有效指标，主要反映食品中水的有效性，如研究食品中水的有效性及利用程度等。Mm 是评估食品稳定性，主要关注食品的微观黏度和化学组分的扩散能力。T_g 是从食品的物理特性变化方面来评价食品的稳定性。

一般来说，在估计不含冰的食品中非扩散限制的化学反应速度和微生物生长方面，应用 A_w 效果较好些，而 Mm 法效果较差，甚至不可靠。在估计接近室温贮藏的食品品质稳定性时，运用 A_w 和 Mm 效果基本相当。在估计扩散限制的性质，如冷冻食品的理化性质、冷冻干燥的最佳条件及结晶作用、凝胶作用和淀粉老化等物理变化时，应用 Mm 法效果较为有效，而 A_w 在预测冷冻食品的物理或化学性质中是无用的。

思考题

1. 从水和冰的结构上来分析，它们有哪些独特的物理性质？
2. 用氢键理论解释水特殊的物理性质（高比热容、高沸点、高熔点等）。
3. 解释食品的过冷现象及冻结过程。
4. 食品中的水分与离子、亲水性物质、疏水性物质的作用方式有何特点？
5. 简述蛋白质的疏水相互作用对于蛋白质空间结构的影响。
6. 笼状水合物结构是怎样形成的？
7. 名词解释：持水力、结合水、构成水、邻近水、多层水、体相水、截流水。
8. 食品中水分的存在状态有哪些，并说明有哪些特点？
9. 水分活度与水分含量有哪些方面的区别？
10. 降低水分活度对食品的贮藏有哪些影响？其机理是什么？
11. 食品在冰点以上贮藏和冰点以下贮藏中，水分活度所产生的意义有何不同？
12. 解析食品的水分吸附等温线，指明各区间代表的含义。
13. 什么是吸附滞后现象？简述滞后现象的实际意义。
14. 水分吸附等温线受哪些因素影响？
15. 简述 T_g 在预测食品稳定性方面的作用。
16. 阐述玻璃态、玻璃转化温度、分子流动性和状态图的含义。
17. 为什么说 BET 单层是相当于干制品能保持最高稳定性且能含有的最大水分含量，和真实单层有什么区别，如何测定 BET 值？
18. 简述水分活度、水分流动性和食品稳定性的关系。

参考文献

[1] Guo J, Meng X, Chen J, et al. Real-space imaging of interfacial water with submolecular resolution [J]. Nature Materials, 2014, 13 (2): 184-189.
[2] 阚建全．食品化学 [M]. 北京：中国农业大学出版社，2021.
[3] 冯凤琴．食品化学 [M]. 北京：化学工业出版社，2022.
[4] 汪东风，徐莹．食品化学 [M]. 北京：化学工业出版社，2019.
[5] 谢明勇．食品化学 [M]. 北京：化学工业出版社，2018.
[6] 江波，杨瑞金．食品化学 [M]. 北京：中国轻工业出版社，2018.

第3章 碳水化合物

知识结构

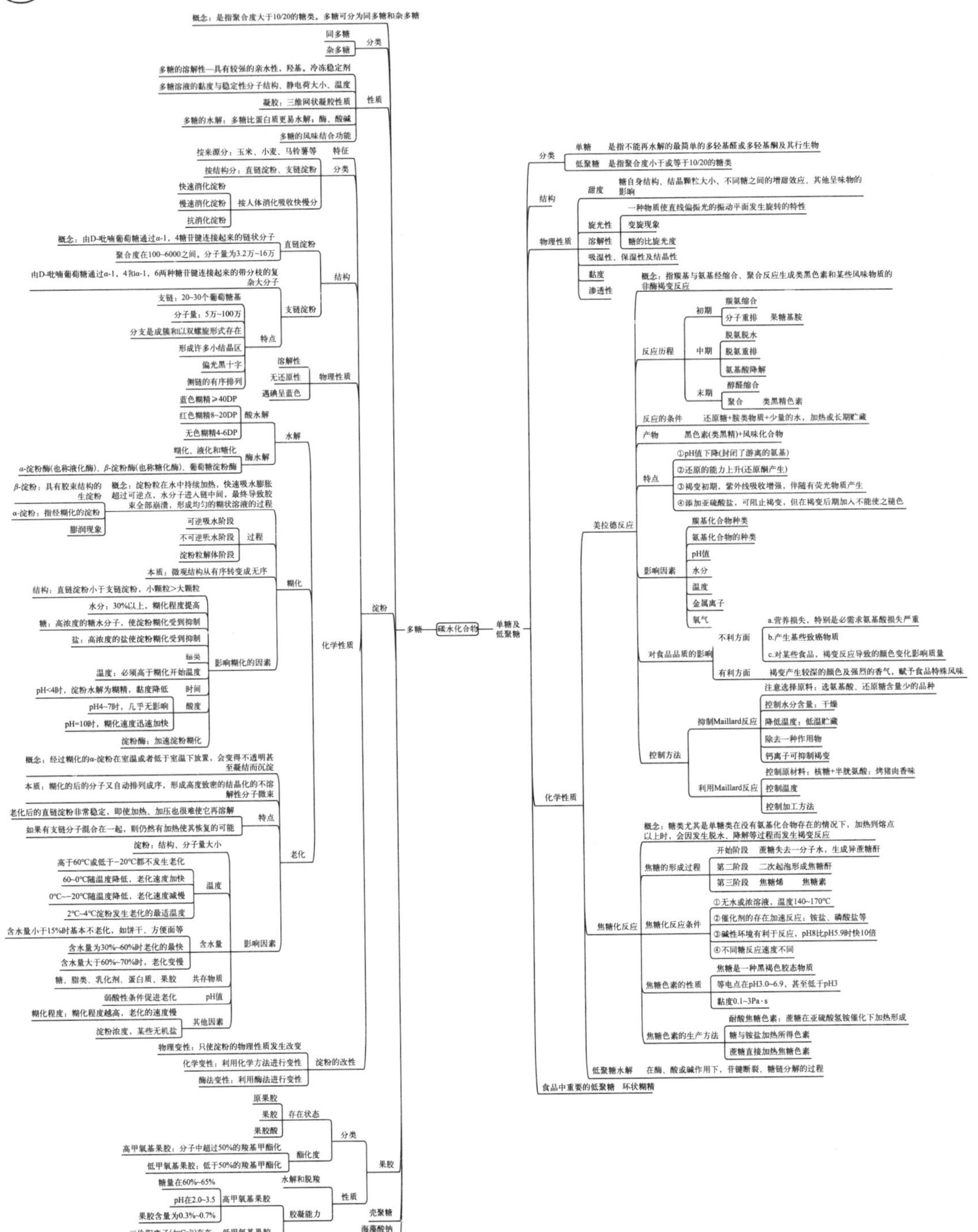

学习目标

知识目标　① 了解碳水化合物在营养健康和食品加工中的作用及研究的前沿动态。
② 熟悉碳水化合物的分类规则。
③ 识记食品中常见的单糖、低聚糖和多糖的结构及功能。
④ 掌握碳水化合物主要的食品化学反应。
⑤ 理解并解释碳水化合物的性质及食品化学反应对食品品质和安全性的影响。

能力目标　① 能够运用所学知识识别和判断实际生产和生活中因碳水化合物的存在而引起的问题。
② 能够运用所学知识分析影响碳水化合物在加工、贮运中过程变化的关键环节和参数。
③ 能够运用所学知识评价碳水化合物变化对食品品质和人体健康的影响。
④ 能够运用所学知识初步设计由碳水化合物变化而引起的食品质量、安全问题的解决方案。
⑤ 在所学的碳水化合物相关知识基础上进行创新性的思考和实践。

素养目标　① 培养严谨的科学态度、辩证、创新的学科思维。
② 培养良好的职业道德、职业能力和职业品质以及“敬业、精益、专注、创新”的工匠精神。

知识引导

生活中的糖有哪些？它们以什么形式存在？烤面包、做红烧肉时为什么会散发诱人的香味，表面会变成棕褐色？焦糖色系是怎么形成的？米酒为什么会产生甜味？方便米饭是利用什么原理加工而成的？低温久放的馒头为什么会掉渣？果冻为什么会呈现 Q 弹的形状？从这章的学习过程来寻求答案吧。

糖水化合物广泛存在于食品原料中，原料经高温加热制备食品的过程中，一些碳水化合物会发生化学反应产生理想的棕色色素、风味或香气，对食品品质产生有利影响，但在加热或含有还原糖的食品长期贮存过程中获得的其他棕色、风味、香气或其他化合物是不希望的。了解并掌握碳水化合物在食品加工过程中的主要变化，并有效利用、控制变化对食品品质和安全性的影响是本章的主题。

3.1　概述

碳水化合物存在于所有生物细胞中。太阳能以光的形式到达地球，被陆地和海洋植物转化为糖类，这些糖类一部分用于在合成点（即绿色生长的嫩枝）构建各种植物组分和结构，另一部分则被运输到植物的其他位置用来制造其他成分。这些植物组分为所有其他生命形式提供食物和能量。一些最初的光合作用碳水化合物材料被转化为其他有机化合物，如蛋白质、脂肪和木质素。剩余大部分碳水化合物转变为糖聚合物（称为多糖），它们构成了植物干重的 90％以上，并至少占所有生命体干重的四分之三。据估计，每年通过光合作用产生

约 1×10^{12} 吨生物质。

除水外，碳水化合物是食品及人类饮食中最常见的成分（既包括天然成分也包括添加剂）。牛奶含有碳水化合物（乳糖及其他寡糖），是所有哺乳动物（包括人类）最初摄入的第一种食品；同时作为植物组织的主要组成成分，几乎出现在所有成年人的饮食中。在全球范围内，其提供了人类摄入热量的至少四分之三。淀粉、乳糖和蔗糖都可以正常消化，它们与D-葡萄糖和D-果糖一样，都是人体的能量来源。我们把人们可以吸收利用的碳水化合物称为有效碳水化合物。

食品中碳水化合物不仅是能量来源，还包含一些虽不能被消化吸收却能赋予口感特征并对健康有益的多糖（如膳食纤维）。这类物质在食品配方中应用广泛，具有以下优势：原料价格低廉且可从多种可再生资源获取；具有多样的分子结构（不同聚集程度、分子量大小与形态）及独特的理化和物理特性；可通过化学、生物化学修饰（在某些情况下进行物理/基因修饰）来优化性能，从而拓展其作为食品配料的适用范围。此外，它们还具有无毒安全的特性。

3.2 碳水化合物的作用

3.2.1 碳水化合物的生理功能

（1）供给机体能量

碳水化合物是人体里利用效率最高、来源最广的能源，碳水化合物被人体摄入后在体内经消化变成葡萄糖或其他单糖参加机体代谢，每克葡萄糖产生 4kcal（1kcal＝4.18kJ）的热量。一般来说，碳水化合物的推荐摄入量是每天摄入总能量的 60%～65%。平时摄入的碳水化合物主要来源于主食中的多糖，如米饭、面食、杂粮、豆类等。除了碳水化合物供能外，蛋白质和脂肪也为机体的正常生长代谢提供能量。

（2）构成细胞和组织的必要成分

每个细胞都含有 2%～10%的碳水化合物，它们以不同的形式（如糖脂、糖蛋白和蛋白多糖等）分布在细胞膜、细胞液、细胞间质以及细胞器膜中，并发挥不同的生物学功能，是构成细胞和组织不可缺少的成分。

（3）调节机体代谢

碳水化合物、蛋白质和脂质的分解和合成与葡萄糖分解代谢的途径有关。碳水化合物在人体内的代谢主要经历消化吸收、糖酵解和三羧酸循环三个阶段。碳水化合物通过口腔、胃和小肠内的酶的作用，转化为单糖并被吸收进入血液中。葡萄糖可以被细胞摄取进行糖酵解，产生能量和重要的代谢中间产物，然后进入三羧酸循环，而蛋白质代谢产生的一些氨基酸和脂肪代谢产生的脂肪酸也参与三羧酸循环，因此可通过碳水化合物来调节机体的糖代谢、脂代谢、蛋白质代谢。

（4）解毒和保护肝脏

肝脏对人体具有重要的解毒作用，当有毒物质进入肝脏，糖类代谢过程中产生的葡萄糖醛酸可与有毒物质结合进而解毒。碳水化合物还有助于增强肝细胞的再生，促进肝脏代谢，具有保护肝脏的作用。

（5）维持大脑功能的必需来源

大脑内部的糖原贮备非常有限，几乎所有的生理活动的供能都来源于葡萄糖，葡萄糖是维持大脑正常功能的必需营养素，因此大脑对糖的反应十分敏感。

（6）调节肠道菌群

碳水化合物与肠道菌群的多样性和丰度密切相关。

3.2.2　碳水化合物在食品加工中的作用

食物是人体生长发育不可缺少的营养物质，也是进行体力活动的能量来源。随着人类的发展和科技的进步，食品加工也由手工操作逐步向机械化、自动化方向发展。而碳水化合物作为许多食品的基本成分之一，在食品工业中具有举足轻重的地位。

（1）构成食品的主要成分

人类赖以生存的食物中含有丰富的碳水化合物。大米、糯米等谷物类食物中碳水化合物的含量在 60%～70%；新鲜的甘薯和马铃薯中碳水化合物含量为 15%～25%；豆类中碳水化合物含量差别较大，黄豆中碳水化合物约占 34%，绿豆中碳水化合物约占 62%；而水果、蔬菜的碳水化合物占干物质的 80%～90%；动物类食物碳水化合物占 2%～5%。各类食物碳水化合物的来源及含量见图 3-1。

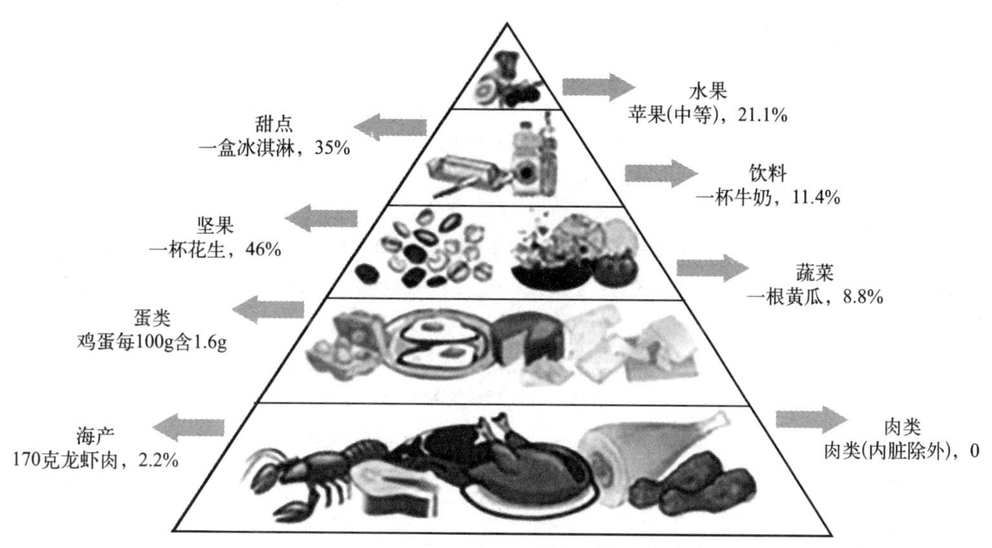

图 3-1　各类食物碳水化合物的来源及含量

（2）低分子糖类可作为甜味剂

甜味是食品中重要的风味，甜味的食品在食品中占有很大比例，如糖果是典型甜味食品的代表，糖果工业也是食品工业的一个重要组成部分。生产糖果的原料有白砂糖、果葡糖浆、葡萄糖、乳糖、蜂蜜等，这些天然甜味剂，使食品呈现特定的甜味。除糖果以外，市场上的碳酸饮料、蛋白饮料、酸牛奶等食品，在加工过程中必须使用甜味剂改善风味。

（3）糖类广泛用于改善食品的加工性能

天然存在的和改性的碳水化合物被用作各种食品的原料，因其具有多重功能。碳水化合物的大部分物理化学性质，与脆性、结晶性、乳化性和悬浮稳定性等性质有关，如流动特性、凝胶特性、凝胶形成、玻璃态形成、玻璃化转变、湿度、口感、持水量和黏度等。碳水化合物经常被用作配料，因为它们通过与水、蛋白质及其他成分的相互作用影响产品特性。有些（如膳食纤维或益生元类）被添加为有益健康的成分。因此碳水化合物作为原料可用于赋予食品外观、质地、风味、稳定性、营养和其他属性，并改善食品的加工和贮藏性能。如蛋糕配方中的糖不是为了使蛋糕变甜，而是为了提供所需的质地。糖类改变食品加工性能的例子见表 3-1。

表 3-1　糖类改变食品加工性能

作用	加工性能
延长食品的保质期	增加了渗透压，可以抑制微生物的生长繁殖，从而有效地延缓了食品的变质过程
抗氧化作用	很多糖如饴糖、淀粉糖浆等具有还原性，可以有效地延缓油脂的氧化变质，从而延长食品的保存期
提供酵母发酵的碳源	在生产发酵性食品如面包、酸奶等时，常用蔗糖、饴糖、淀粉糖浆等来补充微生物的碳源，从而促进微生物的生长繁殖，以改善加工过程和提高食品的风味和品质
最大限度地保留食品中的挥发性物质，提高食品的风味	糖类在溶液中分子间通过氢键联合，形成一个较稳定的能捕捉易挥发性物质分子的网络，能够吸附和包埋风味物质，以达到保护和稳定食品风味的目的
抑制食品中的不良风味	有些糖类物质对不良风味有抑制作用，如β-环糊精能掩盖柠檬古素的苦味；咖啡的苦味分子与蔗糖甜味分子有效混合，可以使咖啡的风味更加独特
参与食品中的非酶褐变	糖类参与的食品非酶褐变主要有美拉德反应和焦糖化反应，这些反应可以产生风味物质和呈色物质
作为增稠剂、稳定剂广泛应用于食品加工	在食品工业中增稠剂是用来提高食品的黏度或形成凝胶的一类非常重要的食品添加剂。它可以改善食品的物理性质，保持水分，赋予食品黏滑适口的口感，也可以改善食品的外观。同时这些物质可以起到稳定食品体系的乳化状态和悬浮状态的作用，在一些食品中用作稳定剂
用作填充剂	一些糖类可以用作填充剂以提高食品的加工性能或降低生产成本。如用麦芽低聚糖作填充剂可生产粉末果汁、粉末调味品、咖啡伴侣等粉末性食品，此外麦芽糖可在生产酶制剂时作填充剂以提高酶的稳定性
提高食品的持水能力，防止淀粉老化	许多糖类物质如甲壳低聚糖、异麦芽低聚糖、果糖等具有很好的持水能力，用在含淀粉多的食品中可以延缓淀粉的老化过程
降低食品冰点	一些单糖及低聚糖的冰点较低，用于冰淇淋等冷食品加工中，可以降低冰淇淋的冰点，从而使其质地柔软、细腻可口
抑制蛋白质变性	有些糖如海藻糖能抑制蛋白质在干燥时变性

(4) 作为功能性因子用在功能性食品中

功能性食品所添加的功能性因子有很多种类，碳水化合物功能性因子是其中一个大类，主要有活性多糖、功能性甜味剂。如膳食纤维具有预防冠状动脉硬化，调节糖尿病患者的血糖水平，预防肥胖、直肠癌、便秘等功能，可将甘蔗纤维、小麦纤维、米糖纤维、玉米纤维、豆类种皮纤维加入饼干、糖果、面包等产品中制成强化膳食纤维的功能性食品；真菌多糖具有提高免疫力等功能，把真菌多糖作为功能性基料添加到食品中制成多种增强免疫力的功能性食品；功能性低聚糖是人体肠道内有益菌双歧杆菌的有效增殖因子，它可替代蔗糖而广泛地用于饮料、糖果、糕点、冰淇淋、乳制品及调味料等，制造低热量的功能性食品。

3.3　碳水化合物的分类与结构

碳水化合物可以被分为几种不同的类别。根据功能进行分类，可以分为膨胀剂、乳液稳定剂、成胶剂、悬浮剂、增黏剂等。但传统的分类方法是根据分子大小对它们进行分类，可分为单糖、双糖、寡糖、多糖和结合糖等。

3.3.1 单糖

单糖是指不能被水解成更简单（更小）的糖类的分子。因此，单糖是有时被称为“简单的糖”或简称为“糖”。食品中常见的单糖如葡萄糖、果糖、半乳糖、甘露糖等，大部分单糖具有甜味。

从官能团去分析，单糖母体是含有 3 个或 3 个以上碳原子的多羟基醛 H— $[CHOH]_n$—CHO 或多羟基酮 H— $[CHOH]_n$—CO— $[CHOH]_m$—H，个别还有氨基。它包括醛糖、二醛糖、醛酮糖、酮糖、二酮糖、脱氧糖、氨基糖以及它们的衍生物。

单糖的结构有链状和环状两种，链状单糖是依据单糖母体的开链结构名称来命名的。单糖母体可以采用系统命名，根据糖的碳原子数命名为三碳糖（丙糖）、四碳糖（丁糖）、五碳糖（戊糖）、六碳糖（己糖）等，食品中的单糖以己糖为主；糖的构型则用俗名的前缀标示，如 D-葡萄糖（D-glucose）。相比于糖的系统命名，糖的俗名更常用，C_3～C_6 的糖多用俗名（图 3-2）。

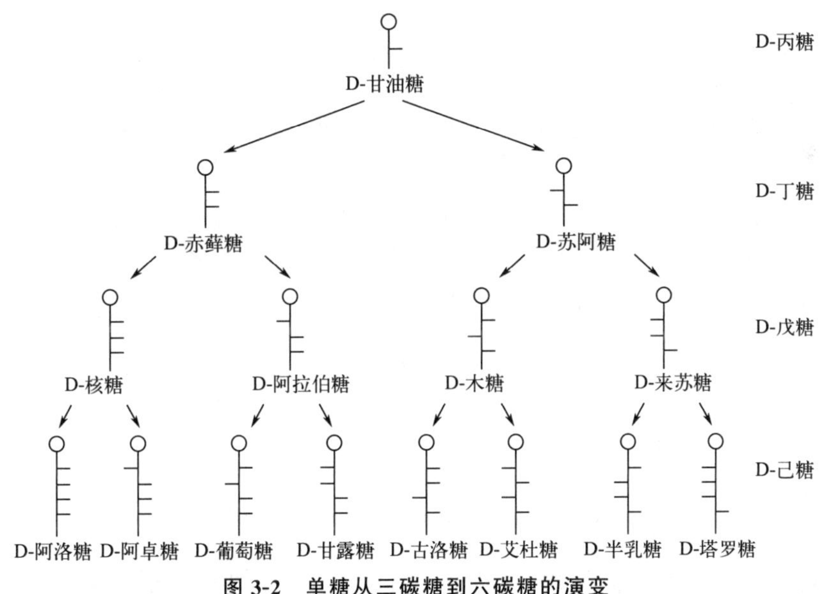

图 3-2 单糖从三碳糖到六碳糖的演变

除了链状结构外，大多数的单糖以五元环、六元环环状半缩醛或半缩酮的形式存在。五元环状半缩醛或半缩酮糖称为呋喃糖，六元环的则称为吡喃糖。命名时在原糖名前加“呋喃”或“吡喃”，如呋喃葡萄糖（glucofuranose）或吡喃葡萄糖（glucopyranose）。由闭环所形成的新手性中心称为端基中心，两个立体异构体称为端基异构体，并根据端基中心环外羟基与标示构型羟基的关系用 α 或 β 标示。α 异构体是指端基中心上的环外氧原子与构型标示原子上的氧原子在 Fischer 投影式中呈顺式（*cis*）的异构体，β 异构体是呈反式（*trans*）的异构体，标示端基异构体符号“α”或“β”用连接号写在标示构型的符号“D”或“L”之前。环状结构的 Fischer 投影式表示法、Haworth 表示法、Mills 表示法如图 3-3 所示。

3.3.2 低聚糖

低聚糖是 2～10 个单糖单元通过糖苷键聚合而成的碳水化合物。糖苷键是一个单糖的

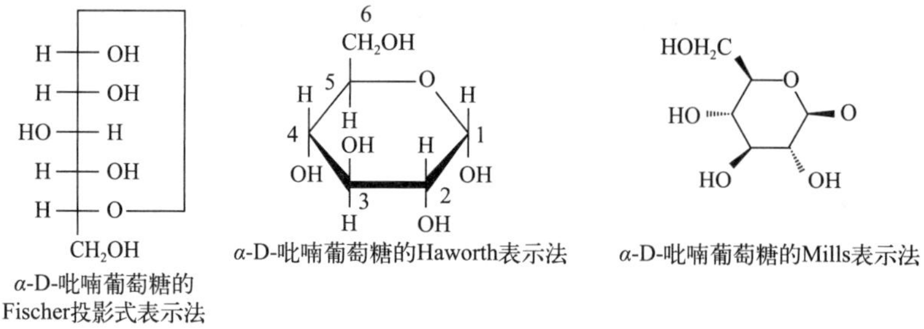

α-D-吡喃葡萄糖的
Fischer投影式表示法
α-D-吡喃葡萄糖的Haworth表示法
α-D-吡喃葡萄糖的Mills表示法

图 3-3　单糖环状结构的不同表示方法

半缩醛羟基（苷羟基）和另一单糖的某一羟基脱水缩合形成的。低聚糖广泛存在于多种天然食物中，谷物、果蔬、豆类、乳品等均含有低聚糖。常见的低聚糖以二糖为主（图 3-4），如蔗糖、麦芽糖、乳糖、海藻糖等，也有三糖、四糖、五糖等，如低聚麦芽糖、环状糊精、低聚木糖、大豆低聚糖等。低聚糖的特点为相较于单糖难以被胃肠消化吸收，甜度低，热量低。

α-1,4
麦芽糖
α-1,2
β-1,4
乳糖
蔗糖

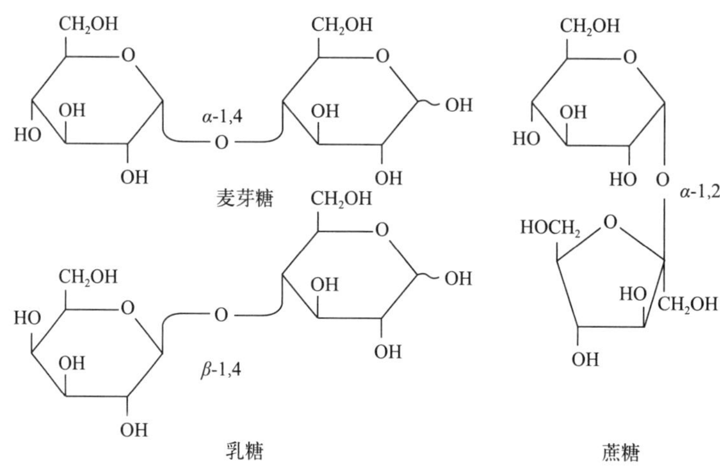

图 3-4　麦芽糖、蔗糖、乳糖的结构式

许多低聚糖具有生理功能，目前食品中应用较为广泛的功能性低聚糖主要有低聚木糖、低聚果糖、低聚半乳糖、低聚异麦芽糖和大豆低聚糖等，其功能特性如表 3-2 所示。

表 3-2　几种重要的低聚糖的功能特性

性质	蔗糖（sucrose）	麦芽糖（maltose）	乳糖（lactose）	纤维二糖（cellobiose）	海藻糖（trehalose）	果葡糖浆（fructose）
组成	1 葡萄糖＋1 果糖＋α-1,2-糖苷键	2 葡萄糖＋α-1,4-糖苷键	1 半乳糖＋1 葡萄糖＋β-1,4-糖苷键	2 葡萄糖＋β-1,4-糖苷键	2 葡萄糖＋1,1-糖苷键	葡萄糖、果糖混合物
还原性	无	有	有	有	无	有
甜度	—	1/3 蔗糖	1/6 蔗糖	低	低	1.0、1.4、1.7（依浓度）

3.3.3 多糖

多糖是由超过 10 个单糖通过糖苷键聚合而成的高分子碳水化合物。由相同的单糖组成的多糖称为同多糖，例如淀粉、纤维素和糖原。由不同的单糖组成的多糖称为杂多糖，如阿拉伯胶、褐藻酸、透明质酸、果胶、半纤维素等。多糖是生物质的最大组成部分。据估计，自然界中 90%以上的碳水化合物是以多糖形式存在的。多糖中的单糖数目称为聚合度(DP)，随多糖类型的不同而不同。只有少数天然多糖的 DP 小于 100，大多数多糖的 DP 都在 200～3000 之间。较大的多糖，如纤维素，其 DP 为 7000～15000。淀粉的主要成分是支链淀粉，平均 DP 超过 100000（平均分子量超过 10^7）。与大多数低聚糖一样，多糖中的单糖单元通过糖苷键以头尾相连的方式连接在一起。多糖分子可以是线性的，也可以是支链的（图 3-5）。因此，所有多糖都有且只有一个还原端。支链多糖具有多个非还原端。多糖没有甜味，水解后会产生单糖和低聚糖；其主要通过物理化学性质影响食品加工品质，在人体内更多地发挥其功能特性。表 3-3 为按来源对食物中所选多糖的分类。

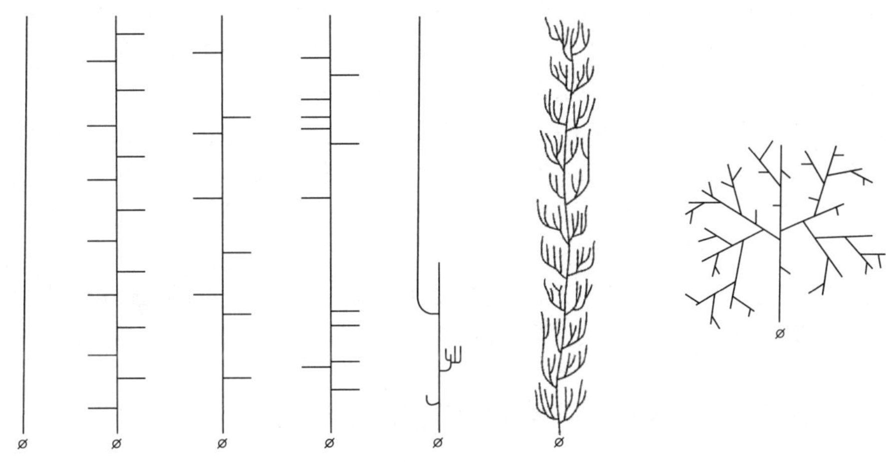

图 3-5　多糖分子小片段结构示意图

表 3-3　按来源对食物中所选多糖的分类

分类	实例
藻（海藻提取）	海藻酸盐、卡拉胶
高等植物	
不溶性	纤维素
水果提取物	果胶
种子	玉米淀粉、大米淀粉、小麦淀粉、葡聚糖、瓜尔胶、刺槐豆胶、塔拉胶、车前籽胶、罗望子籽多糖
块根块茎	马铃薯淀粉、木薯淀粉、魔芋葡甘露聚糖
渗出液	阿拉伯胶、卡拉亚树胶、黄蓍胶
微生物（发酵物）	α-葡聚糖、胶原多糖、曲度菌多糖、泊尔拉兰和葡聚糖

续表

分类	实例
降解的	
从纤维素	羧甲基纤维素、羟丙基纤维素、羟丙基甲基纤维素、甲基纤维素
从淀粉	淀粉醋酸酯、淀粉己二酸酯、淀粉1-辛烯基琥珀酸酯、淀粉磷酸盐、淀粉琥珀酸酯、羟丙基淀粉、糊精
合成的	葡聚糖

3.3.4 结合糖

结合糖是指糖类与蛋白质或脂类共价结合的复合物，主要包括糖蛋白、蛋白聚糖和糖脂三大类。

糖蛋白是由糖与蛋白质通过共价键连接而形成的共价化合物。糖蛋白分子中糖含量范围较大，一般在1%～85%之间。根据糖与蛋白质的连接方式可以把糖蛋白分为N-连接糖蛋白、O-连接糖蛋白和糖基化磷脂酰基醇锚定蛋白三类。生物体中的蛋白质多数是以糖蛋白的形式存在，如酶、载体、激素、抗体受体和血型抗原等。

蛋白聚糖是与糖蛋白不同类的蛋白质和糖的结合物。蛋白聚糖是一类由一条或多条糖胺聚糖和一个核心蛋白共价连接而成的糖复合物，其含糖量较高，一般在95%以上。蛋白聚糖在化学性质上更类似于多糖而非蛋白质。主要存在于细胞膜、细胞外基质等部位，与细胞组织的结构和功能息息相关。

糖脂是指糖类通过其还原末端以糖苷键与酯类连接的化合物，根据糖与不同的酯类物质连接，可以分为鞘糖脂、甘油糖脂、磷酸多萜醇衍生物糖脂、类固醇衍生物糖脂等。

3.4 碳水化合物的物理性质和功能特性

3.4.1 旋光性

旋光性是指一种物质使直线偏振光的振动平面发生向左或向右旋转的特性，其旋光方向以不同的符号表示。右旋为D-或（+），左旋为L-或（－）。

除丙酮糖外，其余单糖分子结构中均含有手性碳原子，故都具有旋光性，因此旋光性是鉴定糖的一个重要指标。糖的比旋光度是指1mL含有1g糖的溶液在透光层为1dm时使偏振光旋转的角度，通常用 $[\alpha]_{\lambda}^{t}$ 表示。其中 t 为测定时的温度，λ 为测定时光的波长，一般采用钠光，用符号D表示。

糖刚溶解于水时，其比旋光度是处于动态变化中的，到一定时间后就趋于稳定。这种现象称为变旋现象，这是由糖发生的构象转变所引起的，因此对有旋光性的糖在测定其比旋光度时，必须使糖溶液静置一段时间后（24h）再测定。

3.4.2 甜度

甜味是糖的重要性质，甜味的强弱用甜度来表示，但甜度目前还不能用物理或化学方法定量测定，只能采用感官比较法。即通常以蔗糖非还原糖为基准物，一般以10%或15%的蔗糖水溶液在 20℃时的甜度为 1.0，其他糖的甜度则与之相比较而得。由于这种甜度是相对的，所以又称为比甜度。

糖甜度的高低与糖的分子结构、分子量、分子存在的状态及外界因素有关，即分子量越大，溶解度越小则甜度越小。此外，糖的 α 型和 β 型也影响糖的甜度。如对于某些糖，如把 α 型的甜度定为 1.0，则 β 型的甜度为 0.666 左右。结晶葡萄糖是 α 型，溶于水以后一部分转变为 β 型，所以刚溶解的葡萄糖溶液最甜。与之相反，若 β 型果糖的甜度为 1.0，则 α 型果糖的甜度是 0.33。结晶的果糖是 β 型，溶解后一部分变为 α 型，达到平衡时其甜度下降。

优质的糖应具备甜味纯正、甜度高低适当、甜感反应快消失迅速的特点，常用的几种单糖基本上符合这些条件，但仍有差别。例如，与蔗糖相比，果糖的甜度感觉反应快，达到最高甜度的速度快，持续时间短；而葡萄糖的甜味感觉反应慢，达到最高甜度的速度也慢，甜度最低，具有凉爽的感觉。

不同种类的糖混合时对其甜度有协同增效作用，例如，蔗糖与葡萄糖结合，使用前会使其甜度增加 20%～30%，5%葡萄糖溶液的甜度仅为同浓度蔗糖甜度的 1/2，但若配成 5%的葡萄糖与 10%蔗糖的混合溶液，甜度相当于 15%的蔗糖溶液的甜度。

低聚糖除蔗糖、麦芽糖等双糖外，其他低聚糖可作为一类低热值、低甜度的甜味剂，在食品中被广泛应用，尤其是作为功能性食品甜味剂备受青睐。

3.4.3　溶解度

单糖分子中具有的多个羟基，使它能溶于水，尤其是热水，但不能溶于乙醚、丙酮等有机溶剂。在同一温度下，各种单糖的溶解度不同，其中果糖的溶解度最大，其次是葡萄糖。温度对溶解过程和溶解速度具有决定性影响，一般随温度升高，溶解度增大。糖溶解度的大小还与其在水溶液中的渗透压密切相关。对于酱、蜜饯类食品是利用高浓度糖的保存性质(渗透压)，这需要糖具有高溶解度，因为糖浓度只有在 70%以上才能抑制酵母菌、霉菌的生长。在 20℃时，单独的蔗糖、葡萄糖、果糖最高浓度分别为 66%、50%与 79%，故此时只有果糖具有较高的食品保存性，而单独使用蔗糖或葡萄糖均达不到防腐保质的要求。果葡糖浆的浓度因其果糖含量不同而异，果糖含量为 42%、55%和 90%时，其浓度分别是 71%、77%和 80%。因此，果糖含量较高的果葡糖浆，其保存性能较好。

3.4.4　结晶度

蔗糖与葡萄糖易结晶，但蔗糖晶体粗大，葡萄糖晶体细小，果糖及果葡糖浆较难结晶，淀粉糖浆是葡萄糖、低聚糖和糊精的混合物，不能结晶，并可防止蔗糖结晶。在糖果生产中，就需利用糖结晶性质上的差别。当饱和蔗糖溶液由于水分蒸发形成了过饱和的溶液。此时在温度骤变或有晶种存在情况下，蔗糖分子会整齐地排列在一起，重新结晶，利用这个性质可以制造冰糖等。又如生产硬糖时不能单独使用蔗糖，否则当熬煮到水分小于 30%时，冷却下来后就会出现蔗糖结晶，硬糖碎裂而得不到透明坚韧的硬糖产品。如果在生产硬糖时添加适量的淀粉，糖浆就不能形成结晶体，而可以制成各种形状的硬糖。这是因为蔗糖与淀粉糖浆不含果糖，吸湿性较小，糖果保存性好，同时因淀粉糖浆中的糊精能增加糖果的黏性、韧性和强度，使糖果不易碎裂。糖果制作过程中加入其他物质如牛奶、明胶等，也会阻止蔗糖结晶的产生。再如，蜜饯需要高糖浓度，若使用蔗糖易产生反砂现象，不仅影响外观，且防腐效果降低。因此。可利用果糖或果葡糖浆的不易结晶性，适当替代蔗糖，可大大改善产品的品质。

3.4.5 吸湿性和保湿性

吸湿性是指糖在空气湿度较高的情况下吸收水分的性质。保湿性是指糖在空气湿度较低条件下保持水分的性质，这两种性质对于保持食品的柔软性、弹性、贮存及加工都有重要的意义。不同的糖吸湿性不一样，在所有的糖中，果糖的吸湿性最强，葡萄糖次之，所以用果糖或果葡糖浆生产面包、糕点、软糖、调味品等食品效果很好，但也正因其吸湿性和保湿性强，不能用于生产硬糖、酥糖及塑性饼干。

3.4.6 黏度

一般来说，糖的黏度是随温度升高而减小，但葡萄糖的黏度则随温度的升高而增大，单糖的黏度比蔗糖低，低聚糖的黏度多数比蔗糖高。淀粉糖浆的黏度随转化程度增大而降低，糖浆的黏度特性对食品加工具有现实的生产意义。如在一定黏度范围可使由糖浆熬煮而成的糖膏具有可塑性，以适合糖果工艺中拉条和成型的需要。在搅拌蛋糕蛋白时，加入熬好的糖浆就是利用其黏度来包裹稳定蛋白中的气泡。

3.4.7 渗透压

单糖的水溶液与其他溶液一样，具有冰点降低渗透压增大的特点。单糖溶液的渗透压与其浓度和分子量有关，即渗透压与糖的物质的量浓度成正比。在同一浓度下单糖的渗透压为双糖的 2 倍。例如果糖或果葡糖浆就具有高渗透压特性，故其防腐效果较好；低聚糖由于其分子量较大且水溶性较小，所以其渗透压也较小。

3.4.8 多糖的物理性质及功能特性

（1）多糖的溶解性——具有较强的亲水性

多糖类物质由于其分子中含有大量的极性基团，因此对于水分子具有较大的亲和力；但是一般多糖的分子量较大，其疏水性也随之增大。因此分子量较小、分支程度低的多糖类在水中有一定的溶解度，加热情况下更容易溶解；而分子量大、分支程度高的多糖类在水中溶解度低。正是多糖类物质对于水的亲和性，导致多糖类化合物在食品中具有限制水分流动的能力；而且由于其分子量较大，又不会显著降低水的冰点。

（2）多糖溶液的黏度与稳定性——增稠和胶凝的功能

正是多糖在溶解性能上的特殊性，导致了多糖类化合物的溶液具有比较大的黏度甚至能形成凝胶。多糖溶液具有黏度的本质原因是：多糖分子在溶液中以无规则线团的形式存在，其紧密程度与单糖的组成和连接形式有关；当这样的分子在溶液中旋转时需要占有大量的空间，这时分子间彼此碰撞的概率提高，分子间的摩擦力增大，因此具有很高的黏度，甚至浓度很低时也有很高的黏度。

当多糖分子的结构情况有差别时，其水溶液的黏度也有明显的不同。高度支链的多糖分子比具有相同分子量的直链多糖分子占有的空间体积小得多，因而相互碰撞的概率也要低得多，溶液的黏度也较低；带电荷的多糖分子由于同种电荷之间的静电斥力，导致链伸展、链长增加，溶液的黏度大大增加。大多数亲水胶体溶液的黏度随着温度的提高而降低，这是因为温度提高导致水的流动性增加；而黄原胶是一个例外，其在 0～100℃ 内黏度基本保持不变。

多糖形成的胶状溶液的稳定性与分子结构有较大的关系。不带电荷的直链多糖由于形成胶体溶液后分子间可以通过氢键而相互结合，随着时间的延长，缔合程度越来越大，因此在重力的作用下就会沉淀或形成分子结晶。支链多糖胶体溶液也会因分子凝聚而变得不稳定，但速度较慢；带电荷的多糖由于分子间相同电荷的斥力，其胶状溶液具有相当高的稳定性。食品中常用的海藻酸钠、黄原胶及卡拉胶等就属于这样的多糖类化合物。

（3）多糖的水解

多糖的水解指在一定条件下，糖苷键断裂，多糖转化为低聚糖或单糖的反应过程。多糖水解的条件主要包括酶促水解和酸碱催化水解，调节或控制多糖水解是食品加工过程中的重要环节。

（4）多糖的风味结合功能——很好的风味固定剂。

（5）凝胶——三维网状凝胶性质。

3.5　碳水化合物重要的食品化学反应

3.5.1　碳水化合物常见的化学反应

所有的碳水化合物分子都有可用于反应的羟基，单糖和大多数低聚糖分子也有羰基可用于反应。多糖分子最多有一个羰基在还原端，因此其中的天然醛或酮基团不显著。碳水化合物羰基和羟基的反应总结如表 3-4 所示。

表 3-4　碳水化合物分子的重要反应

基团修饰	反应
羰基（单独）	① 氧化生成羧酸基
	② 还原成羟基
	③ 亲核试剂的加入
羟基	① 酯的形成
	② 醚形成
	③ 环状缩醛形成
	④ 氧化成羰基
	⑤ 还原成脱氧碳原子
	⑥ 用氨基、巯基和卤素原子取代
羰基和羟基都有	① 环状半缩醛的形成：吡喃糖和呋喃糖
	② 缩醛（糖苷）的形成
	③ 醛糖酮糖异构化
头端羟基	① 氧化成内酯
	② 糖基卤化物的形成
	③ 糖胺的形成

3.5.1.1 与酸反应

糖与酸的反应因酸的种类、浓度和温度不同而不同。单糖在较低浓度的无机强酸作用下，发生分子间脱水反应，生成二糖和其他低聚糖。在弱酸和加热作用下，易发生分子内脱水，生成环状结构产物，如戊糖生成糠醛（图 3-6）。醛糖在钼酸盐存在的酸性环境中还可以发生异构化作用。

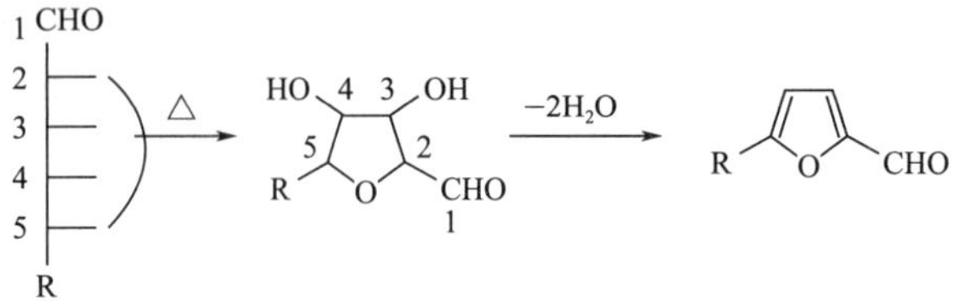

图 3-6 糖发生分子内脱水的过程

3.5.1.2 与碱反应

单糖在碱性溶液中的稳定性与温度有关，在较低温度时较稳定，但温度升高单糖会很快发生异构化和分解反应。反应程度和产物受到许多因素的影响，如单糖的种类和结构、碱的种类和浓度、作用温度和时间等。在稀碱溶液中会发生重排，形成某些像异构体的平衡体系，例如用浓度非常低的氢氧化钠溶液处理 D-葡萄糖（图 3-7）可得到 D-葡萄糖、D-甘露糖和 D-果糖的混合物。在高浓度碱的作用下单糖发生分解反应生成小分子物质，如己糖与碱长时间作用后，生成小分子片段，如乳酸、丙酮酸和 2-羟基丙醛等。

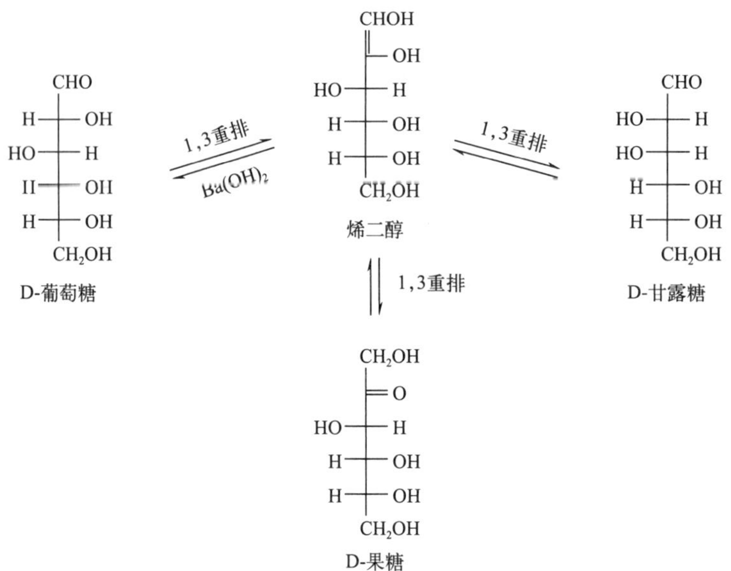

图 3-7 葡萄糖遇碱发生化学反应的过程

3.5.1.3 氧化反应

由于醛糖中含有甲酰基，因此它与醛类化合物一样很容易被氧化成相应的羧酸，称为糖酸(aldonic acid)。斐林（Fehling）试剂、托伦（Tollens）试剂以及本尼迪克特（Benedict）试剂，均可将醛糖氧化为糖酸；在实验室中，常用溴水（pH≈5）时使醛糖氧化为糖酸（图 3-8）。

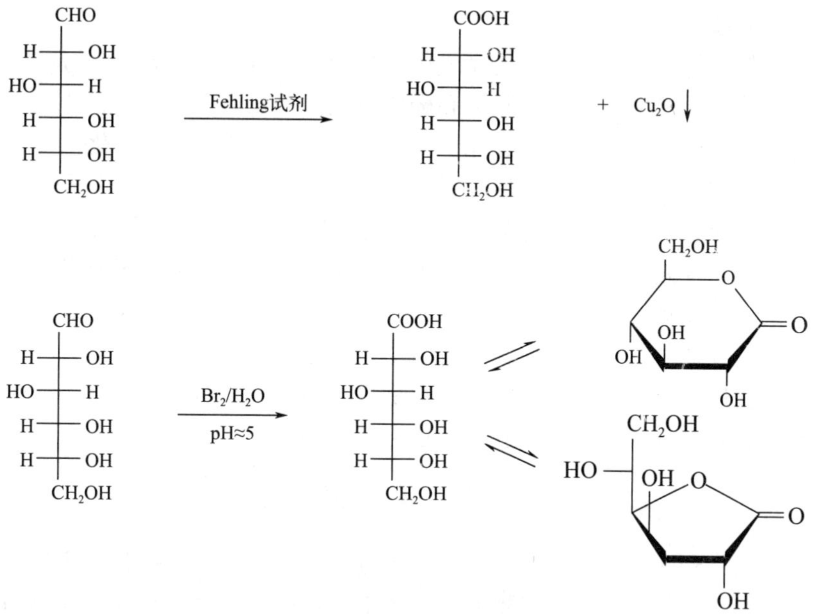

图 3-8 醛糖遇斐林试剂及溴水发生的反应

醛糖可以在更强烈的条件下同时氧化一级醇和甲酰基，生成糖二酸（aldaric acid）或糖酸（saccharic acid）（图 3-9）。此反应的氧化剂为温热的稀硝酸水溶液，如煮沸 30%的硝酸氧化醛糖的醛基和伯醇基，可使 D-甘露糖氧化为 D-甘露糖二酸；D-葡萄糖以 50%～65%的产量转化为 D-葡萄糖酸（通常称为糖酸）；D-半乳糖转化为半乳糖酸（通常称为黏液酸）的产率约为 75%。半乳糖酸是不溶的，它的形成曾经被用来测量产品中半乳糖的含量。以上讨论的氧化方法均保留了糖碳链基本骨架的完整性。

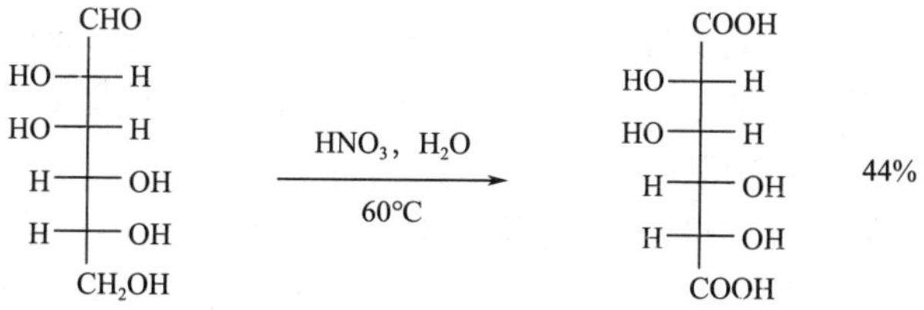

图 3-9 醛糖在硝酸作用下发生的反应

由于糖类化合物含有多个邻二醇、α-羟基醛或 α-羟基酮结构单元，因此醛糖和酮糖很容易被高碘酸氧化，pH 为 3～5 时氧化最快（图 3-10）。高碘酸盐氧化法被用来测定多糖的结构。

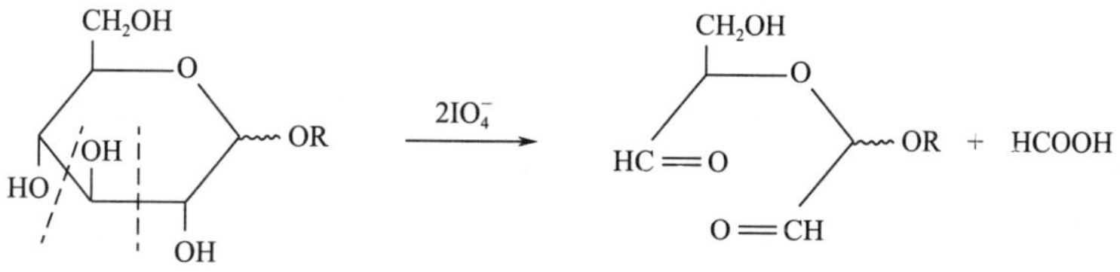

图 3-10 醛糖在高碘酸盐作用下发生的反应

3.5.1.4 还原反应

醛糖或酮糖羰基的还原是通过氢化完成的（氢化作用是氢在双键上的加成）。碳水化合物的还原反应需要在醛或酮的羰基氧原子和碳原子之间的双键上加成氢。单糖和寡糖的氢化在商业上是用氢气在压力 30～100atm，温度 100～150℃下完成的，催化剂通常是镍基或钌基催化剂。在实验室中，碳水化合物的醛或酮基团的还原可以用硼氢化钠来完成。还原的产物是糖醇，也被称为多元醇或多羟基醇。如 D-甘露糖还原制得的糖醇就是 D-甘露糖醇。糖醇能抵抗酸和碱，而且许多微生物都不能发酵。一般来说，糖醇是一种低热量、不致龋的甜味剂，用于在无糖产品中替代蔗糖。它们也被用作湿润剂（即保持水和保持产品的湿度），降低产品的冰点，或提供所需的质地，而不会使产品过甜。

一个重要的应用是 D-葡萄糖还原为 D-葡萄糖醇（D-glucitol）（旧名），现在称为 D-山梨糖醇，主要用于合成维生素 C，在工业上大量生产（图 3-11）。

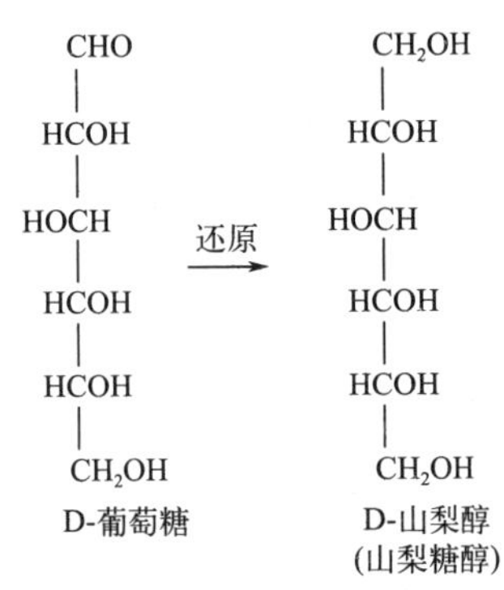

图 3-11 D-葡萄糖还原为 D-山梨糖醇

3.5.2 美拉德反应

在某些条件下，经高温加热的食品中的还原糖会产生理想的棕色色素、风味或香气，但在加热或含有还原糖的食品长期贮存过程中获得的其他棕色、风味、香气或其他化合物是不希望的。食物在加热或贮存过程中常见的褐变通常是由于还原糖（最常见的是 D-葡萄糖）和初级氨基（通常在蛋白质分子上）之间的化学反应。这个反应被称为美拉德反应（以第一个研究和描述该反应的化学家命名），有时也被称为美拉德褐变。

（1）美拉德反应的概念

美拉德反应（1912 年法国化学家 L. C. Maillard 提出）亦称非酶棕色化反应，是广泛存在于食品工业的一种非酶褐变。该反应是羰基化合物（还原糖类）和氨基化合物（氨基酸和蛋白质）间的反应，经过复杂的历程最终生成棕色甚至是黑色的大分子物质类黑精或称拟黑素，故又称羰氨反应。

（2）反应机理

M3-1 科学故事
最美味的化学反应
美拉德发现过程

美拉德反应按其本质而言是氨基和羰基间的加成缩合反应，它可以在醛、酮、还原糖及脂肪氧化生成的羰基化合物与胺、氨基酸、肽、蛋白质甚至氨之间发生反应，热反应和长时间贮藏都可以促使美拉德反应形成。其化学过程十分复杂。目前对该反应产生低分子和中分子的反应机理比较清楚，而对产生的高分子聚合物的机理仍不能得到满意的解释。食品化学家 Hodge 认为美拉德反应过程可以分为初期、中期和末期，每一阶段又可细分为若干反应。下面以葡萄糖为例，解析美拉德反应过程不同阶段发生的反应。

① 美拉德反应的初级阶段

在美拉德反应的初级阶段，主要是反应物中氨基化合物的游离氨基酸与羰基化合物的游离羰基缩合形成亚胺衍生物，该产物不稳定，随即环化成 *N*-葡萄糖基胺（图 3-12）。

N-葡萄糖基胺在酸的催化下经 Amadori 分子重排生成有反应活性的 1-氨基-1-脱氧-2-酮糖（图 3-13），即单果糖胺。此外，酮糖还可与氨基化合物生成酮糖基胺，而酮糖基胺可以经过 Heyenes 分子重排异构成 2-氨基-2-脱氧葡萄糖。

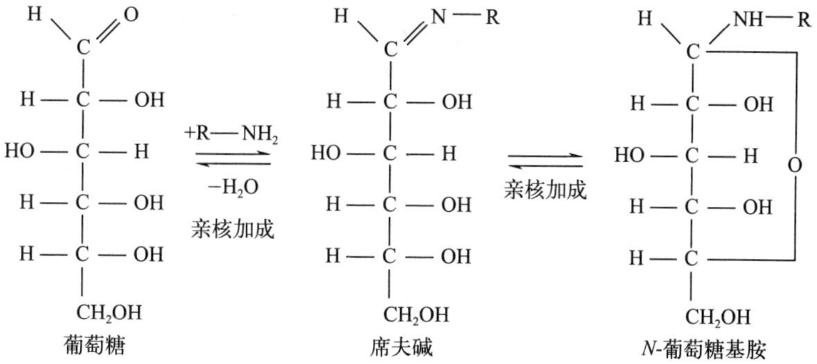

+R—NH₂ / −H₂O 亲核加成　　亲核加成

葡萄糖　　席夫碱　　N-葡萄糖基胺

图 3-12　羰氨缩合反应式

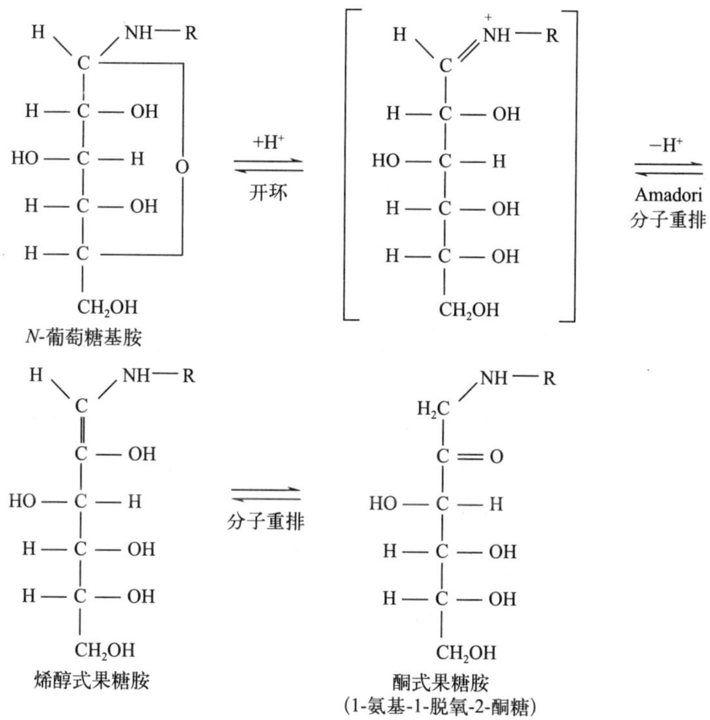

图 3-13　糖基胺的分子重排反应

美拉德初级反应产物不会引起食品色泽和香味的变化，但其产物是不挥发性香味物质的前体成分。

② 美拉德反应的中期阶段

在此阶段 Amadori 化合物通过 3 条不同的反应路线。

一是在酸性（pH≤7）条件下烯醇式与酮式的互变异构，之后在酸的作用下，C3 上的羟基脱水，形成碳正离子，碳正离子发生分子内重排，通过失去 N 上的质子而形成席夫碱，然后经过烯醇式和酮式的重排得到 3-脱氧奥苏糖。C3、C4 之间会发生消去反应形成烯键，最后 C5 上的羟基与 2-羰基发生半缩酮反应而成环，消去一分子水形成羟甲基糖醛（HMF），如图 3-14 所示。

二是在碱性条件下进行 2,3-烯醇化反应，产生还原酮类及脱氢还原酮类，如图 3-15 所示。

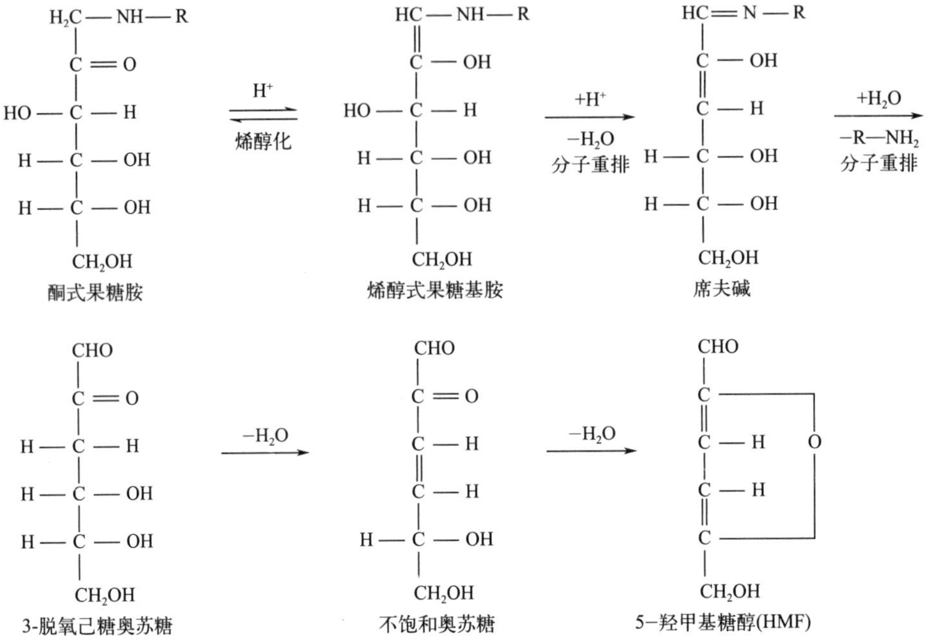

图 3-14 糖基胺脱水形成羟甲基糠醛的反应

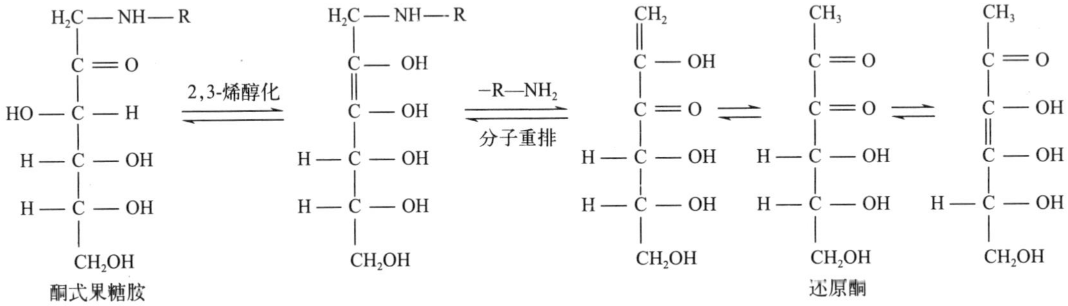

图 3-15 糖基胺脱水形成还原酮的反应

三是继续进行裂解反应形成含羰基或二羰基化合物，或与氨基进一步氧化降解，在Strecker降解中，α-氨基酸与α-二羰基化合物反应，失去一分子CO_2降解成为少一个碳原子的醛类及烯醇胺（图 3-16）。各种特殊醛类是造成食品不同香气的因素之一。

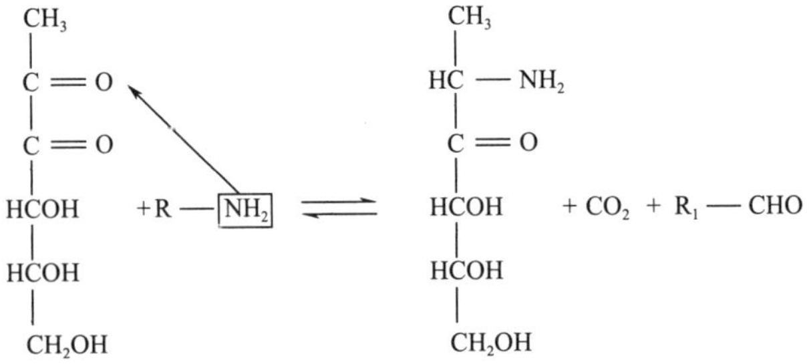

图 3-16 Strecker 降解反应

③ 美拉德反应的末期阶段

该阶段主要为醛类和胺类在低温下聚合成为高分子的类黑精。此阶段反应相当复杂，其反应机制尚不清楚。除类黑精外，还会生成一系列美拉德反应的中间体还原酮、醛类及挥发性杂环化合物。主要有 Strecker 降解产物氨基酮，而氨基酮经异构为烯胺醇则再经环化形成吡嗪类化合物（图 3-17）。

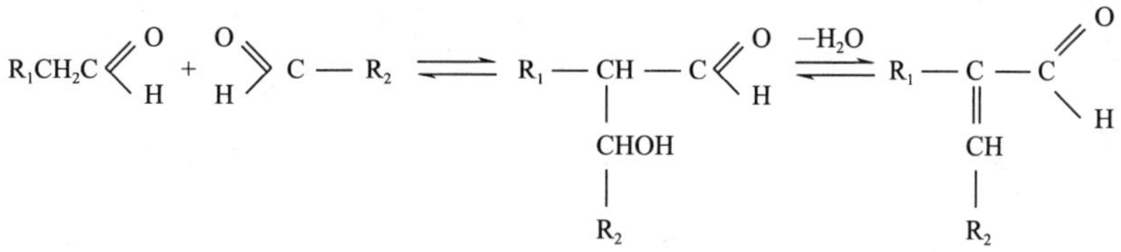

$$R_1CH_2CHO + OHC-R_2 \rightleftharpoons R_1-CH(CHOH-R_2)-CHO \xrightleftharpoons{-H_2O} R_1-C(=CH-R_2)-CHO$$

图 3-17　醇醛缩合反应

（3）美拉德反应的影响因素

美拉德反应机制相当复杂，不仅与参加反应的糖类的羰基化合物及氨基酸等氨基化合物的种类有关，而且还与温度、反应时间、水分活度、pH、金属离子、化学试剂及辐射等外界因素有关。了解这些因素对美拉德反应的影响，有助于我们利用和控制食品褐变，对食品工业具有重大的现实意义。

① 反应物的种类和结构

糖是美拉德反应中必不可少的一类物质。只有具有还原性的糖才能发生美拉德反应，针对不同的还原性糖，美拉德反应速率也不同。在美拉德反应中，参与反应的糖可以是双糖、五碳糖和六碳糖。可用的双糖有乳糖和蔗糖；五碳糖有木糖、核糖和阿拉伯糖，美拉德反应速率是：核糖＞阿拉伯糖＞木糖；六碳糖有葡萄糖、果糖、甘露糖、半乳糖等，六碳糖美拉德反应速率是：半乳糖＞甘露糖＞葡萄糖。五碳糖的褐变速度大约是六碳糖的 10 倍。反应速率为五碳糖＞已醛糖＞已酮糖＞双糖，开环的核糖比环状的核糖反应要快，因为开环核糖更利于 Amadori 产物形成。值得注意的是，一些不饱和的糖基化合物（如 2-已烯醛）、α-二羰基化合物（如乙二醛）等的反应活性比还原糖高。

美拉德反应的另一种底物是含氨基化合物。从种类上，美拉德反应速率为：胺类物质＞氨基酸＞肽类＞蛋白质。从氨基酸的结构上，含 S—S、S—H 基团的氨基酸不易褐变；含有吲哚、苯环的胺类物质易褐变；碱性氨基酸易褐变；氨基在 ε-位或在末端者，比 α-位易褐变。对于不同的氨基酸，具有 ε-NH_2 的氨基酸的美拉德反应速率远大于 α-氨基的氨基酸，因此可以预料在美拉德反应中赖氨酸损失较大。对于有 α-氨基的氨基酸，碳链长度越短的反应性越强。

② 温度和反应时间

温度是美拉德反应当中最重要的影响因素之一。一般情况下，美拉德反应速度随温度的上升而加快，香味物质也主要在较高温度下反应形成。$t<10℃$ 时，可较好地控制或防止褐变的发生；$10℃<t<20℃$ 时，褐变较慢；$t>30℃$ 时，褐变加快。若 $\Delta t=10℃$，则褐变速度（Δv）相差 3～5 倍。

若温度过高，时间过长，不仅使食品中的营养成分遭到破坏，而且可能产生致癌物质。如花生、油脂等物料的焦化，可能产生致癌物质，对食品安全造成影响。若温度过低，反应比较缓慢，同时也会影响呈香风味物质的形成，达不到成品的风味效果。所以，在食品生产中如何控制反应温度和时间，使反应生成更多的特征香味成分，避免生成致癌物质，是近阶段研究的一大热点。不同温度对美拉德反应速率的影响见图 3-18。

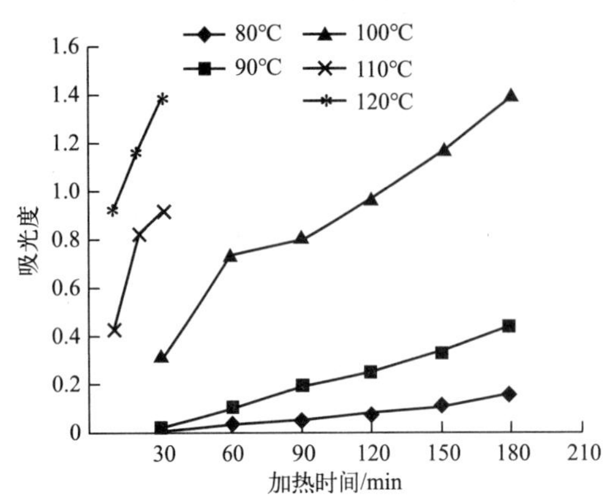

图 3-18　不同温度对美拉德反应速率的影响

③ 水分活度

美拉德反应的强度在很大程度上取决于介质的水合作用，为达到最大的反应活性，一般要求食品水分含量在 10%以上，通常以 15%为宜。完全干燥的食品难以发生美拉德反应，当水分含量＜10%时，多数褐变难以进行；在一定范围内（10%～25%），美拉德反应速率随水分的增加有上升趋势。若用美拉德反应制备肉类香精，水分活度在 0.65～0.75 最适宜，水分活度小于 0.30 或大于 0.75 反应很慢。

④ pH

一般美拉德反应随着 pH（3～10）上升呈上升趋势，在偏酸性环境中，美拉德反应会被抑制，反应速率降低，吡嗪类物质较难形成。在强酸环境下，氨基处于质子化状态，使 *N*-糖基化合物（葡基胺）难以形成，从而使反应难以进行下去。在偏碱性环境下，美拉德反应加速，反应物质生成得很快，速度很难控制。原因在于氨基酸是一类两性离子，它在碱性介质中呈阴离子，此时氨基反应活性较强，易发生褐变反应。pH≤7 时，褐变反应程度较轻微；pH 在 8～10 范围内，随着 pH 上升，褐变程度加剧；pH 在 10～12 时褐变较严重并趋于稳定（图 3-19）。

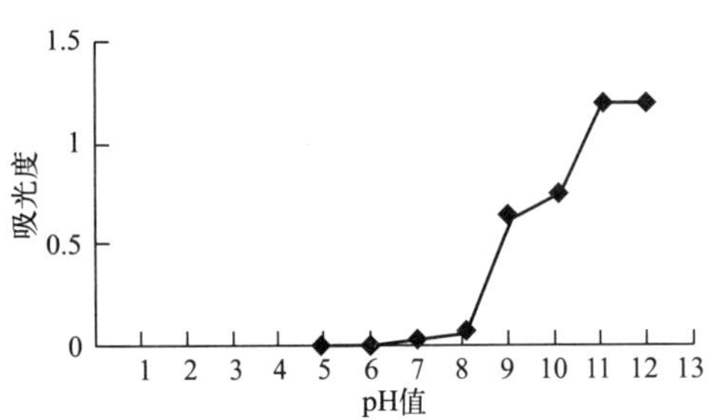

图 3-19　不同 pH 对美拉德反应速率的影响

⑤ 金属离子和化学试剂

研究表明，金属铁离子、亚铁离子、铜离子能催化还原酮的氧化而促进褐变；钙、镁离子因与氨基酸结合生成不溶性化合物则对美拉德反应有一定的抑制作用；Na^+ 对褐变无影响；而磷酸盐因影响醛糖的稳定性，会加速美拉德反应。

⑥ 辐射对美拉德反应的影响

辐射也可以影响美拉德反应的进行，X 射线、γ 射线辐射灭菌是食品加工过程中的常用手段。非还原双糖、蔗糖在加热条件下不产生褐色色素，但是在有辐射的条件下有褐色物质形成，它表明在辐射的情况下，蔗糖也出现了还原性。这可能是因为辐射释放出来的能量使糖苷键断裂，从而释放出羰基，进一步与氨基化合物发生反应。

（4）美拉德反应对食品品质的影响

美拉德反应影响多种食品质量参数，包括感官特性和蛋白质功能。独特的香气分布取决于食物加工过程中美拉德反应的程度。从食品质量的角度来看，能够控制食品生产和贮存过程中的美拉德反应是很重要的。

美拉德反应对食品品质的影响归纳为有利和不利两个方面。不利方面主要体现在营养损失，特别是必需氨基酸损失严重；产生苦味、焦味和某些致癌物质；对某些食品而言，褐变反应导致的颜色变化影响质量，如蛋粉的加工过程产生的褐变会影响其品质。有利的方面主要表现在产生令人愉悦的香味和颜色，赋予食品特殊的风味。但有时美拉德反应产生的同一种物质，对于某些食品的品质形成是有利的，而对于某些食品品质却是不利的。例如，由 α-二羰基和氨基酸的 α-氨基之间反应形成的 Strecker 醛，很容易在热加工食品和饮料中积累。Strecker 醛对面包、咖啡、可可、烤肉和黑啤酒等食物的风味形成很重要，对产品品质是有利的；然而，在超高温加工牛奶和比尔森啤酒时，它们被认为是产生异味的物质，对这类食品品质的形成是不利的。

（5）美拉德反应与食品加工

美拉德反应对食品品质会产生有利和不利两个方面的影响，在食品加工过程中就要充分利用美拉德反应对食品品质产生的有利影响，而抑制美拉德反应对食品品质产生的不利影响。

美拉德反应对食品有利方面主要体现在风味和颜色上。控制美拉德反应物，可赋予食品特殊而丰富的香味，如核糖和半胱氨酸反应会产生烤猪肉香味；核糖和谷胱甘肽反应会产生烤牛肉香味。控制反应温度，相同的反应物会产生不同的风味，如葡萄糖和缬氨酸反应，在 100～150℃下，产生烤面包香味，在 180℃下，产生巧克力香味。控制加工方式也会产生不同的香味，如大麦经水煮时，产生 75 种香气，而经烘烤时会产生 150 种香气。

对于美拉德反应对食品品质产生的不利影响，我们要根据美拉德的影响因素在食品生产加工过程中进行有效控制。如在原料选择方面，可以选择氨基酸还原糖含量少的品种；在控制水分含量方面，可以在包装袋内里放上高效干燥剂，控制产品的水分含量；加工高酸食品（如泡菜）时，也可以通过降低产品的 pH 值来抑制美拉德反应；产品在贮运期间可采用低温环境；可以在产品里面加入葡萄糖氧化酶、亚硫酸盐或钙离子等抑制美拉德反应，防止褐变对产品品质造成不良影响。

（6）美拉德反应产物的应用

美拉德反应是非酶促褐变反应，涉及还原糖和氨基酸等氨基化合物。它在食品加工和贮存中无处不在，在美拉德反应过程中，会产生数百种化合物，如中间体、挥发性风味化合物和类黑素，这些化合物都被称为美拉德反应产物（MPRs）。这些产物有助于食品风味和颜色的形成，并具有许多生物活性，如抗菌、降压和抗氧化、抗肿瘤等活性。这些活性物质可被应用于不同领域发挥其功效，如应用于功能食品、化妆品中发挥其抗氧化活性；其抑菌作用被应用于食品的保藏；特定的美拉德反应可以用于对一些强致敏性食物成分进行改性，使它们的致敏性降低或消除；美拉德反应产物及其发酵水解液可以有效地降低心血管疾病的风险，这一结论将为其用于预防心血管疾病的保健食品的开发提供理论基础。

食品经加热处理或长时间贮藏后，都会产生不同程度的类黑精色素。比如面包、烤肉、熏肉、烤鱼、咖啡、茶以及酱油、豆酱等调味品中都会发生美拉德反应，产生非常诱人的金黄色至深褐色，增加人们的食欲。美拉德反应也会产生特殊的食品风味，如爆米花、烤面包、烤肉等食品所形成的香味。

美拉德反应产物用于香烟加工，可大大降低香烟的焦油含量，且能弥补低焦油而造成的香味损失。Maillard 反应能产生烟草协调香味，对提高香烟的特征和品质发挥重要作用。此外，美拉德反应产物也可应用于中药提取、炮制和酿酒等领域。

尽管美拉德反应产物对食品的颜色、质地、风味和功能产生有利的影响，但随着科学的不断进步，有研究也表明美拉德反应末期糖基化终产物（AGEs）及杂环芳香胺（HAAs）的形成会对人体健康产生不利的影响。人们对美拉德反应已经有了较为深入的认识，但是其反应相当复杂，对其反应机理和各中间产物的了解还不太清楚。而由于美拉德反应与食品、机体的生理和病理过程密切相关，越来越多的结果表明它作为与人类自身密切相关的课题具有重要的研究意义。因此，需要在这个领域开展大量的研究，不断挖掘其潜能，以便于开拓其应用的领域。

M3-2 知识卡片
美拉德反应小结

3.5.3 焦糖化反应

焦糖化反应（Caramelization）是碳水化合物非酶褐变的另一个食品化学反应。

（1）焦糖化反应概念

焦糖化反应是糖类尤其是单糖在没有氨基化合物存在的情况下，加热到熔点以上的高温（一般是140～170℃以上）时，因糖发生脱水与降解，生成深色物质的过程，也称卡拉蜜尔反应。焦糖在商业上既可以作为着色剂，也可以作为调味料。大多数商业焦糖被用来给食品赋予棕色。

（2）反应历程

焦糖化反应生成两类物质：一类是糖脱水聚合产物，俗称焦糖或酱色；另一类是降解产物，主要是一些挥发性的醛、酮等，这些物质还可以缩合、聚合，最终也得到一些深颜色的物质。它们给食品带来悦人的色泽和风味，但若控制不当，也会为制品带来不良的影响。

① 焦糖的生成

糖类在无水条件下加热或糖类在高浓度下用稀酸处理，这两种方法都可发生焦糖化作用，一般都是单糖的脱水反应。葡萄糖经焦糖化后生成葡萄糖苷，果糖经焦糖化后生成果糖苷。下面以蔗糖为例介绍一下其焦糖化过程：a. 加热下蔗糖首先熔融，继续加热到200℃经过35min起泡，蔗糖脱去一分子水，初级产物为异焦糖酐，此物无甜味具有温和苦味；b. 生成异蔗糖苷后，起泡暂时停止，又进行中间第二次起泡，持续时间达55min，蔗糖进一步脱水，脱水量达到9%，生成第二步产物焦糖酐，该物熔点138℃，仍有苦味，可溶于水和乙醇；c. 二次起泡后加热会再脱水生成焦糖烯，该物熔点154℃，可溶于水。继续加热会进一步聚合缩合生成高分子深色难溶物焦糖素，该物是胶态物质，具有两性性质。

② 糠醛、其他醛的形成

单糖在酸性条件下加热进行脱水生成糠醛或其衍生物，它们相互之间进行聚合或与胺反应生成深褐色物质。单糖在碱性条件下加热首先进行互变异构，产生烯醇糖，烯醇糖进一步断裂生成甲醛、乙醇醛、甘油醛、内酮醛等小分子醛类或四碳糖、五碳糖等小分子糖类，这些小分子物质经过聚合生成黑褐色物质。

（3）焦糖色素的性质

焦糖色素为非单一的化合物（约含有100种不同的化合物），是多种糖脱水缩合的混合物，反应机理非常复杂。焦糖是一种黑褐色胶态物质，等电点（pI）在pH3.0～6.9，甚至低于3，黏度为0.1～3Pa·s。焦糖色素的产物可由3种化学反应产物组成。一是美拉德反应经过复杂的反应历程最终生成棕色甚至是黑色的大分子物质类黑精。二是焦糖化反应后期发生的聚合反应产生的大分子褐色物质。三是氧化反应，在焦糖色素生产过程中，美拉德反应和焦糖化反应的产物可能相互作用发生氧化反应生成大分子。

（4）焦糖色素的生产方法

根据催化剂的不同，可分为普通法、亚硫酸盐法、氨法、亚硫酸铵法。

a. 普通焦糖（Ⅰ类）。这类焦糖色素在制造中用还原糖当量（DE 值）70 以上的葡萄糖浆在 160℃左右的温度下，不采用含铵化物或亚硫酸盐作为催化剂。它的色率较低，但红色指数可达 6 以上，氮硫含量均较低，在 75%的酒精中也能稳定。这类焦糖色素通常应用于啤酒着色剂和含醇饮料。

b. 亚硫酸盐法焦糖（Ⅱ类）。亚硫酸盐法焦糖的制造方法与普通焦糖相似，但必须用亚硫酸盐作催化剂，催化剂的用量较高，亦能在酒精中稳定。一般采用葡萄糖与亚硫酸钠控制加热制作，使用范围很小，只用于一些特殊要求的食品或药品。GB 1886.64—2015 标准规定中允许使用的焦糖色素生产方法中并没有此法。

c. 氨法焦糖（Ⅲ类）。这类焦糖色素指没有用含亚硫酸盐作为催化剂，而只采用氨作催化剂生产的焦糖色素，常采用高 DE 的葡萄糖或转化糖与氨在高温下制成。这类焦糖耐盐性较好，主要用于酱油和焙烤类食品着色。

d. 亚硫酸铵法焦糖（Ⅳ类）这类焦糖色素是采用亚硫酸铵盐作为催化剂，葡萄糖和蔗糖作为原料，在酸性条件下催化而成。在软饮料中，这类焦糖色素的使用量最大，它不仅着色力强，而且在酸性饮料中十分稳定。

（5）焦糖色素的应用

在食品工业中，利用蔗糖焦糖化的过程可以得到不同类型的焦糖色素。软饮料是世界上焦糖用量最大的领域，一般使用亚硫酸铵法焦糖，这种焦糖色素带负电荷，饮料中所用的香料，含有少量带负离子的胶体物质，这样在化学上就能相容，不会形成浑浊或絮凝现象。焦糖在使用前部分氢化，可进一步减少产品贮藏中芳香成分的损失，这对使用阿力甜的低糖可乐型饮料尤其显著。

用于酱油、醋、酱料等调味品中的焦糖多为Ⅲ类焦糖，带有正电荷。这些调味品盐分含量高，例如酱油含有 17%～20%的盐分，所使用的焦糖必须具有耐盐性，否则就会出现浑浊、沉淀。现今消费者需求的酱油产品不仅要色深，还要颜色红亮，挂碗性好，这就要求选用红色指数高、固形物含量高的焦糖。

焦糖的耐酒精性使它能够在酒类中使用。焦糖通常能分散于 50%浓度以下的乙醇溶液中。啤酒含有带正电荷的蛋白质，需选用带正电荷的Ⅲ类焦糖。黄酒中含有大量带负电荷的蛋白质、多糖的胶体，且产品 pH 一般在 3.8～4.6，故要求使用 pI 在 1.5 以下、酒精下稳定的Ⅳ类焦糖。有些产品如发酵葡萄酒、樱桃酒，在生产中已基本去除了蛋白质，加上本身带有酸性，可以使用耐酸性焦糖。

焦糖色素也可用来增加焙烤食品外观的吸引力，可选用原浓度或倍浓度的液体和粉末状焦糖色来弥补特制面包、“表面装饰”蛋糕和曲奇饼精制配料的着色不足和不均匀问题。此外，焦糖色素也能广泛地应用于其他食品中，如罐装肉和炖肉、餐用糖浆、医药制剂以及植物蛋白为原料的模拟肉。肉制品中可以用正负电荷的焦糖色素，选择时应考虑红色指数问题。固化焦糖色素一般用于混合粉末调味料中，如把固化焦糖与淀粉或糊精混合于方便面调味包中，保证汤料用热水冲调后速溶的同时加强汤料的色泽和风味。

M3-3 甜蜜的变化——焦糖化反应

3.5.4 淀粉的水解、糊化和老化

天然淀粉是植物体主要产能营养素多糖的供能物质形式，依赖植物光合作用生成，广泛存在于多种农作物中。淀粉在植物细胞内以颗粒状态存在，故称淀粉粒。不同来源的淀粉粒具有不同的形状和大小，有圆形、椭圆形、多角形等。他们大小位于 0.001～0.15mm 之间，马铃薯淀粉粒最大，米淀粉粒最小。淀粉粒具有晶体结构：用偏振光显微镜观察及 X 射线研究，能产生双折射及 X 射线衍射现象。

淀粉按来源分可分为玉米淀粉、小麦淀粉、马铃薯淀粉等；按结构分可分为直链淀粉（amylose）和支链淀粉（amylopectin），见图 3-20。直链淀粉是一种相对较长的线性 α-葡聚糖，含有约 99%α-1,4-糖苷键和约 1% α-1,6-糖苷键，而支链淀粉具有高度分枝的结构，包含约 95% α-1,4-糖苷键和约 5% α-1,6-糖苷键。直链淀粉在冷水中不易溶解，加热溶解成糊，易凝胶老化；支链淀粉溶于冷水产生清糊，加热形成透明黏溶液，不易老化、不胶凝。直链淀粉遇碘变蓝，支链淀粉遇碘变红。按人体消化吸收快慢分为快速消化淀粉（ready digestible starch，RDS）、慢速消化淀粉（slowly digestible starch，SDS）和抗消化淀粉（resistant starch，RS）。

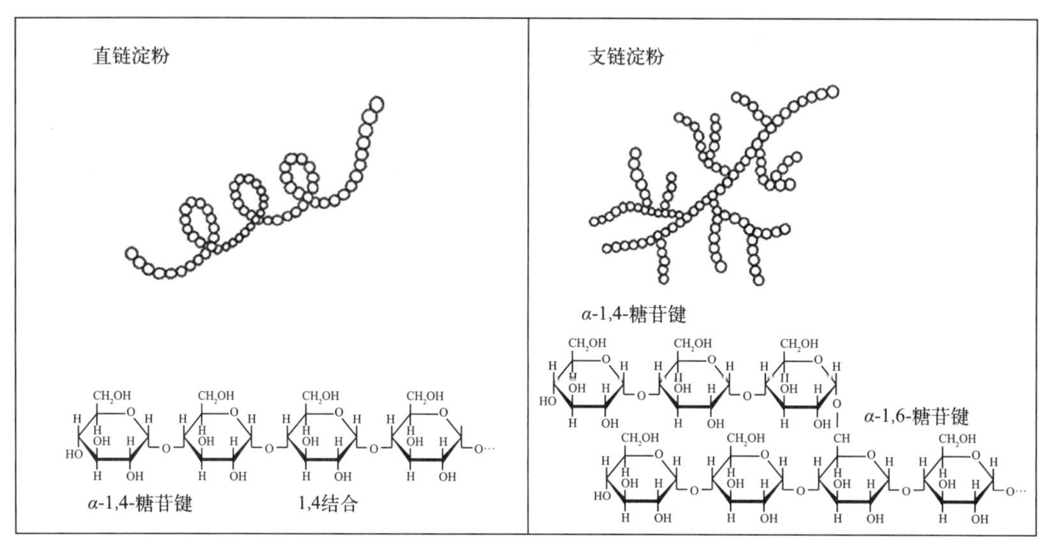

图 3-20 淀粉结构示意图

天然淀粉颗粒的大小、形态以及结构在不同植物种类之间有较大差异，因此，影响其性能与功能特征。

3.5.4.1 淀粉的水解

淀粉在无机酸或酶的催化下将发生水解反应，分别称为酸水解法和酶水解法。淀粉水解在许多工业过程中也很重要，工业上通过淀粉的水解来生产各种食品或化工原料，如麦芽糖、葡萄糖、葡萄糖糖浆，以及通过发酵制备生物乙醇。研究淀粉水解对人体健康的影响也是评估淀粉在食物中的作用的核心。淀粉的水解产物因催化条件，淀粉的种类不同而有差别，其水解产物可为糊精、淀粉糖浆、麦芽糖浆、果葡糖浆、葡萄糖等（图 3-21）。

（1）酸水解法

淀粉分子糖苷键的酸水解是随机的，所用的酸的种类、浓度、水解时间以及淀粉的结构

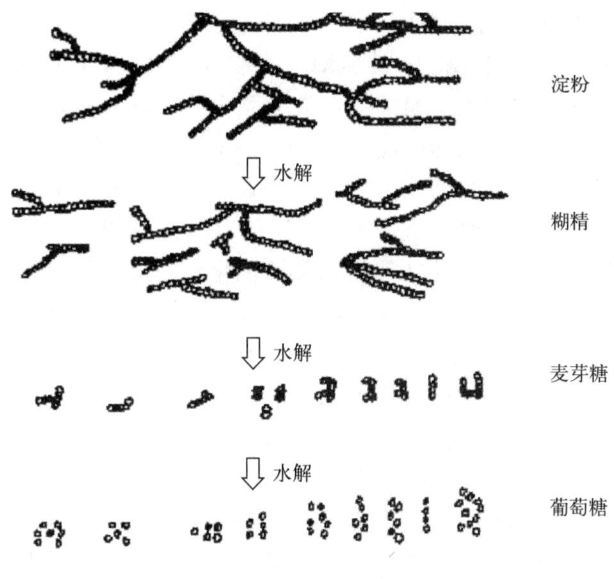

图 3-21 淀粉水解示意图

等因素会影响淀粉水解程度，其水解产物的分子大小也不同。水解初始阶段产生很大的片段，随着水解程度的不断加深，分子变得越来越小，可以是紫色糊精、红色糊精、无色糊精、麦芽糖、葡萄糖。

不同来源的淀粉，因其结构有差别，其酸水解难易程度也不同。一般来说马铃薯淀粉较玉米、小麦、高粱等谷类淀粉易水解，大米淀粉较难水解；支链淀粉较直链淀粉容易水解。糖苷键酸水解的难易顺序为 α-1,6-糖苷键＞α-1,4-糖苷键＞α-1,3-糖苷键＞α-1,2-糖苷键。而 α-1,4-糖苷键的水解速度较 β-1,4-糖苷键快；结晶区比非结晶区更难水解。

工业上，一般选择盐酸或硫酸对淀粉进行酸水解（催化水解效率较高），用盐酸喷射到混合均匀的淀粉中，或用氯化氢气体处理搅拌含水淀粉，将混合物加热到所期望的解聚度，然后中和酸，回收产品，洗涤以及干燥。产品仍然是颗粒状，但非常容易破碎（烧煮），此淀粉称为酸改性或变稀淀粉，此过程称为变稀。酸改性淀粉形成的凝胶透明度得到改善，凝胶强度有所增加，而溶液的黏度有所下降，用酸对淀粉再进行深度处理，产生糊精，有紫色糊精、红色糊精、无色糊精等。

但传统的酸水解淀粉普遍存在腐蚀设备、污染环境且副产物多等问题，这给后处理带来一定的挑战。因此，开发新型的淀粉水解技术仍是需要研究的重要课题。现在人们采用高新技术和超低酸水解相结合的方法来水解淀粉，超低酸水解是指在酸质量分数低于 0.1% 的条件下进行水解的一种绿色工艺。超低酸水解有许多优点：超低酸对反应器材质要求低，能够减少对设备的腐蚀，无需回收酸液，水解经济性较好，符合绿色化工标准，且具备反应速率快的特点。此外，超低酸水解可减少单糖的降解率，降低 5-羟甲基糠醛（5-HMF）、乙酰丙酸（LA）等副产物的产率。超低酸水解可结合超高压、微波、超声等辅助手段，是一种高效快速的糖化工艺。

（2）酶水解法

淀粉的酶水解在食品工业上称为糖化，所使用的淀粉酶也被称为糖化酶。淀粉的酶水解一般要经过糊化、液化和糖化三道工序。淀粉酶水解所使用的淀粉酶主要是 α-淀粉酶（液化酶）、β-淀粉酶（转化酶、糖化酶）和葡萄糖淀粉酶。α-淀粉酶是一种内切酶，它能将直链淀粉和支链淀粉两种分子从内部裂开，作用于任意位置的α-1,4-糖苷键，产物中还原端葡萄糖残基为α-构型，故称α-淀粉酶。α-淀粉酶不能催化水解α-1,6-糖苷键，但能越过α-1,6-糖苷键继续催化水解α-1,4-糖苷键。此外，α-淀粉酶也不能催化水解麦芽糖分子中的α-1,4-糖苷键，所以其水解产物主要是α-葡萄糖、α-麦芽糖和很小的糊精分子。β-淀粉酶可以从淀粉分子的还原尾端开始催化α-1,4-糖苷键水解，不能催化α-1,6-糖苷键水解，也不能越过α-1,6-糖苷键继续催化水解α-1,4-糖苷键。因此，β-淀粉酶是外切酶，水解产物是β-麦芽糖和β-极限糊精。葡萄糖淀粉酶则是由非还原尾端开始催化淀粉分子的水解反应，可发生在α-1,4、α-1,6、α-1,3-糖苷键上，即能催化水解淀粉分子中的任何糖苷键。葡萄糖淀粉酶属于外切酶，最后产物全部是葡萄糖。有一些脱脂酶专门催化水解支链淀粉的1,6-连接键，产生许多低分子量的直链分子，其中一种酶是异构淀粉酶，另一种是普鲁兰酶。淀粉的酶水解见图3-22。

在人类饮食中，富含淀粉的食物以不同的速度和程度被消化，这决定了它们的营养价值和对人类健康的影响。人们普遍认为，缓慢消化的淀粉可引起适度的餐后血糖反应，对人体健康有益，而未消化的淀粉（或抗性淀粉）可被视为一种膳食纤维或功能性纤维，可调节肠道微生物群，对健康有益。因此，人们采用模拟体内消化的方法，用酶对淀粉进行水解，进而判断淀粉的消化特性，然而，淀粉水解取决于所使用的酶的类型和相关的结构特征，包括大分子组成、颗粒形态和非淀粉组分。颗粒大小、直链淀粉与支链淀粉之比、晶体多晶型、颗粒孔隙和通道等都会不同程度地影响淀粉的酶可降解性。淀粉的酶水解过程和程度是由多因素决定的，实际生产中要综合判断。

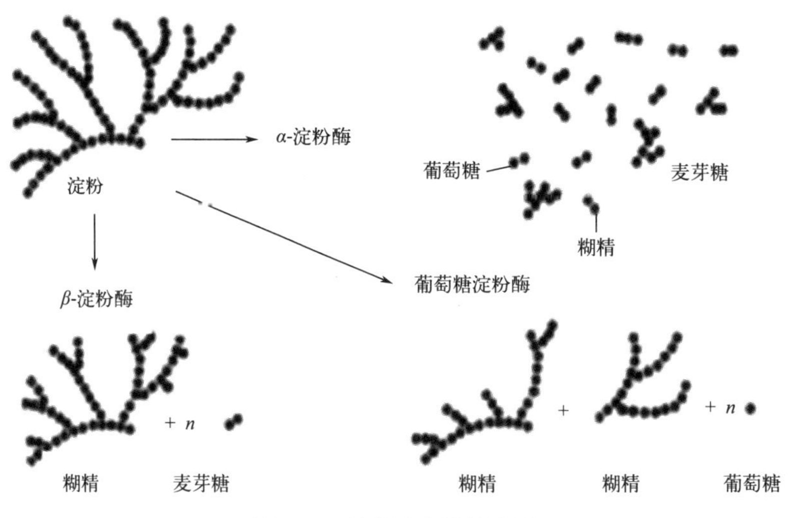

图3-22 淀粉酶水解示意图

3.5.4.2 淀粉的糊化

食物原料中的淀粉，绝大部分以β-淀粉（生淀粉）的形式存在，生淀粉分子靠大量的分子间氢键排列得很紧密，形成束状的胶束，彼此之间的间隙很小，即使水这样的小分子也难以渗透进去，因此β-淀粉在常温下不溶于冷水。但当β-淀粉在水中加热后，随着加热温度的升高，水温至53℃以上时就会破坏淀粉结晶区胶束中弱的氢键部分，胶束被溶解而形成空隙，水分子进入内部与一部分淀粉分子进行氢键结合，胶束逐渐被溶解，空隙逐渐扩大，淀粉粒因吸水体积膨胀数十倍，生淀粉的结晶区胶束随即消失，这种现象称为膨润现象。继续加热，结晶区胶束则全部崩溃，淀粉分子形成单分子并为水所包围（氢键结合），而成为溶液状态。由于淀粉分子是链状或分支状，彼此牵扯，最终形成具有黏性的糊状溶液，处于这种状态的淀粉称为 α-淀粉。人们把 β-淀粉混合于水中并加热，达到一定温度后，淀粉粒溶胀、崩溃，形成黏稠均匀的透明糊溶液（α-淀粉），这一过程称为淀粉的糊化（gelatinization of starch）。淀粉的糊化在食品工业中应用非常广泛，可作为增稠剂、保水剂、稳定剂分别在面制品、肉制品、饮料中使用。淀粉的糊化还可应用在菜肴的挂糊、上浆、勾芡等工艺中。

糊化作用可分为三个阶段（图 3-23）：

一是可逆吸水阶段。水分子进入淀粉粒的非晶质部分，淀粉通过氢键与水分子发生作用，颗粒的体积略有膨胀，外观上没有明显的变化，淀粉粒内部晶体结构没有改变，此时冷却干燥，可以复原，双折射现象不变。

二是不可逆吸水阶段。随温度升高，水分进入淀粉微晶束间隙不可逆大量吸水，颗粒的体积膨胀，淀粉分子之间的氢键被破坏，分子结构发生伸展，结晶溶解，双折射现象开始消失。

三是淀粉粒解体阶段。淀粉分子全部进入溶液，体系的黏度达到最大，双折射现象完全消失。

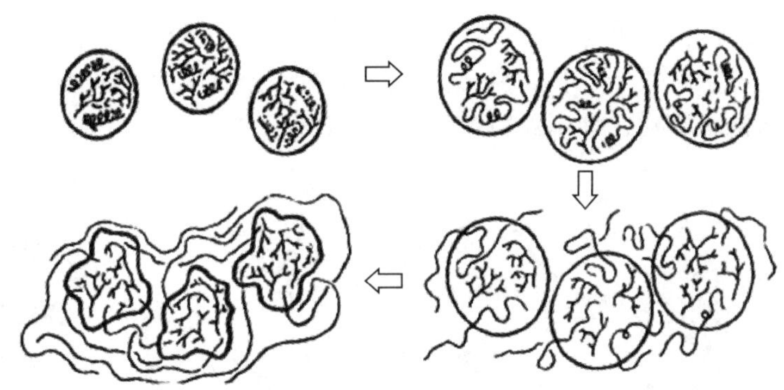

图 3-23　淀粉糊化三个阶段示意图

淀粉的糊化温度是一个温度范围，通常用开始糊化的温度（双折射现象开始消失的温度）和糊化完成的温度（双折射现象完全消失的温度）表示。不同淀粉糊化的温度也不同，其中直链淀粉含量越高的淀粉糊化温度越高。即使是同一种淀粉，因为颗粒大小不同，其糊化温度也不相同。一般来说，小颗粒淀粉的糊化温度高于大颗粒淀粉的糊化温度。表 3-5 列出了几种淀粉的糊化温度。

表 3-5　几种淀粉的糊化温度

淀粉	开始糊化温度/℃	完全糊化温度/℃	淀粉	开始糊化温度/℃	完全糊化温度/℃
粳米淀粉	59	61	玉米淀粉	64	72
糯米淀粉	58	63	荞麦淀粉	69	71

续表

淀粉	开始糊化温度/℃	完全糊化温度/℃	淀粉	开始糊化温度/℃	完全糊化温度/℃
大麦淀粉	58	63	马铃薯淀粉	59	67
小麦淀粉	65	68	甘薯淀粉	70	76

淀粉糊化受很多因素影响，不仅取决于淀粉的种类、加热的温度，还取决于共存的其他组分的种类和数量，如糖、蛋白质、脂肪有机酸、水以及盐等物质。

① 淀粉的种类和颗粒大小会影响淀粉的糊化速率和程度。一般来讲，直链淀粉比支链淀粉不易糊化。分子大的淀粉粒比分子小的淀粉粒难糊化。

② 食品中的水分活度对淀粉糊化的影响：水分活度提高，糊化程度提高。

③ 糖对淀粉糊化的影响：高浓度的糖将降低淀粉糊化的速度、黏度的峰值和所形成凝胶的强度。二糖在升高糊化温度和降低黏度峰值等方面比单糖更有效。通常蔗糖>葡萄糖>果糖。糖是通过增速作用和干扰结合区的形成来降低凝胶强度的。

④ 盐对淀粉糊化的影响：淀粉具有中性特征，高浓度的盐使淀粉糊化受到抑制，低浓度的盐对糊化或凝胶的形成影响很小。但对马铃薯淀粉例外，因为它含有磷酸基团，低浓度的盐影响它的电荷效应。对于一些盐敏感性淀粉，同一条件下的不同盐类可增加或降低膨胀的速率。

⑤ 脂类对淀粉糊化的影响：脂类可与淀粉形成包合物，即脂类被包含在淀粉螺旋环内，因淀粉螺旋内部的疏水性高于外部，脂-淀粉复合物的形成干扰了结合区域的形成，能有效地阻止水分子进入淀粉颗粒，抑制淀粉糊化（图 3-24）。

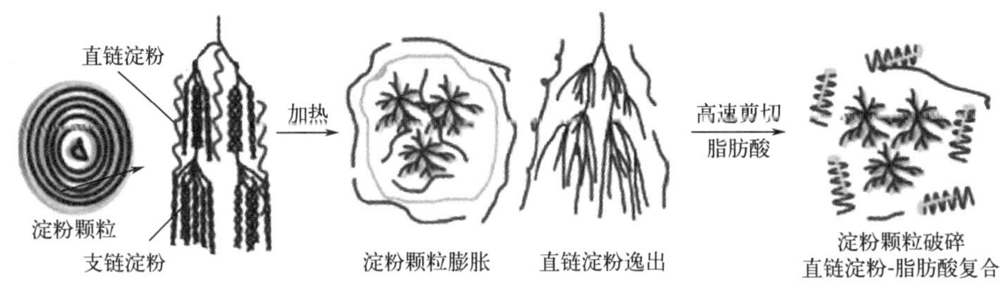

图 3-24　脂肪对淀粉糊化影响示意图

⑥ 酸度对淀粉糊化的影响：酸度普遍存在于许多淀粉增稠的食品中，因此大多数食品的 pH 值范围在 4～7，这样的酸浓度对淀粉溶胀或糊化影响很小。但当 pH 小于 4.0，淀粉水解为糊精，黏度降低。在淀粉增稠的酸性食品中，为避免酸变稀，一般使用交联淀粉。当 pH 等于 10.0，淀粉膨胀速度明显加快，但这个 pH 值已超出食品的范围。一般淀粉在碱性中易于糊化，且淀粉糊在中性至碱性条件下黏度也是稳定的。

⑦ 蛋白质对淀粉糊化的影响：在许多食品中，淀粉和蛋白质间的相互作用对食品的结构产生重要影响。如小麦淀粉和面筋蛋白质在和面、揉捏时发生了一定的作用，在有水存在的情况下，加热时淀粉糊化，而蛋白质变性使焙烤食品具有一定的结构，但食品体系中淀粉和蛋白质间相互作用的本质显仍然不清楚。

⑧ 其他影响因素：如淀粉酶可使糊化显著加速；提高温度，有利于淀粉的糊化。

3.5.4.3　淀粉的老化（starch retrogradation）

α-淀粉溶液或淀粉凝胶在室温或低于室温下放置后，会变得不透明甚至凝结而沉淀，这种现象称为淀粉的老化（starch retrogradation）。

淀粉老化的实质是稀淀粉溶液冷却后，线性分子重新排列并通过氢键形成不溶性沉淀。浓的淀粉糊冷却时，在有限的区域内，淀粉分子重新排列较快，线性分子缔合，溶解度减小。即糊化后的分子又自动排列成序，形成高度致密的结晶化不溶解性分子微束的过程，这种现象也叫回生。食品工业利用淀粉糊化后老化会生产方便食品，如方便面、方便米饭、粉条、粉皮、虾片等。淀粉老化过程如图 3-25 所示。

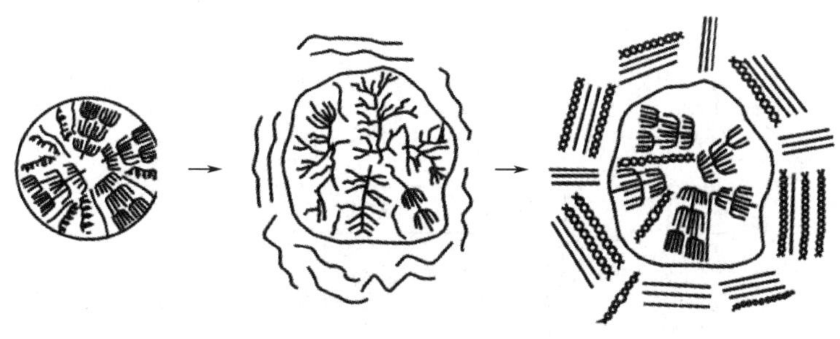

图 3-25　淀粉老化示意图

影响淀粉老化的因素：

① 淀粉的种类。直链淀粉比支链淀粉容易老化；分子量小的直链淀粉易于老化；聚合度在 100～200 的直链淀粉最易老化。

② 淀粉的浓度。溶液浓度大，分子碰撞机会多，易于老化，但水分在 10%以下时，淀粉难以老化；水分含量在 30%～60%，尤其是在 40%左右，淀粉最易老化。

③ 无机盐的种类。无机盐离子有阻碍淀粉分子定向排列的作用。

④ 食品的 pH 值。pH 在 5～7 时，老化速度快，而在偏酸或偏碱性时，因带有同种电荷，老化减缓。

⑤ 冷冻的速度。糊化的淀粉缓慢冷却时，会加重老化，而速冻可降低老化程度。

⑥ 温度的高低。淀粉老化的最适温度是 2～4℃，60℃以上或－20℃以下就不易老化，但温度恢复至常温，老化仍会发生。

⑦ 共存物的影响。脂类和乳化剂可抗老化；多糖（果胶例外）、表面活性剂或具有表面活性的极性脂添加到面包和其他食品中，可延长货架期。经完全糊化的淀粉，在较低温度下自然冷却或慢慢脱水干燥，会使淀粉分子间发生氢键再度结合，使淀粉乳胶体内水分子逐渐脱出，发生析水现象。这时，淀粉分子则重新排列成有序的结晶而凝沉，淀粉糊老化回生成凝胶体。这种糊化后再生成结晶的淀粉称为老化淀粉。老化淀粉难以复水并变硬，因此蒸煮烤熟后放冷却的食物难以消化。简单地说，淀粉老化是糊化淀粉分子形成有序排列的结晶过程。

淀粉的老化是不可避免的，造成食品品质劣变。实际生产过程中，可根据影响淀粉老化的因素采取相应的措施防止和延缓淀粉的老化，如控制温度、水分活度、酸碱性等，或加入表面活性物质。此外采用一些新的加工方法，如膨化，彻底破坏淀粉结构，不发生老化现象。超高压、超声、微波等技术也可延缓淀粉老化。

3.5.4.4 淀粉的改性/变性

天然淀粉的结构和功能具有多样性特征，使其适用于多领域应用研究，但天然淀粉也存在限制其工业应用的劣势，如易回生、易脱水及保水性低等。为增强天然淀粉适用性，国内外学者通过改性修饰技术进行深入探索，将天然淀粉经物理、化学或酶处理，或使用新型改性技术，使淀粉原有的物理性质、某些加工性能得到改善并发生一定的变化，如水溶性、黏度、色泽、味道、流动性等，以适应特定的需要，这种经过处理的淀粉总称为改性淀粉（图3-26)。改性淀粉的种类很多，例如可溶性淀粉、漂白淀粉、交联淀粉、氧化淀粉、酯化淀粉、醚化淀粉、磷酸淀粉等。

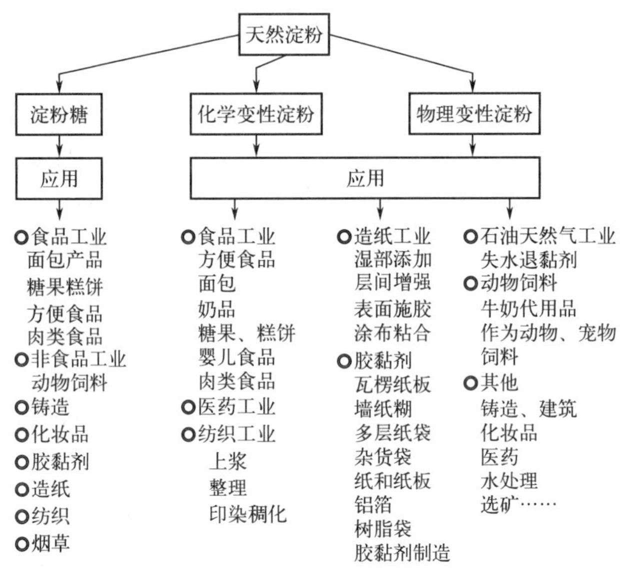

图 3-26 淀粉改性及其应用领域

(1) 可溶性淀粉

可溶性淀粉是经过轻度酸或碱处理的淀粉，其淀粉溶液热时有良好的流动性，冷凝时能形成坚柔的凝胶。α-淀粉则是由物理处理方法生成的可溶性淀粉。可溶性淀粉用于制造胶基糖果。

(2) 酯化淀粉

淀粉的糖基单体含有三个游离羟基能与酸或碱形成淀粉酯，其取代度能从0变化到最大值3，常见的有淀粉醋酸酯、淀粉硝酸酯、淀粉磷酸酯和淀粉黄原酸酯等。酯化度低的淀粉磷酸酯可改善某些食品的抗冻结-解冻性能，降低冻结-解冻过程中水分的离析。

(3) 醚化淀粉

淀粉的糖基单体上的游离羟基可被醚化而生成醚化淀粉，其中甲基醚化法为研究淀粉结构的常用方法。即用二甲硫酸和氢氧化钠或AgI和Ag_2O作用于淀粉，其游离羟基被甲氧基化，水解后根据所得的甲基糖的结构就可确定淀粉分子中葡萄糖单位间连接的糖苷键类型。低取代度的醚化淀粉具有较低的活化温度，受热溶胀速度较快，糊的透明度和胶黏性较高，凝沉性较弱，干燥后形成透明柔软的薄膜。

(4) 氧化淀粉

工业上应用次氯酸钠处理淀粉，即得到氧化淀粉。由于直链淀粉被氧化后变为扭曲状，因而不易引起老化。氧化淀粉的糊黏度较低，但稳定性高，较透明，成膜性能好，在食品加工中可形成稳定溶液。适合用作分散剂或乳化剂。

（5）交联淀粉

用具有多元官能团的试剂，如甲醛、环氧氯丙烷、三氯氧磷、三聚磷酸盐等，作用于淀粉颗粒，使不同淀粉分子经交联键结合而生成的淀粉，称为交联淀粉。交联淀粉具有良好的机械性能，并且耐热、耐酸、耐碱，随胶黏度增加，甚至在高温受热也不糊化。在食品工业中，交联淀粉可用作增稠剂和赋型剂。

（6）接枝淀粉

淀粉能与丙烯酸、丙烯腈、丙烯酰胺、甲基丙烯酸、甲酯、丁二烯等人工合成高分子的单体起接枝反应生成共聚物，称为接枝淀粉。所得共聚物具有两类高分子（天然淀粉和人工合成高分子）的性质，并随接枝百分率、接枝频率和平均分子量而发生变化。接枝淀粉所得的共聚物，因其结构不同，其性质也有所不同。通常用于化工领域，如树脂和塑料的生产。

M3-4 阅读材料
神奇的非牛顿流体
淀粉糊

除了上述的改性方法，现在科学家在探讨一些淀粉新型改性技术，如生物酶改性、转基因改性、复合物改性和纳米改性可改变淀粉的分子组成和结构，进而改善淀粉的理化性质。

3.6　食品中其他重要的多糖

3.6.1　果胶

（1）果胶的定义

果胶（pectin）是一类广泛存在于植物细胞壁的初生壁和细胞中间片层中的杂多糖，天然果胶类物质以原果胶、果胶、果胶酸的形态广泛存在于植物的果实、根、茎、叶中，是细胞壁的一种组成成分，如柑橘、柠檬、柚子等果皮中均含有果胶。果胶有同质多糖和杂多糖两种类型，主要是以 D-半乳糖醛酸（D-Galacturonic acids，D-Gal-A）由 α-1,4-糖苷键连接组成的酸性杂多糖，除 D-Gal-A 外，还含有 L-鼠李糖、D-半乳糖、D-阿拉伯糖等中性糖，此外还含有 D-甘露糖、L-岩藻糖等多达 12 种的单糖，不过这些单糖在果胶中的含量很少。果胶的结构单元见图 3-27。

半乳糖醛酸　　半乳糖醛酸甲酯

图 3-27　果胶的结构单元

（2）果胶的性质及应用

果胶呈白色至黄色粉状，分子量为 20000～400000，无味，口感黏滑。溶于 20 倍水，形成乳白色黏稠状胶态溶液，呈弱酸性。耐热性强，几乎不溶于乙醇及其他有机溶剂。在酸性溶液中较在碱性溶液中稳定。通常按其酯化度分为高酯果胶及低酯果胶。高酯果胶在可溶性糖含量≥60%、pH＝2.6～3.4 的范围内形成非可逆性凝胶。低酯果胶一部分甲酯转变为伯酰胺，不受糖、酸的影响，但需与钙、镁等二价离子结合才能形成凝胶。

果胶的功能很多，可作为胶凝剂、稳定剂、组织形成剂、乳化剂和增稠剂广泛应用于食品工业中，如果酱及果冻的制造、防止糕点硬化、改进干酪质量、制造果汁粉等；而果胶也是一种水溶性的膳食纤维，可作为优良的药物制剂基质添加到药物中，具有增强胃肠蠕动、促进营养吸收的功能，对防治腹泻、肠癌、糖尿病、肥胖症等病症有较好的疗效；同时，果胶是一种良好的重金属吸附剂，具有成膜、持水性好以及抗辐射等特性，被应用于不同的领域。

由于原料的种类、提取方法等因素的影响，果胶的自身组成和理化性质有很大的差异，所以果胶理化性质对其表征、质量判定及应用具有非常重要的意义。果胶的理化性质主要有溶解性、酯化度（degree of esterfication，DE）、Gal-A 含量（半乳糖醛酸）、单糖组成、分子量（molecular weight，Mw）、流变及凝胶特性，其中决定果胶的应用范围和经济价值，评价果胶品质的 3 个较重要的参数为 DE、胶凝度和 Gal-A 含量。

① 溶解性。根据果胶的溶解性将其分为水溶性果胶和水不溶性果胶。果胶的溶解性与其聚合度、甲氧基的含量及分布有关。虽然果胶溶液的 pH、温度以及浓度对果胶的溶解性也有一定的影响，但一般来说，果胶的分子量越小，酯化度越高，其溶解性越好。类似于亲水胶体，果胶颗粒是先溶胀再溶解。如果果胶颗粒分散于水中时没有很好地分离，溶胀的颗粒就会相互聚结成大块状，而此大块一旦形成就很难溶解。

② 酯化度。果胶是一类聚半乳糖醛酸多糖，其半乳糖醛酸残基往往被一些基团酯化，如甲氧基、酰胺基等。酯化度又称甲氧基化，指果胶中甲酯化、乙酰化和酰胺化比例的总和。根据果胶酯化度以及酯化种类的差异，可将果胶分为 3 类：高酯果胶（DE＞50%）、低酯果胶（DE＜50%）、酰胺化果胶（酰胺化度＞25%）。果胶的酯化度通常因原料的多样性和提取工艺的不同而不同。

果胶的 DE 是一个非常重要的参数。DE 的大小和种类影响着果胶产品的溶解性、凝胶性以及乳化稳定性。一般来说，果胶的酯化度越高，其水溶性越好；果胶的酰胺化度越高，果胶的水溶性也越好。

③ 单糖组成及含量。果胶是一类以聚半乳糖醛酸为主的杂多糖，通常以 Gal-A 含量来表示果胶纯度，商业化的果胶中 Gal-A 含量≥65%。不同原料的果胶单糖组成差异较大，单糖构成可间接反映果胶结构。

④ 凝胶特性。胶凝度是衡量果胶质量的一个重要参数，指在一定条件下，每份果胶能与多少份固形物（通常为蔗糖和葡萄糖）制成具有一定硬度和质量的果冻的能力，即衡量果胶形成凝胶的能力大小。商业化果胶的胶凝度要求（US-SAG 法）：高酯果胶（150°±5°）和低酯果胶（100°±5°）。目前国内外的果胶生产原料主要来源于柑橘皮渣和苹果皮，其中一个关键的原因在于其他原料（如甘薯、向日葵等）制备的果胶的胶凝度无法达到商业化的要求。

⑤ 分子量。果胶的分子量介于 50～300kDa 之间，不同原料和工艺提取到的果胶因其组成和结构不同，其分子量也有较大的差异，所呈现出的理化性质也不同。

⑥ 流变性质。果胶的流变特性是果胶应用过程中极为重要的问题。果胶溶液的黏度相

对较低，果胶稀溶液的流动特性近似牛顿型流体，而高浓度（1%）的果胶溶液具有假塑性流体的一些现象和特性。影响果胶溶液黏度的因素很多，除了果胶的自身结构特性（Mw、DE 等）外，同时还受到外界条件，如所在溶液体系的状态（浓度、温度、pH 值、盐以及固形物含量等）和一些物理因素（搅拌、外加剪切等）的影响。而果胶溶液流变性的好坏直接决定产品品质的优劣及食品加工工艺的设计。

3.6.2 壳聚糖

（1）壳聚糖的结构

壳聚糖（chitosan）是 D-葡萄糖胺（2-氨基-β-D-葡萄糖）的聚合物，由甲壳素（chitin，存在于虾蟹等海洋节肢动物的甲壳、昆虫的甲壳）经过脱乙酰基作用得到的产物，*N*-乙酰基脱去 55%以上的就可称之为壳聚糖。甲壳素（几丁质）、壳聚糖、纤维素三者具有相近的化学结构（图 3-28），纤维素在 C2 位上是羟基，甲壳素、壳聚糖在 C2 位上分别被一个乙酰氨基和氨基所代替，甲壳素和壳聚糖具有生物降解性、细胞亲和性和生物效应等许多独特的性质，尤其是含有游离氨基的壳聚糖，是天然多糖中唯一的碱性多糖。

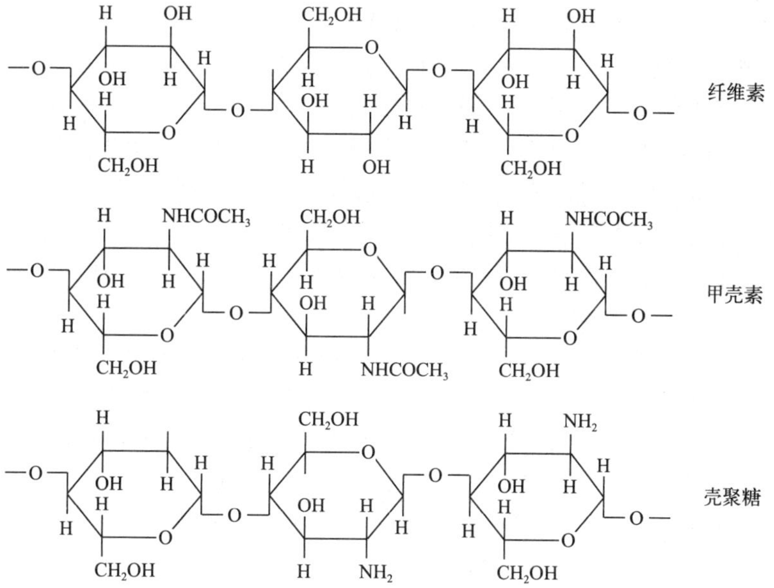

图 3-28 纤维素、甲壳素、壳聚糖分子结构

壳聚糖是一种源自甲壳素的生物相容性无毒杂聚物，分子结构中的氨基基团具有较强的反应活性，使得壳聚糖具有优异的生物学功能并能进行化学修饰反应。因此，壳聚糖被认为是具有极大应用潜力的功能性生物材料。因其具有生物降解性、生物相容性、无毒性、抑菌、抗癌、降脂、增强免疫等多种生理功能，广泛应用于食品添加剂、纺织、农业、环保、美容保健、化妆品、抗菌剂、医用纤维、医用敷料、人造组织材料、药物缓释材料、基因转导载体、生物医用领域、医用可吸收材料、组织工程载体材料、医疗以及药物开发等众多领域和其他日用化学工业。然而，其在 pH 6.5 以上的有限溶解度阻碍了其更广泛的应用。通过化学、物理和酶改性极大地改善了壳聚糖的性质，制备出水溶性壳聚糖（WSC）和衍生物，满足不同领域功能材料的需求。

（2）壳聚糖的性质

壳聚糖溶液的性质对其应用有重要影响。壳聚糖溶液既有其自身特性，也具有高分子化合物溶液的通性。壳聚糖具有很好的吸附性、成膜性、通透性、成纤性、吸湿性和保湿性。脱乙酰度和黏度是壳聚糖的两项主要性能指标。

① 壳聚糖的一般性质。壳聚糖无味、无臭、无毒性，纯壳聚糖略带珍珠光泽。壳聚糖的分子量为 $2\times10^5\sim5\times10^5$，在制造过程中甲壳素与壳聚糖分子量的大小，一般用黏度高低的数值来表示。

② 壳聚糖的溶解性质。壳聚糖不溶于水、碱以及一般有机溶剂，但可以溶解在盐酸、甲酸、乙酸、乳酸、苹果酸、维生素 C（抗坏血酸）等许多稀的无机酸或某些有机酸中（因为壳聚糖结构单元中存在—NH_2 基团，极易与酸反应成盐），长时间加热搅拌条件下也能溶解在浓的盐酸、硝酸、磷酸中。壳聚糖的溶解性与脱乙酰度、分子量、黏度有关，脱乙酰度越高，分子量越小，越易溶于水；当脱乙酰度在 50%左右时，获得的水溶性产物能溶于碱性溶剂。

③ 脱乙酰度。脱乙酰度（degree of deacetylation，DD）是脱去乙酰基的葡萄糖胺单元数占总的葡萄糖胺单元数的比例，是甲壳素/壳聚糖最基本的结构参数之一。脱乙酰度对壳聚糖的溶解性能、黏度、离子交换能力以及絮凝性能等都有重大影响。通常，脱去 55%以上 *N*-乙酰基的甲壳素能溶于 1%乙酸或盐酸，被称为壳聚糖，但脱乙酰度在 70%以上的壳聚糖才能作为有使用价值的工业品。脱乙酰度在 55%～70%、70%～85%、85%～95%、95%～100%的壳聚糖分别称为低脱乙酰度壳聚糖、中脱乙酰度壳聚糖、高脱乙酰度壳聚糖、超高脱乙酰度壳聚糖，极难制备脱乙酰度为 100%的壳聚糖。制备高脱乙酰度的壳聚糖在开发壳聚糖产品过程中非常重要，因为脱乙酰度可以决定甲壳素的溶解性，也是对其进行化学修饰功能化改性的前提条件。通常使用的高脱乙酰度、中低分子量、低黏度的壳聚糖都需要将厂家商品进一步水解、降解处理。

④ 结晶结构。壳聚糖由于分子内和分子间很强的氢键作用而具有规整的分子链和较好的结晶性能。壳聚糖按晶体结构可以分为 α-晶型、β-晶型和 γ-晶型三种，其中 α-晶型最为稳定，并在大自然中广泛存在。壳聚糖的脱乙酰度影响自身的结晶度，随着脱乙酰度的增加，其结晶度也会增加（X 射线衍射峰变得尖锐）。

⑤ 壳聚糖的化学性质。壳聚糖经酶水解法可以制备低聚寡糖，低聚寡糖有显著的生理活性，在医药、食品、农业和化妆品领域已显示出潜在实用价值。低聚寡糖可通过不同的化学反应，如羧基化反应、酰化反应等进行衍生化，生成具有不同生理活性的衍生物，应用于不同领域。

（3）壳聚糖的应用

壳聚糖被发现已经有 100 多年，也有许多人在对它进行研究，其广泛应用于农业、食品、医疗、工业等领域。

① 在食品工业中的应用。壳聚糖在食品工业中可作为黏结剂、保湿剂、澄清剂、填充剂、乳化剂、上光剂及增稠稳定剂；作为功能性低聚糖，它能降低胆固醇，提高机体免疫力，增强机体的抗病抗感染能力，尤其有较强的抗肿瘤作用。因其资源丰富，应用价值高，已被大量开发使用。

② 在日用化学方面的应用。壳聚糖配入化妆品中，可提高产品的成膜性，具有抑菌、保湿功能，又不引起任何过敏刺激反应。如在壳聚糖衍生物——壳聚糖羟丙基三甲基氯化

铵，能增强壳聚糖的水合能力，提高其吸湿、保湿效能，成为来源丰富、性能良好的化妆品保湿材料。各种洗发、护发用品加入壳聚糖，能更好发挥护发效果。在欧洲、美国、日本等国家和地区已有上百种含壳聚糖的日用化妆品出售。

③ 在医药行业方面的应用。《中国药典》（四部）中规定，壳聚糖用于药用辅料、崩解剂、增稠剂等。壳聚糖可作为材料制备药物载体，稳定药物中的成分，促进药物吸收，延缓或控制药物的溶解速度，帮助药物到达靶器官，并且抗酸、抗溃疡，防止药物对胃的刺激；可用作膜剂的成膜材料，制备口腔用膜剂、中药膜剂等；作增稠剂时，可作为药物开发的重要组成成分，如口服液；还可作为片剂填充剂及矫味剂使用；其生物相容性和生物可降解性良好，降解产物可被人体吸收，在体内不蓄积，无免疫原性，可制成吸收型外科手术缝合线。

④ 在轻工业方面的应用。利用壳聚糖的可溶性和成膜性，结合其与甲壳素化学结构的可相互转换的特点，采用乙酸酐作为壳聚糖-甲壳素的转型固定剂，从而制成一种甲壳素型且真正不含甲醛的新型织物整理剂（既保留了甲壳素天然高聚物的优点，又保证了整理剂与整理工艺无毒无害）。以甲醛和乙酸为交联剂，壳聚糖为母体制备的壳聚糖凝胶，既不溶于水、稀酸和碱溶液，也不溶于一般的有机溶剂，具有较好的机械强度和化学稳定性。

⑤ 在环保方面的应用。壳聚糖能与戊二醛作用，用流延法制备离子交换树脂-壳聚糖交联膜，该树脂可吸附金属离子，从而可用于工业废水的处理及重金属的提取。壳聚糖能通过分子中的氨基、羟基与 Hg^{+}、Ni^{2+}、Pb^{2+}、Cd^{2+}、Mg^{2+}、Zn^{2+}、Cu^{2+}、Fe^{3+} 等金属离子都可形成稳定的螯合物，因而可广泛应用于贵金属的回收、工业废水处理。利用壳聚糖制备高黏度可溶性壳聚糖，所得产品黏度高、质量好，用于活性污泥处理，效果极佳，又由于它无毒，可生物降解，将其用于废水处理和金属提取，不会造成二次污染，因此它是一种很有前途的高分子絮凝剂和金属螯合剂。

3.6.3 海藻酸钠

（1）海藻酸钠的定义

海藻酸钠是从褐藻类的海带或马尾藻中提取碘和甘露醇后的副产物，由 β-D-甘露糖醛酸（β-D-mannuronic，M）和 α-L-古洛糖醛酸（α-L-guluronic，G）按（1→4）糖苷键连接而成，是一种天然多糖。因其具有稳定性、溶解性、黏性和安全性等优良特性，已被广泛应用于食品工业和医药领域。

（2）海藻酸钠的性质

① 一般性质。海藻酸钠为白色或淡黄色粉末，几乎无臭无味。海藻酸钠的分子量比较分散。通常用数均分子量（Mn）、重均分子量（Mw）及分散性指数（Mw/Mn）表示。

② 溶解性。海藻酸钠微溶于水，不溶于大部分有机溶剂。它溶于碱性溶液，使溶液具有黏性。海藻酸钠粉末遇水变湿，微粒的水合作用使其表面具有黏性。然后微粒迅速黏合在一起形成团块，团块很缓慢地完全水化并溶解。如果水中含有其他与海藻酸盐竞争水合的化合物，则其更难溶解于水中。水中的糖、淀粉或蛋白质会降低海藻酸钠的水合速率，混合时间有必要延长。单价阳离子的盐（如 NaCl）在浓度高于 0.5%时也会有类似的作用。海藻酸钠在 1%的蒸馏水溶液中的 pH 值约为 7.2。

③ 稳定性。海藻酸钠具有吸湿性。干燥的海藻酸钠在密封良好的容器内于 25℃及以下的温度下贮存相当稳定。海藻酸钠溶液在 pH 为 5～9 时稳定。聚合度（DP）和分子量与海

藻酸钠溶液的黏性直接相关，贮藏时黏性的降低可用来估量海藻酸钠去聚合的程度。高聚合度海藻酸钠的稳定性不及低聚合度的。

（3）海藻酸钠的应用

① 在食品工业上的应用。海藻酸钠用以代替淀粉、明胶作冰淇淋的稳定剂，可控制冰晶的形成，改善冰淇淋口感，也可稳定糖水冰糕、冰果子露、冰冻牛奶等混合饮料；许多乳制品（如精制奶酪、掼奶油、干乳酪等）利用海藻酸钠的稳定作用可防止食品与包装物的粘连；用作色拉调味汁、布丁罐装制品的增稠剂，以提高制品的稳定性质，减少液体渗出；在挂面、粉丝、米粉制作中添加海藻酸钠可改善制品组织的黏结性，使其拉力变强、弯曲度变大并减少断头率；在面包、糕点等制品中添加海藻酸钠，可改善制品内部组织的均一性和持水作用，延长贮藏时间；在冷冻甜食制品中添加可提供热聚变保护层，减少香味逸散，提高熔点。

② 在医药领域的应用。海藻酸钠早在 1938 年就已被收入美国药典。海藻酸钠用作片剂的黏合剂，而海藻酸用作速释片的崩解剂；也用于悬浮液、凝胶和以脂肪和油类为基质的浓缩乳剂的生产中。海藻酸钠用于一些液体药物中，可增强黏性，改善固体的悬浮；藻酸丙二醇酯可改善乳剂的稳定性。海藻胶代替橡胶、石膏作牙科印模材料；还可制作各种剂型的止血剂，如止血海绵、止血纱布、止血薄膜、烫伤纱布、喷雾止血剂等。

③ 印染工业的应用。海藻酸钠在印染工业中用作活性染料色浆，优于粮食淀粉和其他浆料，是现代印染业的最佳浆料。印出的纺织品花纹鲜艳，线条清晰，给色量高，布色均匀，渗透性与可塑性均良好，现已广泛应用于棉、毛、丝、尼龙等各种织品的印花，特别适用于配制拨染印花浆。

3.7 小结

碳水化合物作为食品原料，主要是因为它们所赋予的功能特性。因此，食品中碳水化合物的化学性质在很大程度上与物理化学性质相关。很明显，食品产品中的每个碳水化合物成分或原料（单糖、蔗糖、寡糖、淀粉基和转化糖浆、多元醇、淀粉和改性淀粉、其他多糖）都有独特的性质，作为类别和个体都是如此，这使得它们凭借广泛的性质和功能特性被应用到食品的不同领域。如低分子糖类可作为食品的甜味剂，大分子糖类可作为增稠剂和稳定剂。除此之外，碳水化合物还是食品加工过程中产生香味和色泽的前体物质，对食品的感官品质产生重要作用。除了已知的一些碳水化合物外，还会有很多新的碳水化合物不断被发现，对其理化性质进行研究并应用于不同领域。

思考题

1. 简述糖的分类及结构。
2. 什么是美拉德反应？什么是焦糖化反应？分析两个反应之间的区别与联系。
3. 在食品加工过程中如何利用和控制美拉德反应？
4. 美拉德反应在食品工业中的应用有哪些？
5. 简述低聚糖在食品中的作用。
6. 什么是淀粉的老化？什么是淀粉的糊化？分析两个反应之间的区别与联系。

7. 淀粉老化对食品品质产生什么影响，在食品工业生产中如何预防淀粉的老化？
8. 淀粉的糊化分为几个阶段？糊化后的淀粉性质发生怎样的变化？
9. 多糖具有哪些功能？列举生活中常见的功能性多糖及其生物活性。
10. 简述壳聚糖在食品工业中的应用。

参考文献

[1] Fennema O R. Food Chenmistry [M]. New York：Marcel Dekker，Inc.，1996.

[2] Velisek J. The Chemistry of Food [M]. Hoboken：Wiley，2013.

[3] 阚建全．食品化学 [M]. 北京：中国农业大学出版社，2022．

[4] 汪东风．食品化学 [M]. 北京：化学工业出版社，2019.

[5] 谢明勇．食品化学 [M]. 北京：化学工业出版社，2024.

[6] 吴广枫，赵广华．食品化学 [M]. 北京：中国农业大学出版社，2023.

[7] 康特拉戈格斯 W. 食品化学导论 [M]. 赵欣，易若琨，译．北京：中国纺织出版社，2023.

[8] 庄玉伟，李晓丽．食品化学 [M]. 成都：四川大学出版社，2022.

[9] 李红，张华．食品化学 [M]. 北京：中国纺织出版社，2022.

[10] 孙宝国，刘慧琳．健康食品产业现状与食品工业转型发展 [J]. 食品科学技术学报，2023，41（02）：1-6.

[11] 邹建，徐宝成．食品化学 [M]. 北京：中国农业大学出版社，2021.

[12] 薛长湖，汪东风．高级食品化学 [M]. 北京：化学工业出版社，2021.

[13] 达莫达兰 S. 帕金 K L. 食品化学 [M]. 江波，等，译．北京：中国轻工业出版社，2020.

[14] 冯凤琴．食品化学 [M]. 北京：化学工业出版社，2020.

[15] 夏红．食品化学 [M]. 北京：中国农业出版社．2019.

[16] 江波，杨瑞金．食品化学 [M]. 北京：中国轻工业出版社，2018.

[17] 孙庆杰，陈海华．食品化学 [M]. 长沙：中南大学出版社，2017.

[18] 李巨秀，刘邻渭，王海滨．食品化学 [M]. 郑州：郑州大学出版社，2017.

[19] 黄泽元，迟玉杰．食品化学 [M]. 北京：中国轻工业出版社，2017.

[20] 朱蓓薇，陈卫．食品精准营养 [M]. 北京：科学出版社．2024.

[21] Lund M N，Ray C A. Control of maillard reactions in foods：strategies and chemical mechanisms [J]. Journal of agricultural and food chemistry，2017，65（23）：4537-4552.

[22] Starowicz M，Zieliński H. How maillard reaction influences sensorial properties（color，flavor and texture）of food products? [J]. Food Reviews International，2019，35（8）：707-725.

[23] Sun A，Wu W，Soladoye O P，et al. Maillard reaction of food-derived peptides as a potential route to generate meat flavor compounds：a review [J]. Food research international. 2022，151：110823.

[24] Shakoor A，Zhang C P，Xie J C，et al. Maillard reaction chemistry in formation of critical intermediates and flavour compounds and their antioxidant properties [J]. Food chemistry，2022，393：133416.

[25] Chakraborty I，Pooja N，Mal S S，et al. An insight into the gelatinization properties influencing the modified starches used in food industry：a review [J]. Food and Bioprocess Technology，2022，15（6）：1195-1223.

[26] Wang Y，Ral J P，Saulnier L，et al. How does starch structure impact amylolysis? Review of Current Strategies for Starch Digestibility Study [J]. Foods，2022，11（9）：1223.

[27] BeMiller J N. Carbohydrate Chemistry for Food Scientists [M]. United Kingdom：Woodhead Publishing，2019.

第4章 蛋白质

知识结构

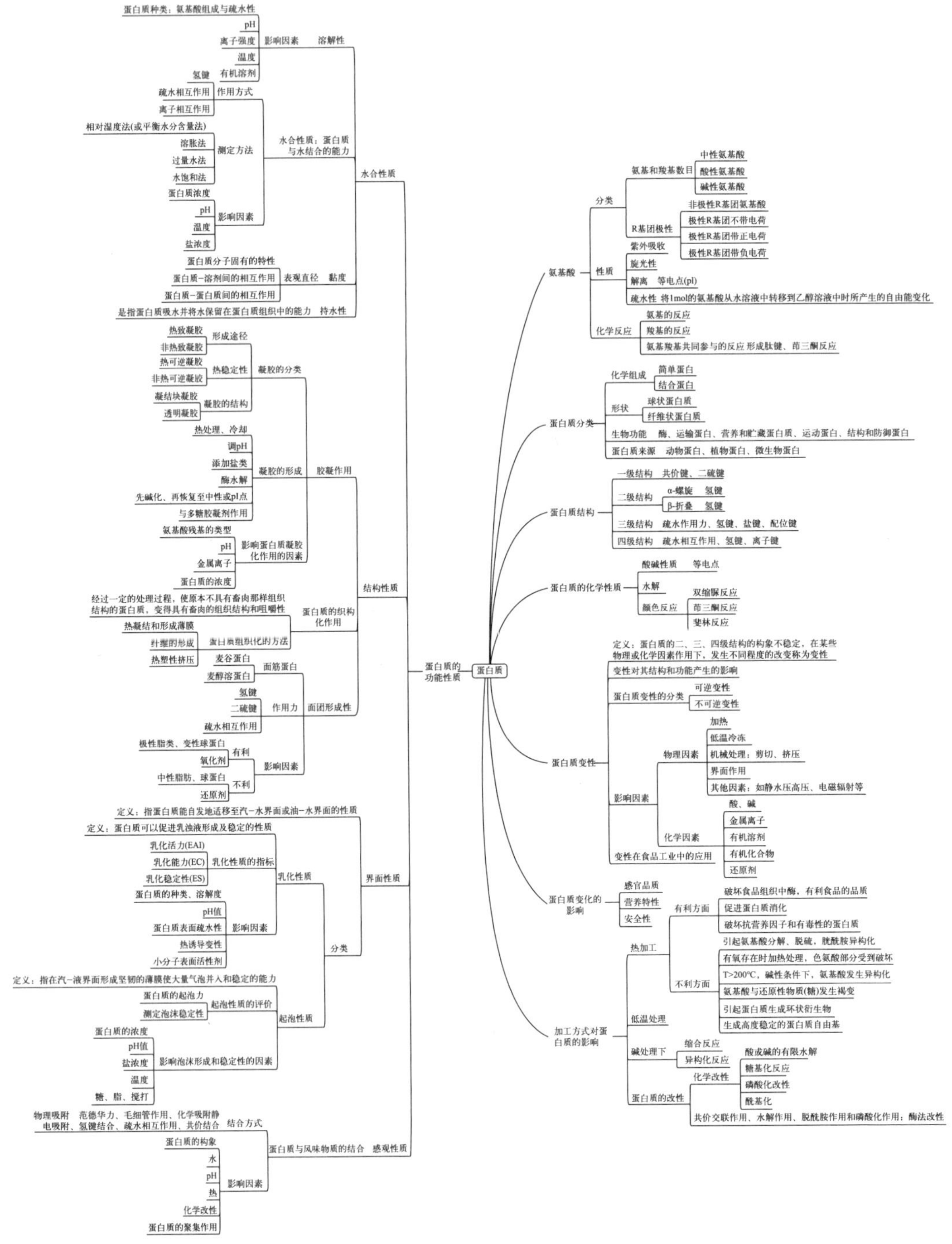

学习目标

知识目标　① 了解蛋白质在营养健康和食品加工中的作用及研究的前沿动态。

② 熟悉蛋白质的结构层次及其基本性质。

③ 识记蛋白质变性及蛋白质功能特性。

④ 掌握蛋白质主要的食品化学反应。

⑤ 理解并解释蛋白质的性质及食品化学反应对食品品质和安全性的影响。

能力目标　① 能够运用所学知识识别和判断实际生产和生活中因蛋白质的存在而引起的问题。

② 能够运用所学知识分析影响蛋白质在加工、贮运中过程变化的关键环节和参数。

③ 能够运用所学知识评价蛋白质变化对食品品质和人体健康的影响。

④ 能够运用所学知识初步设计由蛋白质变化而引起的食品质量、安全问题的解决方案。

⑤ 在所学的蛋白质相关知识基础上进行创新性的思考和实践。

素养目标　① 培养严谨的科学态度、辩证、创新的学科思维。

② 培养良好的职业道德、职业能力和职业品质以及“爱岗敬业、精益求精、执着专注、勇于创新”的工匠精神。

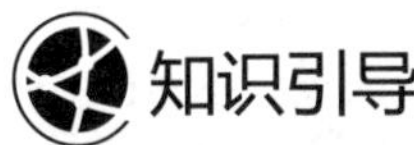

知识引导

鸡蛋和牛奶能为人类提供优质蛋白，你知道它们中含有哪些蛋白质吗？豆浆为什么要煮沸一段时间才能食用？蛋糕为什么会呈现松软质地？香肠为什么能够切成整齐的片状？为什么经过冷冻贮藏后的肉制品吃起来又干又硬？市场上的素鸡、素鸭或素火腿是怎样做出来的？食品辐照杀菌、超高温杀菌技术原理是什么？本章学习将开启你寻找答案之旅。

4.1　概述

蛋白质是一类复杂的大分子有机物质，由碳、氢、氧、氮、硫、磷以及某些金属元素（例如锌、铁）等组成，分子量常为 $10^4 \sim 10^5$，有时可达到 10^6。蛋白质是组成生命体一切细胞、组织的重要成分，是生命活动的主要承担者。

蛋白质种类很多，不同的蛋白质在生物体内发挥不同的功能，如某些蛋白质可作为生物催化剂（如胰岛素、血红蛋白、生长激素、酶等），控制机体的生长、消化、代谢、分泌及其能量转移等过程；有些蛋白质是机体内生物免疫作用所必需的物质，如免疫球蛋白；蛋白质除了为生物体提供能量和功能外，在食品生产过程中，也对食品的质构、色、香、味等方面起到重要作用。一些蛋白质也具有抗营养性质，如胰蛋白酶抑制剂。

为了满足人类对蛋白质的需要，不仅要寻找新蛋白质资源、开发蛋白质利用新技术，更要充分利用现有的蛋白质资源。因此，需要了解蛋白质的物理、化学和生物学性质以及加工贮藏处理对蛋白质性质的影响，以便更好地对蛋白质进行开发利用。

4.1.1 蛋白质的作用

（1）蛋白质在生物体中的作用

① 结构支撑　有些蛋白质是构成细胞和组织的基本物质，为生物体提供结构支撑。如：胶原蛋白是维持皮肤弹性和骨骼结构的重要蛋白质；肌动蛋白和肌球蛋白则是肌肉收缩的关键成分。

② 催化作用　许多蛋白质具有催化功能，能够加速化学反应的进行，这些蛋白质被称为酶。酶在生物体内发挥着至关重要的作用，它们参与新陈代谢、能量转换等生命活动，保证了生物体的正常运转。

③ 运输与贮存　蛋白质还可以作为运输工具，将营养物质、氧气等输送到身体的各个部位。例如，血红蛋白负责将氧气从肺部输送到全身细胞；铁传递蛋白则参与铁的转运和贮存。

④ 信息传递　蛋白质在细胞间和细胞内传递信息，调控生物体的生长、发育和代谢过程。例如，激素就是一种具有信息传递功能的蛋白质，它们通过与特定的受体结合，调节生物体的生理活动。

⑤ 防御与免疫　蛋白质在生物体的防御和免疫系统中发挥着关键作用。抗体是一种特殊的蛋白质，它们能够与病原体结合，从而帮助生物体抵御疾病的侵袭。

（2）蛋白质在食品中的作用

① 营养功能　蛋白质是食品中三大营养素之一，蛋白质在体内氧化分解可释放出17kJ/g的热量；2000年，中国营养学会给出不同年龄段居民膳食蛋白质的推荐摄入量（RNI，单位是g/d），为蛋白质作为食品营养素的摄入提供重要参考。

② 感官品质　蛋白质对食品的色、香、味及组织结构等具有重要意义。如蛋白质和糖水化合物发生美拉德反应，对食品风味和色泽产生影响；蛋白质的凝胶特性、发泡性等功能特性在食品中的应用会使食品呈现不同的质地。

M4-1 蛋白质——生命的基石与工作马达

③ 生物活性　一些蛋白质具有生物活性功能，是开发功能性食品原料之一。如核桃蛋白、大豆蛋白、花生蛋白等。

④ 食品安全　一些蛋白质及短肽具有有害性，会影响食品安全，如海蜇毒素等。

4.1.2 蛋白质的分类与功能

（1）根据化学组成分

① 简单蛋白质：水解只产生氨基酸。如清蛋白、球蛋白、谷醇溶蛋白、谷蛋白、鱼精蛋白、组蛋白和硬蛋白等。

② 结合蛋白质：由氨基酸和非蛋白质成分（辅基）组成，水解产物包括氨基酸和辅基。结合蛋白质按辅基不同分为核蛋白、糖蛋白、脂蛋白、磷蛋白和色蛋白等五类。

（2）根据蛋白质的分子形状分

① 球状蛋白质：其形状近似于球形或椭圆形，多数可溶于水或盐。溶液中许多具有生理活性的蛋白质，如溶菌酶、肌动蛋白（图4-1）、免疫球蛋白等均属于球状蛋白质。

② 纤维状蛋白质：由长的氨基酸肽链连接成为纤维状或蜷曲成盘状结构，是组织结构

不可缺少的蛋白质。如肌球蛋白、胶原蛋白、角蛋白、丝心蛋白、弹性蛋白等。

（3）根据蛋白质的生物功能分

①酶；②运输蛋白；③营养和贮藏蛋白质；④运动蛋白；⑤结构和防御蛋白等。

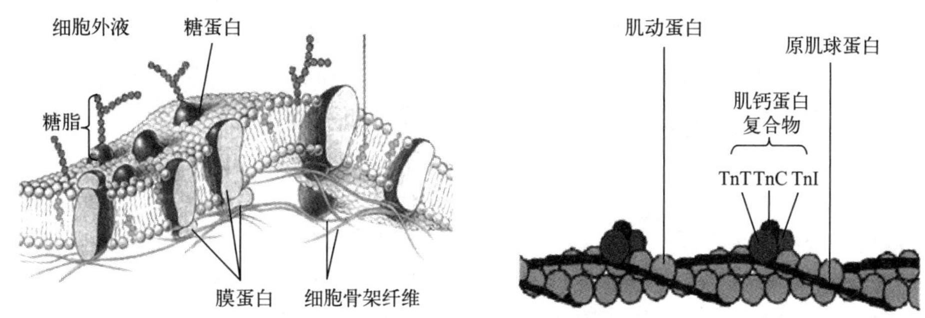

图 4-1　细胞壁结合蛋白和肌肉中的蛋白种类

（4）按蛋白质的营养价值分类

食物蛋白质的营养价值取决于所含氨基酸的种类和数量，因此在营养上可根据食物蛋白质的氨基酸组成和比例，分为完全蛋白质、半完全蛋白质和不完全蛋白质三类。

① 完全蛋白质　所含必需氨基酸种类齐全，数量充足，比例适当，不但能维持成人的健康并能促进儿童生长发育，如乳酪蛋白、卵白蛋白、肉中的白蛋白和大豆蛋白等。

② 半完全蛋白质　所含必需氨基酸种类齐全，但有的数量不足，比例不适当，可以维持生命，但不能促进生长发育，如小麦中的麦胶蛋白质。

③ 不完全蛋白质　所含必需氨基酸种类不全，既不能维持生命，也不能促进生长发育。如玉米中的玉米蛋白、动物结缔组织的肉皮中的胶原蛋白等。

4.1.3　食品中常见蛋白质的来源及种类

食品中蛋白质根据来源可分为植物蛋白质、动物蛋白质和微生物蛋白质三大类。

植物蛋白质中常见的是谷类蛋白质和豆类蛋白质。谷类含蛋白质 10%左右，蛋白质含量不算高，但由于是人们的主食，所以仍然是膳食蛋白质的主要来源。豆类含有丰富的蛋白质，特别是大豆蛋白质含量高达 36%～40%，氨基酸组成也比较合理，在体内的利用率较高，是植物蛋白质中非常好的蛋白质来源。

动物蛋白质主要来源于动物肉类蛋白质、蛋类蛋白质和奶类蛋白质等。蛋类含蛋白质 11%～14%，是优质蛋白质的重要来源。奶类（牛奶）一般含蛋白质 3.0%～3.5%，是婴幼儿蛋白质的最佳来源。蛋白质由氨基酸构成，在人体必需的 22 种氨基酸中，有 9 种氨基酸（氨基酸食品）是人体不能合成或合成量不足的，必须通过饮食才能获得。肉类包括禽、畜和鱼的肌肉。新鲜肌肉含蛋白质 15%～22%，肌肉蛋白质营养价值优于植物蛋白质，是人体蛋白质的重要来源。

微生物蛋白质主要是指用作食物或饲料来源的微生物生物质。微生物蛋白质具有很高的蛋白质含量（占干燥生物质的 75%），包含所有必需氨基酸，并且富含维生素和矿物质以及其他营养物质，如酵母蛋白、细菌蛋白、藻类蛋白。微生物蛋白质作为未来食物的应用值得拭目以待。

全球蛋白质供应来源比重为：植物（57%）、肉类（18%）、乳制品（10%）、鱼类和贝类（6%）、其他动物产品（9%）。下面介绍食品中常见的几种蛋白质及其组成。

（1）牛乳中的蛋白质

牛奶蛋白又称牛乳蛋白，是牛奶中很多种蛋白质混合物的总称。主要由酪蛋白（casein）和乳清蛋白（whey protein）两大部分组成。前者为牛奶在 20℃、pH 4.6 条件下沉淀下来的蛋白质，余下溶解于乳清的蛋白质均称为乳清蛋白。乳清蛋白包括 β-乳球蛋白、α-乳白蛋白、血清白蛋白和免疫球蛋白及其他微量蛋白，如含铜、锌超氧化物歧化酶等。

牛奶的蛋白质含量大约为 3.2%。其中，乳清蛋白的含量为 14%～24%，酪蛋白的含量为 76%～86%（图 4-2）。由于含有人体必需的支链氨基酸和具有生理活性的多肽成分，因此，乳清蛋白是牛奶里最重要的蛋白质。

乳清蛋白是水溶性蛋白质，由 α-乳白蛋白和 β-乳球蛋白两个部分组成。α-乳白蛋白含有大量人体必需而自身不能合成的亮氨酸、异亮氨酸等氨基酸。如果食物里没有这几种氨基酸，人就不能存活。虽然所有含蛋白质的食物都含有这几种支链氨基酸，但牛奶和红肉的含量最高。

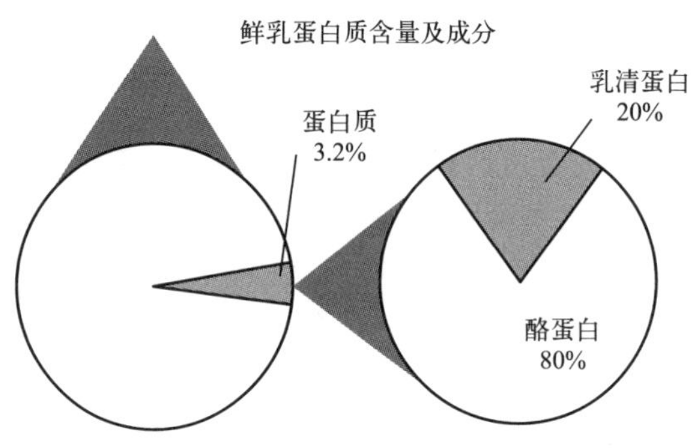

图 4-2　乳品中的蛋白质种类

（2）肉中的蛋白质

肌肉组织的蛋白质主要可区分为三大类（图 4-3）。

① 肌原纤维蛋白质（myofibrillar proteins）　构成负责肌肉收缩的肌原纤维的蛋白质，占肌肉蛋白质的 50%～55%。肌原纤维蛋白质不溶于水，仅溶于高盐溶液。其种类包括肌球蛋白、肌动蛋白等至少 15 种蛋白质。

② 肌浆蛋白质（sarcoplasmic proteins）　位于肌肉细胞质中，与能量代谢功能有关的蛋白质，占肌肉蛋白质的 30%～35%。肌浆蛋白质之种类有 100 种以上，但多可溶于中性的低盐溶液。

③ 基质蛋白质（stroma proteins）　构成肌肉细胞中结缔组织的蛋白质，占肌肉蛋白质的 10%～15%。基质蛋白质不溶于中性水溶液，成分以胶原蛋白（collagen）及弹性蛋白（elastin）为主。

上述三种蛋白质中，肌浆蛋白质所含肌血红素（myoglobin）与食肉色泽有关；基质蛋白质则与食肉嫩度关系密切；肌原纤维蛋白质的功能特性则与食肉加工息息相关。

肌原纤维蛋白质的主要功能特性可分为保水能力（water holding capacity）、脂肪乳化力（fat emulsification）及加热后的凝胶作用（gelation）。

（3）小麦中的蛋白质

小麦约含有 13%的蛋白质，主要是由清蛋白（albumin）、球蛋白（globulin）、醇溶蛋

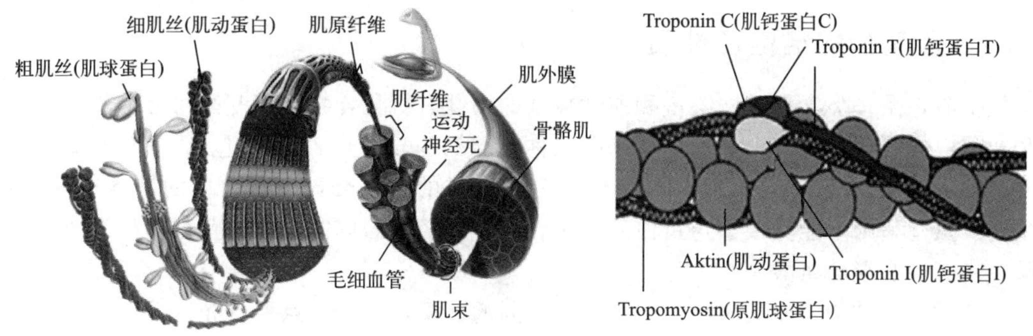

图 4-3　肌肉中的蛋白质种类

白（gliadin）和麦谷蛋白（glutenin）组成，而小麦面筋蛋白中主要含有麦醇溶蛋白和麦谷蛋白，合称贮藏蛋白（占小麦蛋白干基的 80%）（图 4-4）。

由于麦醇溶蛋白具有延展性，麦谷蛋白具有弹性，能与水形成网络结构，从而具有优良的黏弹性、延伸性、吸水性、吸脂乳化性、薄膜成型特性及清淡醇香味或略带谷物味等独特的物理特性。

图 4-4　小麦中的蛋白质种类示意图

4.2　蛋白质的结构层次及性质

蛋白质是以氨基酸为基本单位构成的生物高分子。构成蛋白质常见的氨基酸有 20 种，氨基酸之间可通过酰胺键（一个氨基酸的羧基与另一个氨基酸的氨基脱水缩合而成，也称肽键）进行连接形成多肽链。氨基酸连接的序列和由此盘绕螺旋而形成的立体结构构成了蛋白质结构的多样性。蛋白质具有一级、二级、三级、四级结构（图 4-5），蛋白质分子的结构决定了它的理化性质和功能特性。

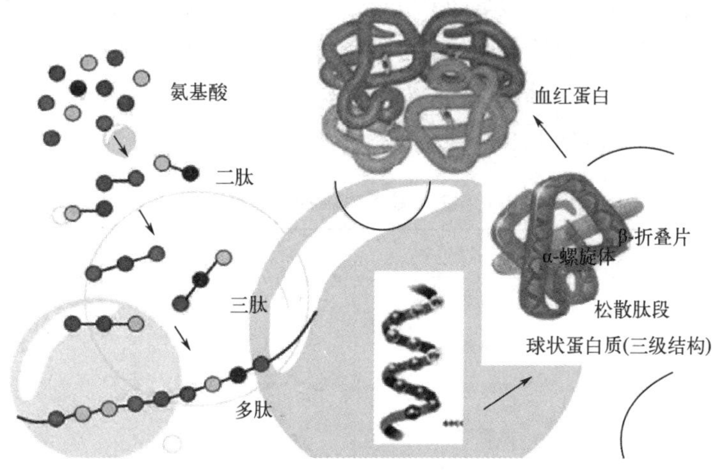

图 4-5　蛋白质结构层次示意图

4.2.1 氨基酸的结构及性质

氨基酸，是一类含有碱性氨基和酸性羧基的两性有机化合物，氨基酸可分为蛋白质氨基酸和非蛋白质氨基酸。其中蛋白质氨基酸又称标准氨基酸（共22种，包括20种常见氨基酸以及2种不常见氨基酸），直接参与蛋白质分子合成的氨基酸，是蛋白质的基本组成单位。非蛋白质氨基酸则不能直接参与蛋白质分子合成，需经过修饰才能参与蛋白质的合成，如瓜氨酸、鸟氨酸和羟脯氨酸。

氨基酸因其结构、R基团等不同而具有不同的性质，如等电点、旋光性等。可根据氨基酸的不同性质采用分光光度法、液相色谱法、气相色谱法、红外检测等多种方法对其进行筛选和鉴定。

氨基酸既可以为生物体提供能量，也可以作为生物体制造抗体蛋白、血红蛋白、酶蛋白、激素蛋白、神经递质等物质的原材料，可以说氨基酸是一切生命之源。

4.2.1.1 氨基酸结构

除脯氨酸外，自然界中的氨基酸分子至少含有一个羧基、一个氨基和一个侧链R基团（图4-6）。依据氨基连在碳链上的位置，可将氨基酸分为α-，β-，γ-等氨基酸，但生物界中构成天然蛋白质的氨基酸均为α-氨基酸。除甘氨酸（R=H）外，所有α-氨基酸中的α-碳原子均是手性碳，故有D型与L型两种构型。天然氨基酸均为L-氨基酸。

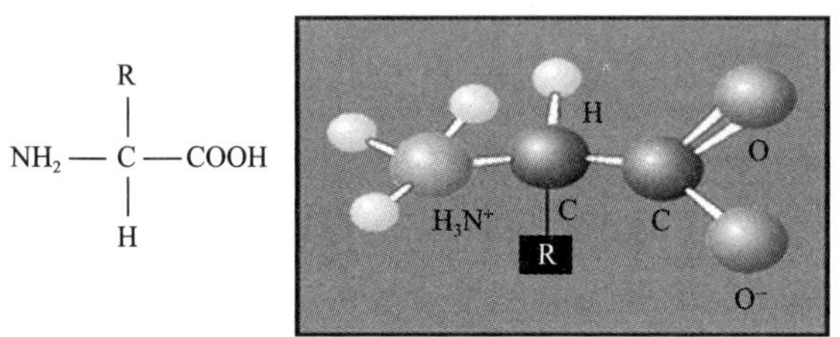

图4-6 氨基酸一般结构和立体结构示意图

4.2.1.2 氨基酸分类

构成蛋白质的20种氨基酸可根据不同的分类依据分为不同类别，如按侧链R基团的属性，可分为脂肪族氨基酸、芳香族氨基酸和杂环氨基酸；按α-氨基酸分子中所含氨基和羧基的数目分为中性氨基酸、碱性氨基酸和酸性氨基酸；但最常用的分类方法是按氨基酸分子中R基团的极性分为非极性R基团氨基酸和极性R基团氨基酸，其中极性R基团氨基酸又分为不带电荷氨基酸、带正电荷氨基酸和带负电荷氨基酸（表4-1）。

表4-1 按R基团极性的氨基酸分类

氨基酸	中文名称	英文名称	三字母缩写	单字母
非极性氨基酸（9种）	甘氨酸	Glycine	Gly	G
	丙氨酸	Alanine	Ala	A
	缬氨酸	Valine	Val	V
	亮氨酸	Leucine	Leu	L
	异亮氨酸	Isoleucine	Ile	I

续表

氨基酸	中文名称	英文名称	三字母缩写	单字母
非极性氨基酸（9种）	脯氨酸	Proline	Pro	P
	苯丙氨酸	Phenylalanine	Phe	F
	色氨酸	Tryptophan	Trp	W
	蛋氨酸（甲硫氨酸）	Methionine	Met	M
极性不带电荷氨基酸（6种）	酪氨酸	Tyrosine	Tyr	Y
	丝氨酸	Serine	Ser	S
	苏氨酸	Threonine	Thr	T
	半胱氨酸	Cysteine	Cys	C
	天冬酰胺	Asparagine	Asn	N
	谷氨酰胺	Glutamine	Gln	Q
极性带负电荷氨基酸（2种）	天冬氨酸	Aspartic acid	Asp	D
	谷氨酸	Glutamic acid	Glu	E
极性带正电荷氨基酸（3种）	赖氨酸	Lysine	Lys	K
	精氨酸	Arginine	Arg	R
	组氨酸	Histidine	His	H

4.2.1.3 氨基酸的性质

（1）氨基酸的立体化学

氨基酸是分子中含有碱性氨基（—NH_2）和羧基（—COOH）的有机化合物。除甘氨酸外的所有氨基酸都是立体异构体，L型（左手型）和D型（右手型），它们是彼此的镜像（图4-7）。构成蛋白质的氨基酸都是L-氨基酸。

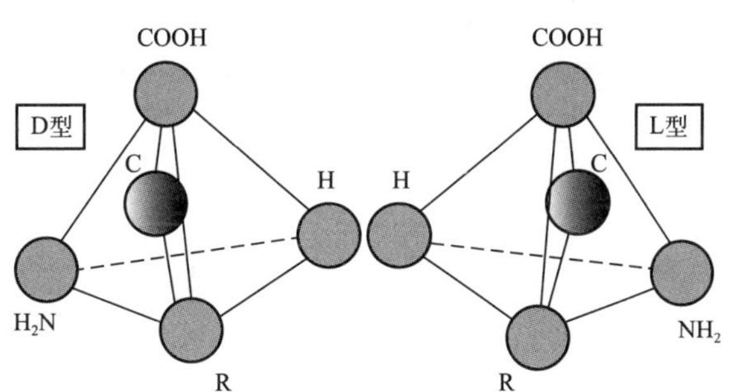

图4-7 氨基酸立体化学结构示意图

（2）氨基酸的酸碱性质（pI值）

氨基酸分子内既含有氨基又含有羧基，因此它们具有氨基和羧基的典型性质，属于两性物质，水解后既可呈现酸性也可呈现碱性（图4-8）。若将氨基酸的水溶液酸化，则两性离子与H^+结合成阳离子；若加碱于氨基酸的水溶液中，则两性离子中氮原子上的一个氢离子与OH^-结合成水，而两性离子变成阴离子。若将氨基酸水溶液的酸碱度加以适当调节，可使羧基与氨基的电离程度相等，也就是氨基酸所带正、负电荷数目恰好相同，此时溶液的pH

值称为该氨基酸的等电点，以 pI 表示。由于各种氨基酸分子中所含基团不同，所以每一个氨基酸中氨基和羧基的电离程度各异，因此不同的氨基酸等电点亦不同。中性氨基酸的等电点一般在 5.0～6.5 之间；酸性氨基酸的 pI 为 2.7～3.2，碱性氨基酸为 9.5～10.7。

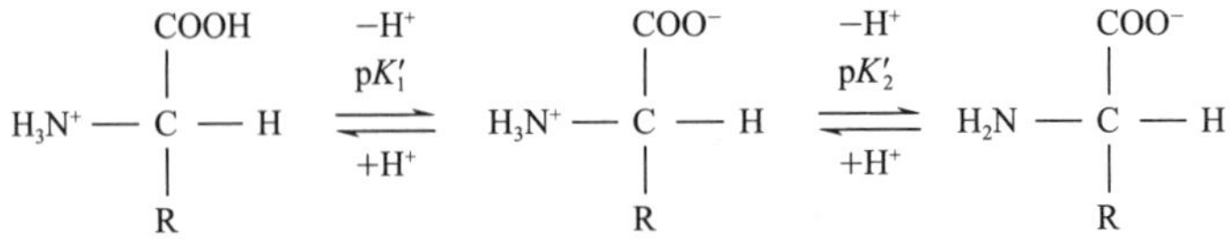

$$H_3N^+-\underset{\displaystyle R}{\overset{\displaystyle COOH}{C}}-H \underset{+H^+}{\overset{-H^+,\ pK_1'}{\rightleftharpoons}} H_3N^+-\underset{\displaystyle R}{\overset{\displaystyle COO^-}{C}}-H \underset{+H^+}{\overset{-H^+,\ pK_2'}{\rightleftharpoons}} H_2N-\underset{\displaystyle R}{\overset{\displaystyle COO^-}{C}}-H$$

图 4-8 氨基酸电离图

(3) 氨基酸的疏水性

氨基酸的疏水性是影响氨基酸溶解行为的重要因素，也是影响蛋白质和肽的物理化学性质（如结构、溶解度、结合脂肪的能力等）的重要因素。按照物理化学的原理，疏水性可被定义为：在相同条件下，一种溶质溶于水中的自由能与溶于有机溶剂的自由能的差值。估计氨基酸侧链的相对疏水性的最直接、最简单的方法就是实验测定氨基酸溶于水和溶于一种有机溶剂自由能变化。一般用水和乙醇之间的自由能变化表示氨基酸侧链的疏水性，将此变化值标作 ΔG（图 4-9）。

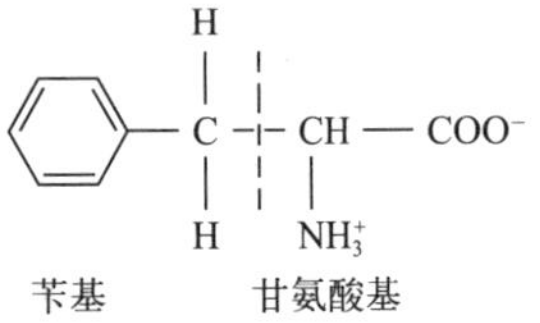

苄基　甘氨酸基

$\Delta G^{\ominus}=\Delta G^{\ominus}(侧链)+\Delta G^{\ominus}(甘氨酸)$

图 4-9 氨基酸疏水键及自由能计算

(4) 氨基酸的光学性质

氨基酸的 α-碳原子为不对称的手性碳原子（甘氨酸除外），所以具有旋光性（rotation），其旋光方向和大小不仅取决于侧链 R 基的性质，还与水溶液的 pH 值、温度等有关。氨基酸的旋光性质可以用于其定量分析和定性鉴别：酪氨酸、色氨酸和苯丙氨酸含有芳香环，分别在 278nm、279nm 和 259nm 处有较强的紫外吸收，可用于蛋白质的定量分析（图 4-10）；酪氨酸、色氨酸和苯丙氨酸也能被激发产生荧光，发射波长为 304nm、348nm（激发波长 280nm）和 282nm（激发波长 260nm），其他的氨基酸则不产生荧光，可用于鉴别蛋白质二级结构或微环境结构的变化。

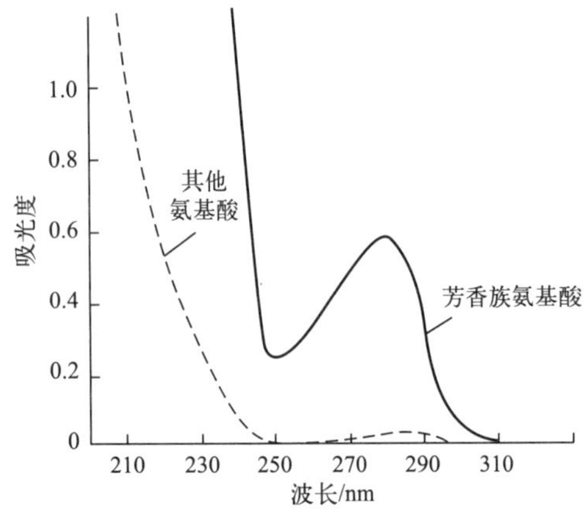

图 4-10 氨基酸的紫外吸收情况

4.2.1.4 氨基酸的化学反应

氨基酸分子中的各种官能团（包括氨基、羧基以及侧链基团）均可进行相应的化学反应。

(1) 氨基的反应

① 与亚硝酸的反应　α-NH_2 能定量与亚硝酸作用，产生氮气和羟基酸（图 4-11）。测定所产生的氮气体积，就可以测定氨基酸的含量。与 α-NH_2 不同，δ-NH_2 与 HNO_2 反应较慢，脯氨酸的 α-亚氨基不与 HNO_2 作用，精氨酸、组氨酸、色氨酸中被环结合的氮也不与 HNO_2 作用。

② 与醛类的反应　α-氨基与醛类化合

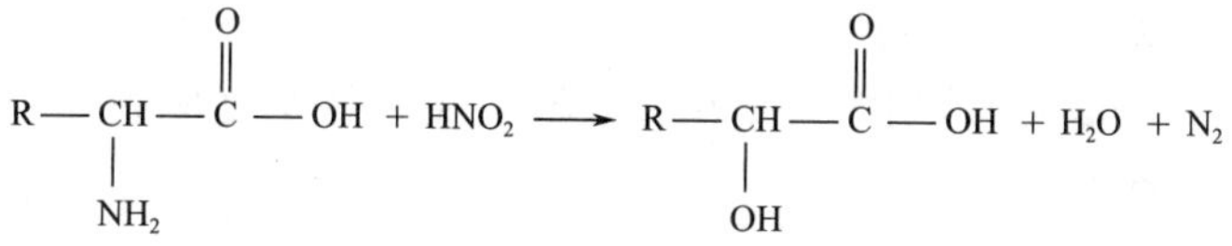

$$R-\underset{\underset{NH_2}{|}}{CH}-\overset{\overset{O}{\|}}{C}-OH + HNO_2 \longrightarrow R-\underset{\underset{OH}{|}}{CH}-\overset{\overset{O}{\|}}{C}-OH + H_2O + N_2$$

图 4-11　氨基酸与亚硝酸反应

物反应生成席夫碱类化合物，席夫碱是非酶褐变反应的中间产物。

③ 酰基化反应　α-氨基与苯甲氧基甲酰氯在弱碱性条件下反应，生成氨基衍生物，可用于肽的合成（图 4-12）。

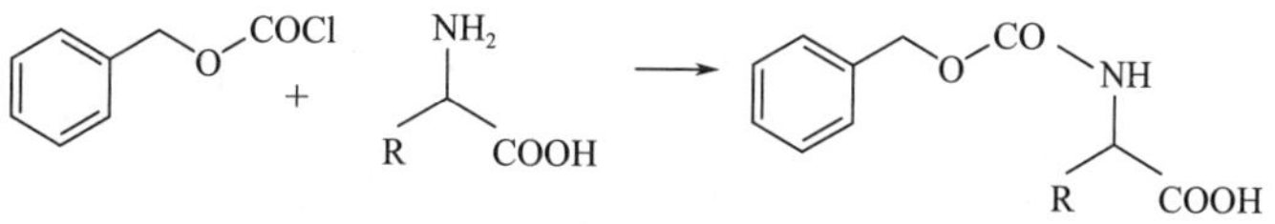

图 4-12　氨基酸与苯甲氧基甲酰氯反应

④ 烃基化反应　α-氨基可以与二硝基氟苯反应生成稳定的黄色化合物，可用于氨基酸或蛋白质末端氨基酸的分析（图 4-13）。

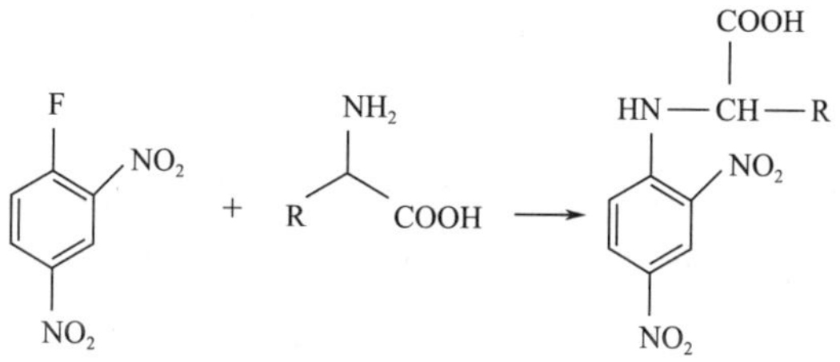

图 4-13　氨基酸与二硝基氟苯反应

（2）羧基的反应

① 酯化反应　氨基酸在干燥 HCl 存在下，与无水甲醇或乙醇作用生成甲酯或乙酯（图 4-14）。

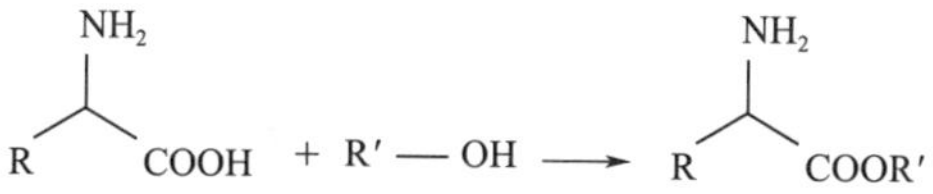

图 4-14　氨基酸与醇发生的酯化反应

② 脱羧反应　大肠杆菌中含有谷氨酸脱羧酶，可使谷氨酸发生脱羧反应（图 4-15），可用于谷氨酸的分析。

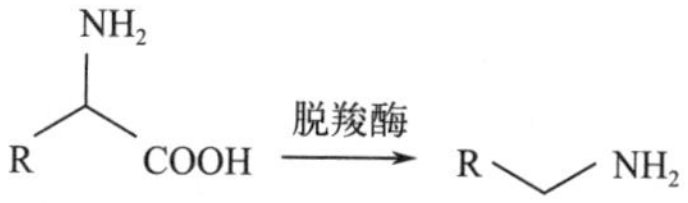

图 4-15　氨基酸脱羧反应

(3) 由氨基与羧基共同参加的反应

① 形成肽键　一个氨基酸的羧基和另一个氨基酸的氨基之间发生缩合反应形成肽键，是蛋白质形成基础（图 4-16）。

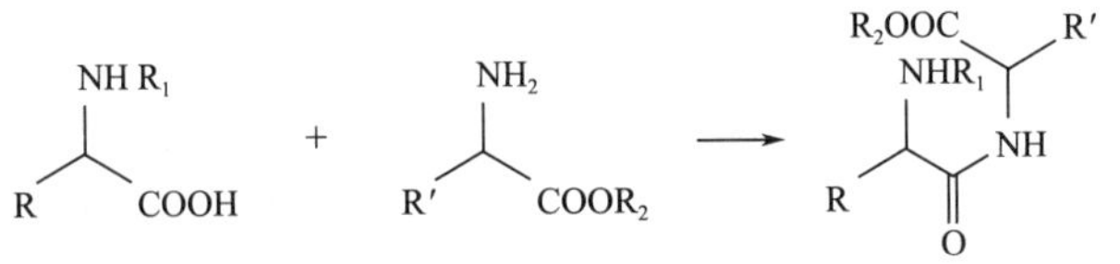

图 4-16　氨基酸氨基与羧基形成肽键的反应

② 与茚三酮的反应　在微碱性条件下，水合茚三酮与氨基酸共热可发生反应（图 4-17），最终产物为蓝紫色化合物（λ_{max}＝570nm）。该反应可用于氨基酸和蛋白质的定性、定量分析。脯氨酸无 α-氨基，只能够生成黄色的化合物（λ_{max}＝440nm）。

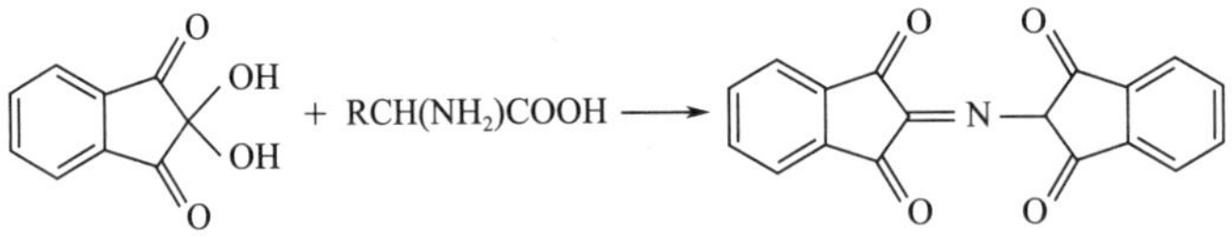

图 4-17　氨基酸与茚三酮的反应

(4) 侧链的反应

α-氨基酸侧链 R 基的反应很多。含有酚基时可还原 Folin-酚试剂，生成钼蓝和钨蓝。含有—SH 时，在氧化剂存在下可生成二硫键；在还原剂存在下，二硫键亦可被还原，重新变为—SH，这个反应对蛋白质功能性质等有重要影响。

氨基酸的一些重要颜色反应列于表 4-2 中。

表 4-2　氨基酸（蛋白质）的一些重要颜色反应

反应名称	试剂	反应基团/氨基酸	颜色
米伦反应	汞、亚汞的硝酸溶液	苯酚基/酪氨酸	砖红色
黄色蛋白反应	浓硝酸	苯环/酪氨酸、色氨酸	黄色，加碱为橙色
乙醛酸反应	乙醛酸	吲哚环/色氨酸	紫色
茚三酮反应	水合茚三酮	α-氨基、δ-氨基	紫色或蓝紫色
埃利希氏（Ehrlich）反应	p-二甲基氨基苯甲醛	吲哚环	蓝色
坂口（Sakaguchi）反应	α-萘酚＋次氯酸钠	胍基/精氨酸	红色
Sullivan 反应	1,2-萘醌磺酸钠＋亚硫酸钠 （硫代硫酸钠、氰化钠）	酚羟基/酪氨酸 巯基/胱氨酸、半胱氨酸	红色 红色

4.2.1.5　氨基酸的制备

食品中的氨基酸可以通过不同的途径进行制备，常见的有以下几种方法。

① 蛋白质水解　涉及天然蛋白质的水解，通过化学或酶的作用将蛋白质分解成氨基酸。这种方法可以用于从各种蛋白质来源中提取氨基酸。图 4-18 为蛋白质水解过程的产物。

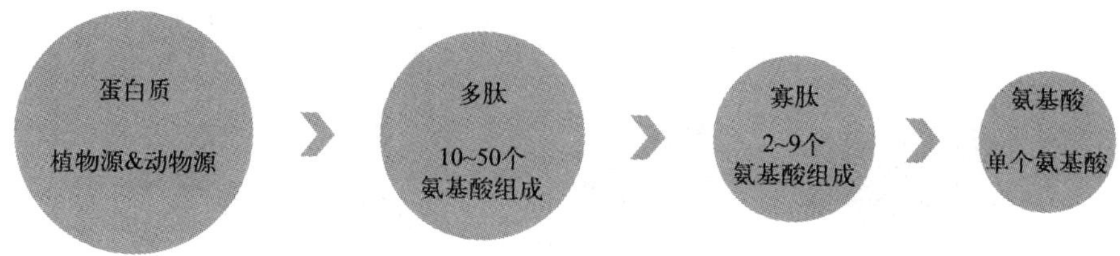

图 4-18　蛋白质水解过程的产物

② 人工合成法　通过化学反应合成氨基酸，包括直接合成和通过中间体的合成。这种方法可以用于生产特定的氨基酸，但通常成本较高。

③ 生物发酵法　利用微生物的生长和代谢活动来生产氨基酸。这种方法通常使用糖类和铵盐作为原料，在培养基中培养微生物，积累特定的氨基酸。

④ 酶转化法　利用微生物细胞产生的酶来制造氨基酸，这是一种生物催化过程，具有较高的选择性和效率。

4.2.1.6　氨基酸的功能

氨基酸在食品领域主要用于调味剂，如甜味氨基酸的甜味与主体构型有关，D 型氨基酸多数有甜味，其中 D-色氨酸的甜度为蔗糖的 40 倍；还有鲜味氨基酸，如天冬氨酸、精氨酸。此外，氨基酸对饮料的风味有缓冲作用。氨基酸还可以作为营养补充剂添加在特殊膳食中。因为一些氨基酸具有特殊的功能性，还可以用于医药、化妆品等领域。

M4-2 科学故事
氨基酸的故事

4.2.2　肽的结构及性质

一个氨基酸的氨基与另一个氨基酸的羧基可以缩合成肽，形成的酰胺基在蛋白质化学中称为肽键（图 4-19）。氨基酸的分子最小，蛋白质最大，两个或以上的氨基酸脱水缩合形成若干个肽键从而组成一个肽链，多个肽链进行多级折叠就组成一个蛋白质分子。蛋白质有时也被称为多肽。

$$H_2N-\underset{H}{\overset{R_1}{C}}-\underset{O}{\overset{\|}{C}}-OH + H-\underset{H}{N}-\underset{R_2}{\overset{H}{C}}-COOH \xrightarrow{H_2O} H_2N-\underset{H}{\overset{R_1}{C}}-\underbrace{\underset{O}{\overset{\|}{C}}-\overset{H}{N}}_{\text{肽键}}-\underset{R_2}{\overset{H}{C}}-COOH$$

图 4-19　氨基酸的缩合反应及肽键的形成

（1）肽的分类

肽可根据氨基酸组成的数量和分子量大小进行分类（图 4-20）。一般把由 2～4 个氨基酸构成、分子量在 180～480Da 的肽，称为小分子肽（超低分子量寡肽），具有较高的生物活性。寡肽是指由 2～10 个氨基酸构成的肽，分子量一般在 2000Da 以下，小分子肽是寡肽中的超低分子量肽。由 10～50 个氨基酸构成、分子量在 2000～10000Da 之间的肽，属于多肽。分子量大于 10000Da 的肽，一般称为蛋白质。如大豆蛋白分子量几万，胶原蛋白分子量十几万到三十万等。

（2）肽的来源及其制备方法

肽的来源可分为天然肽和外源肽两种类型。天然肽是从生物体（特别是动物体）内通过

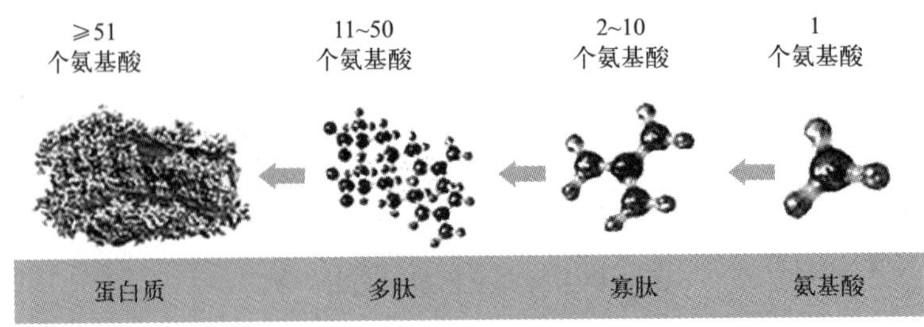

图 4-20 肽的分类

提取方法直接获得的，而外源肽是利用动植物蛋白质通过水解、微生物发酵或人工合成等方法而获得的。不同的制备方法得到的肽的纯度、理化性质和功能活性不同。

① 蛋白质水解 采用强酸、强碱、酶等方法使蛋白质水解，产生不同氨基酸组成和分子量大小的肽。但应用强酸、强碱水解蛋白质制备多肽，投资大、占地多、工艺复杂、污染大、分子量难以控制且产品有化学残留，很难实现工业化生产，至今仍停留在实验室研究。酶法是用生物酶催化蛋白质获得多肽，就是蛋白质降解。酶法较酸法、碱法温和、环保，适应低碳经济和绿色环保的要求，且生产工艺简易，投资少、见效快，适宜工业化生产。酶法获得的肽，分子量易控制、产品自身富有绿色属性，其安全性有保障，因此酶解蛋白质获得多肽是目前工业生产肽的主要方法。

② 微生物发酵法 微生物发酵法主要是通过现代微生物发酵技术将大分子球蛋白转化为小分子肽，通过控制微生物的代谢和发酵条件可生产不同氨基酸排序和分子量不同的肽。在发酵过程中，产生的游离氨基酸被微生物再次吸收利用，对微生物的代谢不会产生反馈抑制。通过微生物的代谢作用，对氨基酸和小分子肽进行移接和重排，对某些肽基团进行修饰和重组。例如以大豆豆粕为原料经过微生物发酵法生产的大豆肽，改变了大豆蛋白质固有的氨基酸序列，修饰了肽的疏水性氨基酸末端，使大豆肽没有苦味，活性更高，并赋予其一些生物活性功能，属于生物工程的高新技术范围，科技含量高，在食品行业、发酵工业、饲料行业、制药行业、化妆品行业和植物营养促进剂等行业中都能应用，具有十分广泛的用途和非常广阔的开发应用前景。

③ 人工合成法 可以通过人工合成的方法制备具有特定序列和结构的多肽分子。基于多肽合成的原理和方法，可以合成高选择性和高生物活性的多肽分子，广泛应用于药物研发、生物学研究和生物工程等领域。随着技术的不断发展和创新，多肽合成将在更多领域发挥重要作用，推动科学研究和应用的进一步发展。

（3）肽的理化性质

① 两性性质 肽与氨基酸、蛋白质一样，分子中含有氨基和羧基，呈现两性性质。不同的氨基酸有其相应的 pK、pI 值。肽类水解也与分子的大小、介质等有关。

② 溶解性质 肽类（小分子肽）一般具有很好的溶解度，其溶解性随 pH 值的变化较小，肽分子在较高浓度和较宽 pH 值范围内仍然保持溶解状态，代替蛋白质用于一些酸性食品的加工。肽类溶液的黏度明显低于蛋白质溶液，不能产生胶凝作用。肽溶液的渗透压低于氨基酸溶液，一些小分子肽在经过胃肠道时吸收性能要好于氨基酸溶液，这在营养学上很重要。

③ 化学性质 肽类的化学性质与蛋白质、氨基酸基本类似，所以大部分氨基酸所能发生的反应，肽分子均能发生。双缩脲反应是区分三肽及以上分子与氨基酸的反应，但并不能区分多肽与蛋白质。

(4) 肽的生物活性

有一些肽在生命活动中发挥着重要的作用，我们把这一类肽叫作生物活性肽。有些生物活性肽是机体内自然存在的，如四肽胃泌素促进胃酸分泌；谷胱甘肽在机体内参与氧化还原反应，清除生物体内的过氧化物等。

有一些生物活性肽是通过水解天然蛋白质获得的。由于天然蛋白质的组成不同，水解的方法不同，可以制备出具有各种各样生物活性的多肽。目前已经发现的多肽具有如下几个方面的活性（表 4-3）。

表 4-3　肽的生物活性

名称	产生	生物效应
安神肽	β-酪蛋白酶水解物	镇静催眠，类吗啡活性
降压肽	微生物发酵产生	抑制血管紧张素Ⅰ转化酶
免疫调节肽	酪蛋白酶水解物	刺激或抑制免疫应答
抗血栓肽	κ-酪蛋白水解物	抑制血小板凝集和血纤维蛋白原结合到血小板上
酪蛋白磷酸肽	酪蛋白肠道水解物	与钙结合成可溶复合物
促生长肽	β-酪蛋白酶水解物	促进 DNA 合成
抗菌肽	乳铁蛋白水解物	稳定的抗菌活性
促双歧菌肽	κ-酪蛋白 C 端糖肽	促进双歧杆菌生长定植

① 降低血压　高血压是一类易发性疾病，不断威胁着人们的健康。体内血压的调节是在肾素-血管紧张素系统中，高血压蛋白原酶水解血管紧张素原，释放出无升压活性的十肽血管紧张素Ⅰ；血管紧张素转化酶（ACE）水解血管紧张素Ⅰ得到八肽血管紧张素Ⅱ，引起血管收缩造成高血压。因此，能抑制 ACE 酶活性的物质就有降血压功能。科学家已经从不同原料中获得降压肽，如酪蛋白酶解物、贻贝肽（Asp-Leu-Thr-Asp-Tyr）等均能抑制 ACE 酶活性，具有潜在的降低血压功能。

② 抗氧化作用　生命体在代谢过程中会自主产生自由基，正常生理条件下，机体内源性抗氧化剂防御系统与自由基之间保持平衡，一旦这种平衡被打破，体内自由基过剩，就会引起细胞中的氧化应激，从而对细胞造成损害，引起氧化损伤，进而引发阿尔茨海默病、心脏病、糖尿病等许多慢性疾病。因此，对具有抗氧化作用或减少氧化损伤作用的功能性制品的需求不断增加，天然的动植物多肽也备受关注。目前已在甲鱼、鲨鱼皮、大黄鱼内脏、鲍鱼等生物及其副产品中获得多种具有较强抗氧化活性的多肽。

③ 促进矿物质吸收　有一些肽可以与矿物质形成螯合物，促进矿物质的吸收。如酪蛋白经胰蛋白酶催化水解后生成的酪蛋白磷酸肽（CPP），其含有多个磷酸丝氨酸，在动物小肠内能与钙结合，阻止磷酸钙沉淀的形成，使肠内溶解钙的量增加，从而促进钙的吸收和利用。

④ 促进免疫功能　具有增强免疫功能的活性肽被称作免疫活性肽。如乳源性活性肽，三肽（Leu-Leu-Tyr）、六肽（Thr-Thr-Met-Pro-Leu-Tyr），都具有在极低剂量下激活巨噬细胞吞噬功能、提高免疫活性的作用。

⑤ 抑菌作用　食物蛋白经酶解有可能产生抗菌肽。如从牛乳铁蛋白中得到的活性肽能

抑制革兰氏阴性细菌和白色念珠菌的活性。

⑥ 肽的其他活性　肽除了上述活性外，科学家还从不同蛋白酶解物中挖掘具有降血糖、抑制肿瘤生长、抗血栓等活性的肽。自然界具有巨大的蛋白质资源，会生成多种活性肽，肽的活性还需利用新的技术不断挖掘和验证。

M4-3 神奇的肽

4.2.3 蛋白质的结构及性质

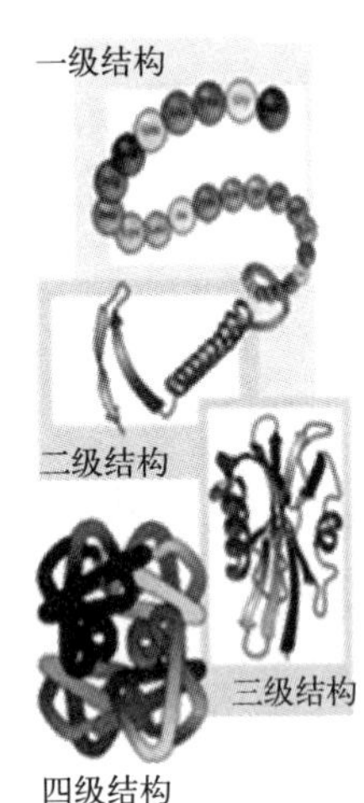

图 4-21　蛋白质结构形成示意图

蛋白质是以氨基酸为单元构成的大分子化合物，分子中每个化学键在空间的旋转状态不同，会导致蛋白质分子构象不同，所以蛋白质的空间结构非常复杂。蛋白质的分子结构可划分为四级，以描述其不同结构（图 4-21）。

（1）蛋白质的结构层次

① 一级结构（primary structure）　蛋白质的一级结构是指由肽键结合起来的氨基酸残基在蛋白质肽链中的排列顺序，每种蛋白质都有独立而确切的氨基酸序列。蛋白质肽链中带有游离氨基的一端称为 N 端，带有游离羧基的一端称作 C 端。不同蛋白质中氨基酸残基的数量也不同，从几十个到几百个甚至几千个。有些蛋白质的一级结构已经确定，例如胰岛素、血红蛋白、细胞色素 c、酪蛋白等；还有一些蛋白质的一级结构尚未完全确定。

肽键是一级结构中连接氨基酸残基的主要化学键，有些蛋白质还包括二硫键（图 4-22）。蛋白质的一级结构决定蛋白质的基本性质，同时还会使其二级、三级结构不同。

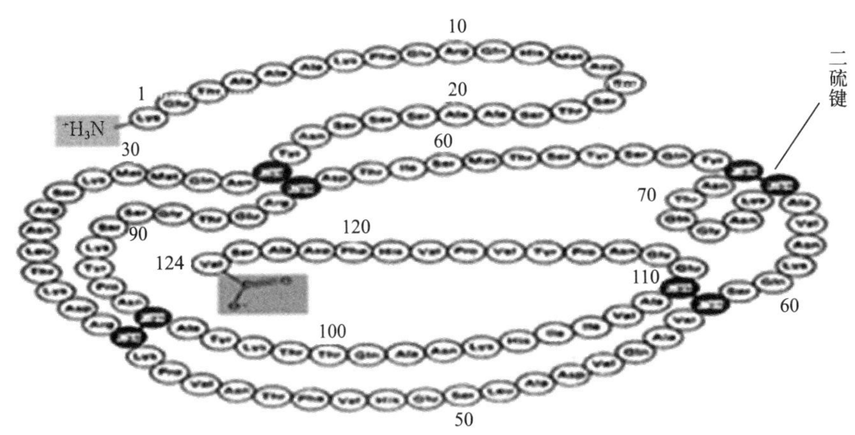

图 4-22　核糖核酸酶 A 的一级结构（由 124 个氨基酸残基组成，含有 4 对二硫键）

② 二级结构（secondary structure）　蛋白质分子中的肽链并非直链状，而是借助氢键作用按一定的规律卷曲（如 α-螺旋结构）或折叠（如 β-折叠结构）形成特定的空间结构，这是蛋白质的二级结构。蛋白质的二级结构的主要形式有 α-螺旋、β-折叠、β-转角和无规则卷曲等（图 4-23）。其中 α-螺旋、β-折叠是最常见的二级结构，在蛋白质二级结构中占有很大比例。

α-螺旋结构是一种有序且稳定的构象，通常是右手 α-螺旋。每圈螺旋有 3.6 个氨基酸残基，螺旋的表观直径为 0.6nm，螺旋之间的距离为 0.54nm，相邻两个氨基酸残基的垂直距离为 0.15nm。肽链中酰胺键的亚氨基氢与螺旋下一圈的羰基氧形成氢键，所以 α-螺旋中氢键的方向和电偶极的方向一致。

β-折叠结构是一种锯齿状结构，并比 α-螺旋结构伸展。在 β-折叠结构中伸展的肽链，通过分子间氢键连接在一起，且所有的肽键都参与结构形成，肽链的排列分为平行式和反平行式，而构成蛋白质的氨基酸残基则是在折叠面的上面或下面。蛋白质在加热时，α-螺旋转化为 β-折叠结构。

β-转角是另一种常见的结构，可以看作间距为零的特殊螺旋结构，这种结构使得多肽链自身弯曲，具有由氢键稳定的转角构象。

无规卷曲（random coil）是除 α-螺旋、β-折叠、β-转角之外的蛋白质常见的二级结构。肽链中相对没有规律性排布的环或者卷曲结构的那部分肽段构象，称为无规卷曲。但是对于一些蛋白质分子来说，其无规卷曲特定构象是不能被破坏的，否则影响整体分子构象和活性。如脯氨酸的化学结构特征妨碍肽链左旋的形成，其肽链的弯曲不能形成 α-螺旋，而是形成无规则卷曲结构。酪蛋白就是因为这个原因而形成特殊结构，并对其一些性质产生影响。

蛋白质的二级结构主要依靠肽链中氨基酸残基亚氨基（—NH—）上的氢原子和羰基上的氧原子之间形成的氢键而实现的。

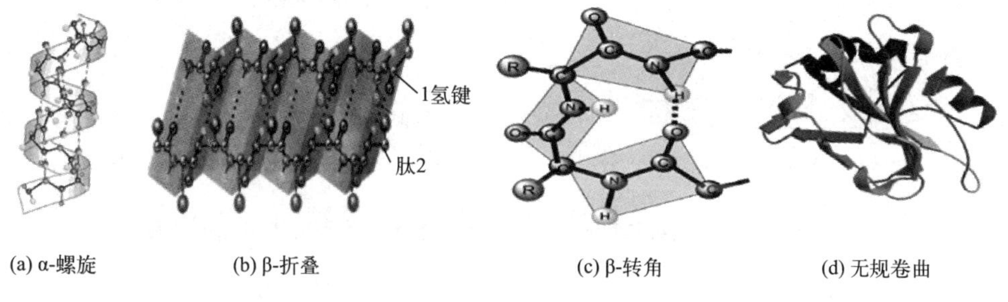

图 4-23　蛋白质常见几种二级结构示意图

③ 三级结构（tertiary structure）　蛋白质三级结构是指多肽链在二级结构的基础上，借助各种作用力进一步折叠卷曲，形成紧密的复杂球形分子的空间结构。维系球状蛋白质三级结构的作用力有离子键、氢键、疏水作用和范德华力，这些作用力统称为次级键。此外，二硫键在稳定某些蛋白质的空间结构上也起着重要作用。在大部分球形蛋白质分子中，极性氨基酸的 R 基一般位于分子表面，而非极性氨基酸的 R 基则位于分子内部，以避免与水接触。如肌红蛋白、血红蛋白等正是通过这种结构使其表面的空穴恰好容纳一个血红素分子。图 4-24 为 16SrRNA 的二级结构和三级结构。

④ 四级结构（quaternary structure）　具有三级结构的多肽链按一定空间排列方式结合在一起形成的聚集体结构称为蛋白质的四级结构。这种结构通过两条或多条肽链间的相互作用（疏水相互作用、氢键、离子键）结合，形成有生物活性的蛋白质。其中每条肽链都有自己的一、二、三级结构，这些肽链称为亚基。根据亚基的多少可分为寡聚蛋白和多聚蛋白。寡聚蛋白是由二条或几条多肽链通过非共价键组成的蛋白质，而多聚蛋白是由几十条甚至数百条肽链聚合而成的蛋白质。如血红蛋白由 4 个具有三级结构的多肽链构成，其中两个是 α-链，另两个是 β-链，其四级结构近似椭球形状（图 4-25）。

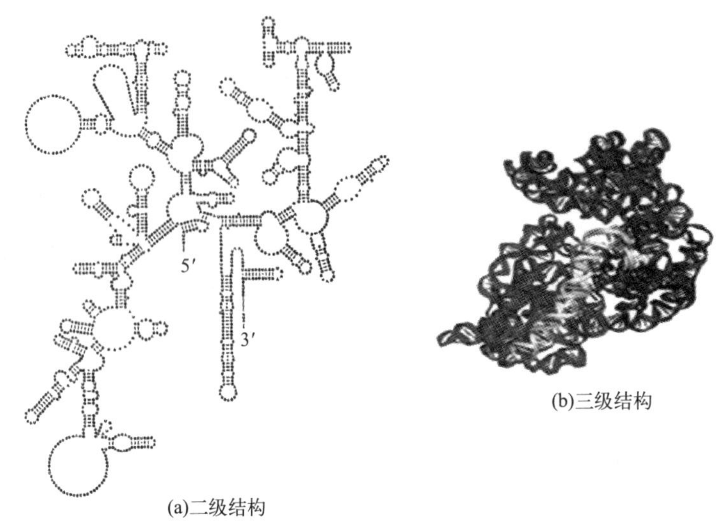

图 4-24　16S rRNA 的二级结构（a）和三级结构（b）示意图

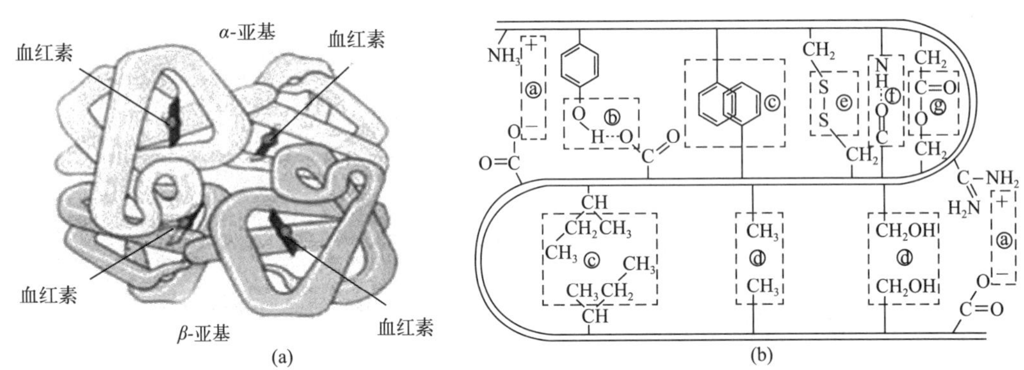

图 4-25　血红蛋白四级结构示意图（a）及维持蛋白质四级结构的化学键（b）

（2）蛋白质的理化性质

① 蛋白质的酸碱性质　蛋白质分子结构中，因其含有游离的氨基和羧基，所以是两性电解质。可解离的基团除了 C-端的 α-羧基和 N-端的 α-氨基外，还有氨基酸侧链的可解离基团，因此蛋白质相当于一个多价离子。蛋白质所带电荷的性质和数量，与分子中可解离基团的含量、分布有关，同时也与溶液的 pH 值有关。蛋白质可以在某一 pH 值时所带的净电荷数为零，这就是它的等电点 pI。在 pH＞pI 的介质中，蛋白质作为阴离子在电场中可向阳极移动；在 pH＜pI 的介质中，蛋白质作为阳离子向阴极移动；在 pH＝pI 的介质中，蛋白质在电场中不移动并且溶解度最低。

② 蛋白质的颜色反应　蛋白质可与双缩脲试剂、茚三酮试剂、斐林试剂等发生反应，显示特定的颜色，根据反应颜色的深浅可用于蛋白质的定性、定量分析。

③ 蛋白质的水解反应　蛋白质在酸、碱或酶催化作用下肽键断裂，经过一系列中间产物，最后生成氨基酸。中间产物主要是蛋白胨和各种不同链长度的肽类（蛋白质→蛋白胨→小肽→二肽→氨基酸）。碱催化水解破坏胱氨酸、半胱氨酸、精氨酸，还可以引起氨基酸的外消旋化。酸催化水解破坏色氨酸。酶法水解较为理想，对氨基酸破坏小，但是一种蛋白酶很难将蛋白质彻底水解为游离的氨基酸，一般需要一系列酶的共同作用。

④ 蛋白质的疏水性　同氨基酸一样，蛋白质也有它的疏水性。理论上，已知一种蛋白

质的氨基酸组成，就可以根据各氨基酸的疏水性来计算蛋白质的平均疏水性，即各氨基酸疏水性的总和除以氨基酸残基数 n。

$$\overline{\Delta G^{\ominus}}=\frac{\sum \Delta G^{\ominus}}{n}$$

在研究蛋白质的一些功能性质时，发现蛋白质的表面疏水性是一个重要常数。蛋白质的表面疏水性与其空间结构、表面性质和脂肪结合能力等有关，更能反映出它同水、其他化学物质产生作用时的实际情况（如图 4-26 所示的表面疏水性与界面张力、乳化活性指数的关系）。

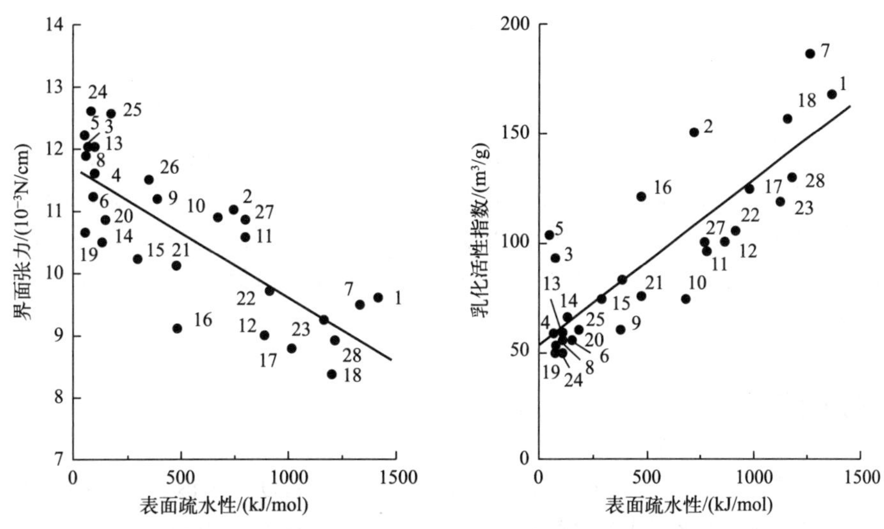

图 4-26 蛋白质表面疏水性与蛋白质表面性质的关系

（3）蛋白质的消化与吸收

食物中的蛋白质是人体氨基酸的主要来源，它不能直接进入组织细胞，必须在消化道内经蛋白酶水解成氨基酸或寡肽，才能被机体吸收利用。食物蛋白质的消化在胃中开始，但主要在小肠中进行。食物蛋白质需要在多种酶的共同作用下才能被完全水解。根据对蛋白质水解位点的不同，胃肠道中的蛋白酶可分为内肽酶和外肽酶两类。内肽酶催化蛋白质肽链内部肽键，如胃蛋白酶、胰蛋白酶、胰凝乳蛋白酶等。外肽酶则特异性地水解肽链末端的肽键，如羧肽酶和氨肽酶分别催化蛋白质 C 端和 N 端的肽键。

食物中的蛋白质进入胃后，在胃酸作用下变性，然后经胃蛋白酶的水解。胃蛋白酶主要水解由芳香族氨基酸、甲硫氨酸或亮氨酸等残基构成的肽键。蛋白质在胃中的消化是不完全的，被胃蛋白酶消化的蛋白质只占 10%～15%。在胃中，食物在 pH 值 1.8～3.5 的酸性条件下，经胃蛋白酶消化一小时后，将蛋白质的长肽链切成小肽段的混合物，这些混合物及一部分未被消化的蛋白质，连同胃液进入小肠。

当经历胃初步消化后的蛋白质、多肽混合物进入小肠后，在肠道环境（pH=7）下，经具有活性的胰蛋白酶、胰凝乳蛋白酶、羧肽酶等多种酶的协同作用，最后被降解为有利的氨基酸及寡肽，寡肽被小肠黏膜细胞吸收后，被小肠黏膜细胞中存在的氨肽酶、二肽酶等寡肽酶最终水解为氨基酸。

（4）蛋白质的氮平衡作用

人体每天必须从食物中摄取一定量的蛋白质，用以维持生命正常的新陈代谢、维持高度的健康水平和工作能力的需要。人体从食物中摄取的蛋白质与代谢中排出的蛋白质有一定的平衡关系，在营养学上把摄入蛋白质的量与排出蛋白质的量之间的关系称为氮平衡。但直接测定食物中所含蛋白质和体内消耗的蛋白质较为困难，因此常通过测定人体摄入氮和排出氮的量来衡量蛋白质的动态平衡，以氮平衡的方法来反映蛋白质合成和分解之间的平衡状态。蛋白质在体内分解代谢所产生的含氮物质主要由尿、粪便排出，通过测定每日食物中的含氮量（摄入氮）及尿和粪便中的含氮量（排出氮）就可以了解氮平衡的状态。氮平衡可分为以下几种情况。

① 正氮平衡　摄入的量大于排出氮的量为正氮平衡，这表明体内蛋白质的合成量大于分解量。如生长发育阶段的青少年、孕妇和恢复期的伤病员等应该食用含丰富蛋白质的食物来保持适当的正氮平衡。

② 负氮平衡　摄入氮的量小于排出氮的量，称为负氮平衡，这表明体内蛋白质的合成量小于分解量。当蛋白质摄入不足时，就会导致身体消瘦、对疾病的抵抗力降低、患者的伤口难以愈合，因此这类人群应注意尽可能减轻或改变负氮平衡，以促进疾病康复和延缓衰老。

③ 氮的零平衡　摄入氮的量与排出氮的量相等，称为氮的零平衡。这种情况常见于成人正常情况下。为了更安全可靠，实际上摄入氮的量应较排出氮量多5%，才可认为机体确实处于氮平衡状态。

4.3　蛋白质变性

蛋白质分子是氨基酸通过一定的顺序连接在一起，再通过分子内、分子间的各种作用力达到平衡，最后形成一定的空间结构（一、二、三、四级结构）。所以，蛋白质构象是多种作用共同产生的结果。但是，这个构象不稳定，在酸、碱、热、有机溶剂或辐照处理时，蛋白质的二、三、四级结构会发生不同程度的改变，这个过程称为变性（denaturation）。因此，蛋白质的变性不涉及氨基酸的连接顺序即蛋白质一级结构的变化。

4.3.1　蛋白质变性及分类

在某些物理和化学因素作用下，蛋白质特定的空间构象被破坏，即有序的空间结构变成无序的空间结构，从而导致其理化性质的改变和生物活性的丧失，称为蛋白质的变性（图4-27）。

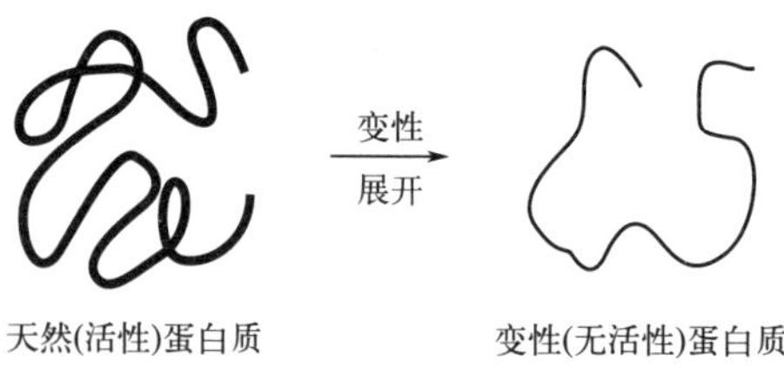

图4-27　蛋白质的变性

蛋白质的变性根据除去变性因素性质是否能恢复原来状态可以分为两大类：

① 可逆变性（复性）　除去变性因素之后，在适当的条件下蛋白质构象可以由变性态恢复到天然态。如盐析作用。

② 不可逆变性　除去变性因素之后，在适当的条件下蛋白质构象不能由变性态恢复到

天然态。如鸡蛋变熟。

4.3.2　蛋白质变性的因素

引起蛋白质变性的因素有物理因素、化学因素和机械因素，其中物理因素包括加热、冷冻、紫外线照射、电离辐射等；化学因素包括化学试剂（酸、碱和某些重金属酸溶液，如汞、铅洗涤剂）和有机溶剂（如酒精、丙酮）等；机械因素主要包括剧烈的搅拌、剪切或研磨。

（1）物理因素

① 加热　加热是食品加工常用的处理过程，也是导致蛋白质变性的最常见的因素。蛋白质在某一温度时会产生状态的剧烈变化，这个温度就是其变性温度。一般蛋白质的变性温度在 50℃左右。变性以后的蛋白质分子形状明显伸展，长宽比会明显增加。高温瞬时杀菌就是利用在高温下微生物蛋白质变性失活达到灭菌的效果。

② 冷冻　低温处理也可以导致某些蛋白质变性。低温导致蛋白质变性的原因可能是蛋白质的水合环境变化，维持蛋白质结构的作用力平衡被破坏，并且破坏一些基团的水化层，基团之间发生相互作用而引起蛋白质的聚集或积压重排；也可能是由于体系结冰后的盐效应导致蛋白质的变性。另外，冷冻引起的浓缩效应可导致蛋白质分子内、分子间的二硫键交换反应增加，从而导致蛋白质变性。如乳蛋白在冷却或冷冻时发生凝集和沉淀。

③ 电磁辐射　电磁波对蛋白质结构的影响与电磁波的波长和能量有关。可见光由于波长较长、能量较低，对蛋白质的构象影响不大；紫外线、X 射线、γ 射线等高能量电磁波，对蛋白质的构象会产生影响。高能射线被芳香族氨基酸吸收后，将导致蛋白质构象改变，同时还会使氨基酸残基发生各种变化，如破坏共价键、离子化、游离基化等，所以不仅使蛋白质发生变性，而且还可能影响蛋白质的营养价值。辐照保鲜对食品蛋白质的影响极小，一是由于所使用的辐射剂量较低，二是食品中的水裂解而减少了其他物质的裂解。

④ 界面作用　蛋白质吸附在气-液、液-固或液-液界面后，可以发生不可逆变性。在气液界面上的水分子能量较本体水分子高，它们与蛋白质分子发生相互作用导致蛋白质分子能量增加，一些化学键被破坏，其结构发生少许伸展，最后水分子进入蛋白质分子内部，进一步导致蛋白质分子的解折叠，并使得蛋白质的疏水性、亲水性残基分别向极性不同的两相（空气、水）排列，最终导致蛋白质变性。蛋白质分子具有较疏松的结构，在界面上的吸附比较容易；如果它的结构较紧密，或被二硫键所稳定，或不具备相对明显的疏水区和亲水区，蛋白质就不易被界面吸附，因而界面变性也就比较困难。

⑤ 超高压　高压处理也能导致蛋白质的变性。虽然天然蛋白质具有比较稳定的构象，但球型蛋白质分子内部存在一些空穴，具有一定的柔性和可压缩性，在高压下分子会发生变形（即变性）。在一般温度下，100～1000MPa 压力下蛋白质就会变性。有时，高压而导致的蛋白质变性或酶失活，在高压消除以后会重新恢复。如采用静高压对肉制品进行高压处理还可以使肌肉组织中的肌纤维裂解，从而提高肉制品的品质。

（2）化学因素

① pH　蛋白质在等电点时比在其他 pH 值下稳定，一般蛋白质在 pH＝4～10 范围内稳定，但若处于极端 pH 值条件，蛋白质分子内部可解离基团如氨基、羧基等的解离，产生强烈的分子内静电相互作用，从而使蛋白质发生解折叠、变性。这种变性通常是一种可逆变性，例如酶在不同 pH 值下发生的变化。

② 无机离子或盐　无机离子或盐导致蛋白质的变性与离子种类和浓度有关，一般低浓

度稳定，高浓度促进变性。碱土金属 Ca^{2+}、Mg^{2+} 可能是蛋白质的组成部分，对蛋白质构象起着重要作用，所以 Ca^{2+}、Mg^{2+} 的除去会降低蛋白质分子对热、酶等的稳定性。Cu^{2+}、Fe^{2+}、Hg^{2+}、Pb^{2+}、Ag^{3+} 等易与蛋白质分子中的—SH 形成稳定的化合物，或者是将二硫键转化为—SH，改变稳定蛋白质结构的作用力，导致蛋白质变性。Hg^{2+}、Pb^{2+} 等可与组氨酸、色氨酸残基等反应，也能导致蛋白质变性。

对于阴离子，它们对蛋白质结构稳定性影响的大小程度为：$F^- < SO_4^{2-} < Cl^- < Br^- < I^- < ClO^- < SCN^- < CCl_3COO^-$。在高浓度时，阴离子对蛋白质结构的影响比阳离子更强，一般氯离子、氟离子、硫酸根离子是蛋白质结构的稳定剂，而硫氰酸根、三氯乙酸根则是蛋白质结构的去稳定剂。

③ 有机溶剂　大多数有机溶剂在高浓度时可导致蛋白质变性。它们可能通过降低溶液的介电常数，使蛋白质分子内的静电力增加；或者是破坏、增加蛋白质分子内的氢键，改变稳定蛋白质构象原有的作用力情况；或是进入蛋白质的疏水性区域，破坏蛋白质分子的疏水相互作用，导致蛋白质空间结构改变而变性。

④ 有机化合物　高浓度的脲和胍盐（4～8mol/L）会使蛋白质分子中的氢键断裂，导致蛋白质变性；表面活性剂如十二烷基磺酸钠（SDS）能破坏蛋白质的疏水区，促使蛋白分子解折叠，导致蛋白质变性；还原剂硫基乙醇、半胱氨酸、二硫苏糖醇等具有—SH，能使蛋白质分子中存在的二硫键还原，从而改变蛋白质的原有构象，造成蛋白质的不可逆变性。

（3）机械因素

在食品加工过程中，有些工艺会涉及揉捏、搅打等工序，产生的剪切力使蛋白质分子伸展，破坏其中的 α-螺旋结构，导致蛋白质变性。剪切速度越大，蛋白质变性程度越大，例如，在 pH＝3.5～4.5 和 80～120℃的条件下，用 8000～10000 个/s 的剪切速度处理乳清蛋白（浓度 10%～20%），就可以制成蛋白质脂肪代用品。沙拉酱、冰激凌等生产中也涉及蛋白质的机械变性。

4.3.3　蛋白质变性对其结构和功能产生的影响

蛋白质变性对蛋白质的结构、物理化学性质、生物活性有影响，一般包括：

① 分子内部疏水性基团暴露，蛋白质在水中的溶解性能降低。

② 某些生物蛋白质的生物活性丧失，如失去酶活性或免疫活性。

③ 蛋白质的肽键更多地暴露出来，易被蛋白酶催化水解。

④ 蛋白质结合水的能力发生改变。

⑤ 蛋白质分散体系的黏度发生改变。

⑥ 蛋白质的结晶能力丧失。

测定蛋白质的一些性质变化如光学性质、沉降性质、黏度、电泳性质、热力学性质等，可以评估蛋白质的变性程度，也可以用免疫学方法如酶联免疫吸附分析（ELISA）来研究蛋白质的变性。

4.3.4　蛋白质变性在食品工业中的应用

蛋白质变性在食品工业中的应用主要体现在以下几个方面：

① 提高消化性　富含蛋白质的食物如鸡蛋、肉类等，通过加工后更容易消化。这是因为通过加热等方法使蛋白质变性，从而改变了其结构，使得人体更容易分解和吸收。

② 消毒灭菌　蛋白质变性可以通过加热方法达到消毒灭菌的效果。这在食品加工中尤为重要，可以确保食品的安全性和卫生质量。

③ 去除杂蛋白沉淀　在蛋白质纯化过程中，通过变性处理可以使杂蛋白沉淀，从而提高目标蛋白质的纯度。这是一种常用的蛋白质分离和纯化技术。

④ 改善食品质地　蛋白质变性后，其性质发生变化，如黏滞性增大、溶解度降低等，这些变化可以用于改善食品的质地。例如，通过加热使鸡蛋清变性凝固，可以改善面食的质地。

⑤ 形成凝胶　某些蛋白质变性后具有较好的凝胶特性。例如，将蛋清、大豆球蛋白或肌动球蛋白在一定条件下加压，可以形成凝胶，这种凝胶质地柔软，比热凝胶更柔软。

这些应用展示了蛋白质变性在食品工业中的重要作用，不仅提高了食品的安全性和可消化性，还改善了食品的质地和口感。

M4-4 文献阅读
加工如何影响牛奶蛋白消化

4.4　蛋白质的功能性质

蛋白质的功能性质（functional properties）是指除营养价值外的那些对食品需宜特性有利的物理化学性质，如胶凝、溶解、起泡、乳化、黏度等。蛋白质的功能性质影响着食品的感官质量，尤其是在质地方面，也对食品成分制备、食品加工或贮存过程中的物理特性起重要作用，可以分为 4 大类。

① 水合性质　取决于蛋白质同水之间的相互作用，包括水的吸附与保留、湿润性、膨胀性、黏合、分散性和溶解性等。

② 结构性质　与蛋白质分子之间的相互作用有关，如沉淀、胶凝作用、组织化、面团形成等。

③ 表面性质　涉及蛋白质在极性不同的两相之间的作用，主要有起泡、乳化等。

④ 感官性质　涉及蛋白质在食品中所产生的浑浊度、色泽、风味结合、咀嚼性、爽滑感等。

蛋白质的这些功能性质不是相互独立、完全不同的性质，也存在着相互联系，例如胶凝作用既涉及蛋白质分子之间的相互作用（形成空间三维网状结构），又涉及蛋白质分子同水分子之间的作用（水的保留）；而黏度、溶解度均涉及蛋白质与蛋白质之间和蛋白质与水之间的作用。

蛋白质的功能性质是由许多相关因素共同作用而产生的结果。蛋白质本身的物理化学性质（分子大小、形状、化学组成、结构）以及外来因素的影响等，均对其功能性质具有影响作用。整体上看，影响蛋白质功能性质的因素可分为三个方面：①蛋白质本身固有的性质；②环境条件；③食品所经历的加工处理。

一般来讲，蛋白质的一个功能性质不只是某一个物理化学性质产生的结果，因此很难说明蛋白质的物理化学性质在功能性质中所起的作用有多大。不过，蛋白质的一些理化常数还是与其功能性质之间存在一定的相关性（表 4-4）。

表 4-4　蛋白质的疏水性、电荷密度和结构对功能性质的贡献

功能性质	疏水性	电荷密度	结构
溶解度	表面疏水性有贡献	有贡献	无贡献

续表

功能性质	疏水性	电荷密度	结构
乳化作用	总疏水性有贡献	一般无贡献	有贡献
起泡作用	表面疏水性有贡献	无贡献	有贡献
脂肪结合	无贡献	一般无贡献	无贡献
水保留	总疏水性有贡献	有贡献	有疑问
热凝结	稍有贡献	无贡献	有贡献
面团形成	疏水性	无贡献	有贡献

蛋白质不仅是重要的营养成分，其功能性质也是其他食品成分所不能比拟和替代的，对一些食品的品质具有决定性。常见食品中所需宜的蛋白质功能性质见表 4-5。

表 4-5　各种食品中蛋白质的需宜功能性质

食品	功能性质
饮料	不同 pH 值时的溶解性、热稳定性、黏度
汤，沙司	黏度、乳化作用、持水性
面团焙烤产品（面包、蛋糕等）	成型和形成黏弹性膜、内聚力、热变性和胶凝作用、乳化作用、吸水作用、发泡、褐变
乳制品（干酪、冰淇淋、甜点心等）	乳化作用、对脂肪的保留、黏度、起泡、胶凝作用、凝结作用
鸡蛋	起泡、胶凝作用
肉制品（香肠等）	乳化作用、胶凝作用、内聚力、对水和脂肪的吸收和保持
肉代用品（组织化植物蛋白）	对水和脂肪的吸收和保持、不溶性、硬度、咀嚼性、内聚力、热变性
食品涂膜	内聚力、黏合
糖果制品（牛奶巧克力等）	分散性、乳化作用

4.4.1　蛋白质的水合性质

大多数食品是水合的体系，各成分的理化性质和流变学性质不仅受水的影响，而且还受水分活度的影响。蛋白质构象在很大程度上与蛋白质和水的相互作用有关。此外，从不同原料生产出的浓缩蛋白质或分离蛋白质在食品中应用时，也涉及蛋白质的水合过程。蛋白质吸附水、保留水的能力，不仅影响蛋白质的黏度和其他性质，而且还能影响食品质地、产品的数量（与生产成本直接相关）。故此，研究蛋白质的水合和复水性质非常有用。

蛋白质的水合通过蛋白质分子表面上各种极性基团与水分子的相互作用而产生。一般来讲，约有 30%（质量分数，下同）的水与蛋白质结合比较牢固，还有 30%的水与蛋白质结合比较松散。由于氨基酸组成不同，不同蛋白质的水结合能力也不同。

蛋白质的水合性质就是蛋白质与水结合的能力。蛋白质分子可以通过氢键、静电力、疏水作用等形式与水分子相互结合（图 4-28）。蛋白质种类、浓度、pH 值、温度、离子强度、其他成分的存在，均影响蛋白质和蛋白质以及蛋白质和水的相互作用。

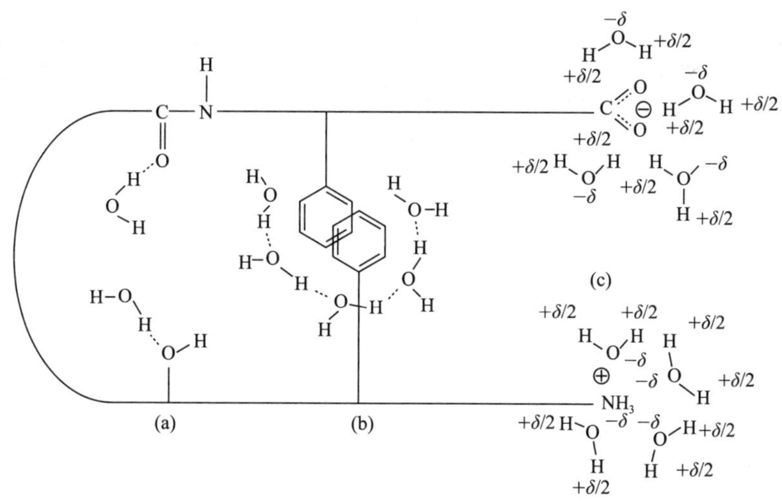

图 4-28　水同蛋白质相互作用示意图

（a）氢键；（b）疏水相互作用；（c）离子相互作用

① 蛋白质浓度　蛋白质总的水结合量随其浓度的增加而增加，但是在等电点时蛋白质表现出最小的水合作用。

② 蛋白质种类　蛋白质的水合能力与蛋白质的种类有关。不同种类的蛋白质由于氨基酸组成不同，水合能力也不同；极性氨基酸越多，水合能力越强。不同氨基酸的水合能力如表 4-6 所示。不同种类蛋白质的水合能力如表 4-7 所示。

表 4-6　氨基酸残基的水合能力

氨基酸残基	水结合能力	氨基酸残基	水结合能力
极性残基		离子化残基	
Asn	2	Asp	6
Gln	2	Glu	7
Pro	3	Tyr	7
Ser，Thr	2	Arg	3
Trp	2	His	4
Asp（非解离）	2	Lys	4
Glu（非解离）	2	疏水性残基	
Tyr	3	Ala	1
Arg（非解离）	4	Gly	1
Lys（非解离）	4	Phe	0
		Val，Ile，Leu，Met	1

表 4-7　不同种类蛋白质的水合能力

蛋白质	水合能力/（g H_2O/g 蛋白质）
肌红蛋白	0.44
血清蛋白	0.33
血红蛋白	0.62
胶原蛋白	0.45
酪蛋白	0.40
卵清蛋白	0.30
乳清浓缩蛋白	0.45～0.52
大豆蛋白	0.33

③ 温度　蛋白质结合水的能力一般随温度升高而降低，这是由于升温破坏蛋白质-水之间形成的氢键，降低蛋白质与水之间的作用，并且加热时蛋白质发生变性和凝集，降低蛋白质的表面积和极性氨基酸与水结合的有效性。不过加热处理有时也能提高蛋白质水结合能力。结构十分致密的蛋白质，由于加热而发生亚基解离和分子伸展，将原来被掩盖的一些肽键和极性基团暴露于表面，从而提高水结合能力；或者是加热时发生蛋白质胶凝作用，所形成的三维网状结构能容纳大量的水，也提高蛋白质水结合能力。

④ pH 值　蛋白质的水合特性与 pH 值有关，当 pH＝pI 时，水合能力最弱。如动物被屠宰后，僵直期内肌肉组织的持水力最差，就是由于肌肉 pH 值从 6.5 下降到 5.0 左右（接近其等电点），导致肉的嫩度下降、品质不佳。图 4-29 为肌肉蛋白水合能力与温度、pH 的关系。

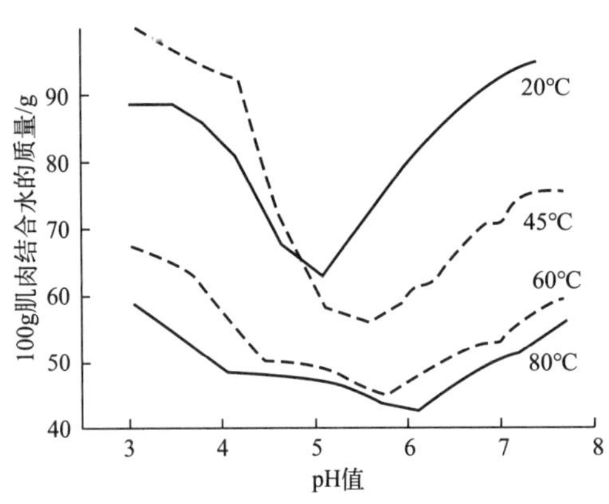

图 4-29　肌肉蛋白的水合能力与温度、pH 值的关系

⑤ 离子强度　蛋白质体系中所存在的离子对它的水结合能力也有影响，这是水-盐-蛋白质之间发生竞争作用的结果。低浓度盐提高蛋白质水结合能力（盐溶作用），而高浓度盐将降低蛋白质水结合能力（盐析作用），甚至可能引起蛋白质脱水。

蛋白质水结合能力对各类食品尤其是肉制品和面团等的质地起重要作用。蛋白质的其他功能性质如胶凝、乳化作用也与蛋白质水合性质有关。在食品加工中，蛋白质的水合作用通常以持水力（water holding capacity）或者是保水性（water retention capacity）来衡量（可通过相对湿度法、溶胀法、过量水法、水饱和法测定）。持水力是指蛋白质将水截留（或保留）在其组织中的能力，被截留的水包括吸附水、物理截留水、流体动力学水。蛋白质持水力与其水结合能力有关，可影响食品的嫩度、多汁性、柔软性，所以持水力对食品品质具有重要意义。

4.4.2　蛋白质的溶解度

蛋白质作为有机大分子化合物，在水中以分散态（胶体态）存在，因此蛋白质在水中无严格意义上的溶解度，只是用其在水中的分散量或分散水平来表示蛋白质的溶解度。

蛋白质溶解度的常用表示方法为蛋白质分散指数（protein dispersibility index，PDI）、氮溶解指数（nitrogen solubility index，NSI）、水可溶性氮（water soluble nitrogen，WSN）。

PDI＝（水分散蛋白/总蛋白）×100%

NSI＝（水溶解氮/总氮）×100%

WSN＝（可溶性氮的质量/样品的质量）×100%

蛋白质的溶解度是蛋白质与蛋白质、蛋白质与溶剂相互作用达到平衡的热力学表现形式。溶解度大小受很多因素的影响，如蛋白质的种类和疏水性、pH 值、离子强度、温度、溶剂等。

① 氨基酸组成与疏水性　疏水相互作用增加了蛋白质与蛋白质之间的相互作用，使其溶解度下降，离子相互作用有利于蛋白质与水的相互作用，增加溶解性。

② pH　pH 不在 pI（等电点）时蛋白质溶解度大，pH＝pI 时溶解度最小。图 4-30 为几种蛋白质在不同 pH 下的 NSI。

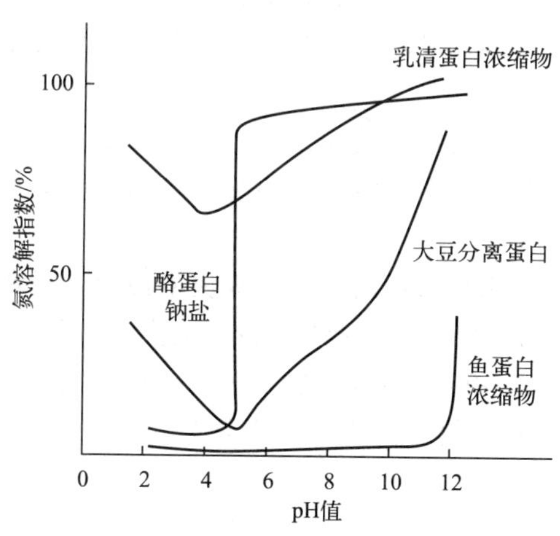

图 4-30　几种蛋白质在不同 pH 值下的 NSI

③ 离子强度　$\mu<0.5$ 时盐溶效应，溶解度增加；$\mu>1$ 时盐析作用，溶解度下降。

④ 温度　0℃到 40～50℃随温度的升高，溶解增加，高于这个范围随温度的增加而降低。一些蛋白质加热后溶解度的相对变化见表 4-8。

表 4-8　一些蛋白质加工后的溶解度相对变化

蛋白质	处理	溶解度	蛋白质	处理	溶解度
血清蛋白	天然	100	白蛋白	天然	100
	加热	27		80℃，15s	91
β-乳球蛋白	天然	100		80℃，30s	76
	加热	6		80℃，60s	71
大豆分离蛋白	天然	100		80℃，120s	49
	100℃，15s	100	油菜籽分离蛋白	天然	100
	100℃，30s	92		100℃，15s	57
	100℃，60s	54		100℃，30s	39
	100℃，120s	15		100℃，60s	14
				100℃，120s	11

⑤ 有机溶剂的影响　有机溶剂使水的介电常数降低，增加了蛋白质分子内和分子之间的静电作用，溶解度降低。

蛋白质溶解度的大小在食品工业中的应用中非常重要。溶解度特性数据在确定天然蛋白质的提取、分离和纯化时是非常有用的；蛋白质变性的程度也可以通过蛋白质溶解行为的变化作为评价指标；此外，蛋白质在饮料中的应用也与其溶解性能有直接的关系。蛋白质的溶解度是衡量蛋白质在水中完全溶解的能力，它影响食品的许多品质属性。溶解度与乳化、发泡和凝胶等其他特性有关，因此在很大程度上决定了蛋白质在各种食品应用中的适用性。

4.4.3　蛋白质溶液的黏度

溶液的黏度（viscosity）反映了它对流动的阻力，黏度不仅可以稳定食品中的被分散成分，同时也直接提供良好的口感，或间接改善口感，例如控制食品成分结晶、限制冰晶的成长等。

蛋白质体系的黏度和稠度是流体食品如饮料、肉汤、沙司和奶油的主要功能性质，影响食品的品质和质地，黏度在泵的输送、混合、加热、冷却和喷雾干燥等食品加工过程中也有实际意义。

对于一种流体的黏度，可用相对运动的两个板块来说明。板块间充满流体，板块在外来作用力 F 的作用下产生相对运动。如果流体的黏度很大，则板块的运动将很慢，反之板块的运动将很快。蛋白质的黏度一般用黏度系数 μ 表示，μ 的大小在数值上是液体流动时的剪切力（r）与剪切速率（γ）的比值，而剪切速率是相对运动的两个板块间的运动速率（v）与其距离（d）的比值。

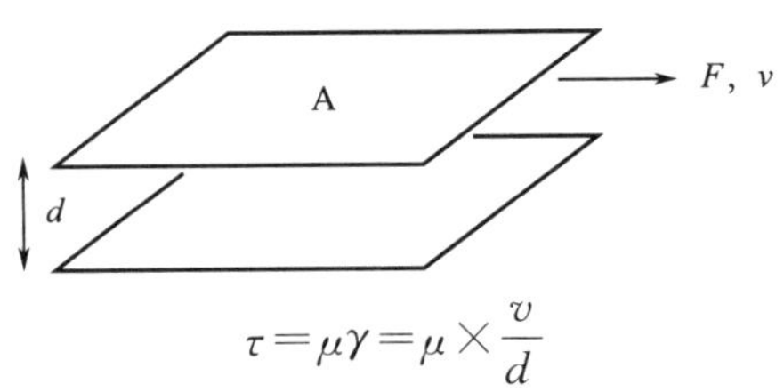

自然界的溶液可分为两种，牛顿流体和非牛顿流体。牛顿流体（理想流体）具有固定的黏度，即不随剪切力或剪切速率的变化而变化。但是对于一些由大分子物质构成的分散系（包括溶液、乳化液、悬浮液、凝胶等），则不具备牛顿流体的性质，这些分散系的黏度会随着流体剪切速率或剪切力的变化而变化，人们把这些溶液体系称作非牛顿流体。在数值上它们的关系变化为：$\tau=m\gamma^n$（m 为稠度系数；n 为流动指数，$n<1$）。

蛋白质溶液属于非牛顿流体，它的黏度随其剪切速率或剪切力的增加而降低，这种现象称为剪切稀释或切变稀释（shear thinning）。产生的原因为：①蛋白质分子朝着运动方向逐渐取向一致，从而使分子排列整齐，液体流动时所产生的摩擦阻力降低；②蛋白质的水合环境在运动方向产生变形；③氢键和其他弱的键发生断裂，使得蛋白质的聚集体、网状结构产生解离，蛋白质的体积减小。总之，剪切稀释可以用在运动方向上蛋白质分子或颗粒的表观直径的减少来进行解释。

在溶液流动时，蛋白质分子中弱作用力的断裂通常是缓慢地发生。因此，蛋白质流体在达到平衡之前其表观黏度随时间增加而降低；剪切停止时，原来的聚集体可能重新形成，或不能重新形成，如果能重新形成聚集体，黏度系数不会降低，体系是触变的。乳清蛋白浓缩物和大豆分离蛋白就是触变的。

影响蛋白质黏度的主要因素是溶液中蛋白质分子或颗粒的表观直径，表观直径主要取决于蛋白质分子固有的特性、蛋白质与溶剂间的相互作用、蛋白质与蛋白质间的相互作用。在常见的加工处理中如高温杀菌、蛋白质水解、无机离子的存在等因素也会严重影响蛋白质溶液的黏度。

黏度和溶解度之间具有相关性，将不溶性的蛋白质置于水中不展现高的黏度；吸水性差和溶胀性小的易溶蛋白质在中性或等电点时黏度也很低；而起始吸水性大的可溶性蛋白质具有高黏度。

4.4.4　蛋白质的胶凝作用

蛋白质的胶凝（gelation）与蛋白质的缔合、聚集、聚合、沉淀、絮凝和凝结等，均属于蛋白质分子在不同水平上的聚集变化，但又有一定的区别。蛋白质的缔合（association）是指在亚基或分子水平上发生的变化；聚合（polymerization）或聚集（aggregation）一般是指有较大的聚合物生成；沉淀（precipitation）是指由蛋白质溶解度部分或全部丧失而引起的一切聚集反应；絮凝（flocculation）是指没有蛋白质变性时所发生的无序聚集反应；凝结（coagulation）是变性蛋白质所产生的无序聚集反应；胶凝（gelation）则是变性蛋白质发生的有序聚集反应。

蛋白质胶凝后形成的产物是凝胶（gel），它具有三维网状结构，可以容纳其他成分，对食品质地等有重要作用（例如肉类食品），不仅可以形成半固态的黏弹性质地，同时还具有保水、稳定脂肪、黏结等作用。对于一些蛋白质食品如豆腐、酸乳，凝胶是这些食品品质形成的基础。

蛋白质凝胶的网状结构，是蛋白质-蛋白质之间相互作用、蛋白质-水之间相互作用以及邻近肽链之间吸引力和排斥力这三类作用达到平衡而产生结果。静电吸引力、蛋白质-蛋白质作用（包括氢键、疏水相互作用等）有利于蛋白质肽链的靠近，而静电排斥力、蛋白质-水作用有利于蛋白质肽链的分离。在多数情况下，热处理是蛋白质形成凝胶的必需条件（蛋白质变性、肽链伸展），然后需冷却（肽链间氢键形成）；形成蛋白质凝胶时，加入少量酸或

Ca^{2+}，可以提高胶凝速度和凝胶强度。有时，蛋白质不需要加热也可以形成凝胶，如有些蛋白质只需要加入Ca^{2+}盐，或通过适当的酶解，或加入碱使溶液碱化后再调溶液 pH 至等电点，就可以发生胶凝作用。钙离子的作用是形成所谓的“盐桥”(salt bridge)。

整体上看，蛋白质的胶凝过程一般可以分为两步：①蛋白质分子构象的改变或部分伸展，发生变性；②单个变性的蛋白质分子逐步聚集，有序地形成可以容纳水等物质的网状结构（图 4-31）。

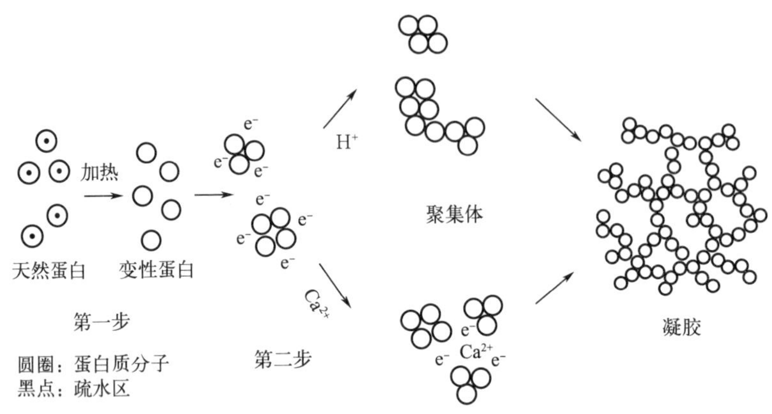

图 4-31　大豆蛋白的胶凝过程示意图

根据凝胶形成的途径，一般将凝胶分为热致凝胶（如卵白蛋白加热形成的凝胶）和非热致凝胶（调节 pH 值，加入二价金属离子，或者部分水解蛋白质形成的凝胶）两类。也可以根据蛋白质形成凝胶后凝胶对热的稳定性，分为热可逆凝胶（如明胶，重新加热时再次形成溶液，冷却后又恢复凝胶状态）、非热可逆凝胶（如卵白蛋白、大豆蛋白等，凝胶状态一旦形成就不再发生变化）两类。热可逆凝胶，主要是通过蛋白质分子间的氢键形成而保持稳定；非热可逆凝胶，多涉及分子间的二硫键形成，因为二硫键一旦形成就不容易再发生断裂，加热不会对其产生破坏作用。

蛋白质形成凝胶时有两类不同的结构方式：串形有序聚集排列方式，形成的凝胶是透明或是半透明的，例如血清蛋白、溶菌酶、卵白蛋白、大豆球蛋白等的凝胶；自由聚集排列方式，形成的凝胶是不透明的，例如肌浆球蛋白在高离子强度下形成的凝胶，还有乳清蛋白、乳球蛋白所形成的凝胶。常见的蛋白质凝胶中，可同时存在着这两种不同的方式，并且受胶凝条件（如蛋白质浓度、pH 值、离子种类、离子强度、加热温度、加热时间等）的影响。但蛋白质的溶解性不是胶凝作用必需条件，只是有助于蛋白质的胶凝作用。

胶凝作用是一些蛋白质食品非常重要的功能性质，在许多食品的制备中起着重要作用，如乳制品、凝胶、各种加热的肉糜、鱼制品等。蛋白质的胶凝作用除可以用来形成固体弹性凝胶、提高食品的吸水性、增稠、黏着脂肪外，对食品中成分的乳化、发泡稳定性还有帮助。胶凝作用是蛋白质最重要的功能作用之一，也是食品加工中经常考虑的问题。

4.4.5　蛋白质的组织化

蛋白质是许多食品的质地或结构的构成基础，如动物的肌肉。但是自然界中的一些蛋白质并不具备相应的组织结构和咀嚼性能，例如分离出的可溶性植物蛋白或乳蛋白。因此，这些蛋白质配料应用于食品加工时就存在一定的限制。不过，现在可以通过一定处理使它们形成具有咀嚼性能和良好持水性能的薄膜或纤维状产品，并且经水合或加热处理后，仍能保持良好的性能，这就是蛋白质的组织化处理。经过组织化处理的蛋白质可以作为肉的代用品或替代物并在食品中使用。另外，组织化加工还可以用于对一些动物蛋白质进行重组织化，如对牛肉或禽肉的重整再加工处理。

常见的蛋白质组织化方法有如下 3 种。

① 热凝固和薄膜形成　大豆蛋白浓溶液在平滑的热金属表面蒸发水分时，蛋白质产生热凝结作用，生成水合的蛋白质薄膜。将大豆蛋白溶液在 95℃下保持几个小时，由于溶液表面水分蒸发和蛋白质热凝结，也能形成一层薄的蛋白膜。这些蛋白膜就是组织化蛋白质，具有稳定的结构，加热处理不会发生改变，具有正常的咀嚼性能。传统豆制品腐竹就是采用这种方法加工的。有些可食性蛋白膜的食品包装材料也利用了蛋白质的成膜特性。

② 热塑性挤压　热塑性挤压的方法是使含有蛋白质的固体混合物在高压、高温和强剪切的作用下转化为黏稠状，然后迅速地通过圆筒进入常压环境，物料中的水分迅速蒸发以后，就形成了高度膨胀、干燥的多孔结构，即所谓的组织化蛋白（俗称膨化蛋白）。热塑性挤压所得到的组织化蛋白，虽然无肌肉纤维那样的结构，但是却具有相似的口感。蛋白质组织化产品可以用作肉丸、汉堡肉饼等的替代物、填充物。

③ 纤维的形成　这是蛋白质的另一种组织化方式，借鉴了合成纤维的生产原理。在 pH＞10 的条件下制备高浓度的蛋白质溶液，由于静电斥力增加，蛋白质分子解离并充分伸展；蛋白质溶液经过脱气、澄清处理后，在高压下通过一个有许多小孔的喷头，此时伸展的蛋白质分子沿流出方向定向排列，以平行方式延长并有序排列；当从喷头出来的液体进入含有 NaCl 的酸性溶液时，由于等电点和盐析作用，蛋白质凝结，通过氢键、离子键和二硫键等形成水合蛋白质纤维；通过滚筒转动使蛋白质纤维拉伸，增加纤维的机械阻力和咀嚼性，降低蛋白质纤维的持水容量；再通过滚筒的加热除去一部分水分，提高蛋白质纤维的黏着力和韧性；最后通过调味、黏合、切割、成型等一系列处理，可制成人造肉或类似肉的蛋白质产品。

4.4.6　面团的形成

小麦、大麦、黑麦等具有一个相同的特性，有水存在时，胚乳中面筋蛋白通过混合、揉捏等处理能形成强内聚力和黏弹性的糊状物（面团），以小麦粉的这种能力最强。小麦粉中的面筋蛋白在形成面团以后，其他成分如淀粉、糖和极性脂类、非极性脂类、可溶性蛋白质等，都有利于面筋蛋白形成三维网状结构，以及面包最后的质地，并被容纳在这个三维结构中。

面筋蛋白主要由麦谷蛋白（glutenin）和麦醇溶蛋白（gliadin）组成，它们在面粉中占总蛋白质总量的 80%以上，面团的特性与它们有直接的关系。首先，这些蛋白质的可解离氨基酸含量低，所以在中性水中不溶解；其次，它们含有大量的谷氨酰胺和羟基氨基酸，所以易形成分子间氢键，使面筋具有很强的吸水能力和黏聚性质，其中黏聚性质还与疏水相互作用有关；最后这些蛋白质中含有—SH，能形成二硫键，所以在面团中它们紧密连接在一起，使其具有韧性。当面粉被揉捏时蛋白质分子伸展，二硫键形成，疏水相互作用增强，面筋蛋白转化为立体、具有黏弹性的蛋白质网状结构，并截留淀粉粒和其他成分。如果加入还原剂破坏二硫键，则可破坏面团内聚结构；若加入氧化剂 $KBrO_3$ 促使二硫键形成，则有利于面团的弹性和韧性。

麦谷蛋白和麦醇溶蛋白二者的适当平衡是非常重要的。麦谷蛋白的分子量高达 1×10^6，而且分子中含有大量的二硫键（链内与链间），而麦醇溶蛋白的分子量仅为 1×10^4，只有链内的二硫键。麦谷蛋白决定面团的弹性、黏合性以及强度，麦醇溶蛋白决定面团的流动性、伸展性和膨胀性。面包的强度与麦谷蛋白有关，麦谷蛋白的含量过高会抑制发酵过程中残留的 CO_2 的膨胀，抑制面团鼓起；若麦醇溶蛋白含量过高则会导致过度膨胀，结果是产生的面筋膜易破裂和易渗透，面团塌陷。在面团中加入极性脂类，有利于麦谷蛋白和麦醇溶蛋白的相互作用，提高面筋网络结构，而中性脂肪的加入则十分不利。球蛋白的加入一般不利于面团结构，但是球蛋白变性后加入面团，则可消除其不利影响。

面团在揉捏时，如果揉捏的强度不足就会使面筋蛋白的三维网状结构不能很好形成，结果是面团强度不足；过度揉捏则也会使得面筋蛋白的一些二硫键断裂，造成面团强度下降。

面团在焙烤时，面筋蛋白所释放出的水分能被糊化淀粉所吸收，但面筋蛋白仍然可以保持近一半的水分。面筋蛋白在面团揉捏过程中已经呈充分伸展状态，在焙烤时不会进一步伸展。

4.4.7 蛋白质的乳化性质

蛋白质乳化性是指蛋白质能使油与水形成稳定的乳化液而起乳化剂的作用。许多食品都是蛋白质稳定的乳状液，根据蛋白质乳状液分散系中的分散相和连续相可分为油包水型（W/O）或水包油型（O/W）两种乳液。如牛乳、冰淇淋、人造黄油、干酪、蛋黄酱、肉馅等是最常见的水包油型分散系（水为连续相，脂为分散相），而奶油是典型的油包水型乳液（脂为连续相，水为分散相）。蛋白质在这体系中起到稳定乳状液体的作用。

蛋白质乳化作用的原理是蛋白质分子在油滴和水相的界面上吸附，产生抗凝集性的物理学、流变学性质（如静电斥力、黏度）。可溶性蛋白质最重要的作用是它有向油-水界面扩散并在界面吸附的能力。蛋白质的一部分与界面相接触，其疏水性氨基酸残基向非水相排列，降低体系的自由能，蛋白质的其余部分发生伸展并自发地吸附在油-水界面，表现相应的界面性质（图 4-32）。一般认为，蛋白质的疏水性越大，界面上吸附的蛋白质浓度越高，界面张力越小，乳状液体系越稳定。球蛋白具有较稳定的结构和表面亲水性，因此不是一种很好的乳化剂，如血清蛋白、乳清蛋白。酪蛋白由于其结构特点（无规则卷曲），以及肽链中亲水区域和疏水区域的相对分开，所以是一种很好的乳化剂。大豆蛋白分离物、肉和鱼肉蛋白质的乳化性能也都不错。

图 4-32　一个柔性的多肽链在界面上采取的各种结构

蛋白质乳化性能可以通过乳化活性（emulsifying properties）和乳化稳定性（emulsifying stability）两个方面来描述。乳化活性是指蛋白质在促进油水混合时，单位质量的蛋白质能够稳定的油水界面的面积；乳化稳定性是指蛋白质维持油水混合不分离的乳化特性对外界条件的抗应变能力。乳化体系在热力学上是不稳定体系，脂肪球之间的相互作用必然会产生失稳问题，最终结果就是油、水两相的完全分离。

蛋白质的乳化性能受多种因素的影响，包括蛋白质种类、溶解度、pH 值、温度等多种因素，一般来说，影响蛋白质变性的因素都会影响到它的乳化性能。

① 蛋白质的种类　不同来源的蛋白质，其氨基酸组成不同，形成的空间结构不同，导致蛋白质的乳化性也不同。

② 蛋白质的溶解度　蛋白质的溶解度与其乳化性质呈正相关。一般来说，不溶解的蛋白质对乳化体系的形成无影响。因此，蛋白质溶解性能的改善将有利于提高其乳化性能，例如肉糜中 NaCl 存在时（0.5～1mol/L）可提高蛋白质的乳化性能，NaCl 的作用是产生盐溶作用。

③ pH 值　溶液的 pH 值对蛋白质的乳化作用也有影响。明胶、卵清蛋白在 pI 时具有良好的乳化性能。其他蛋白质如大豆蛋白、花生蛋白、酪蛋白、肌原纤维蛋白、乳清蛋白等在非 pI 时乳化性能更好。此时氨基酸侧链的解离产生有利于稳定性的静电斥力，避免液滴聚集；同时，有利于蛋白质溶解和水结合，提高蛋白膜的稳定性。

④ 温度　加热降低吸附于界面上的蛋白质膜的黏度，因而会降低乳状液的稳定性；但是，如果加热产生胶凝作用，就能提高其黏度和硬度，从而提高乳状液的稳定性，例如肌原纤维蛋白的胶凝作用对灌肠等乳化体系的稳定性有益，提高产品保水性和脂肪保持性，同时还增强各成分之间的黏结性。

⑤ 表面活性剂低分子表面活性剂一般不利于蛋白质乳化稳定性，原因是它们在界面会与蛋白质竞争吸附，导致蛋白质吸附于界面的作用力减弱，降低蛋白膜黏度，结果是降低乳状液的稳定性。表 4-9 列举了一些蛋白质的乳化活性指数，表 4-10 列举了一些蛋白质的乳化容量和乳化稳定性。

表 4-9　一些蛋白质的乳化活性指数（溶液离子强度=0.1mol/L）

蛋白质	乳化活性指数		蛋白质	乳化活性指数	
	pH=6.5	pH=8.0		pH=6.5	pH=8.0
卵蛋白	—	49	乳清蛋白	119	142
溶菌酶	—	50	β-乳球蛋白	—	153
酵母蛋白	8	59	干酪素钠盐	149	166
血红蛋白	—	75	牛血清蛋白	—	197
大豆蛋白	41	92	酵母蛋白（88%酰化）	322	341

表 4-10　一些蛋白质的乳化容量（EC）和乳化稳定性（ES）

蛋白质来源	种类	EC/（g/g）	ES（24h）/%	ES（12d）/%
大豆	分离蛋白	277	94	88.6
	大豆粉	184	100	100
蛋	蛋白粉	226	11.8	3.3
	液态蛋白	215	0	1.1

续表

蛋白质来源	种类	EC/（g/g）	ES（24h）/%	ES（12d）/%
乳	酪蛋白	336	5.2	41.0
	乳清蛋白	190	100	100

4.4.8 蛋白质的起泡性质

冰淇淋、奶油、面包、糕点、啤酒和香槟等食品中的泡沫能令食物产生理想的口感，因而泡沫在食品中特别受欢迎。泡沫是指气体在连续液相或半固相中分散所形成的分散体系。在稳定的泡沫体系中，弹性薄层连续相将各个气泡分开，气泡的直径从 1 微米到几厘米不等。食品泡沫的特征有：①含有大量的气体；②在气相和连续相之间有较大的表面积；③溶质的浓度在界面处较高；④要有能膨胀、具有刚性或半刚性和弹性的膜；⑤可反射光，泡沫看起来不透明。泡沫的典型结构见图 4-33，其中薄层（lamellae）的性质对泡沫的稳定性有很重要的影响。

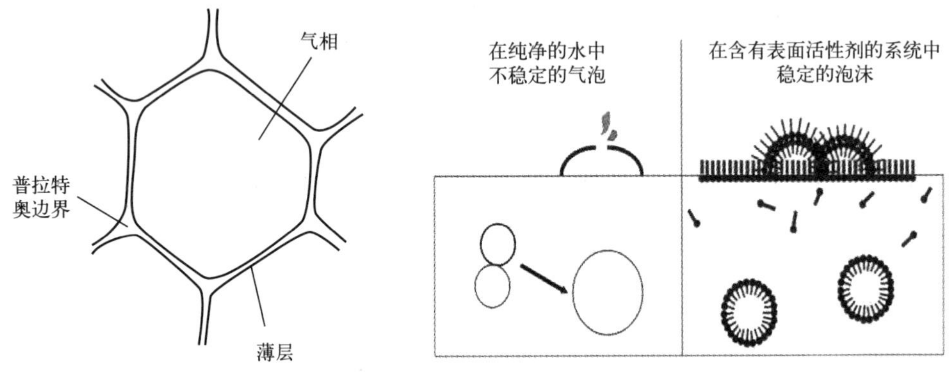

图 4-33 泡沫的结构示意图

泡沫和乳状液的主要差别在于分散相是气体还是脂肪，并且在泡沫体系中气体所占的体积分数更大。所以，泡沫有很大的界面面积，界面张力也远大于乳化分散系，更不稳定且容易破裂。此时，蛋白质的作用就是吸附在气-液界面降低界面张力，同时对所形成的吸附膜产生必要的流变学特性和稳定作用，例如对水和蛋白质吸附，以增加膜的强度、黏度和弹性，对抗外来不利作用。

产生泡沫的方法包括：①气体经过多孔分散器而通入蛋白质溶液中，从而产生相应的气泡；②大量气体存在下，机械搅拌或振荡蛋白质溶液而产生气泡；③高压下将气体溶于溶液，突然将压力解除，气体因为膨胀而形成泡沫。在泡沫形成过程中，蛋白质首先向气-液界面上迅速扩散并吸附，进入界面层后再进行分子结构重排。其中，扩散过程是决定因素。

评价蛋白质的发泡性质可通过发泡力（FP）、泡沫稳定性（FS）来描述。发泡力随蛋白质浓度的增加而增加，所以单一浓度下的比较是不准确的。通常采用三种不同情况下的发泡力来进行比较（表 4-11）。泡沫稳定性一般是衡量泡沫样品放置一段时间后发生的破裂情况，或者是衡量泡沫在不同时刻的排水速度。可以用泡沫破裂排出 1/2 的液体体积所需要的时间，或者是通过分别测定泡沫在不同时间体积的变化情况，来衡量泡沫的稳定性。

表 4-11　3 种蛋白质的发泡力比较

蛋白质	最大发泡力（浓度 2%～3%）	达到 1/2 最大发泡力的浓度	在 1%浓度时的发泡力
明胶	228	0.04%	221
干酪素钠盐	213	0.1%	198
大豆分离蛋白	203	0.29%	154

影响蛋白质发泡性质（foaming property）的因素有以下几点：

① 蛋白质的内禀性质　一个具有良好发泡性质的蛋白质应是蛋白质分子能够快速地扩散到气-液界面，易于在界面吸附、展开和重排，并且通过分子间的作用形成黏弹性的吸附膜。具有疏松的自由卷曲结构的β-酪蛋白，就是这样的蛋白质。蛋白质的理化性质与起泡性质的关系见表 4-12。

表 4-12　影响蛋白质发泡性质的内禀性质

内禀性质	对发泡性质的影响
疏水性	极性区与疏水区相对独立分布，产生降低界面张力的作用
肽链的柔韧性	有利于蛋白质分子在界面上的伸展、变形
肽链间的相互作用	有利于蛋白质分子间的相互作用，形成黏弹性好、稳定的吸附膜
基团的解离	有利于气泡间的排斥，但是高电荷密度不利于蛋白质在膜上的吸附
极性基团	对水的结合、蛋白质分子之间的相互作用有利于吸附膜的稳定性

具有良好发泡能力的蛋白质，其泡沫稳定性一般很差，而发泡能力很差的蛋白质，其泡沫的稳定性却较好，原因是蛋白质的发泡能力和泡沫稳定性由两类不同的分子性质决定。发泡能力取决于蛋白质分子的快速扩散、对界面张力的降低、疏水基团的分布等，主要由蛋白质的溶解性、疏水性、肽链的柔软性决定。泡沫稳定性主要由蛋白质溶液的流变学性质决定，如吸附膜中蛋白质的水合、蛋白质浓度、膜厚度、适当的蛋白质分子间相互作用。通常，卵清蛋白是最好的蛋白质发泡剂，其他蛋白质如血清蛋白、明胶、酪蛋白、谷蛋白、大豆蛋白等也具有不错的发泡性质。

② 盐类　盐类影响蛋白质的溶解、黏度、伸展和解聚，也影响其发泡性质。例如，NaCl 增加膨胀量但降低泡沫稳定性，Ca^{2+} 由于能同蛋白质的羧基形成盐桥而提高泡沫稳定性。

③ 糖类　糖类通常都抑制蛋白质的泡沫膨胀，但是又可提高蛋白质溶液的黏度，所以提高泡沫稳定性。

④ 脂类　蛋白质溶液中污染低浓度脂类时，会严重损害蛋白质的发泡性能，特别是极性脂类也可在气-水界面吸附，干扰蛋白质的吸附，影响已吸附蛋白质之间的相互作用，从而影响泡沫稳定性。

⑤ 蛋白质浓度　蛋白质浓度在 2%～8%时可达到最大膨胀度，液相具有最好的黏度，膜具有适宜厚度和稳定性。蛋白质浓度超过 10%时，溶液黏度过大，影响蛋白质发泡能力，气泡变小、泡沫变硬。

⑥ 机械处理　形成泡沫时需要适当地搅拌，并使蛋白质解折叠；但是，搅拌强度和时

间必须适中。过度的搅拌会使蛋白质絮凝，降低膨胀度和泡沫稳定性，因为絮凝后的蛋白质不能适当地吸附于界面。

⑦ 加热处理　加热一般不利于泡沫的形成，因为加热使气体膨胀、黏度降低，导致气泡破裂。但发泡前对一些结构紧密的蛋白质进行适当的热处理，对其发泡是有利的，因为可使蛋白质分子伸展，有利于其在气-液界面吸附；若加热后可以产生胶凝作用，则会大大提高泡稳定性。

⑧ pH　接近 pI 时，蛋白质所稳定的泡沫体系很稳定，这是由于蛋白质之间的排斥力很小，有利于蛋白质-蛋白质之间的相互作用和蛋白质在膜上的吸附，可形成黏稠的吸附膜，从而提高蛋白质发泡力和泡沫稳定性。在 pI 之外，蛋白质的发泡能力通常较好，但是其稳定性一般不好。

4.4.9　蛋白质与风味物质的结合

食品中存在着的醛、酮、酸、酚和脂肪氧化的分解产物，它们可能产生异味。这些物质也可与蛋白质或其他成分结合，在加工过程中或食用时释放出来，被食用者察觉，从而影响食品的感官质量。但是蛋白质与风味物质的结合也有其可利用之处，例如可以使组织化植物蛋白质产生肉香味。蛋白质除了与挥发性物质结合之外，还可以与金属离子、色素等物质结合，也可以与一些具有诱变性和其他活性的物质结合。这些结合可产生解毒作用，也可产生毒性增强作用，有时还可以使蛋白质营养价值降低。蛋白质与金属离子的结合有利于一些矿物质（如铁、钙）吸收；与色素的结合可以用于对蛋白质的定量分析；结合于大豆蛋白上的异黄酮，则发挥它的健康作用。

蛋白质与风味物质的结合有物理结合和化学结合。物理结合中涉及的作用力主要是范德华力等，为可逆结合。化学结合中涉及的作用力有氢键、共价键、静电作用力等，通常是不可逆结合。一般认为，在蛋白质的结构中具有一些相同但又相互独立的结合位点（binding site)，这些位点通过与风味化合物（F）产生作用而导致其被结合。

$$蛋白质 + nF \longrightarrow 蛋白质\text{-}F$$

Scatchard 模型用于描述蛋白质与风味物质的结合：

$$V/L = K\ (n - V)$$

式中，V 为蛋白质与风味物质结合达到平衡时被结合的风味物质的量（mol/mol 蛋白质）；L 为游离的风味物质的量（mol/L）；K 是结合的平衡常数（L/mol）；n 是 1mol 蛋白质中对风味物质所具有的总结合位点数。

对于由单肽链组成的蛋白质，利用此模型可以得到良好的结果。但是，对于由多肽链组成的蛋白质，随蛋白质浓度增加，蛋白质与风味物质的结合量下降。这是由于蛋白质分子之间的相互作用降低它对风味物质结合的有效性（部分位点被掩盖而不能结合风味物质）。一些蛋白质与几种酮类风味物质的结合数据见表 4-13。

表 4-13　一些蛋白质与风味物质的结合数据

蛋白质	被结合的风味化合物	N/（mol/mol）	K/（L/mol）	$\Delta G^{\ominus}$/（kJ/mol）
血清蛋白	2-庚酮	6	270	−13.8
	2-壬酮	6	1800	−18.4

续表

蛋白质	被结合的风味化合物	N/（mol/mol）	K/（L/mol）	$\Delta G^{\ominus}$/（kJ/mol）
β-乳球蛋白	2-庚酮	2	150	−12.4
	2-壬酮	2	480	−15.3
大豆蛋白				
天然	2-庚酮	4	110	−11.6
	2-辛酮	4	310	−14.2
	2-壬酮	4	930	−16.9
	壬醛	4	1094	−17.3
部分变性	2-壬酮	4	1240	−17.6

蛋白质与风味物质的结合的影响因素如下。

① 水分含量　水提高蛋白质对极性挥发物质的结合，但不影响对非极性物质的结合，这与水增加极性物质的扩散速度有关。

② 盐溶液　高浓度的盐使蛋白质的疏水相互作用减弱，导致蛋白质解折叠，提高它与风味物质的结合。

③ pH 值　在中性或碱性时，酪蛋白比在酸性条件下结合更多的风味物质，与此时的氨基非离子化有关。蛋白质的水解一般降低其与风味物质结合的能力（尤其是蛋白质的高度水解），这与蛋白质的一级结构或结合位点被破坏有关。

④ 温度　蛋白质加热变性使得分子伸展，导致风味物质结合能力增加。蛋白质真空冷冻干燥时，由于真空，可使最初结合的 50%挥发物质释放出来。

4.4.10　蛋白质的改性

蛋白质的改性主要涉及通过物理、化学或酶法手段改变蛋白质的结构和功能特性，以适应特定的应用需求。这种改性过程不涉及蛋白质一级结构的改变，但可以显著影响其理化性质和功能特性。

① 物理改性　包括热处理、高压处理、微波处理、超声波处理等方法，主要通过改变蛋白质的高级结构和分子凝集模式来改善其功能特性。物理改性的优势在于不需要添加食品以外的其他化学成分，改性后的产品不含化学残留物，具有很好的安全性。

② 化学改性　利用化学试剂对蛋白质的作用，如断裂某些肽键或引入带负电荷基团、二硫键和亲水亲油基团等功能性基团进行蛋白质改性。化学改性操作简单，改性效果显著，但可能会降低蛋白质的营养价值。

③ 酶法改性　蛋白质和某种酶发生相互作用，导致蛋白质交联或水解，进而改善它的功能性。酶法改性包括酶法水解和酶法交联两种主要方式。酶法水解可以降低蛋白质分子量，产生短肽链多肽，同时增加可电离组分，暴露更多的疏水组分，改变蛋白质与周围环境的物理、化学相互作用。酶法交联则是通过类蛋白反应使乳清蛋白发生交联，增强流变性。

蛋白质的改性方法各有优势，合适的改性方法的选择取决于具体的应用需求和对产品功能特性的要求。例如，酶法改性因其安全性高、反应条件温和、具有专一性等优点，逐渐成为改善蛋白质功能特性的趋势。

4.5 蛋白质在食品加工和贮藏中的变化

食品的加工处理会给食品带来一些有益的变化，例如酶类的灭活可以防止氧化反应的发生，微生物的灭活可以提高食品的保存性，或者是将食品原料转化为有特征风味的食品。但是在加工或贮存过程中蛋白质的功能性质和营养价值会发生一定的变化，甚至对食用安全性产生一定的影响。

4.5.1 加热处理对蛋白质的影响

大多数食品是以加热的方式进行杀菌处理的，并对蛋白质的一些功能性质产生影响，所以加热条件需要进行严格控制。例如，牛乳在72℃巴氏杀菌时，大部分酶可失去活性，而乳清蛋白和香味变化不大，故此对牛乳的营养价值影响不大；但若在更高温度下进行杀菌，则蛋白质发生凝集，酪蛋白发生脱磷酸作用，乳清蛋白热变性，从而对牛乳品质产生严重的影响。肉类杀菌时，肌浆蛋白和肌纤维蛋白在80℃发生凝集，同时肌纤维蛋白中的—SH氧化生成二硫键，90℃时则会释放出H_2S，同时蛋白质会和还原糖发生美拉德反应。

一般来讲，在加工过程中以热处理对蛋白质的影响最大，整体上看，热处理对蛋白质品质的影响是利大于弊。温和热处理都是有利的，例如热烫和蒸煮可以使酶失活，可避免酶促氧化产生不良的色泽和风味。植物组织中存在的大多数抗营养因子或蛋白质毒素，可通过加热变性或钝化（例如大豆中胰蛋白酶抑制物的灭活）。适当的热处理会使蛋白质发生解折叠，暴露出被掩埋的一些氨基酸残基，有利于蛋白酶的催化水解和消化吸收。此外。适当的热处理还会产生一定的风味物质，有利于食品感官质量的提高。加热对蛋白质功能性质有利的一方面，可以从上一节的各个功能性质中分别看出。

对蛋白质性质产生不利影响的热处理一般是过度的热处理，因为强热处理蛋白质时会发生氨基酸的脱氨、脱硫、脱二氧化碳，使氨基酸被破坏，从而降低了蛋白质的营养价值。食品中含有还原糖时，赖氨酸残基可与它们发生美拉德反应，形成在消化道中不被酶水解的Schiff碱，降低蛋白质的营养价值。非还原糖蔗糖在高温下生成的羰基化合物、脂肪氧化生成的羰基化合物，都能与蛋白质发生美拉德反应。此外，在高温下长时间处理，蛋白质分子中的肽键在无还原剂存在时可发生转化，生成了蛋白酶无法水解的化学键，因而降低了蛋白质的生物可利用率。

4.5.2 低温处理下的变化

食品低温下贮藏可以达到延缓或抑制微生物繁殖、抑制酶活性和降低化学反应速率的目的，一般对蛋白质营养价值无影响，但对蛋白质性质往往有严重影响，例如，肉类食品经冷冻及解冻，组织及细胞膜被破坏，并且蛋白质分子间产生了不可逆结合代替蛋白质和水之间的结合，因而肉类食品的质地变硬，保水性降低。又如，牛乳中的酪蛋白在冷冻以后，极易形成解冻后不易分散的沉淀，从而影响感官质量。再如，鱼蛋白非常不稳定，经过冷冻或冻藏后，组织发生变化，肌球蛋白变性后与肌动球蛋白结合导致肌肉变硬、持水性降低，解冻后鱼肉变得干且有韧性，同时由于鱼脂肪中不饱和脂肪酸含量一般较高，极易发生自动氧化反应，生成的过氧化物和游离基再与肌肉蛋白作用使蛋白质聚合，氨基酸也被破坏。

蛋白质在冷冻条件下变性程度与冷冻速度有关，一般来说，冷冻速度越快，形成的冰晶越小，挤压作用也小，变性程度也就越小。故此，一般采用快速冷冻的方法，尽量保持食品的原有质地和风味。

4.5.3　碱处理下的变化

食品加工中若应用碱处理并配合热处理，特别是在强碱性条件下、温度超过 200℃的碱处理，会导致蛋白质氨基酸残基发生异构化反应，天然氨基酸的 L 型结构将有部分转化为 D 型结构，从而使得氨基酸的营养价值降低。由于与氨基相连的碳原子（手性碳原子）首先发生脱氢反应，生成平面结构的负离子，再次形成氨基酸残基时，氢离子有两个不同的进攻位置，所以最终产物中 D、L 型的理论比例是 1∶1（图 4-34、图 4-35），而大多数 D-氨基酸不具备营养价值。另外，剧烈的热处理还可能导致环状衍生物的形成，而环状衍生物可能具有强烈的诱变作用。表 4-14 列出了在一些加工食品中赖丙氨酸残基的含量。

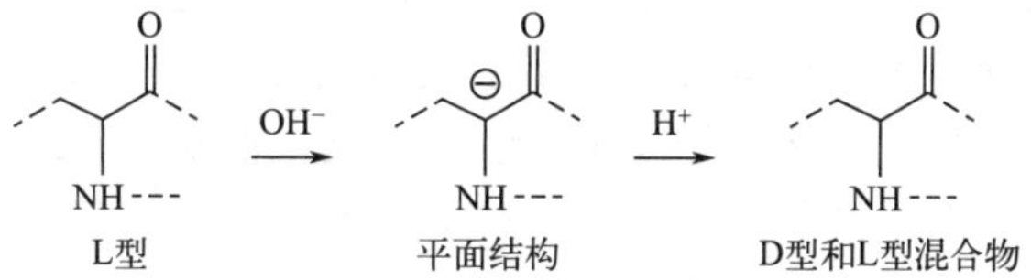

图 4-34　氨基酸的消旋化

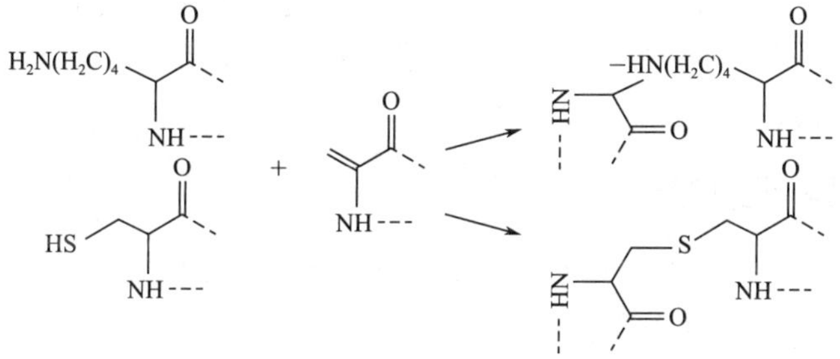

图 4-35　蛋白质中氨基酸残基的交联反应

表 4-14　一些加工食品中赖丙氨酸（LAL）残基的含量

食品	LAL 残基的含量 /（μg/g 蛋白质）	食品	LAL 残基的含量 /（μg/g 蛋白质）
燕麦	390	水解蛋白	40～500
乳（UHT）	160～370	大豆分离蛋白	0～370
乳（HTST）	260～1030	酵母提取物	120
卵白（加热）	160～1820	奶粉（喷雾干燥）	0
奶粉（婴儿食品）	150～640	干酪素钠盐	430～690

一些蛋白质在碱性条件下加热处理，生成相当量的 D-氨基酸。必需氨基酸例如苯丙酸、异亮氨酸，其异构化水平较高。

4.5.4　辐照处理下的变化

食品辐照是利用射线处理食品，以抑制食品中的某些生物活性和生理过程，或对食品进行杀虫、消毒、杀菌、防霉等处理，以达到延长贮藏时间和改良品质的目的的一种食品保藏技术。辐照技术多作为一种冷杀菌技术，广泛应用于食品的保鲜或贮藏。

辐照是利用放射性同位素（Cs-137 或 Co-60）产生的射线辐射物质去改变分子结构的一种技术。用辐射技术处理蛋白质溶液可以使水分子解离成游离基和水合电子，再与蛋白质作用，发生脱氢反应或脱氨反应、脱羧反应。蛋白质的二、三、四级结构一般不被辐射解体。辐照在 10kGy 剂量以内辐照任何食品不会引起毒理学的危害。

辐照的原理主要通过促使蛋白质分子发生脱氨、脱羧、氨基酸氧化、二硫键的断裂或重建、肽链的降解或交联等一系列反应，使得蛋白质分子的高级结构及蛋白质分子间的聚集方式发生变化，进而改变蛋白质分子的功能特性。辐照的作用机理比较复杂，学者通常从蛋白质肽链的降解或交联作用的角度，来解释辐照对食品蛋白质功能特性的改变。研究发现，辐照种类及蛋白质形态对辐照效果影响较大。这是因为 γ 射线、高能电子束等电离辐射主要通过直接效应促使干燥固形蛋白质分子发生降解，而射线主要通过间接效应促使溶液中蛋白质分子降解或交联。直接效应是将能量直接作用于蛋白质分子，引发蛋白质肽链的降解反应；间接效应是射线通过诱导食品中水分子发生裂解，生成自由基，自由基会促使食品蛋白质分子发生脱氨等降解反应，多肽链发生氧化反应，形成反应活性很高的高分子自由基，这些高分子自由基间易发生共价交联反应。因此，辐照主要通过诱导蛋白质分子发生连锁反应，改变蛋白质分子的构象和聚集形式，从而改善蛋白质的功能特性。

辐照作为一种食品蛋白质功能特性的改性技术，能够改善明胶的凝胶特性和成膜特性、牛乳蛋白及植物蛋白的成膜特性、大豆蛋白的乳化特性和蛋清蛋白的起泡特性，在食品工业中具有较大的发展前景。

4.5.5 脱水处理下的变化

食品经过脱水（dehydration）以后质量减少、水分活度降低，有利于食品的贮藏稳定性，但对蛋白质也产生一些不利影响。

① 热风干燥　脱水后的肉类、鱼类会变坚硬、复水性差，烹调后既无香味又感觉坚韧，目前已经很少采用。

② 真空干燥　较热风干燥对肉类品质影响小，由于真空时氧气分压低，所以氧化速度慢，而且由于温度较低可以减少美拉德反应和其他化学反应的发生。

③ 转鼓干燥　通常使蛋白质的溶解度降低，并可能产生烧焦的味道，目前也很少采用。

④ 冷冻干燥　可使食品保持原有形状，并具有多孔性、较好的恢复性，但仍会使部分蛋白质变性，持水性下降；不过，对蛋白质的营养价值及消化吸收率无影响。特别适合用于生物活性蛋白，例如酶、益生菌等的加工。

⑤ 喷雾干燥　由于液体食品以雾状进入快速移动的热空气，水分快速蒸发而成为小颗粒，颗粒物的温度很快降低，所以对蛋白质性质的影响较小。对于蛋白质固体食品或一些蛋白质配料，喷雾干燥是常用的脱水方法。

4.6 蛋白质变化对食品品质、营养和安全性的影响

蛋白质处于食品复杂体系，在食品生产过程中受到不同因素的作用，蛋白质本身会发生变化或与食品中的其他成分相互作用而导致其性质和功能的变化，进而对食品品质和安全性

产生有利或不利的影响。

4.6.1　对食品感官品质的影响

蛋白质在食品中发生变化，其产物会对食品的颜色、风味、质地产生影响。

蛋白质与碳水化合物发生美拉德反应，反应中期 Strecker 降解反应的产物是产生风味物质的重要途径之一，甚至是一些食品（如面包）产生风味物质的必需途径，但有时可能有副作用，因为过度反应便会产生烧焦的味道，颜色也会由诱人的棕褐色变成黑色，质地碳化。蛋白质含有不同的氨基酸，使产品产生特殊的风味，如水产品。但蛋白质中的赖氨酸、鸟氨酸、组氨酸等氨基酸在蛋白质腐败时会产生腐臭味和腥臭味，影响产品质量。蛋白质分解产物对乳制品风味形成也具有重要意义，一般来讲，牛乳和乳制品中二甲基硫化物是重要的香气成分，二甲基硫化物是由 *S*-甲基蛋氨酸磺酸盐分解而产生，而风味化合物中其他含—SH 基的化合物来自乳清蛋白中的半胱氨酸残基。但在光照和高温作用下，会产生异味。辐照是常用的食品杀菌技术，但辐照后的有些产品具有“辐照味”，这些明显会影响食品的感官品质

4.6.2　对食品营养特性的影响

食品中的蛋白质在不同条件下发生改变，其功能特性发生改变，也会对食品营养产生一定的影响。蛋白质的营养主要体现在食品中蛋白质的含量、蛋白质被人体摄入后消化吸收情况。食品中的蛋白质在加工过程中，会与食品中的一些其他成分发生反应，产生新的物质，导致原有的氨基酸（蛋白质）含量降低，如美拉德反应、Strecker 降解消耗一定数量的氨基酸，使氨基酸含量下降，食品营养价值降低。蛋白质在加工过程中受温度、pH 值和盐溶液等影响，会发生变性，有些蛋白质变性后其消化率会降低。

4.6.3　对食品安全性的影响

食品中蛋白质在一些条件作用下，发生化学反应产生新物质，有些物质对食品是有利的，有些物质对食品是不利的，甚至是有毒有害，对食品安全性造成一定的威胁。如蛋白质在温度超过 200 ℃的剧烈处理和在碱性时的热处理都会使氨基酸残基发生 β-消除反应，形成负碳离子，经质子化后可随机形成 D 型或 L 型氨基酸的外消旋混合物。某些 D-氨基酸不具有营养价值且可产生毒性物质。蛋白质变质后由赖氨酸产生尸胺、由组氨酸产生组胺、色氨酸产生吲哚，均具有较大毒性，其含量水平是衡量水产品新鲜度的重要指标。γ 辐射还可引起低水分食品的多肽链断裂。在有过氧化氢酶存在时酪氨酸会发生氧化交联生成二酪氨酸残基，存在潜在安全问题。

4.7　小结

蛋白质是生物中含量最多的大分子，也是细胞中最重要的成分。他们在生物体中发挥重要的作用。生物体蛋白质来源主要由食物获得，蛋白质是食物（食品）的重要组成，在食品品质发挥重要的作用。构成蛋白质的最小单位是氨基酸，氨基酸之间通过肽键连接，最终形成蛋白质的一级、二级、三级、四级结构，具有稳定的空间构象，并产生了相应的理化性质和功能性质。但是在外来因素的作用下，稳定蛋白质构象的作用力将发生变化，从而导致蛋

白质变性以及功能性质改变，这些改变对蛋白质的营养、功能性质、安全性和食品的感官质量等诸多方面产生有利或不利的影响。

目前，虽然我们对一些蛋白质的结构、理化性质、功能特性有初步的了解，但自然界有很多新的蛋白质资源需要我们不断挖掘。我们也应用一些新的技术方法和手段，对蛋白质的结构、反应机理、功能等方面进行深入研究，使其在食品或其他领域得到充分的应用。

M4-5 课外拓展 生成式AI模型设计自然界中未发现的蛋白质

思考题

1. 解释下列术语：氨基酸疏水性，蛋白质的结构，蛋白质变性，蛋白质功能性质，剪切稀释，蛋白质乳化性质，蛋白质发泡性质，蛋白质胶凝性质，蛋白质织构化，面团的形成。

2. 简述蛋白质变性所产生的结果以及常用的变性手段，阐述各种变性手段所涉及的机制。

3. 总结不同食品蛋白质的功能性质特点、功能性质产生时的化学机制以及它们在食品中的重要应用价值。

4. 试述香肠加工过程中涉及蛋白质的哪些功能特性。

5. 解释小麦面粉低筋面粉、中筋面粉和高筋面粉的分类依据，适合生产的食品种类，其原理是什么。

6. 总结在强碱性条件下、强热处理时，蛋白质所发生的不良反应有哪些。

7. 查阅一篇英文文献，涉及内容为蛋白的提取、分离，理化性质和功能特性。

8. 总结蛋白质的常用改性技术，说明不同酶改性时的反应特点。

9. 查阅乳制品、蛋制品、肉制品加工过程中涉及蛋白质的变性、蛋白质功能特性相关资料，并总结蛋白质发生了什么变化，对产品品质产生什么影响。

10. 你了解生物活性肽吗？其功能和前景如何？

参考文献

[1] Fennema O R. Food Chenmistry [M]. New York：Marcel Dekker，Inc.，1996.
[2] Velisek J. The Chemistry of Food [M]. Hoboken：Wiley，2013.
[3] 阚建全．食品化学 [M]. 北京：中国农业大学出版社，2022.
[4] 汪东风．食品化学 [M]. 北京：化学工业出版社，2019.
[5] 谢明勇．食品化学 [M]. 北京：化学工业出版社，2024.
[6] 吴广枫，赵广华．食品化学 [M]. 北京：中国农业大学出版社，2023.
[7] 康特拉戈格斯 W. 食品化学导论 [M]. 赵欣，易若琨，译．北京：中国纺织出版社，2023.
[8] 庄玉伟，李晓丽．食品化学 [M]. 成都：四川大学出版社，2022.
[9] 李红，张华．食品化学 [M]. 北京：中国纺织出版社，2022.
[10] 孙宝国，刘慧琳．健康食品产业现状与食品工业转型发展 [J]. 食品科学技术学报，2023，41（02）：1-6.
[11] 邹建，徐宝成．食品化学 [M]. 北京：中国农业大学出版社，2021.
[12] 薛长湖，汪东风．高级食品化学 [M]. 北京：化学工业出版社，2021.
[13] 达莫达兰 S，帕金 K L. 食品化学 [M]. 江波，等，译．北京：中国轻工业出版社，2020.
[14] 冯凤琴．食品化学 [M]. 北京：化学工业出版社，2020.
[15] 夏红．食品化学 [M]. 北京：中国农业出版社．2019.
[16] 江波，杨瑞金．食品化学 [M]. 2 版．北京：中国轻工业出版社，2018.
[17] 孙庆杰，陈海华．食品化学 [M]. 长沙：中南大学出版社，2017.

[18] 李巨秀，刘邻渭，王海滨．食品化学［M］. 郑州：郑州大学出版社，2017.
[19] 黄泽元，迟玉杰．食品化学［M］. 北京：中国轻工业出版社，2017.
[20] 朱蓓薇，陈卫．食品精准营养［M］. 北京：科学出版社，2024.
[21] 赵新淮，徐红华，姜毓君．食品蛋白质［M］. 北京：科学出版社出版，2009.
[22] Kharb S. Chemistry of Proteins［M］//Mind Maps in Biochemistry，2021：120-125.
[23] Ge J，Sun C X，Corke H，et al. The health benefits，functional properties，modifications，and applications of pea（Pisum sativum L.）protein：Current status，challenges，and perspectives［J］. Comprehensive Reviews in Food Science and Food Safety，2020，19（4）：1835-1876.
[24] Wang B，Timilsena Y P，Blanch E，et al. Lactoferrin：Structure，Function，Denaturation and Digestion［J］. Critical Reviews in Food Science and Nutrition，2019，59（4）：580-596.
[25] Kumar L，Sehrawat R，Kong Y Z. Oat proteins：A perspective on functional properties［J］. LWT-Food Science and Technology，2021，152：112307.
[26] Nakai S，Modler H W. Food Protein-Processing Applications［M］. New York：Wiley-VCH，Inc.，2000.
[27] Nasrabadi M N J，Doost A S，Mezzenga R. Modification approaches of plant-based proteins to improve their techno-functionality and use in food products［J］. Food Hydrocolloids，2021，118：106789.
[28] 胡燕，袁晓晴，陈忠杰．食品加工中蛋白质结构变化对食品品质的影响［J］. 食品研究与开发，2011，32（12）：204-207.

第5章 脂类

知识结构

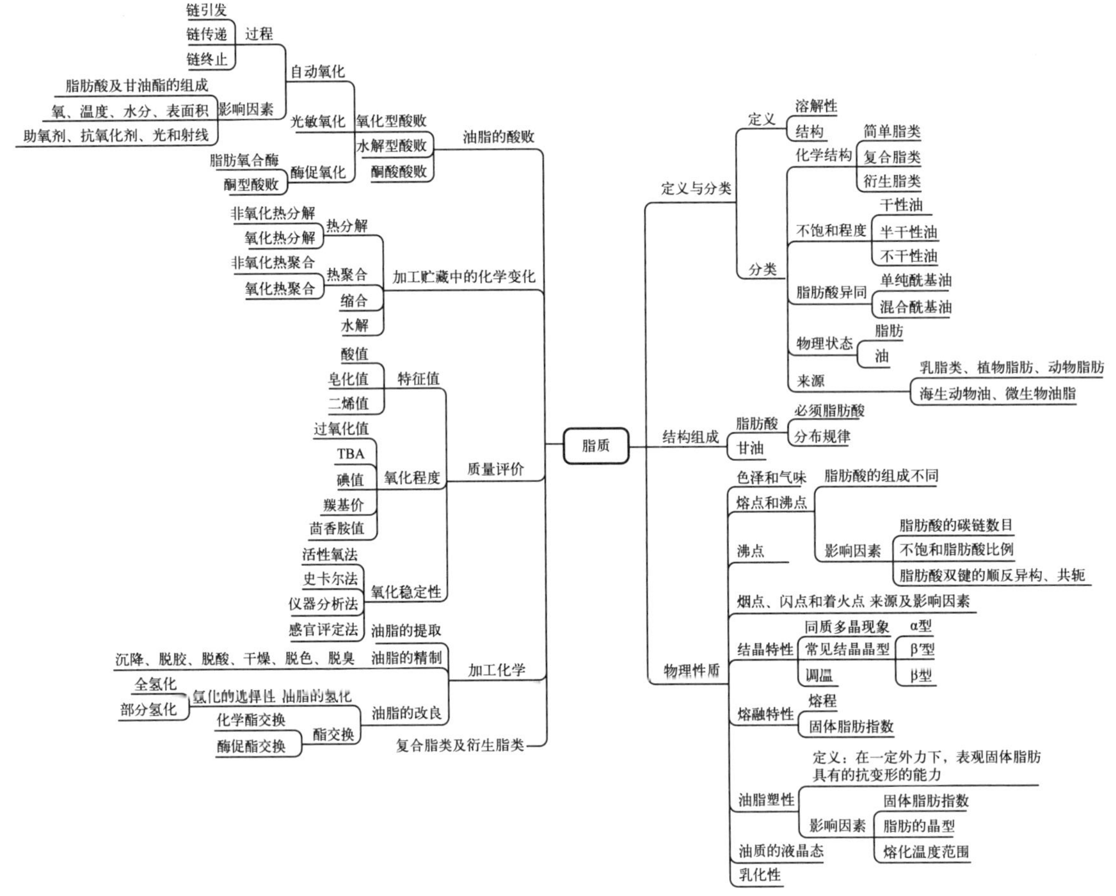

学习目标

知识目标 ① 了解脂肪及脂肪酸的结构、组成特征和命名。

② 理解油脂的理化性质（结晶特性、熔融特性、乳化等）及油脂品质的评价依据。

③ 掌握油脂的自动氧化与光敏氧化的机理、区别，油脂加工化学的基本原理，油脂在食品加工贮藏中发生的变化及这些变化对油脂营养、安全性的影响。

能力目标 ① 运用脂类与食品的相关知识，设计、改造有关脂类的食品加工工艺的专业能力。

② 运用现代化手段查阅脂类相关的学术资料，并进行归纳、总结的能力，加强自主学习和交流的能力。

素养目标　① 引申、激发科研敏锐性，塑造追求真理、探索科学的素养。
② 结合课程内容关注现实，培养服务社会的责任感和使命感。
③ 树立职业道德、社会责任感，要对不合格的产品说“不”。

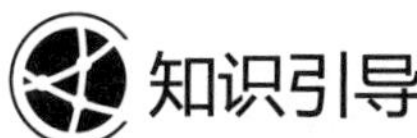

脂肪是人体不可或缺的三大营养素之一，不仅提供能量，还提供人体正常新陈代谢和生长发育所需的必需脂肪酸，还赋予了食品诱人的色泽和香气以及丝滑的口感。为什么不当的加工条件和方式会使脂肪及含脂食品产生自由基、脂类过氧化物和反式脂肪酸等有毒有害产物？它们如何影响食品的风味、营养与安全性？近年来，由于脂肪摄入过多或不均衡引发的肥胖和心血管疾病已成为全球健康问题之一。为什么意大利人脂肪摄入量同样较高，心血管疾病发病率却较低呢？有关这类问题的答案，在本章的内容中均有涉及。

5.1　概述

5.1.1　脂类的定义

广义上，脂类是指生物体内能溶于有机溶剂而不溶或微溶于水的一大类有机化合物。在食品化学中，脂类通常指脂肪酸和醇酯化的产物，其中 95%以上的植物和动物脂类是三酰甘油，俗称油脂或脂肪。习惯上将在室温下呈固态的三酰甘油称为脂，呈液态的称为油。油和脂在化学上没有本质区别，只是物理状态上有差异。脂类还包括少量的非酰基甘油化合物，如磷脂、糖脂、固醇、类胡萝卜素等。

由于脂类化合物种类繁多，结构各异，很难有精确的定义，但脂类化合物通常具有以下共同特征：①不溶于水而溶于乙醚、石油醚、氯仿、丙酮等有机溶剂。②大多具有酯的结构，并以脂肪酸形成的酯最多。③均由生物体产生，并能被生物体利用（与矿物油不同）。

5.1.2　脂类的分类

按物理状态分为脂肪（常温下为固态）和油（常温下为液态）。按来源分为乳脂肪、植物脂肪、动物脂肪、海生动物油和微生物油脂。按结构中不饱和程度分为干性油（不饱和程度高，碘值＞130g/100g）、半干性油（碘值在 100～130g/100g）及不干性油（不饱和程度低，碘值＜100g/100g）。按构成脂肪酸的异同分为单纯酰基油、混合酰基油。按其结构和组成分为简单脂类、复合脂类和衍生脂类，具体见表 5-1。复合脂类及衍生脂类在 5.7 节作具体介绍。

表 5-1　脂类的分类

主类	亚类	组成
简单脂类	酰基甘油	甘油＋脂肪酸
	蜡	长链脂肪醇＋长链脂肪酸

续表

主类	亚类	组成
复合脂类	磷酸酰基甘油	甘油＋脂肪酸＋磷酸盐＋含氮基团
	鞘磷脂类	鞘氨醇＋脂肪酸＋磷酸盐＋胆碱
	脑苷脂类	鞘氨醇＋脂肪酸＋糖
	神经节苷脂类	鞘氨醇＋脂肪酸＋糖
衍生脂类		类胡萝卜素、固醇类、脂溶性维生素

5.1.3 脂类的功能

脂类化合物是生物体内重要的能量贮存形式，是食品中能量的主要来源之一，体内每克脂肪可产生大约 39.7kJ 的热量。体内的脂肪组织具有防止机械损伤和防止热量散发的作用。脂类还为人体提供必需脂肪酸，对人体健康至关重要。脂类可以为食品提供滑润的口感、特殊的风味、丰富的外观造型，还能作为脂溶性维生素和风味物质的载体，在烹调中作为一种热媒介质，促进食物的均匀加热。此外，脂类还具有润滑、保护和保温的作用。在食品加工、贮存过程中发生的氧化、水解、热聚合、缩合等反应，会给食品的品质带来期望或不期望的影响。过多的脂肪摄入量会带来一系列健康问题，例如增加肥胖症、心血管疾病等风险。

5.2 油脂和脂肪酸的结构和命名

5.2.1 油脂的结构

天然油脂是甘油与脂肪酸生成的一酯、二酯和三酯，即甘油一酯、甘油二酯、甘油三酯。其中以甘油三酯含量最丰富（图 5-1）。

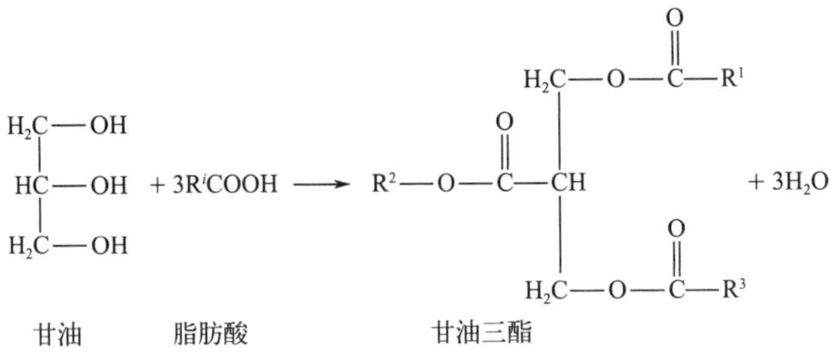

$$
\begin{array}{l} H_2C-OH \\ \ \ | \\ HC-OH \\ \ \ | \\ H_2C-OH \end{array} + 3R^iCOOH \longrightarrow R^2-O-\overset{\overset{\large O}{\|}}{C}-\begin{array}{l} H_2C-O-\overset{\overset{\large O}{\|}}{C}-R^1 \\ \ \ | \\ CH \\ \ \ | \\ H_2C-O-\overset{\overset{\large O}{\|}}{C}-R^3 \end{array} + 3H_2O
$$

甘油　　脂肪酸　　甘油三酯

图 5-1　油脂的结构组成

当 $R^1=R^2=R^3$ 时，称为单纯甘油酯；当 R^i 不完全相同时，称为混合甘油酯。天然油脂多为混合甘油酯。如果 R^1 和 R^3 不同，那么中心碳原子就具有手性，天然油脂多为 L 型。天然甘油三酯中的脂肪酸多为直链碳脂肪酸，其碳原子数多为偶数，奇数碳原子、支链及环状结构的脂肪酸则较少。

5.2.2　油脂的命名

甘油三酯按 Fisher 平面投影，中间的羟基位于中心碳的左边，将三个碳原子从上到下依次编号为 sn-1、sn-2 和 sn-3（图 5-2）。

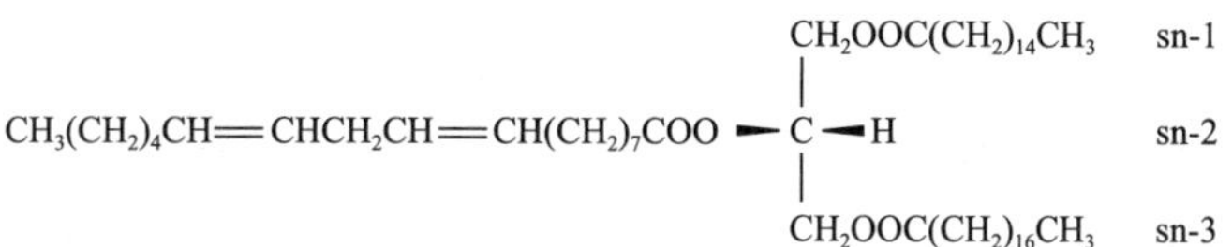

图 5-2　甘油三酯的 sn 系统命名示意图

甘油三酯常用三种系统命名法如下：

① 脂肪酸的俗名命名　如含有棕榈酸、油酸和硬脂酸的甘油三酯可以被命名为 sn-甘油-1-棕榈酰-2-油酰-3-硬脂酰或 1-棕榈酰-2-油酰-3-硬脂酰-sn-甘油。

② 数字命名　sn-16：0-18：1-18：0。

③ 英文缩写命名　sn-POSt。

甘油三酯中脂肪酸的分布对脂肪的结构和性质具有重要的影响。在常见的植物种子油脂中，不饱和脂肪酸如亚油酸优先排列在 sn-2 位上，而饱和脂肪酸只出现在 sn-1 和 sn-3 的位置。如可可脂中 85%以上的油酸位于 sn-2 位，而棕榈酸和硬脂酸均匀地分布在 sn-1 位和 sn-3 位。在大多数动物脂肪中棕榈酸优先分布在 sn-1 位置，但猪油中棕榈酸主要集中在 sn-2 位，油酸大量集中在 sn-l 位与 sn-3 位。海生动物油中高度不饱和脂肪酸（如 DHA 和 EPA）优先位于 sn-2 位。此外，脂肪酸的空间分布是影响其营养吸收的一个重要因素。长链饱和脂肪酸在 sn-1 位和 sn-3 位，它们的生物利用率会更低，因为游离脂肪酸会形成不溶性钙盐。在乳脂中脂肪酸位于 sn-2 位可能有利于人体对这些脂肪酸的吸收。

5.2.3　脂肪酸的命名

① 系统命名法　选择含羧基和双键的最长碳链为主链，从羧基端开始编号，并标出不饱和键的位置。如 DHA 系统名称为：4 顺，7 顺，10 顺，13 顺，16 顺，19 顺-二十二碳六烯酸。

② 俗名或普通名命名法　许多脂肪酸最初是从天然产物中得到的，故常根据其来源命名。例如月桂酸（12：0）、肉豆蔻酸（14：0）、棕榈酸（16：0）等。

③ 数字缩写命名法　一般数字缩写形式为“碳原子数：双键数（双键位）”。例如 9，12-十八碳二烯酸可缩写为 18：2 或 18：2（9，12）。双键位的标注有两种表示法，一是从羧基端开始计数，如 9,12-十八碳二烯酸的两个双键分别位于第 9、第 10 碳原子和第 12、第 13 碳原子之间，可记为 18：2（9,12）；二是从甲基端开始编号，记作“ω 数字”或“n-数字”，该数字为编号最小的双键的碳原子位次，9,12-十八碳二烯酸从甲基端开始数第一个双键位于第 6、第 7 碳原子之间，可记为 18：2（n-6）或 18：2ω6。但此法仅用于顺式双键结构和五碳双烯结构，即具有非共轭双键的结构，其他结构的脂肪酸不能用 n 法或 ω 法表示。因此第一个双键定位后，其余双键的位置也随之而定，只需标出第一个双键碳原子的位置即可。有时还需标出双键的顺反结构及位置，c 表示顺式，t 表示反式，位置从羧基端编号，如 5t，9c-18：2。

④ 英文缩写命名法　用英文缩写符号代表一个酸的名字，例如月桂酸为 La、肉豆蔻酸为 M、棕榈酸为 P 等。一些常见脂肪酸的命名见表 5-2。

表 5-2　一些常见脂肪酸的命名

数字命名	系统命名	俗名或普通名	英文缩写
4：0	丁酸	酪酸（butyricacid）	B
6：0	己酸	己酸（caproic acid）	H
8：0	辛酸	亚羊脂酸（caprylic acid）	Oc
10：0	癸酸	羊蜡酸（capric acid）	D
12：0	十二酸	月桂酸（lauric acid）	La
14：0	十四酸	肉豆蔻酸（myristic acid）	M
16：0	十六酸	棕榈酸（palmitic acid）	P
16：1	9-十六酸	棕榈油酸（palmitoleic acid）	Po
18：0	十八酸	硬脂酸（stearic acid）	St
18：1ω9	9-十八碳一烯酸	油酸（oleic acid）	O
18：2ω6	9,12-十八碳二烯酸	亚油酸（linoleic acid）	L
18：3ω3	9,12,15-十八碳三烯酸	α-亚麻酸（linolenic acid）	α-Ln
18：3ω6	6,9,12-十八碳三烯酸	γ-亚麻酸（linolenic acid）	γ-Ln
20：0	二十酸	花生酸（arachidic acid）	Ad
20：4ω6	5,8,11,14-二十碳四烯酸	花生四烯酸（arachidonic acid）	An
20：5ω3	5,8,11,14,17-二十碳五烯酸	EPA（eicosapentanoic acid）	EPA
22：1ω9	13-二十二碳一烯酸	芥酸（erucic acid）	E
22：6ω3	4,7,10,13,16,19-二十二碳六烯酸	DHA（docosahexaneoic acid）	DHA

5.2.4　脂肪酸的分类

脂肪酸是脂类的主要成分，是含有一个羧酸官能团的脂肪链化合物。根据饱和程度可以分为饱和脂肪酸和不饱和脂肪酸。食用油脂中的饱和脂肪酸主要为不含双键的长直链（碳原子数>14）、偶数碳原子的脂肪酸。但在乳脂中含有一定数量的短链脂肪酸。不饱和（unsaturated）脂肪酸是指含有一个或多个烯丙基$\left[CH=CH-CH_2\right]_n$的结构单元，含一个双键的为单不饱和脂肪酸，含两个及两个以上双键的为多不饱和脂肪酸。脂肪含不饱和脂肪酸的比例称为不饱和程度。不饱和程度越高，其熔点越低。因此在常温下，不饱和程度高的植物油呈液态，而不饱和程度低的动物脂肪呈固态。食用油脂中天然存在的脂肪酸常含有一个或多个烯丙基结构单元，两个双键之间夹有一个亚甲基（非共轭）。

按脂肪酸碳链长度可以分为长链脂肪酸（碳原子数≥14）、中链脂肪酸（碳原子数为6～12）和短链脂肪酸（碳原子数<5）。

按脂肪酸的空间结构，可分为顺式脂肪酸和反式脂肪酸（trans fatty acids，TFAs）。脂肪酸的顺、反异构体的物理和化学特性都有差别，天然脂肪酸大部分是顺式结构。众多研究表明反式脂肪酸与糖尿病、心血管疾病、乳腺癌、前列腺癌、不孕症等疾病密切相关。大量摄入含 TFAs 的食物会抑制必需脂肪酸在人体内的正常代谢，妨碍脂溶性维生素的吸收和利用，使细胞膜的结构变得脆弱，加速动脉硬化等。

按不饱和脂肪酸第一个双键的位置，多不饱和脂肪酸可分为 ω-3 系、ω-6 系、ω-7 系、ω-9 系。例如，ω-3 系主要包括鱼油、亚麻籽油、山茶油等，而 ω-6 系则主要来源于玉米、大豆等植物油以及猪牛羊肉等。有些脂肪酸是人体内不可缺少的，具有特殊的生理作用，但人体自身不能合成，必须从食物中摄取，这类脂肪酸被称为必需脂肪酸（essential fatty acids，EFA），如亚油酸和亚麻酸。

5.3 食用油脂的物理性质

5.3.1 气味和色泽

纯净的油脂在熔融状态下是无色、无味的液体，凝固时为白色蜡状固体。天然油脂大部分呈浅黄至棕黄色，并有一定的气味。其颜色主要是所含的脂溶性色素（如类胡萝卜素、叶绿素等）所致。多数油脂无挥发性，油脂的气味多由非脂成分产生，椰子油的香气来源于其中的甲基壬基甲酮，芝麻油的香气源于其中的乙酰吡嗪，菜籽油的辛辣味是因为黑芥子苷的分解所致。此外，油脂加工过程中脱臭不完全、油脂贮藏加工中的氧化酸败等原因会产生臭味。

5.3.2 熔点和沸点

油脂熔点（melting point，mp）是指油脂从开始熔化到完全熔化时的温度，由于天然油脂是各种三酰甘油的混合物，以及油脂的同质多晶现象，因此油脂没有敏锐的熔点，只有一个油脂发生熔化时的温度范围，一般在 4～55℃之间。油脂的 mp 与脂肪酸碳链的长度、饱和度、双键的数量、位置及构象有关。油脂 mp 随着脂肪酸碳链长度的增长、饱和度的增大而升高（分子间作用力增加的缘故）；反式脂肪酸脂肪的熔点高于顺式脂肪酸脂肪的熔点（顺式双键由于空间形状妨碍了脂肪酸之间的相互作用）；含共轭双键的脂肪也比含非共轭双键的脂肪熔点高（共轭作用有利于脂肪酸之间的相互作用）。

饱和脂肪酸含量较高的可可脂及陆生动物油脂相对于不饱和脂肪酸含量较高的植物油而言，在室温下常呈固态，植物油在室温下多呈液态。一般油脂的熔点低于人体温度（37℃）时，其消化率达 96% 以上；熔点越高于 37℃，越不易消化。油脂的熔点与消化率的关系见表 5-3。

表 5-3 几种常用食用油脂的熔点与消化率的关系

脂肪	熔点/℃	消化率/%
大豆油	−8～−18	97.5
花生油	0～3	98.3
向日葵油	−16～19	96.5
棉籽油	3～4	98

续表

脂肪	熔点/℃	消化率/%
奶油	28～36	98
猪油	36～50	94
牛脂	42～50	89
羊脂	44～55	81
人造黄油	—	87

天然油脂也没有敏锐的沸点（boiling point，bp），油脂的沸点与其组成的脂肪酸有关，一般为 180～200°C 范围内。沸点随脂肪酸碳链增长而增高，碳链长度相同、饱和度不同的脂肪酸，其沸点变化不大。

5.3.3 烟点、闪点和着火点

烟点指在不通风的情况下观察到试样发烟时的最低温度，它是油脂品质评价的指标之一。油脂发烟是由含有的小分子物质引起的。这类小分子物质可能是油脂中混有的，如未精制的毛油中存在着的小分子物质；也可能由于油脂受热后出现热分解产生的。油脂的烟点受到加热时间、加热次数、精炼程度、贮藏时间等因素的影响。随着加热时间延长、加热次数增加、贮藏时间延长，烟点会越来越低。油脂的纯净程度越高，烟点越高，未精炼的油脂因游离脂肪酸含量高，其烟点大大降低。因此烟点可以用于鉴别精炼油与毛油。

闪点是在严格规定的条件下加热油脂，试样挥发的物质能被点燃但不能维持燃烧的温度。

着火点是在严格规定的条件下加热油脂，试样挥发的物质能被点燃并能维持燃烧不少于 5s 的温度。

烟点、闪点和着火点俗称油脂的三点，是油脂品质的重要指标之一，在油脂加工中，这些指标可以反映产品中杂质的含量情况，例如精炼后的油脂其烟点一般高于 240℃，一般植物油的闪点为 225～240℃，着火点通常比闪点高 20～60℃。

5.3.4 结晶特性及同质多晶

油脂固化时，分子高度有序排列，形成三维晶体结构，该结构的基本单元在三维空间作周期性排列。油脂在结晶时，受到脂肪酸组成及其位置分布以及温度、时间、机械搅动等影响，会形成多种晶型的存在。这种化学组成相同、结晶状态不同的现象，称为同质多晶现象。所谓同质多晶是指化学组成相同的物质，可以有不同的结晶方式。但熔化后生成相同的液相。不同的同质多晶体具有不同的稳定性，亚稳态的同质多晶体在未熔化时会自发地转变为稳定态，这种转变具有单向性；而当两种同质多晶体均较稳定时，则可双向转变（enantiotropic），转变方向则取决于温度。天然脂肪多为单向转变（monotropic）。

长碳链化合物的同质多晶现象与烃链的不同堆积排列方式有关，可以用脂肪酸烃链中的最小重复单位亚晶胞（亚乙基—CH_2CH_2—）来描述堆积方式。

经 X 射线衍射和红外光谱研究表明，天然油脂中主要存在 α、β、β′三种不同的晶型（图 5-3）。β 型结晶为三斜堆积，这种堆积方式的脂肪酸排列得更有序，朝着同一个方向倾斜，它在这三种晶型中熔点最高，密度最大，稳定性最强，熔解潜热和熔解膨胀最大，晶粒粗大，容易过滤。β′型和β型油脂中脂肪酸侧链为有序排列，β′型结晶呈正交堆积排列，位于中心的亚晶胞取向与位于四个顶点的亚晶胞取向不同，所以密度、熔点和稳定性不如β型，但高于α型结晶。α型结晶为六方堆积，油脂中脂肪酸侧链随机取向，为无序排列，它在三种晶型中熔点最低，密度最小，稳定性最差，熔解潜热和熔解膨胀最小。α型、β′型、β型结晶方式和特性如表 5-4 所示。

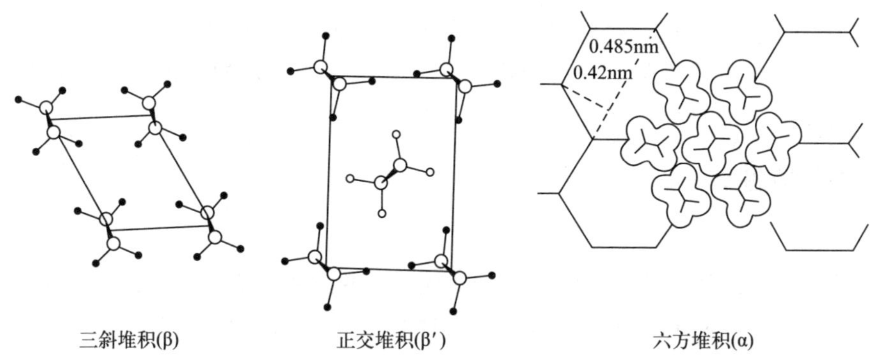

图 5-3　常见的 α、β、β′型亚晶胞堆积示意图

表 5-4　α 型、β′型、β 型结晶方式和晶型比较

类型	α 型	β′型	β 型
晶型特点	5μm 脆性透明小板状晶体	小而纤细的针状晶体	晶粒粗大的晶体
密度	小	中	大
熔点	低（53℃）	中（64.2℃）	高（71.7℃）
稳定性	差	中	好
来源	由液态急速冷冻得到	缓慢冷却形成	由 β′型经温度处理转化而来
脂肪酸分布		随机分布	均匀分布
实例		棉籽油、乳脂肪、菜籽油、牛脂	豆油、椰子油、可可脂、猪脂

油脂形成的同质多晶晶型首先受到脂肪酸组成及其位置分布的影响。一般来说，三酰甘油中脂肪酸组成相同或者相近的油脂容易形成稳定的β型晶体，如天然油脂中分子结构整齐或对称性极强的大豆油、花生油、玉米油、橄榄油、椰子油、红花油、可可脂和猪油等。三酰甘油中脂肪酸组成不均匀的油脂比较容易缓慢地转化成β′型晶体，如脂肪酸链长度不同、部分脂肪酸链中有双键或分子形状不同的棉籽油、棕榈油、菜籽油、乳脂和牛脂等。β′型的油脂适合制造起酥油（shortening）和人造奶油（margarine）。在生产焙烤食品、冰淇淋时需要混入空气，因此应选择易于形成β′型晶型的油脂进行加工。

油脂形成的同质多晶晶型还受到熔融状态油脂冷却时的温度和结晶速度影响。油脂从熔融状态逐渐冷却时首先形成α型结晶，当将α型缓慢加热熔化后再将温度保持在α型熔点逐渐冷却后就会形成β′型，再将β′型缓慢加热熔化后冷却，则形成β型。因此，在实际应用中，若期望得到某种晶型的产品，可通过“调温”即控制结晶温度、时间和速度来达到目的。调温是一种利用结晶方式改变油脂的性质来获得理想的同质多晶体的加工手段，从而增加油脂的应用范围。

例如人造奶油要有良好的涂布性和口感，需要人造奶油的晶型为细腻的β′型。在生产上可以使油脂先经过急冷形成α型晶体，然后再保持在略高于α型熔点的温度继续冷冻，使之转化为熔点较高的β′型结晶。

优质的巧克力要求外观光滑，口感细腻，能够在口腔中熔化而且不产生油腻感，在生产上通过精确控制可可脂的结晶温度和速度来得到稳定的符合要求的β型结晶。巧克力的原料可可脂能形成不同的同质多晶体：α-2 型（mp 23.3℃），β′-2 型（mp 27.5℃），β-3Ⅴ型（mp 33.8℃），β-3Ⅵ型（mp 36.2℃）。具体做法是，把可可脂加热到55℃以上使它熔化，再缓慢冷却，在29℃停止冷却，然后加热到32℃，使β型以外的晶体熔化。多次进行29℃冷却和33℃加热，最终使可可脂完全转化成β-3Ⅴ型结晶。

5.3.5 熔融特性

5.3.5.1 熔化

固体脂肪受热后晶体结构被破坏，逐渐变成液态的过程称为熔融。由于天然脂肪均为混合物，脂肪晶体存在同质多晶现象，因此熔化时不是一定的温度，而是一定的温度范围，将熔化起点和熔化终点所对应的温度范围称为熔程。脂肪的熔融过程实际上是一系列不同稳定性的晶体相继熔化的过程。

组成均匀的同酸甘油酯熔化得到的热焓熔化曲线如图5-4所示，β型同质多晶体随着温度升高，热焓值增加，到达熔化温度时，吸热但温度不上升，直至全部固体转化为液体时（B点），温度才开始继续上升。不稳定的α型在E处转变为稳定的β型，同时会放出热量。脂肪在熔化时，除热焓值变化外，体积会膨胀；但是当同质多晶体由不稳定状态向稳定的状态转变时，由于密度增加体积会缩小，可以用膨胀计测定液体油与固体脂的比体积随温度的变化，得到如图5-5所示的膨胀化曲线。此法使用的仪器简单，比量热法更为实用。固体在X点处开始熔化，Y点处全部变为液体。在曲线b点处是固液混合物，混合物中固体脂所占的比例为ab/ac，液体油所占的比例为bc/ac。在一定温度下的固液比为ab/bc，称为固体脂肪指数（solid fatindex，SFI）。

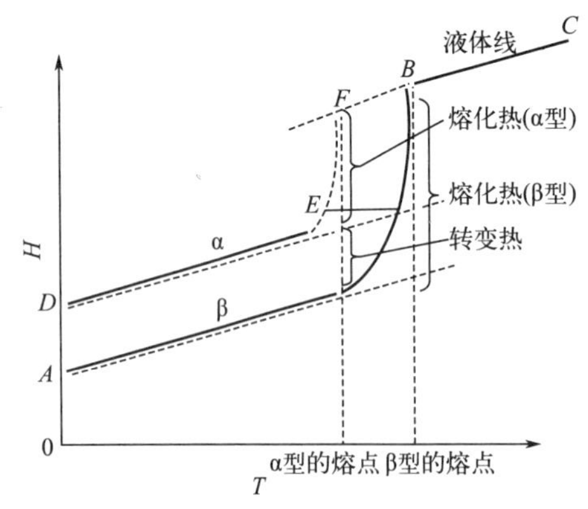

图5-4 稳定（β型）和不稳定（α型）脂类的热焓熔化曲线

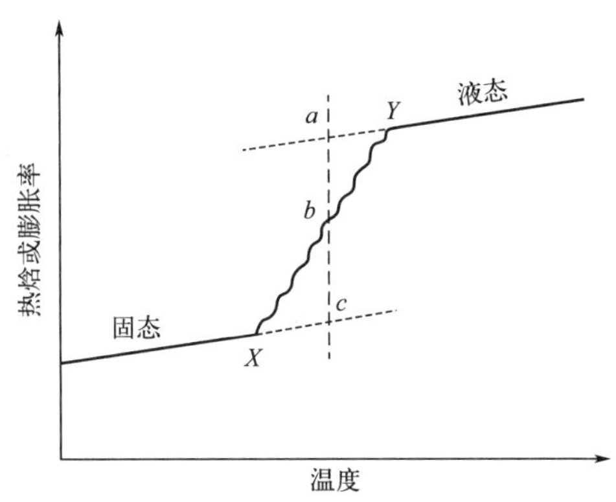

图5-5 脂类混合物的热焓或膨胀熔化曲线

如果脂类在一个很窄的温度范围熔化，XY 的斜率会很大；如果脂类的熔点范围很大，则脂类具有较宽的塑性范围。因此，脂类的塑性范围可以通过添加相对熔点较高或较低的成分来改变。

采用膨胀法测定 SFI 比较精确，但是费时，而且只适用于测定 10℃时 SFI 低于 50%的脂肪，不适用于可可脂等固体脂肪含量较高的油脂。目前食用油脂的固体脂肪指数可用量热法、体积变化法或核磁共振（NMR）、超声技术测定，NMR 测定法所需样品量小、操作简单、快速。表 5-5 列出了部分食用油脂的 SFI。

表 5-5 部分食用油脂的 SFI

脂肪	熔点/℃	SFI				
		10℃	21.1℃	26.7℃	33.3℃	37.8℃
奶油	36	32	12	9	33	0
可可脂	29	62	48	8	0	0
椰子油	26	55	27	0	0	0
猪油	43	25	20	12	4	2
棕榈油	39	34	12	9	6	4
棕榈仁油	29	49	3	13	0	0
牛脂	46	39	30	28	23	18

5.3.5.2 油脂的塑性

在室温下表现为固态的油脂（如牛油、羊油、猪油），实际上是固体脂和液体油形成的混合物，通常两者交织在一起，只有在很低的温度下才能完全转化为固体。这种脂具有可塑造性，可保持一定的外形。液体油和固体脂均匀融合并经一定加工而成的脂肪称为塑性脂肪。所谓油脂的塑性（plasticity）是指在一定外力下，表观固体脂肪具有的抗变形的能力。油脂的塑性取决于以下三点：

① 固液两相比　固液两相比又称为固体脂肪指数（solid fat index，SFI），油脂中固液两相比适当时，塑性最好。固体脂过多，则形成刚性交联，油脂过硬，塑性差；液体油过多则流动性大，油脂过软，易变形，塑性也不好。可通过测定塑性脂肪的膨胀特性来确定油脂中固液两相的比例，或者测定脂肪中固体脂的含量，来了解油脂的塑性特征。

② 脂肪的晶型　当脂肪为 β′晶型时，可塑性最强。因为 β′型在结晶时将大量小空气泡引入产品，赋予产品较好的塑性和奶油凝聚性质；而 β 型结晶所包含的气泡少且大。

③ 熔化温度范围　油脂从熔化开始到熔化结束之间的温差越大，脂肪的塑性越好。

塑性脂肪（plastic fats）具有良好的涂抹性和可塑性（用于蛋糕的裱花），用在焙烤食品中具有起酥作用。在面团调制过程中加入塑性脂肪，可形成较大面积的薄膜和细条，使面团的延展性增强，油膜的隔离作用使面筋粒彼此不能黏合成大块面筋，降低了面团的弹性和韧性，同时还降低了面团的吸水率，故使制品起酥。塑性脂肪的另一作用是在调制时能包含并保持一定数量的气泡，使面团体积增加。在饼干、糕点、面包生产中专用的油脂称为起酥油，是结构稳定的塑性固形脂，具有在 40℃时不变软、在低温下不太硬、不易氧化的特性。

5.3.6 油脂的液晶态

油脂中存在着几种相态，除固态、液态外，还有一种物理特性介于固态和液态之间的相态，被称为液晶态（liquid crystal）或介晶相（mesomorphic phase）。油脂的液晶态结构中存在非极性的烃链，烃链之间仅存在较弱的范德华力。加热油脂时，未达到真正的熔点之前，烃区便熔化；而油脂中的极性基团（如酯基、羧基）之间除存在范德华力外，还存在诱导力、取向力，甚至还有氢键力，因此极性区不熔化，从而形成液晶相。乳化剂是典型的两亲性物质，故易形成液晶相。

在油脂-水体系中，液晶相主要有 3 种，如图 5-6 所示，即层状结构、六方结构及立方结构。层状结构类似生物双层膜，排列有序的两层脂中夹一层水。当层状液晶加热时，可转变成立方或六方Ⅱ型液晶。在六方Ⅰ型结构中非极性基团朝着六方柱内部，极性基团朝六方柱外部，水处在六方柱之间的空间中；六方Ⅱ型结构中，水被包裹在六方柱内部，油的极性端包围着水，非极性的烃区朝六方柱外部。立方结构中也是如此。在生物体内，液晶态影响细胞膜的可渗透性。

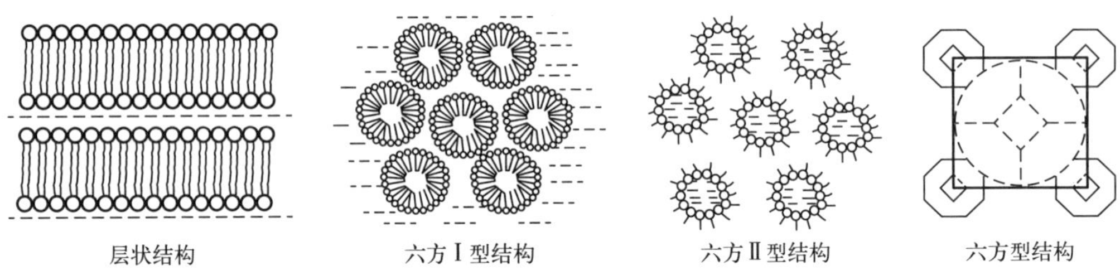

图 5-6 油脂的液晶结构

5.3.7 油脂的乳化及乳化剂

5.3.7.1 乳浊液与其失稳机制

油、水本互不相溶，但在一定条件下，两者却可以形成介稳态的乳浊液。其中一相以直径 0.1～50μm 的小液滴分散在另一相中，前者被称为内相或分散相，后者被称为外相或连续相。乳浊液分为水包油型（O/W 型，水为连续相）和油包水型（W/O 型，油为连续相）。牛乳是典型的 O/W 型乳浊液，而奶油一般为 W/O 型乳浊液。

分散相小分散液滴的形成使两种液体之间的界面面积增大，并随着液滴的粒径变小，界面面积呈指数关系增加。由于液滴分散增加了两种液体的界面面积，需要较高的能量，使界面具有大的正自由能，所以乳浊液在热力学上是不稳定体系，在一定条件下会发生破乳现象，失去稳定性，出现分层、絮凝甚至聚结，主要有以下几种类型：

① 沉降或分层　由于重力作用，密度不相同的相产生分层或沉降。液滴半径越大，两相密度差越大，分层或沉降就越快。

② 絮凝或群集　分散相液滴表面的静电荷量不足，斥力减少，液滴与液滴互相靠近而发生絮凝，发生絮凝的液滴的界面膜没有破裂。

③ 聚结　两相间界面膜破裂，分散相液滴相互结合，界面面积减小，严重时会完全分相。

④ Ostwald 熟化　小液滴单体的表面能、化学势高于大液滴，因此液滴从小液滴扩散到大液滴，进而导致小颗粒消失和大颗粒变大。随着时间的推移，分散相通过中间连续相的扩散作用，较大液滴生长而较小液滴收缩。

乳浊液的稳定性受到以下几个因素的影响：①乳浊液的类型。O/W 型或 W/O 型对乳浊液性质的影响差异很大。②分散相的粒径大小分布。一般而言，内相液滴越小，乳浊液的稳定性越高。然而，制备乳浊液所需要的能量和乳化剂用量也会随液滴的减少而增加。③分散相的体积分数。在大多数食品体系中，分散相的体积分数为 0.01～0.4。随着分散相的体积分数增加，体系从稀流体过渡为糊状物。④液滴周围界面层的组成及厚度。这决定了界面特征和胶体的相互作用力。⑤连续相的组成。

5.3.7.2　乳化剂的乳化作用

乳化剂可阻止、延缓乳浊液聚结，其促进乳浊液稳定的机理在于以下几个方面：

① 减小两相间的界面张力　大多数乳化剂是具有两亲性的表面活性物质，分子中同时具有亲水基和亲油基，乳化剂聚集在水-油界面上，亲水基与水作用，疏水基与油作用，从而降低了两相间的界面张力，减少形成乳浊液所需要的能量，使乳浊液稳定。

② 增大分散相之间的静电斥力　离子型表面活性剂可在含油的水相中建立双电层，增大小液滴之间的静电斥力，使小液滴不发生絮凝而保持稳定，这类乳化剂适用于 O/W 型乳浊液。

③ 增大连续相的黏度或生成有弹性的厚膜　当连续相黏度增大时可明显减缓或推迟液滴间的沉降和絮凝，有利于乳浊液稳定。许多多糖（如明胶、树胶）和蛋白质能增加水相黏度，有些蛋白质还能在分散相周围形成有黏弹性的厚膜，抑制分散相分层、絮凝和聚结，对于 O/W 型乳浊液保持稳定极为有利。如牛乳中的脂肪球外有一层酪蛋白膜，从而形成稳定的乳浊液。

④ 微小的固体粉末的稳定作用　比分散相尺寸小且能被两相润湿的固体粉末，吸附在分散相界面时可在分散相液滴间形成物理垒，阻止液滴的絮凝和聚结，起到稳定乳化的作用。具有这种作用的固体粉末有粉末状硅胶、各种黏土、碱金属盐和植物细胞碎片等，形成的乳液被称为皮克林乳液。

⑤ 形成液晶相　有些乳化剂可导致油滴周围形成液晶多分子层，这种作用使液滴间的范德华力减弱，抑制液滴的絮凝和聚结，使乳浊液保持稳定。当液晶相黏度比水相黏度大得多时，这种稳定作用更加明显。

乳化剂根据其结构和性质可分为阴离子型、阳离子型和非离子型；根据其来源可分为天然乳化剂和合成乳化剂；按照作用类型可以分为表面活性剂、黏度增强剂和固体吸附剂；按其亲油亲水性可分为亲油型和亲水型。

食品中常用的乳化剂主要有以下几类：

① 脂肪酸甘油单酯及其衍生物，如甘油单硬脂酸酯、一硬脂酸一缩二甘油酯等。

② 蔗糖脂肪酸酯。

③ 山梨糖醇酐脂肪酸酯及其衍生物，如失水山梨醇单油酸酯（司盘 80）、聚氧乙烯失水山梨醇单硬脂酸酯（吐温 60）等。

④ 天然小分子乳化剂　磷脂（卵磷脂）、皂苷、槐糖脂、鼠李糖脂。

⑤ 天然复合乳化剂　磷脂-蛋白质、磷脂-多糖。

5.3.7.3 乳化剂的选择

乳化剂是乳液中的关键成分之一，具有形成、稳定乳液的作用，影响产品的功能性质，乳化剂的选择影响乳液最终乳滴尺寸、分散性、稳定性。因此，乳化剂应具有以下特征：能够快速吸附到液滴表面，降低界面张力，在液滴周围形成保护涂层，产生强大空间或静电斥力阻止液滴聚集。

对于 O/W 型和 W/O 型体系所需的乳化剂是不同的，因此可以从乳化剂的溶解性、亲水-亲脂平衡（hydrophilic-lipophilic balance，HLB）值、表面润湿性、界面张力和临界胶束浓度几个方面判断乳化剂的乳化性能。

乳化剂的溶解性对于乳化过程至关重要，它决定了乳化剂向油-水界面迁移和扩散的能力。HLB 值是将表面活性剂分为水包油型乳化剂或油包水型乳化剂的标准参数之一。非离子表面活性剂由亲水性和亲脂性基团结合的分子组成，这些基团的平衡可表示为 HLB 值，HLB 值对乳液的形成及稳定性有显著影响。HLB 可用实验方法测得，也可通过计算获得。表 5-6 列出不同 HLB 值的适用性。表 5-7 列出了一些常用乳化剂的 HLB 值及允许日摄入量（accepteddaily intake，ADI）。HLB 值具有代数加和性，即混合乳化剂的 HLB 值可通过计算得到。通常混合乳化剂比具有相同 HLB 值的单一乳化剂的乳化效果好。

表 5-6 HLB 值与适用性

HLB 值	适用性	HLB 值	适用性
1.5～3	消泡剂	8～18	O/W 型乳化剂
3.5～6	W/O 型乳化剂	13～15	洗涤剂
7～9	湿润剂	15～18	增溶剂

表 5-7 一些常见食品乳化剂的 HLB 值和 ADI 值

乳化剂	HLB 值	ADI 值/（mg/kg 体重）
一硬脂酸甘油酯	3.8	无限量
双甘油硬脂酸一酯	5.5	0～25
双乙酰琥珀酰甘油一酯	9.2	0～50
硬脂酰-2-乳酸钠	21.0	0～20
失水山梨醇硬脂酸三酯	2.1	0～25
聚氧乙烯失水山梨醇油酸一酯	15.0	0～25

表面润湿性能常用接触角（θ）来评估和表征。接触角小于 90° 表示高润湿性，而接触角大于 90°表示低润湿性。接触角越小，说明液体表面张力越低，其润湿性能就越好。界面张力也可表示为界面能，即每单位长度作用在液体界面上的收缩力。乳化剂一旦吸附在油水界面上，就能显著降低界面张力。临界胶束浓度（critical micelle concentration，CMC）是指形成胶束的表面活性剂分子的最低浓度，多数情况下 CMC 与分子结构的疏水性相关。电导率法是测量离子乳化剂 CMC 的一种常用方法。

乳化剂在食品中的作用是多方面的。例如在冰淇淋中除起乳化作用外，还可减少气泡，使冰晶变小，赋予冰淇淋细腻滑爽的口感；在巧克力中，可抑制可可脂由 β-3Ⅴ 型转变成 β-

3Ⅵ型同质多晶体，即抑制巧克力表面起“白霜”；用在焙烤面点食品中，可增大制品的体积，防止淀粉老化；用在人造奶油中，可作为晶体改良剂，调节稠度。

5.4　食用油脂在加工和贮藏过程中的化学变化

5.4.1　油脂的氧化

油脂氧化是油脂在加工、贮藏、运输过程中重要的化学反应之一，它与食品的营养、风味、安全及贮藏的稳定性密切相关，是食品变质的主要原因之一。油脂在贮藏期间，因空气中的氧气、光照、微生物、酶等的作用，而导致油脂变哈喇，即产生令人不愉快的气味和苦涩味，同时产生一些有毒的化合物，这些统称为油脂的酸败。油脂氧化会产生令人不愉快的风味化合物，能降低食品的营养价值，甚至产生有毒化合物。但适度的氧化可以产生令人愉悦的香气，如干酪和油炸食品的香气，这也是人们喜欢这类食品的原因之一。因此控制油脂氧化是油脂化学中的一个重要问题。依据油脂氧化的途径，一般可以分为自动氧化、光敏氧化和酶促氧化三大类。

5.4.1.1　自动氧化

油脂的自动氧化反应是活化的含不饱和键的脂肪酸或脂肪与基态氧（三线态氧，$^3O_2$）发生的自由基链式反应。根据油脂自动氧化的反应的过程，可以分为三个阶段，即链引发、链传递、链终止。

链引发　$RH \longrightarrow R\cdot + H\cdot$

链传递　$R\cdot + O_2 \longrightarrow ROO\cdot$

$ROO\cdot + RH \longrightarrow ROOH + R\cdot$

链终止　$R\cdot + R\cdot \longrightarrow R{-}R$

$R\cdot + ROO\cdot \longrightarrow R{-}O{-}O{-}R$

$ROO\cdot + ROO\cdot \longrightarrow R{-}O{-}O{-}R + O_2$

链引发即不饱和脂肪酸氧化的诱导期，以 RH 表示不饱和脂肪酸，H 是与双键相邻的 α-亚甲基氢原子。在链引发阶段，RH 在金属催化或光、热作用下，易使与双键相邻的 α-亚甲基脱氢，引发链式反应中的第一个自由基烷基自由基（R·）的产生（因为 α-亚甲基氢受到双键的活化易脱去）。第一个自由基的引发，通常活化能较高，故这一步反应相对较慢。

链传递阶段反应的活化能较低，故此步骤进行得很快，并且新的烷基自由基再重复链引发这一过程，继续生成新的烷基自由基和氢过氧化物，使不饱和脂肪酸不停氧化。

在链终止阶段，烷基自由基和过氧化物自由基一旦结合就会形成相对稳定的产物，链反应终止。

在油脂自动氧化的反应历程中，相对于链传递和链终止，链引发反应的活化能较高（约 146kJ/mol），因而是油脂自动氧化速率的决定步骤，反应速率较慢，所以通常需要光热或者金属离子的催化，才能引发产生所必需的自由基。如氢过氧化物的分解或引发剂的作用可导致第一步引发反应。由于 R·的共振稳定性，反应通常伴随着双键位置的转移，常常生成含共轭双烯基的异构氢过氧化物。由于自由基受到双键的影响具有不定位性，因而同一种脂肪酸在氧化过程当中产生不同的氢过氧化物。为了更好地理解，下面分别以油酸酯，亚油酸酯和亚麻酸酯的模拟体系来分别说明油脂自氧化反应过程中氢过氧化物生成的机制。

氢过氧化物是油脂自动氧化的主要初期产物，其结构与底物（不饱和脂肪酸）的结构有关。生成自由基时，所裂解出来的 H 是与双键相连的亚甲基上的氢，然后氧分子攻击连接在双键上的 α-碳原子，并生成相应的氢过氧化物。在此过程中，一般伴随着双键位置的转移。

油酸酯生成氢过氧化物的过程如图 5-7 所示。油酸当中包括双键在内的 4 个碳原子，8 位和 11 位碳上的 α-氢受到双键的活化首先脱氢，生成 8 位或 11 位两种烯丙基自由基中间物，由于双键和自由基的相互作用，会导致 9 位或者 10 位自由基的生成，氧进攻每个自由基生成 8、9、10、11 位的烯丙基氢过氧化物自由基异构体混合物。在 25℃条件下反应，8 位或者 11 位生成的氢过氧化物中反式与顺序的量差不多，但是 9 位与 10 位异构体主要呈现反式。

亚油酸酯生成氢过氧化物的过程如图 5-8 所示，亚油酸酯的自氧化速度是油酸酯的 10～40 倍，这是因为亚油酸当中的 1,4-戊二烯结构使它们对氧化的敏感性远远超过油酸中的丙烯体系（约 20 倍），两个双键中间的亚甲基也就是 11 位上的亚甲基，受到相邻两个双键的双重活化，非常活泼，更容易形成自由基。因此，油脂当中的油酸和亚硫酸共存时，亚油酸

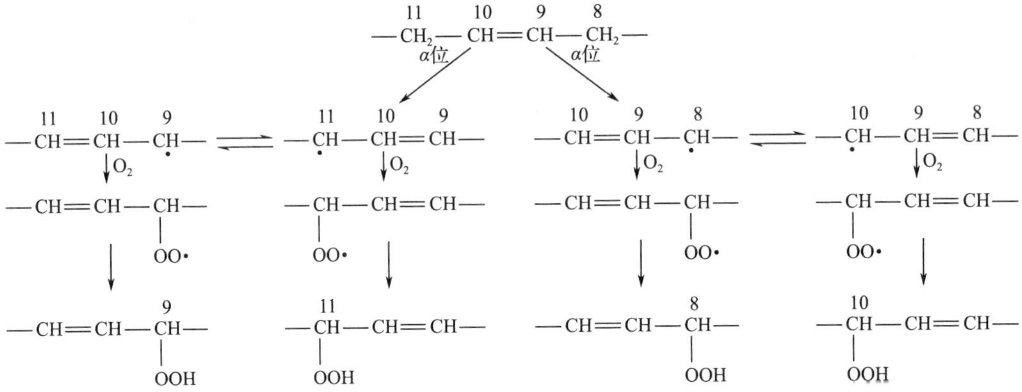

图 5-7 油酸酯的自动氧化

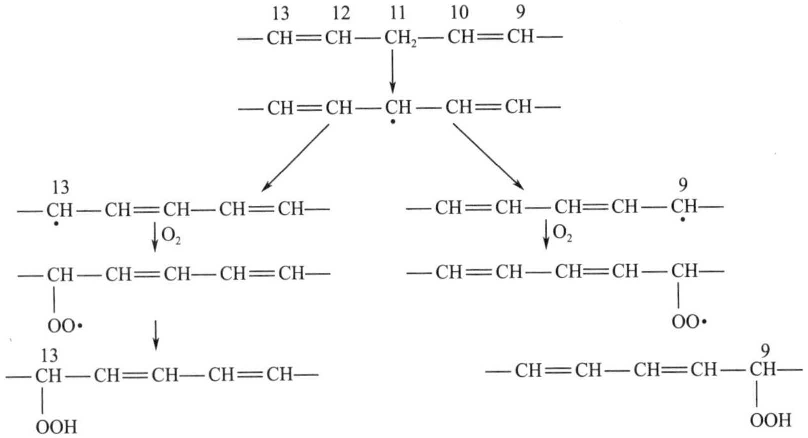

图 5-8 亚油酸酯的自动氧化

可诱导油酸氧化，使油酸诱导期缩短。在亚油酸酯的氢过氧化物形成过程中，11 位碳原子上脱氢后产生戊二烯自由基中间物，它与氧反应生成等量的 9 与 13 共轭二烯氢过氧化物的混合物。研究表明 9 与 13 顺式、反式氢过氧化物通过互变以及几何异构化容易形成反式异构物，这两种氢过氧化物都具有顺式、反式以及反式-反式构型。

亚麻酸酯生成氢过氧化物的过程如图 5-9 所示，亚麻酸中存在两个 1,4-戊二烯结构，C11 和 C14 的两个活化的亚甲基脱氢后生成两个戊二烯自由基，然后氧进攻每个戊二烯自由基的端基碳生成 9、12、13 和 16 氢过氧化物的混合物，这 4 种氢氧化物都存在几何异构体，每种具有共轭二烯的顺式-反式或是反式-反式构型。生成的 9、16 氢氧化物的量大大超过 12 和 13 异构物，主要原因是：第一，氧会优先与 C9 和 C16 反应；第二，12 和 13 氢过氧化物的分解速度较快。

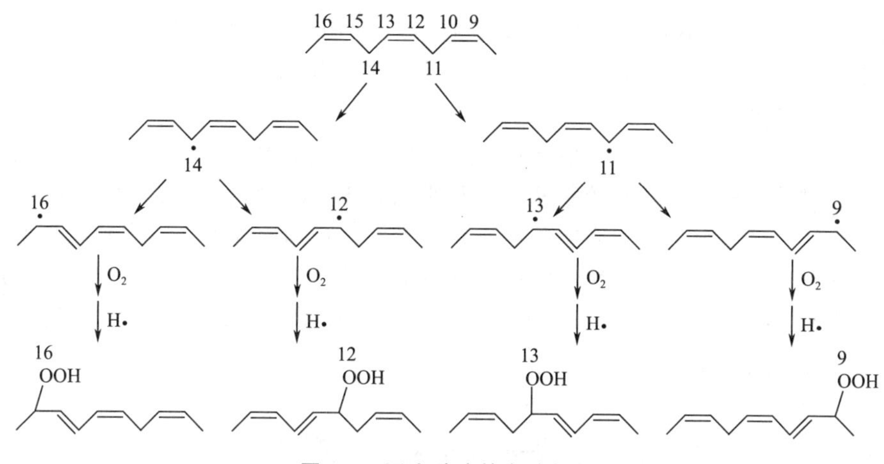

图 5-9　亚麻酸酯的自动氧化

因此自动氧化具有如下特征：干扰自由基反应的物质会抑制脂肪的自动氧化速率；光、热、金属离子等能产生自由基的物质，能催化脂肪酸的自动氧化；自动氧化会产生大量的氢过氧化物中间氧化产物；纯脂肪的自动氧化，需要一个相当长的诱导期。

5.4.1.2　光敏氧化

光敏氧化是在光的作用下，油脂中的不饱和脂肪酸与单线态氧（$^1O_2$）直接发生的氧化反应。什么是光敏剂？它是指容易接受光能的物质，比如具有共轭体系的天然色素［叶绿素、血红蛋白、核黄素（维生素 B_2）］以及赤藓红等合成色素。光敏氧化的机理：基态氧在光敏剂的作用下生成单线态氧，然后反应活性高的单线态氧与双键发生反应，形成六元环过渡态，最后双键发生位移生成氢过氧化物，并引发自动氧化链反应中的第一个自由基。

单线态氧可以进攻双键上的任意一个碳原子双键位移形成的反式构型的氢过氧化物，生成的氢过氧化物的种类数为双键的两倍。

以亚油酸酯的光敏氧化为例，介绍生成氢过氧化物的机理（图 5-10）。

在光敏剂（sens）的作用下，基态氧形成单线态氧，单线态氧首先与双键邻位 C 上的氢结合，未与氢结合的另一个氧原子进攻并打开双键，双键发生位移形成氢过氧化物。亚油酸生成 9、10、12 和 13 位的氢过氧化物。这不同于自动氧化过程中亚油酸酯生成的氢过氧化物的种类。

光敏氧化具有以下特征：第一，它不产生自由基；第二，双键的构型会发生改变，顺式构型变成反式构型；第三，光的影响远大于氧浓度的影响；第四，它不存在诱导期；第五，单线

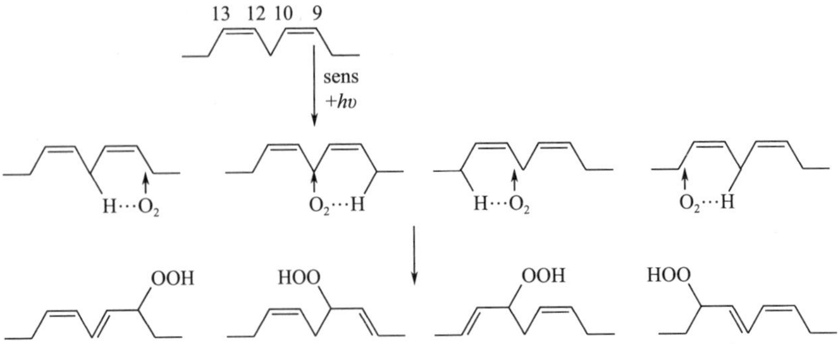

13 12 10 9

sens

$+h\nu$

H⋯O_2 O_2⋯H H⋯O_2 O_2⋯H

OOH HOO OOH HOO

图 5-10 亚油酸酯的光敏氧化

态氧促灭剂（包括β-胡萝卜素、生育酚、原花青素），还有一些合成抗氧化剂（比如丁基羟基茴香醚 BHA 和二丁基羟基甲苯 BHT 等），能延缓光敏氧化；第六，光敏氧化的产物是氢过氧化物。

5.4.1.3 酶促氧化

酶促氧化有两种类型。第一种是脂肪氧合酶催化，具有高度专一性，仅作用于亚油酸、亚麻酸、花生四烯酸和二十碳五烯酸等不饱和脂肪酸的 1,4-顺，顺-戊二烯位置（图 5-11），且 1,4-戊二烯的中心亚甲基位于脂肪酸的 ω-8 位置。以亚油酸为例，不饱和脂肪酸在受到脂肪氧合酶的作用时，首先是亚甲基脱去一个氢原子生成游离基，然后这个游离基通过异构化使双键位置转移，同时转变成反式构型，再生成 ω-6 氢过氧化物、ω-10 氢过氧化物，形成具有共轭双键的氢过氧化物。

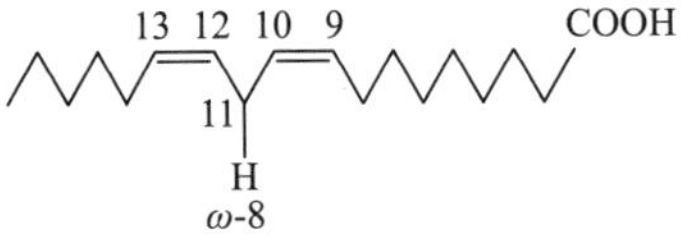

13 12 10 9 COOH

11

H

ω-8

图 5-11 1,4-顺，顺-戊二烯

举个例子，大豆加工过程中产生的豆腥味就是由于亚麻酸在脂肪氧合酶作用下产生的六碳醛、醇所致。

第二种酶促氧化是酮型酸败，即 β-氧化作用，指在某些微生物（灰绿青霉、曲霉等）繁殖时产生的一系列酶（如脱氢酶、脱羧酶、水合酶）的作用下，引起的饱和脂肪酸的氧化反应。多发生在脂肪酸的 α-和 β-碳位之间。最终产物是具有令人不愉快气味的酮酸和甲基酮，所以又称之为酮型酸败，如图 5-12 所示。

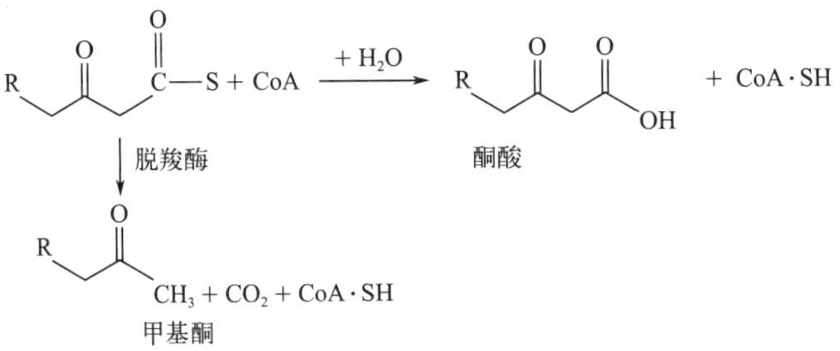

R—C(=O)—CH₂—C(=O)—S + CoA $\xrightarrow{+H_2O}$ 酮酸 + CoA·SH

脱羧酶

$CH_3 + CO_2 + CoA\cdot SH$

甲基酮

图 5-12 酶促酮型酸败

5.4.1.4　氢过氧化物的分解

脂类氧化后生成的氢过氧化物极不稳定，易发生分解。氢过氧化物的分解首先是在过氧键处断裂生成烷氧自由基和羟基自由基［图 5-13（a）］，而后进一步分解。烷氧自由基的主要分解产物包括醛、酮、醇、酸等化合物［图 5-13（b）、（c）］，除这四类产物外，还可以生成环氧化合物、碳氢化合物等；生成的醛、酮类化合物主要有壬醛、2-癸烯醛、2-十一烯醛、己醛、顺-4-庚烯醛、2,3-戊二酮、2,4-戊二烯醛、2,4-癸二烯和 2,4,7-癸三烯醛，而生成的环氧化合物主要是呋喃同系物。油脂氧化后生成的丙二醛（MDA）不仅对食品风味产生不良影响，而且会产生安全性问题。MDA 可以由所产生的不饱和醛类化合物通过进一步的氧化而产生。

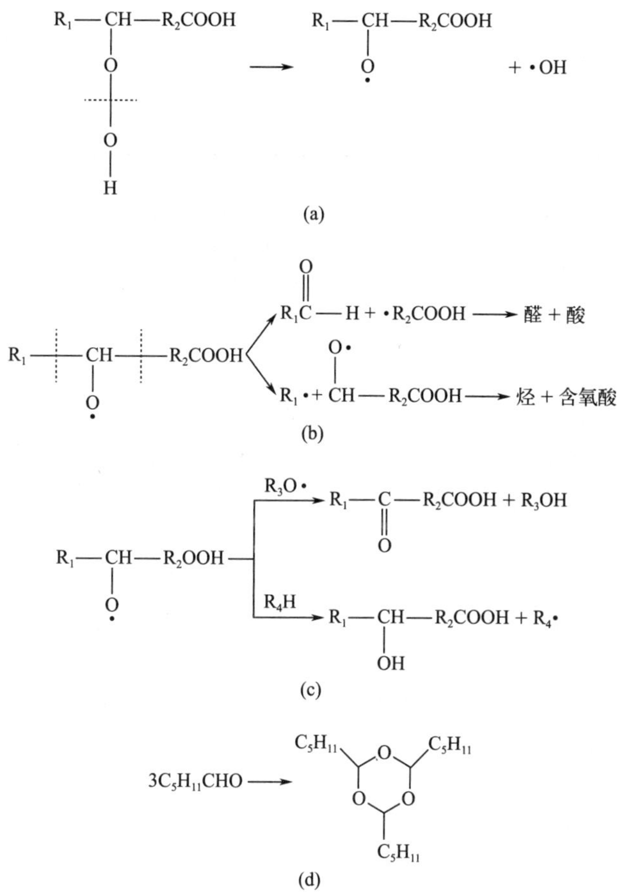

$$R_1—CH(OOH)—R_2COOH \longrightarrow R_1—CH(O\cdot)—R_2COOH + \cdot OH$$

(a)

$$R_1—CH(O\cdot)—R_2COOH \longrightarrow R_1C(=O)—H + \cdot R_2COOH \longrightarrow \text{醛} + \text{酸}$$

$$R_1—CH(O\cdot)—R_2COOH \longrightarrow R_1\cdot + CH(O\cdot)—R_2COOH \longrightarrow \text{烃} + \text{含氧酸}$$

(b)

$$R_1—CH(O\cdot)—R_2OOH \xrightarrow{R_3O\cdot} R_1—C(=O)—R_2COOH + R_3OH$$

$$R_1—CH(O\cdot)—R_2OOH \xrightarrow{R_4H} R_1—CH(OH)—R_2COOH + R_4\cdot$$

(c)

$$3C_5H_{11}CHO \longrightarrow \text{(三个 }C_5H_{11}\text{ 取代的 1,3,5-三噁烷)}$$

(d)

图 5-13　氢过氧化物及产物分解、聚合图

氢过氧化物分解产生的小分子醛、酮、醇、酸等有令人不愉快的气味，即哈喇味，导致油脂酸败。油脂氧化产生的小分子化合物还可发生聚合反应，生成二聚体或多聚体，例如亚油酸的氧化产物己醛可聚合成具有强烈臭味的环状三聚物——三戊基三噁烷，反应式如图 5-13（d）所示。

5.4.1.5　影响食品中油脂氧化的因素

① 脂肪酸的结构与组成　油脂的氧化速率与脂肪酸的不饱和双键的位置以及双键的顺、反构型有关。从油脂的氧化机理中可以知道，饱和脂肪酸的氧化需要特殊的条件，不饱和脂

肪酸容易发生自动氧化和光敏氧化，而且油脂的不饱和程度越高，发生自动氧化的速率就越快。如表 5-8 所示，在 25℃条件下，有一个双键的不饱和脂肪酸，其氧化速率是饱和脂肪酸氧化速率的 100 倍；含两个双键的不饱和脂肪酸是单不饱和脂肪酸氧化速率的 12 倍，饱和脂肪酸氧化速率的 1200 倍；含三个双键的不饱和脂肪酸是单不饱和脂肪酸氧化速率的 25 倍，双不饱和脂肪酸氧化速率的 2 倍，饱和脂肪酸氧化速率的 2500 倍，从该表可以看出，随着脂肪酸不饱和度的增加氧化速率成倍增加。

表 5-8 脂肪酸在 25℃ 时的诱导期和相对氧化速率

脂肪酸	双键数	诱导期/h	相对氧化速率
18：0	0	—	1
18：1（9）	1	82	100
18：2（9，12）	2	19	1200
18：3（9，12，15）	3	1.34	2500

除了脂肪酸的饱和度对氧化速率有影响，双键的构型也对氧化速率有影响，顺式构型比反式构型容易氧化，共轭双键结构与非共轭双键结构比更易氧化。游离脂肪酸比甘油酯中的结合型脂肪酸氧化速率要高，当油脂中游离脂肪酸含量大于 0.50%，自动氧化速率会明显加快。甘油酯中脂肪酸的无规律分布有利于降低氧化速率。

② 氧 氧的状态对于油脂氧化速率影响非常大。单线态氧的氧化速率约为三线态氧的 1500 倍。氧浓度对油脂氧化速率有影响：在氧浓度较低时，随着氧浓度的增加，氧化速率与氧的压力成正比；当氧浓度达到很高时，氧化速率与氧浓度没有关系。因此，超市里的薯条薯片经常是充氮包装，这是为了防止薯片的氧化。除此之外，真空包装或者是使用低透气性的材料，也可以防止含油脂食品的氧化变质。但氧分压对速率的影响还与其他因素如温度、表面积等有关。

③ 温度 温度对油脂氧化的影响比较复杂，总的来说温度上升，氧化反应速率加快，同时促进氧化产物氢过氧化物的分解和聚合。研究发现在 21～63℃范围内，温度每上升 16℃，氧化速率加快一倍。但是温度上升，氧的溶解度会有所下降。饱和脂肪酸在常温下稳定，但在高温下会发生显著的氧化，例如超市中的猪油，其饱和脂肪酸含量比植物油要高，但是猪油的货架期却比植物油短，这就是因为猪油不仅含有光敏氧化剂血红素、血红蛋白和金属离子，而且经过高温熬炼诱发了自由基。

④ 水分 水分对于油脂氧化的影响比较复杂（图 5-14）。研究表明，在水分活度为 0.33 时，油脂氧化速率最慢。当水分活度低于 0.33，随着水分活度的降低，油脂氧化速率加快，这是因为随着水分活度的降低，更多的基团被暴露在空气中，加速了氧化。水分活度在 0.33～0.73 之间，随着水分活度的增加，氧化速率迅速提高，这是因为随着水分活度增加，水中溶解氧的含量也在增加，使得氧化速率加快；此外，随着大分子物质的吸水，大分子溶胀，暴露了更多的活性位点，加速了油脂的氧化；水的增加，促进了催化剂和氧在体系中的流动，使得氧化加快。水分活度高于 0.73，随着水分活度的增加，油脂氧化速率增加缓慢，这是由于大量的水稀释了催化剂和反应物，从而降低了催化剂的催化效力，减缓了氧化速率的增加。

⑤ 表面积 一般来说，油脂与空气接触的表面积越大，油脂氧化的速率越快，两者之

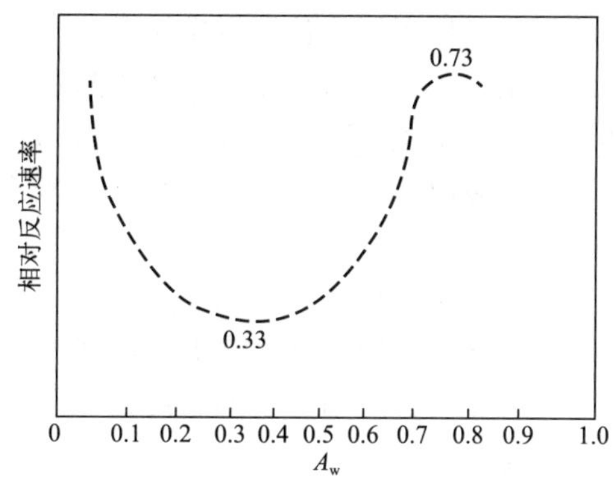

图 5-14　水分活度与油脂氧化速率的关系

间成正比。因此为了降低氧化速率，在包装脂肪含量高的食品的时候，尽量避免让它接触氧，比如采用抽真空包装、充氮气包装。

⑥ 金属离子　金属离子是氧化的催化剂，特别是过渡金属离子，比如 Cu^{2+}、Zn^{2+}、Fe^{2+}、Fe^{3+}、Al^{3+}、Pb^{2+} 等。这些金属离子的催化机理如图 5-15 所示，它们能够缩短自动氧化过程中的诱导期，通过直接使有机物氧化或者活化氧分子，产生单线态氧，或者通过促进氢过氧化物分解产生自由基，从而加速油脂的氧化过程。

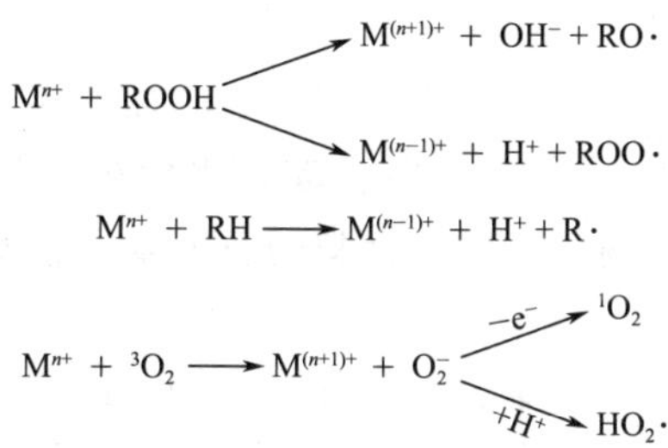

图 5-15　金属离子催化油脂氧化机理

不同金属离子催化油脂氧化的能力不同，研究发现 Pb^{2+} 催化氧化能力最强，其次是铜、锡、锌、铁、铝等离子及不锈钢，银离子催化油脂氧化的能力最弱。

食品中的金属离子主要来源于加工。因而在油脂的制取、精练、加工和贮藏过程中，最好是选用不锈钢的材料或者是高品质的塑料以避免金属离子的催化氧化作用。

⑦ 光和射线　可见光、紫外光和射线都能够促进氢过氧化物分解，而且还能引发氧化的脂肪酸产生自由基。其中紫外光和 γ 射线最强，因此，油脂和含油脂的食品适宜用有色或者是避光的容器包装。

⑧ 抗氧化剂　加入抗氧化剂能减慢油脂氧化速率，提高食品的稳定性。能延缓和减慢油脂氧化速率的物质被称为抗氧化剂。

M5-1 影响油脂氧化的因素

5.4.2　油脂的抗氧化

抗氧化剂能防止或延缓食品氧化变质，提高食品的稳定性。抗氧化剂是影响脂肪氧化的一个很重要的因素。油脂的氧化不但会带来油脂品质的下降，而且在氧化过程中产生的自由基也会引起食品中其他成分的氧化，从而导致食品品质的劣化，所以油脂抗氧化具有非常重要的意义。阻止或延缓油脂的氧化，既可采用物理方法（如低温贮存、隔绝空气、避光保藏等）来消除促进自动氧化的各种因素；也可以采用化学方法，如用铁粉、活性炭制成脱氧剂，除去油脂液面顶空或者食品包装内的氧气，而采用抗氧化剂来抑制或延缓油脂的氧化，则是最经济、最方便、最有效的方法。

常用的抗氧化剂具有自身容易氧化的特征。加入食品以后，通过自身的氧化消耗食品内部和环境中的氧，达到延缓脂肪氧化的作用。抗氧化剂依据其抗氧化机理可以分为：游离基清除剂、单线态氧猝灭剂、氢过氧化物分解剂、酶抑制剂、抗氧化剂增效剂。

5.4.2.1 抗氧化剂的抗氧化机理

（1）自由基清除剂

自由基清除剂分为氢供体和电子供体。氢供体如酚类抗氧化剂可以与自由基反应，脱去一个 H 给自由基，原来的自由基被清除，抗氧化剂自身转变为比较稳定的自由基，不能引发新的自由基链式反应，从而使链反应终止。酚类化合物是高效的自由基清除剂（free radical scavenger，FRS），包括天然酚类如生育酚、儿茶酚，合成酚类物质如二丁基羟基甲苯（BHT）、丁基羟基茴香醚（BHA）、叔丁基对苯二酚（TBHQ）和没食子酸丙酯（PG），此外还包含单酚类、酚酸、花青素、羟基肉桂酸衍生物和类黄酮。

电子供体抗氧化剂也可以与自由基反应生成稳定的产物，来阻断自由基链式反应。这种抗氧化剂一般都是弱抗氧化剂，并不常用。

（2）单线态氧猝灭剂

单线态氧猝灭剂与$^1O_2$作用，使$^1O_2$转变成$^3O_2$，而单线态氧猝灭剂本身变为激发态，可直接释放出能量回到基态。所以含有许多双键的化合物如类胡萝卜素是较好的$^1O_2$猝灭剂。其作用机理是激发态的$^1O_2$将能量转移到类胡萝卜素上，使类胡萝卜素由基态变为激发态，而后者可直接恢复到基态。

$$^1O_2 + \text{类胡萝卜素（基态）} \longrightarrow {}^3O_2 + \text{类胡萝卜素（激发态）}$$
$$\text{类胡萝卜素（激发态）} \longrightarrow \text{类胡萝卜素（基态）}$$

（3）氢过氧化物分解剂

氢过氧化物是油脂氧化的主要初产物，有些化合物如硫代二丙酸盐或月桂酸酯、硬脂酸酯（用 R_2S 表示），可将 R′OOH 转变为非活性的物质，从而起到抑制油脂进一步氧化的作用，这类物质被称为氢过氧化物分解剂。其作用机理如下：

$$R_2S + R'OOH \longrightarrow R_2S{=}O + R'OH$$
$$R_2S{=}O + R'OOH \longrightarrow R_2SO_2 + R'OH$$

（4）金属离子螯合剂

柠檬酸、酒石酸、抗坏血酸等能与作为油脂助氧化剂的过渡金属离子螯合而使之钝化，从而起到抑制油脂氧化的作用。

（5）氧清除剂

抗坏血酸除具有螯合金属离子的作用外，还是有效的氧清除剂，通过除去食品中的氧而起到抗氧化作用，如抗坏血酸抑制酶促褐变就是除氧作用。

（6）酶类抗氧化剂

超氧化物歧化酶（SOD）可将超氧阴离子自由基 $O_2^- \cdot$ 转变为$^3O_2$ 和 H_2O_2，H_2O_2 在过氧化氢酶的作用下转化为水和$^3O_2$，反应如下：

$$2O_2^- \cdot + 2H^+ \xrightarrow{SOD} {}^3O_2 + H_2O_2$$

$$2H_2O_2 \xrightarrow{过氧化氢酶} 2H_2O + {}^3O_2$$

此外，谷胱甘肽过氧化物酶（glutathione peroxidase，GSH）、葡萄糖氧化酶（glucose oxidase）等均属于酶抗氧化剂。

5.4.2.2　抗氧化剂的相互作用

在食品加工过程中，可以添加多种抗氧化剂，各氧化剂之间相互作用，食品的抗氧化性得到增强，称为协同效应。具有协同效应的复合抗氧化剂的机制通常有以下几种：

① 主抗氧化剂再生剂　它的作用是使主抗氧化剂再生，从而起到增效作用。例如同属酚类的抗氧剂 BHA 和 BHT，前者为主抗氧化剂，它将首先成为氢供体（因为其 O—H 键离解能较低），而 BHT 由于空间阻碍只能与 ROO・缓慢地反应，故 BHT 的作用是使 BHA 再生，如图 5-16 所示。

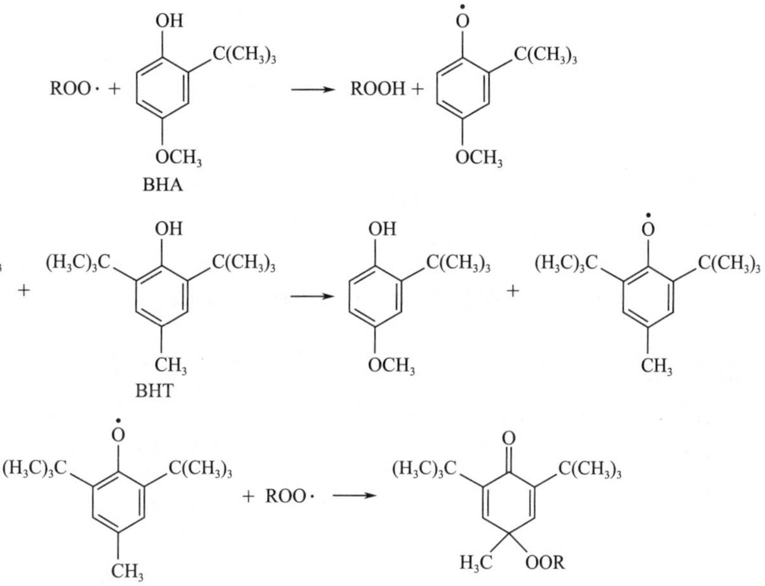

图 5-16　BHT 对 BHA 的再生作用

② 金属离子螯合剂　不同的抗氧化剂联合使用时，其中一种可以通过螯合金属离子使其催化活性降低，从而使主抗氧化剂的抗氧化性能大大提高。例如酚类＋抗坏血酸，其中酚类是主抗氧化剂，抗坏血酸可螯合金属离子，提供酸性环境保持酚类抗氧化剂结构的稳定，此外抗坏血酸还是氧清除剂。两者联合使用，抗氧化能力大为提高。

5.4.2.3　常见的抗氧化剂

食品抗氧化剂按来源可以分为天然抗氧化剂和人工合成抗氧化剂两类。常用于食品的天然抗氧化剂有维生素 E、茶多酚、抗坏血酸、类胡萝卜素、芝麻酚、迷迭香酸、类黄酮、谷胱甘肽等。天然抗氧化剂因其安全性高，越来越受到大众的青睐。而人工合成抗氧化剂因为价格低廉，性质较稳定，且抗氧化效果好，目前仍被广泛使用。食品中常用的人工合成抗氧化剂有 2,6-二叔丁基羟基甲苯（BHT）、叔丁基对羟基茴香醚（BHA）、叔丁基对苯二酚（TBHQ）、没食子酸丙酯（PG）等。

(1) 天然抗氧化剂

许多天然动植物材料中，存在一些具有抗氧化作用的成分。由于人们对人工合成抗氧化剂安全性的疑虑，天然抗氧化剂越来越受到青睐。常见的天然抗氧化剂如生育酚、脂溶性迷迭香提取物、类胡萝卜素、抗坏血酸、槲皮素、植物精油、多酚类化合物、植酸等。

① 维生素E　又名生育酚（tocopherol），可分为α、β、γ、δ-生育酚（图5-17）和α、β、γ、δ-生育三烯酚8种类型。因生育酚分子结构的不同，其抗氧化活性存在显著差异，几种生育酚的活性排序为$\delta>\gamma>\beta>\alpha$。维生素E能够猝灭单线态氧、清除自由基从而达到抗氧化效果。维生素E在动物油脂中的抗氧化效果优于在植物油中，但其天然分布却是在植物油中含量高。维生素E具有耐热、耐光和安全性高等特点，可用在油炸油中。

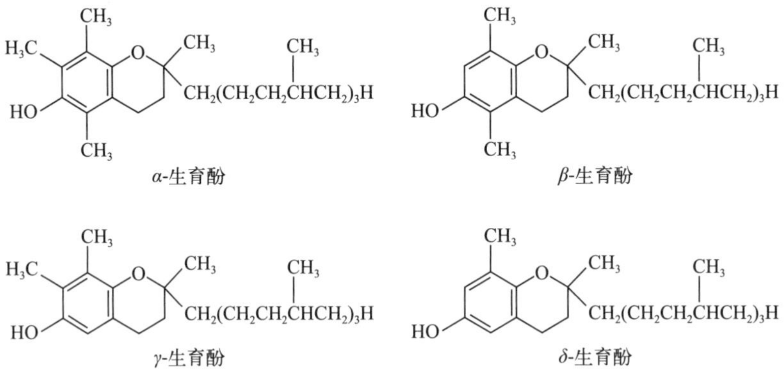

α-生育酚　β-生育酚

γ-生育酚　δ-生育酚

图5-17　α、β、γ、δ-生育酚的结构

② L-抗坏血酸（ascorbic acid）　L-抗坏血酸广泛存在于自然界中，也可人工合成，是水溶性抗氧化剂，可用在加工过的水果、蔬菜、肉、鱼、饮料等食品中。L-抗坏血酸作抗氧化剂，其作用是多方面的：a. 清除氧，例如用在果蔬中抑制酶促褐变；b. 有螯合剂的作用，与酚类合用作增效剂；c. 还原某些氧化产物，例如用在肉制品中起发色助剂作用，将褐色的高铁肌红蛋白还原成红色的亚铁肌红蛋白；d. 保护巯基—SH不被氧化。

③ 茶多酚（tea polyphenols）　茶多酚为茶叶中的一些多酚类化合物，包括表没食子儿茶素（epigallocatechin，EGC）、表没食子儿茶素没食子酸酯（epigallocate gallate，EGCG）、表儿茶素没食子酸酯（epicatechin gallate，ECG）、表儿茶素（epicatechin，EC），如图5-18所示。其中EGCG的抗氧化效果最为显著，其抗氧化机制是作为氢供体，清除自由基、螯合金属离子。茶多酚在体内通过提高还原型谷胱甘肽的含量，增强抗氧化酶（如过氧化氢酶、谷胱甘肽还原酶、超氧化物歧化酶和谷胱甘肽过氧化物酶）的活性来发挥抗氧化作用。茶多酚可以应用于油炸食品、猪肉和奶酪等发酵食品中。

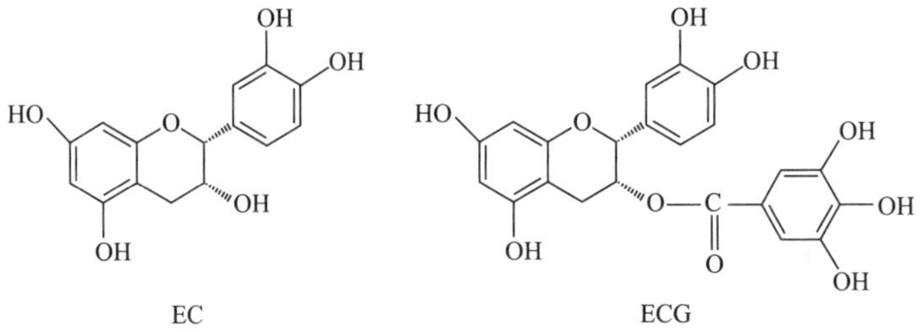

EC　ECG

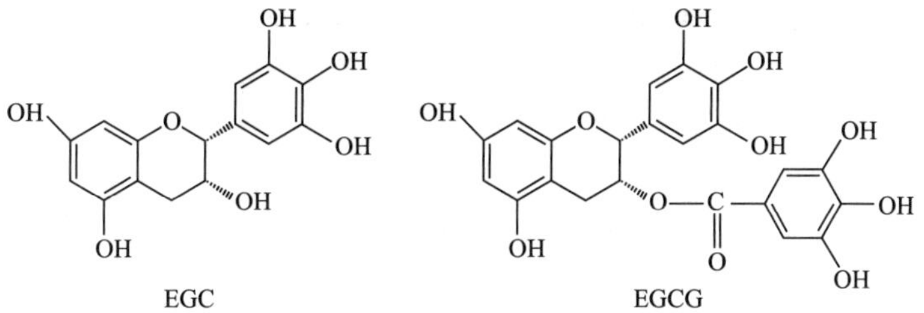

图 5-18 主要茶多酚的化学结构

(2) 人工合成抗氧化剂

人工合成的抗氧化剂，由于其良好的抗氧化性能以及价格优势目前仍然被广泛使用，几种最常用的人工合成抗氧化剂如下：

① 丁基羟基茴香醚（BHA） $C_{11}H_{16}O_2$，分子量 180.2，结构如图 5-19（a）所示，为白色或微黄色蜡样结晶性粉末，带有酚类的特殊臭气及刺激性气味，熔点 48～63℃，沸点 264～270℃（98kPa），不溶于水，易溶于油，耐热性好，与金属离子作用不着色。它是 2-BHA 和 3-BHA 两种异构体的混合物，具有抗氧化作用和抗菌作用。在动物油脂中的抗氧化效果优于植物油中，但在富含天然抗氧化剂的植物油中或与其他抗氧化剂复配使用时，具有抗氧化增效作用，抗氧化效果明显提高。

② 二丁基羟基甲苯（BHT） $C_{15}H_{24}O$，分子量 220.35，结构如图 5-19（b）所示。白色或浅黄色结晶粉末，无臭，无味，不溶于水，溶于乙醇和动植物油，耐热性和稳定性较好，抗氧化效果良好。可用在焙烤食品中；遇金属离子不着色，易受阳光的影响，在我国作为主要的抗氧化剂使用。与 BHA、维生素 C、柠檬酸、植酸等复配使用具有显著增效作用，可用于长期保存油脂和含油脂较高的食品及维生素添加剂。

③ 没食子酸丙酯（PG） $C_{10}H_{12}O_5$，别名棓酸丙酯，分子量 212.21，结构如图 5-19（c）所示。PG 是没食子酸和正丙醇酯化而成的白色至淡褐色结晶性粉末或乳白色针状结晶，无臭，稍有苦味，水溶液无味，有吸湿性，光照可促进其分解；熔点 146～150℃，对热较敏感，稳定性较差；难溶于水，易溶于乙醇、甘油，微溶于油脂。抗氧化性能良好，是我国允许使用的一种常用油脂抗氧化剂，能阻止脂肪氧合酶酶促氧化，但遇金属离子易着色，与柠檬酸合用抗氧化能力更强，在动物性油脂中抗氧化能力较强。

④ 叔丁基对苯二酚（TBHQ） $C_{10}H_{14}O_2$，分子量为 166.22，结构如图 5-19（d）所示。TBHQ 为白色或微红褐色结晶粉末，熔点 126.5～128.5℃，沸点 300℃。无异味、臭味，有特殊香味，几乎不溶于水（约为 0.5%），溶于乙醇、乙酸、乙酯、乙醚及植物油、猪油等。对大多数油脂均有防止腐败作用。遇铁、铜不变色，有碱存在可转为粉红色。TBHQ 对油脂的抗氧化效果优于常用的 BHA、BHT、PG。TBHQ 能够防止胡萝卜素分解和稳定植物油中的生育酚。此外，TBHQ 还具有抑制细菌和霉菌的作用。

⑤ L-抗坏血酸棕榈酸酯 $C_{22}H_{38}O_7$，分子量 414.54，结构如图 5-19（e）所示。它为白色或黄色粉末，略有柑橘气味，难溶于水，溶于植物油，易溶于乙醇，熔点 107～117℃。它是由 L-抗坏血酸与棕榈酸酯化的营养性抗氧化剂，具有 L-抗坏血酸的抗氧化特性，而且具有安全、无毒、高效、耐热、脂溶性等特点，能抑制自由基、过氧化物的形成，延缓含油脂类食品氧化酸败，还具有乳化性质、抗菌活性，可作为还原剂、多价金属离子螯合剂。

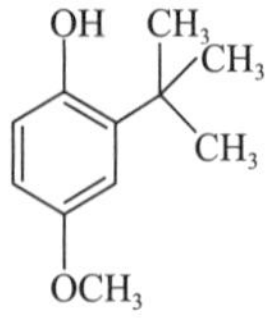

(a) 丁基羟基茴香醚(BHA) 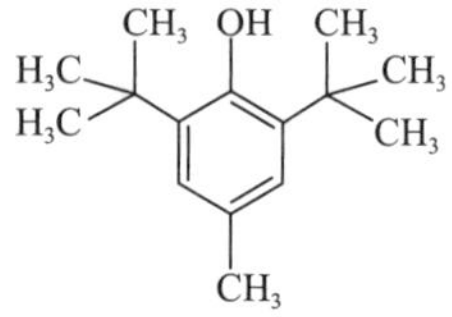　(b) 二丁基羟基甲苯(BHT)

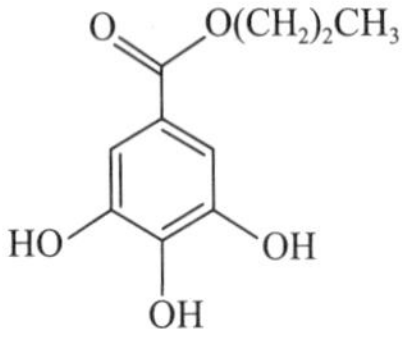

(c) 没食子酸丙酯(PG) 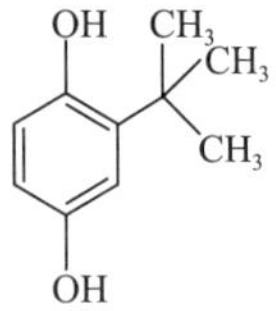　(d) 叔丁基对苯二酚(TBHQ)

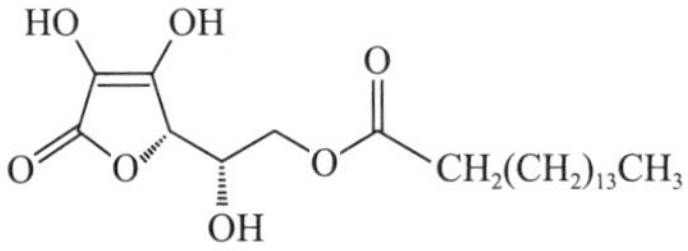

(e) L-抗坏血酸棕榈酸酯

图 5-19　常见的人工合成抗氧化剂

5.4.2.4　抗氧化剂使用的注意事项

① 抗氧化剂加入的时间　抗氧化剂只能起阻碍油脂氧化的作用，不能逆转已氧化酸败的食品，因此应在食品的新鲜状态或未发生氧化变质之前使用。

② 抗氧化剂的剂量问题　首先用量不能超出其安全剂量；其次有些抗氧化剂用量与抗氧化性能并非正相关关系，用量不当反而起到促氧化作用。如低浓度酚具有抗氧化作用，高浓度酚有促氧化作用。

③ 抗氧化剂的溶解性　根据食品体系的特点选择溶解性合适的抗氧化剂，只有良好的溶解性，才能充分发挥其抗氧化作用。因此，油脂体系应选用脂溶性抗氧化剂，含水体系应选用水溶性抗氧化剂。

此外，在实际应用中为了提高效果，通常需要将几种抗氧化剂合用以利用其增效效应。

5.4.3　油脂的水解

油脂水解也称脂解，是指油脂在酶、热、酸、碱等作用下，在水分参与的条件下发生酯键水解，生成游离脂肪酸的反应。甘油三酯的水解是分步进行，经甘油二酯、甘油一酯最后生成甘油。

在活体动物的脂肪组织中不存在游离脂肪酸（free fat acid，FFA），动物屠宰后，在体内脂解酶的作用下，将产生 FFA。例如鱼类肌肉组织中一般含有一定的磷脂酶 A 和脂酶，在冷冻贮存期间，肌肉中的磷脂会在酶的作用下发生大量水解，往往引起变质。植物油料种子中也存在脂解酶，在加工贮藏过程中细胞结构受到破坏，脂解酶接触底物而导致油脂水解，产生 FFA。由于游离脂肪酸对氧更为敏感，会降低油脂的稳定性，加速油脂的氧化酸败，因此快速提炼显得特别重要，提炼过程中使用热处理钝化脂解酶的活性。如动物油脂常用高温熬炼法，高温可使脂解酶失活。植物油的精炼过程中，FFA 通过加碱中和除去，达到降低游离脂肪酸含量、提高油脂品质、延长货架期的目的。

在油炸过程中，食物中的水分进入油中，而且保持相当高的温度，使得油脂水解释放出

FFA，导致油的品质降低，风味变差。在大多数情况下，油脂的水解反应是不利的，如产生异味、降低氧化稳定性、生成泡沫、降低烟点等。脂类水解产生的短链脂肪酸能导致鲜乳产生不希望的酸败味，应尽量防止油脂水解。但在有些食品的加工中，油脂的轻度水解会产生特有的风味。如在有些干酪的生产中，加入微生物和乳脂酶来形成特殊的风味；在生产面包和酸奶时，油脂的水解也有助于形成风味。

油脂在碱性条件下的水解称为皂化（saponification）反应，水解生成的脂肪酸盐即为肥皂。

5.4.4　油脂高温下的化学反应

油炸食品比如油条、炸鸡排、薯条、丸子等具有独特诱人的香气，备受人们的喜爱。油炸食品的风味主要来源于油脂在高温油炸过程中发生的化学反应，风味物质主要是羰基类化合物。

油脂在高温条件下不仅产生诱人的香气成分，也会产生诱发疾病的有害物质，如反式脂肪酸，因此了解油脂在高温条件下的化学反应是非常必要的。

油脂在 150℃以上的高温条件下会发生各种化学反应，如水解、热分解、热聚合、缩合、氧化反应等。油脂经长时间加热，黏度增加，碘值降低，表面张力降低，酸价升高，烟点降低，泡沫量增多，油变稠、密度增加、比热容增加，还会产生刺激性气味。一般来说，油脂在高温过程中的化学变化与油脂组成、受热温度、时间、金属离子的存在等因素有关。

5.4.4.1　油脂的热分解

油脂在高温条件下的热分解反应如图 5-20 所示。

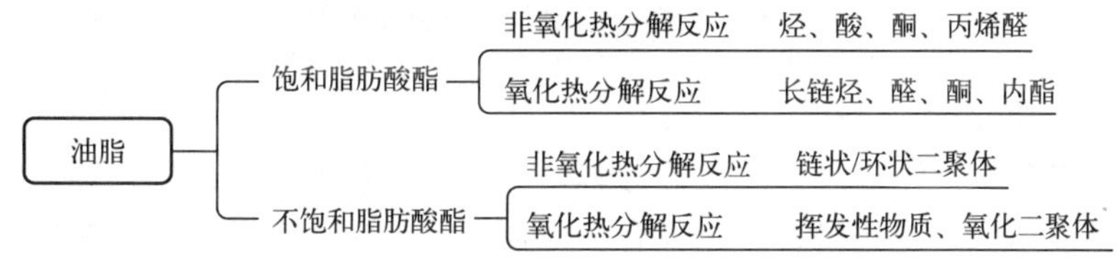

图 5-20　油脂在高温下的热分解示意图

在高温下，饱和脂肪酸和不饱和脂肪酸都会发生热分解反应。根据热分解反应过程中是否有氧参与，热分解反应可以分为氧化热分解反应和非氧化热分解反应。

（1）非氧化热分解

饱和脂肪酸酯在很高温度下才会发生非氧化热分解反应。饱和脂肪酸在常温下比较稳定，但在高温下（T＞150℃）可以分解成酸、烯醛和酮。一分子的饱和脂肪酸酯在受热条件下，首先分解为甘油醛酯和脂肪酸酐，甘油醛酯进一步分解为脂肪酸和烯醛，脂肪酸酐则分解为酮和二氧化碳（图 5-21）。

不饱和脂肪酸酯的非氧化热反应主要生成各种低分子量化合物，以及一些二聚体。

（2）氧化热分解

饱和脂肪酸酯在温度高于 150℃、有氧存在时发生热氧化反应。脂肪酸的全部亚甲基都可能受到氧的攻击，但一般优先在脂肪酸的 α-碳、β-碳和 γ-碳上形成氢过氧化物。形成的氢过氧化物不稳定，进一步裂解生成烷烃、醛、酮等低分子化合物（图 5-22）。

不饱和脂肪酸酯的氧化热分解反应与低温下油脂的自动氧化反应的主要途径是相同的，

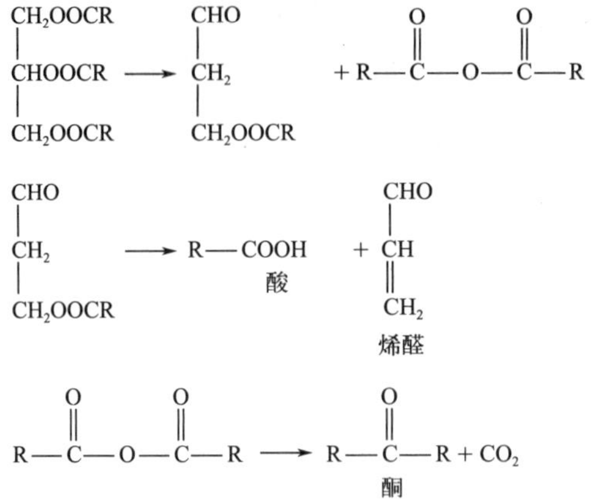

$$CH_2OOCR-CHOOCR-CH_2OOCR \longrightarrow CHO-CH_2-CH_2OOCR + R-\overset{O}{\overset{\|}{C}}-O-\overset{O}{\overset{\|}{C}}-R$$

$$CHO-CH_2-CH_2OOCR \longrightarrow \underset{\text{酸}}{R-COOH} + \underset{\text{烯醛}}{CHO-CH=CH_2}$$

$$R-\overset{O}{\overset{\|}{C}}-O-\overset{O}{\overset{\|}{C}}-R \longrightarrow \underset{\text{酮}}{R-\overset{O}{\overset{\|}{C}}-R} + CO_2$$

图 5-21 饱和脂肪酸酯在高温下的热分解

先生成氢过氧化物，再生成烷氧自由基，然后进一步分解成醛、酮、醇、酸等小分子化合物，只是反应速度比自氧化快得多。

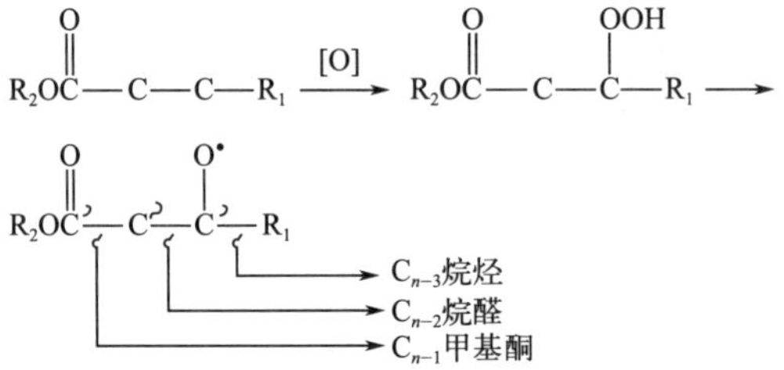

$$R_2O\overset{O}{\overset{\|}{C}}-C-C-R_1 \xrightarrow{[O]} R_2O\overset{O}{\overset{\|}{C}}-C-\overset{OOH}{\overset{|}{C}}-R_1 \longrightarrow R_2O\overset{O}{\overset{\|}{C}}-C-\overset{O^{\bullet}}{\overset{|}{C}}-R_1$$

$\longrightarrow C_{n-3}$烷烃

$\longrightarrow C_{n-2}$烷醛

$\longrightarrow C_{n-1}$甲基酮

图 5-22 饱和脂肪酸酯的氧化热分解

5.4.4.2 油脂的热聚合

油脂在高温条件下，不仅可以发生热分解，也可发生热聚合和热氧化聚合反应。聚合反应将导致油脂黏度增大、泡沫增多。热聚合反应可以分为在有氧条件下的热聚合和无氧条件下的热聚合，两者发生反应并不相同。

在无氧条件下的热聚合，会发生狄尔斯-阿尔德（Diels-Alder）反应，该反应可以在多烯化合物之间发生，生成环烯烃［图 5-23（a）］，也可以发生在同一个甘油三酯的分子内［图 5-23（b）］。

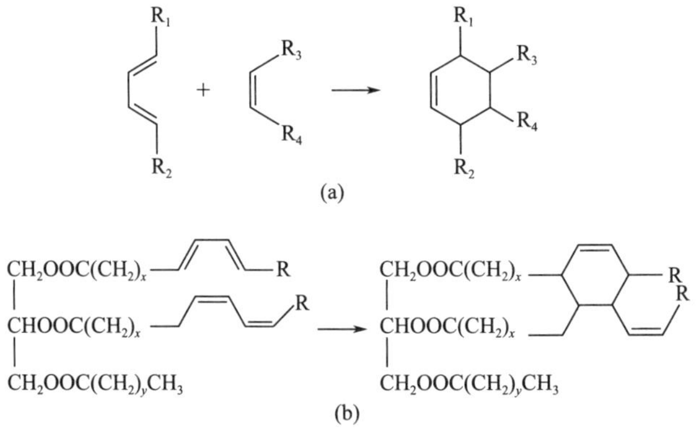

R_1, R_2, R_3, R_4

(a)

$CH_2OOC(CH_2)_x$ ... R
$CHOOC(CH_2)_x$ ... R
$CH_2OOC(CH_2)_yCH_3$
$\longrightarrow$
$CH_2OOC(CH_2)_x$ ... R
$CHOOC(CH_2)_x$ ... R
$CH_2OOC(CH_2)_yCH_3$

(b)

图 5-23 Diels-Alder 反应

在有氧条件下，油脂在高温条件下发生氧化热聚合。氧化热聚合反应是在 200～230℃下，甘油三酯分子在双键的 α-碳上均裂产生自由基，自由基之间再结合成二聚体（图 5-24），导致油脂黏度增大、泡沫增多。

其中有些二聚物有毒性，因为这种物质在体内吸收后，能与酶结合使之失活，从而引起生理异常。油炸鱼虾时出现的细泡沫经分析发现也是一种二聚物。

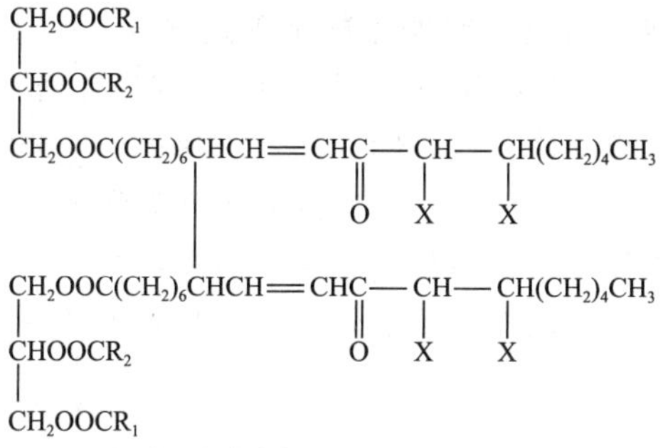

CH_2OOCR_1
$CHOOCR_2$
$CH_2OOC(CH_2)_6CHCH{=}CHC(=O)—CH(X)—CH(X)(CH_2)_4CH_3$
$CH_2OOC(CH_2)_6CHCH{=}CHC(=O)—CH(X)—CH(X)(CH_2)_4CH_3$
$CHOOCR_2$
CH_2OOCR_1
X=OH或环氧化合物

图 5-24　油脂在高温下的生成二聚体

5.4.4.3　油脂的热缩合

油脂在高温下还会发生缩合反应。在高温下，特别是在油炸条件下，食品中的水进入油中，相当于水蒸气蒸馏，将油中的挥发性氧化物赶走，同时也使油脂发生部分水解，酸价增高，发烟点降低。然后水解产物再缩合成分子量较大的环氧化合物，如图 5-25 所示。

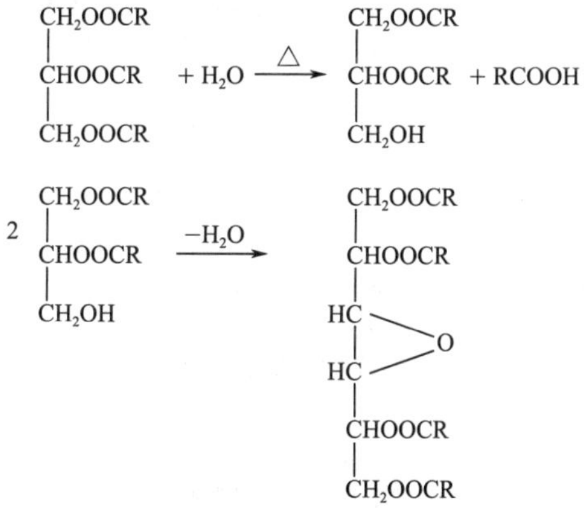

$CH_2OOCR—CHOOCR—CH_2OOCR + H_2O \xrightarrow{\triangle} CH_2OOCR—CHOOCR—CH_2OH + RCOOH$

$2\ CH_2OOCR—CHOOCR—CH_2OH \xrightarrow{-H_2O} CH_2OOCR—CHOOCR—HC(—O—)HC—CHOOCR—CH_2OOCR$

图 5-25　油脂在高温下的热缩合反应

油脂在高温下发生的化学反应，并不一定都是负面的。油炸食品中香气的形成与油脂在高温条件下的某些反应产物有关，油炸食品香气的主要成分是羰基化合物，如烯醛类。例如，将三亚油酸甘油酯加热到 185℃，每 30min 通 2min 水蒸气，前后加热 72h，从其挥发物中发现其中有 5 种直链 2,4-二烯醛和内酯，呈现油炸物特有的香气。油脂在高温下过度反应，对油的品质、营养价值均是十分不利的。在食品加工工艺中，一般宜将油脂的加热温度控制在 150℃以下。

5.4.5 油脂的辐射分解

辐照导致油脂降解的反应称为辐射分解（radiolysis）。食物的辐照作为一种灭菌手段，可延长食品的货架期。其负面影响和热处理一样，可诱导化学变化。辐照剂量越大，辐照时间越长，影响越严重。

在辐照油脂的过程中，油脂分子吸收辐射能而形成离子和激化分子，激化分子可进一步降解。以饱和脂肪酸酯为例，辐照后首先在羰基附近的 α、β、γ 位置处断裂，即在羰基附近的 5 个位置（a、b、c、d、e）优先发生裂解（图 5-26），而在其余部位发生的裂解则是随机的，生成的辐解产物有烃、醛、酸、酮、酯等。激化分子分解时还可产生自由基。在有氧时，辐照还可加速油脂的自动氧化，同时使抗氧化剂遭到破坏。

辐照和加热均造成油脂降解，这两种途径生成的降解产物有些相似，只是后者生成更多的分解产物。大量试验证明，按巴氏灭菌剂量辐照含脂肪食品不会有毒性。

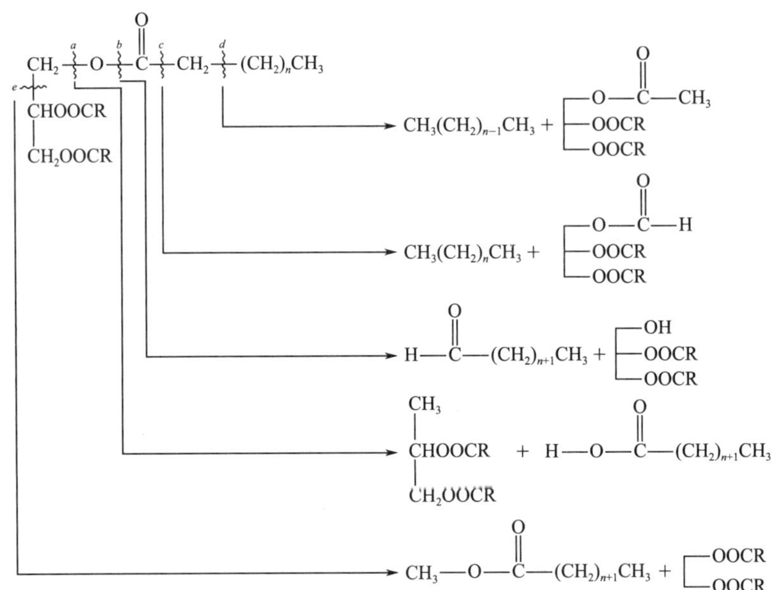

图 5-26 油脂的辐照分解反应示意图

5.5 食用油脂的特征值及质量评价方法

M5-2 油脂在高温条件下的反应

油脂和含油脂的食品，在加工和贮藏过程中容易发生油脂氧化，出现酸败现象，使食品品质劣化，丧失营养价值和食品的安全属性。那如何评价油脂是否发生了品质劣化？怎么判断油脂的品质呢？通常会通过油脂的特征值、氧化程度、氧化稳定性三个方面的指标来判断油脂的品质，如图 5-27 所示。油脂的特征值有酸价、皂化值和二烯值；油脂氧化程度的指标有过氧化值、TBA 法、碘值、羰基价和茴香胺值；油脂氧化稳定性的判断方法有活性氧法、史卡尔（Schaal）法、仪器分析法和感官评定法。

5.5.1 油脂的特征值

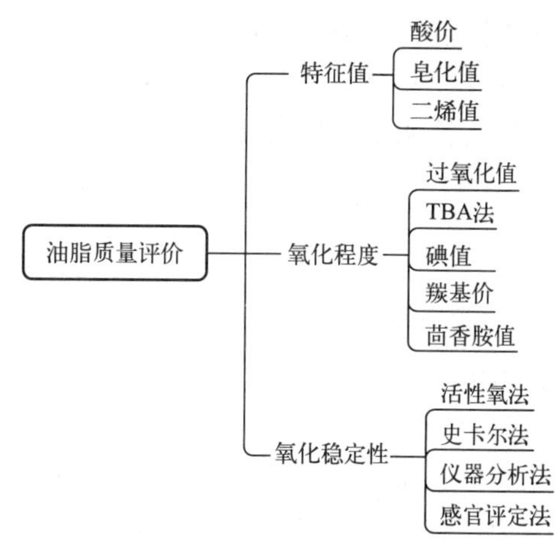

图 5-27 油脂的品质评价指标

酸价（acid value，AV）是指中和 1g 油脂中游离脂肪酸所需氢氧化钾的质量。酸价反映油脂中游离脂肪酸的含量。新鲜油脂的酸价很小，随着贮藏期的延长，由于加热、酶、微生物及水解作用，游离脂肪酸含量增加，油脂的酸价增大。因此，油脂酸价的大小可以直接反映油脂的新鲜程度和质量的优劣，是评价油脂质量的重要指标。我国国家标准 GB 2716—2018 规定，食用植物油的酸价不得超过 3mg/g。

皂化值（saponify value，SV）是指 1g 油脂完全皂化时所需要的氢氧化钾的质量。皂化值反映的是油脂平均分子量的大小。皂化值高，油脂的平均分子量低；皂化值低，油脂的平均分子量高。皂化值高的油脂熔点较低，易消化。一般油脂的皂化值在 200mg/g 左右。肥皂工业可以根据油脂的皂化值大小确定合理的用碱量和配方。

二烯值（diene value，DV）是指 100g 油脂中所需顺丁烯二酸酐换算成碘的质量（g）。该指标可反映不饱和脂肪酸中共轭双键的量，是鉴定油脂不饱和脂肪酸中共轭体系的特征指标。油脂中共轭双键可与顺丁烯二酸酐发生狄尔斯-阿尔德反应，天然存在的脂肪酸一般含非共轭双键，经化学反应后可转变为无营养的含共轭双键的脂肪酸。二烯值的升高，表明油脂品质有劣化趋势。

5.5.2 油脂的氧化程度

油脂的氧化程度通常可以用过氧化值、TBA 法、碘值、羰基价和茴香胺值来衡量。

过氧化值（peroxide value，POV）是指 1kg 油脂中所含氢过氧化物的物质的量（mmol）。氢过氧化物是油脂氧化的主要初级产物。在油脂氧化初期，POV 随氧化程度加深而增高；当油脂深度氧化时，ROOH 的分解速度超过了其生成速度，这时 POV 会有所降低，所以 POV 主要用于衡量油脂氧化初期的氧化程度。POV 的测定可以用碘量法，我国食用植物油的 POV 不高于 0.25g/100g。

硫代巴比妥酸（thiobarbituric acid，TBA）法是衡量油脂氧化程度的常用方法。不饱和脂肪酸氧化形成的氢过氧化物并不稳定，分解之后产生醛、酮等小分子化合物。生成的醛类化合物可以与 TBA 反应生成有色化合物。如丙二醛与 TBA 反应形成的有色化合物在 530 nm 处有最大吸收，而其他的醛与 TBA 生成的有色化合物在 450nm 处有最大吸收，因此在 530nm 和 450nm 两个波长处测定有色物的吸光度值，以此来衡量油脂的氧化程度。有些非醛类物质，如与油脂共存的蛋白质也可以与 TBA 反应显色，因此对于来源不同的油脂，不同体系的油脂，由于组成成分不同，且蛋白质种类及含量不同，不宜采用硫代巴比妥酸法来比较氧化程度。该方法只适用于分析同一体系物质在不同氧化阶段的氧化程度。

碘值（iodine value，IV）是指 100g 油脂吸收碘的质量。碘值反映了油脂中双键的量。碘值越高，说明油脂中双键越多；大部分油脂的碘值在一个范围之内，碘值如果降低，说明油脂的双键数在减少，油脂发生了氧化反应。碘值的测定利用了双键的加成反应。将碘转变为溴化碘或氯化碘，然后与双键进行加成反应。过量的 IBr 在 KI 存在下，析出 I_2，再用 $Na_2S_2O_3$ 溶液滴定，依据硫代硫酸钠的消耗量即可求得碘值，反应如下：

$$I_2 + Br_2 \longrightarrow 2IBr$$

$$-CH=CH- + IBr \longrightarrow -CHI-CHBr-$$

$$IBr + KI \longrightarrow I_2 + KBr$$

$$I_2 + 2Na_2S_2O_3 \longrightarrow 2NaI + Na_2S_4O_6$$

油脂依据碘值的大小，可以分为干性油（碘值＞130g/100g）、半干性油（碘值 100～130g/100g）和不干性油（碘值＜100g/100g）。

羰基价（carbonyl group value，CGV）是指 ROOH 分解时产生的羰基化合物（醛、酮类化合物）的总量。油脂羰基价的大小直接反映油脂酸败的程度。对于变质油和煎炸残油来说，羰基价的变化比过氧化值的变化更灵敏。油脂和含油脂食品的羰基价受存放、加工条件影响很大，并会随着加热时间、贮存时间的延长而显著增加。羰基价的检验方法为 2,4-二硝基苯肼比色法。

茴香胺值反映的是油脂中不饱和醛的量，在乙酸存在条件下，茴香胺与醛反应生成淡黄色化合物，该化合物在 350nm 处有最大吸收波长，可以与标准系列比较定量。

5.5.3 油脂氧化稳定性

油脂氧化稳定性的评价可以用活性氧法、史卡尔法、仪器分析法和感官评定法。

活性氧法（active oxygen method，AOM）是在 97.8℃ 温度下，连续向油脂中以 2.33mL/s 的速度通入空气，测定油脂过氧化值达到一定值所需的时间。对于植物油，测定过氧化值达到 50mmol/kg 所需的时间；对于动物油脂，测定过氧化值达到 10mmol/kg 所需的时间。该方法不仅可以评价油脂的稳定性，还可以用于评价抗氧化剂的抗氧化性能，但是它与油脂的实际货架期并不完全对应。

史卡尔（Schaal）法是定期测定处于 60℃ 温度下油脂的 POV 达到一定值所需要的时间，确定油脂出现氧化性酸败的时间，或用感官评定确定油脂达到酸败的时间。

色谱法、光谱分析法等仪器分析方法通过测定含油食品中的氧化产物，来评价油脂的氧化程度。

感官评定法是最终评定食品中氧化风味的方法，任何一种油脂质量评价的化学、物理或仪器方法的准确性，很大程度上取决于它与感官评定的符合程度。风味评定一般是受过训练的或经过培训的感官检验员采用一定的方法进行的。

5.6 油脂的加工化学

5.6.1 油脂的精炼

从油料作物、动物脂肪组织中，采用压榨、熬炼、机械分离及有机溶剂浸提等方法可得到毛油。毛油中含有机械杂质、磷脂、色素、蛋白质、游离脂肪酸及有异味的杂质，甚至含有有毒的成分（如黄曲霉毒素、棉酚等）。无论是风味、外观，还是油的品质、稳定性、安全性，毛油都是不理想的。对毛油进行精制，可提高油的品质，改善风味，延长油的货架期。

5.6.1.1 脱胶

脱胶（degumming）是应用物理、化学或物化方法将毛油中的磷脂、黏液质、树脂、蛋白质、糖类等胶溶性杂质脱除的工艺过程。食用油脂中，磷脂的存在使油脂形成 W/O 的乳浊液，使得油变得浑浊，加热时易起泡、冒烟、有臭味，且磷脂在高温下因氧化而使油脂呈焦褐色，影响煎炸食品的风味。脱胶就是依据磷脂及部分蛋白质在无水状态下可溶于油，但与水形成水合物后则不溶于油的原理，向毛油中加入 1%～3%的热水或通入水蒸气，加热油脂并在 50～80℃温度下搅拌混合，然后静置分层，分离水相，即可除去磷脂和部分蛋白质。脱胶时通常在水中加入少量的酸增加磷脂的氢键作用。

5.6.1.2 脱酸

毛油中游离脂肪酸（FFA）会产生异味、加速脂类氧化、产生泡沫从而影响油脂的稳定性和风味，此外 FFA 还干扰油脂的进一步加工，毛油中 FFA 的含量在 0.5%以上，米糠油中 FFA 含量甚至高达 10%，因此必须从油脂中去除 FFA。脱酸通常采用加碱中和的方法除去 FFA，因此又称为碱炼。加入的碱量可通过测定油脂的酸价来确定。该反应生成的脂肪酸盐（皂脚）进入水相，分离水相后，用热水洗涤中性油脂，静置离心，分离残留的皂脚。碱炼同时可除去棉籽油中的棉酚，对黄曲霉毒素也有破坏作用。

5.6.1.3 脱色

毛油中含有叶绿素、类胡萝卜素等色素，叶绿素是光敏化剂，加速油脂氧化，影响油脂的稳定性及感官品质。将 80～110℃的毛油与中性白土、合成硅酸铝、活性炭或活性土等吸附剂混合可去除色素，此过程称为脱色。由于吸附剂会加速油脂氧化，该操作通常在真空条件下完成。脱色的同时还可吸附磷脂、皂脚及一些氧化产物，最后过滤除去吸附剂。

5.6.1.4 脱臭

毛油中含有一些天然存在的醛、酮、醇或者在制取和精炼过程中油脂氧化生成的异味化合物。通过减压高温（180～270℃）蒸馏除去，并添加柠檬酸，螯合过渡金属离子，抑制氧化作用。此法不仅可除去挥发性的异味化合物，还可使非挥发性的异味化合物热分解转变为挥发物，蒸馏除去。脱臭能够分解油脂氢过氧化物从而提高油脂的氧化稳定性，但同时也会导致反式脂肪酸的生成。

油脂精炼后品质提高，但也有一些负面的影响，如损失一些脂溶性维生素、脂溶性抗氧化剂，如维生素 A、维生素 E 和类胡萝卜素等。因此，精炼处理后向油脂中加入抗氧化剂以补充抗氧化剂的损失，提高油脂的抗氧化性能。

5.6.2 油脂的氢化

油脂氢化是指在高温和 Ni、Pt 等金属催化剂的作用下，通过将不饱和脂肪酸的双键与氢发生加成反应使甘油三酯的不饱和度降低，将液体油转变为固体或半固体脂的过程。

油脂氢化的目的：一是将液态油转化为半固态脂，增加了油脂的应用范围，部分氢化的产品可用于食品工业制造起酥油、人造奶油等；二是提高其氧化稳定性及品质，油脂氢化后熔点提高，颜色变浅，如含有令人不愉快气味的鱼油经氢化后，臭味消失。

5.6.2.1 油脂氢化的机理

氢化反应的机理如图 5-28 所示。油脂的氢化反应包括三个步骤：首先，不饱和脂肪酸的双键和氢原子被吸附在金属催化剂表面，双键的一端与金属形成碳-金属复合物（a）；然后，氢原子与碳-金属复合物反应，生成不稳定的半氢化态（b 或 c），此时其中的一个双键碳与催化剂以单键连接，可以自由旋转；最后，半氢化的 b 或 c 可以发生加氢或者脱氢反应，既可以接受氢原子，生成饱和产品 d，也可以脱去一个氢原子重新生成双键，生成产品 e、f、g。双键的位置可能发生位移，并且有顺式和反式两种异构体，因此，油脂氢化可产生反式脂肪酸。

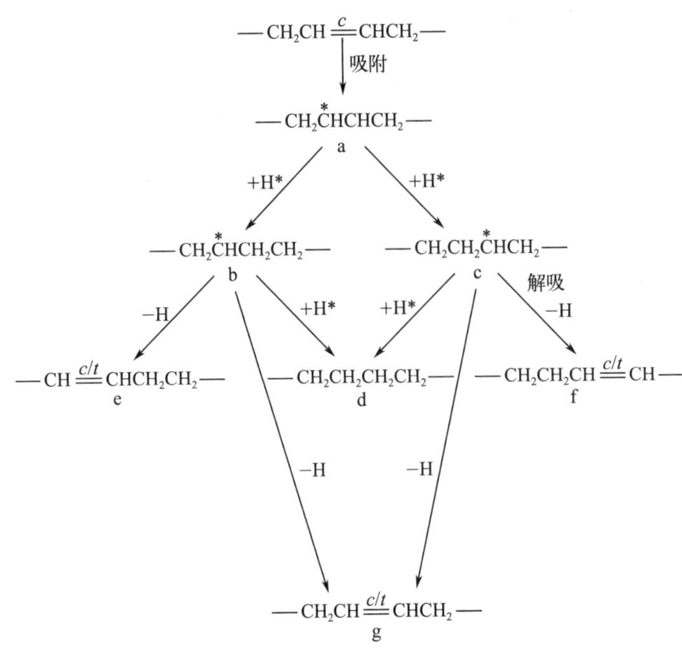

图 5-28　油脂的氢化机理示意图

根据油脂的氢化程度，可分为部分氢化脂肪、全氢化脂肪。

油脂的部分氢化可用镍粉作为催化剂，在 1.5～2.5 个大气压、125～190℃下进行反应。全氢化以骨架镍作为催化剂，在 8 个大气压、250℃下进行反应，得到全氢化脂肪，工业上用于生产肥皂。

油脂的氢化程度可根据油脂的折射率变化而得知。当氢化反应达到所需程度时，冷却并将催化剂滤除就可终止反应。油脂氢化前必须经过精炼，游离脂肪酸和皂的含量要低，氢气必须干燥且不含硫、SO_2 和氨等杂质。催化剂可以是镍、铂以及铜、铜铬混合物。氢化中最常用的催化剂是镍，使用得当的镍催化剂可反复使用达 50 次；铂的催化效率比镍高得多，但由于价格昂贵，不适用工业化生产；铜催化剂对豆油中亚麻酸有较好的选择性，但其缺点是铜易中毒，反应完成后不易除去。磷脂、水、肥皂、SO_2、硫化物等都可以使催化剂中毒失活，所以油脂需要经过精炼处理后才能进行氢化。

5.6.2.2　氢化的选择性

油脂氢化反应的产物十分复杂，反应物的双键越多，产物也越多。以 α-亚麻酸为例（图 5-29），其氢化产物有 7 种。三烯可转变为二烯，二烯可转变为一烯，直至达到饱和。

在油脂氢化过程中，可以通过选择不同的氢化条件、催化剂来对其中某种不饱和脂肪酸优先加氢，即选择性氢化。氢化的选择性一般以选择性比率（SR）来表示，是指不饱和程度较高的脂肪酸的氢化速率与不饱和程度较低的脂肪酸的氢化速率之比。

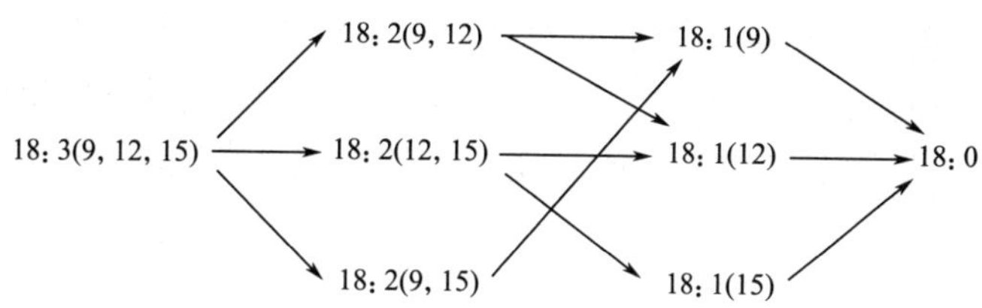

图 5-29　α-亚麻酸的氢化产物

$$SR=\frac{较多不饱和脂肪酸的氢化速率}{较低不饱和脂肪酸的氢化速率}$$

影响氢化选择性的因素有：温度、氢气压力、搅拌速度、催化剂种类及催化剂浓度。通常来说，反应温度升高，SR 升高；催化剂浓度升高，SR 升高；反应压力增高，SR 下降；提高搅拌强度，SR 下降。氢化条件对氢化选择性和氢化速率的影响见表 5-9。

表 5-9　氢化条件对氢化选择性和氢化速率的影响

氢化条件	SR	氢化速率	反式脂肪酸含量
高温	高	高	高
高压	低	高	低
高浓度催化剂	高	高	高
高搅拌强度	低	高	低

氢化选择性越大，生成的反式脂肪酸（trans fatty acids，TFAs）也越多，从营养和安全的角度看这是不利的，因为人体的必需脂肪酸都是顺式构型，而且食用含有 TFAs 的食物会阻碍必需脂肪酸在人体内的正常代谢，妨碍脂溶性维生素的吸收和利用，反式脂肪酸与糖尿病、心血管疾病、肥胖、乳腺癌、前列腺癌等疾病密切相关。

5.6.3　油脂的酯交换

天然油脂中脂肪酸的分布模式赋予了油脂特定的物理性质，如结晶特性、熔点等。这种天然分布模式有时会限制油脂在工业上的应用。酯交换是通过改变脂肪酸在甘油三酯中的分布，来改变油脂的性质，尤其是使油脂的结晶及熔化特征发生改变的一种油脂改性方法。它可以发生在甘油三酯分子内和不同分子间，如图 5-30 所示。

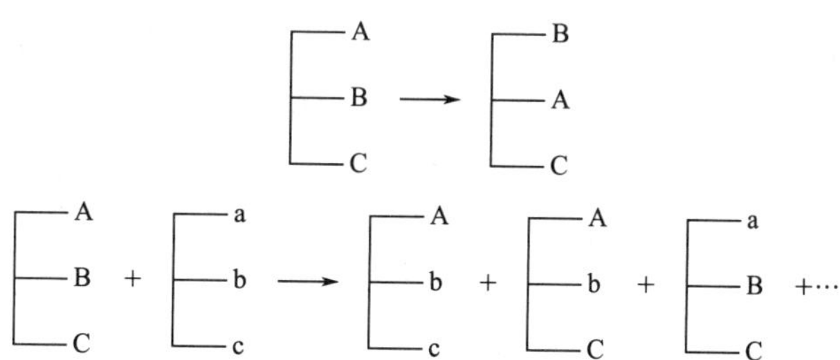

图 5-30　甘油三酯酯交换示意图

依据酯交换使用的催化剂类型可分为酶法酯交换和化学法酯交换。

酶法酯交换是利用酶作为催化剂的酯交换反应。酶法酯交换具有催化效率高、专一性强、反应条件温和、环保、安全性高、产物易分离、催化剂可重复利用的特点。酶法酯交换可用于制备可可脂、人乳脂代用品、改性磷脂、脂肪酸烷基酯、低热量油脂和结构甘油酯等。

化学酯交换是用碱金属、碱金属氢氧化物、碱金属烷氧化物等作为催化剂的酯交换反应，通常只需在50～70℃下，不太长的时间内完成。与酶法酯交换相比具有经济、易控制反应等优点。目前常用的催化剂是烷氧基钠、钠、钾、钾-钠合金及氢氧化钠-甘油等。化学酯交换又分为随机酯交换和定向酯交换。酯化反应在高于油脂熔点的温度下进行，甘油三酯分子随机重排产物很多，这种酯交换即为随机酯交换。油脂的随机酯交换可用来改变油脂的结晶性和稠度。猪油的随机酯交换，增强了油脂的塑性，从而可做起酥油用在焙烤食品中。定向酯交换是在油脂熔点温度以下进行的酯交换反应，脂肪酸的重排是定向的，因反应中形成的高熔点的甘油三酯将会结晶析出，不断移去这些甘油三酯，剩下的脂肪在液相中继续反应直到平衡；定向酯交换的结果是使得整个油脂中的饱和脂肪酸酯（结晶）的量、不饱和脂肪酸酯（液态）的量同时增加。

5.6.4 油脂的分提

利用油脂中各种甘油三酯的熔点差异或在不同溶剂中溶解度的差异，在一定温度下通过分步结晶，将油脂分成具有不同理化特性的两种及以上的组分，即油脂分提。

分提过程可分为三个阶段：第一阶段，液体或熔化的甘油二酯冷却产生晶核；第二阶段，晶体成长到形状及大小都可以有效分离的程度；第三阶段，固相和液相分离、提纯。固液分提工序需要晶粒大、稳定性佳、过滤性好的晶体，为此必须控制分提程序，如缓慢冷却并不断轻缓地搅拌等。

分提可分为干法分提、溶剂分提及表面活性剂分提。

干法分提是指在无有机溶剂存在的情况下，将熔化的油脂缓慢冷却，直至较高熔点的甘油三酯选择性析出，再过滤分离结晶。干法分提包括冬化、脱蜡、液压及分级等工序。冬化是指在5.5℃下使油脂中高熔点的甘油三酯结晶析出。冬化时要求冷却速度慢，并不断轻轻搅拌，以保证生产体积大、易分离的β型晶体，分离出的硬脂可用于生产人造黄油。脱蜡是指在10℃下使油脂中的蜡结晶析出。菜籽油、棉籽油、葵花籽油经冬化、脱蜡后，冷藏时不会出现浑浊现象。干法分提适用于产品在有机溶剂中溶解度相近的脂肪酸甘油三酯的分离，待分离组分结晶大，可以借助压滤或离心进行分离。

溶剂分提是指在油脂中加入有机溶剂，形成黏度较低的混合油体系，然后进行冷却结晶的分提。有机溶剂的作用是有利于形成易过滤的稳定结晶，提高分离效率，适合黏度大的含长碳链脂肪酸的油脂的分提。如用溶剂分提法分提棕榈油中间组分PMF，PMF是生产类可可脂的原料。常用的有机溶剂有正己烷、丙酮、2-硝基丙烷等，但己烷、丙酮、异丙醇等易燃，要求车间设计、生产时提供额外的安全保障，前期投资成本较高、生产费用大。因此，该方法仅用于生产附加值较高的产品。

表面活性剂分提是在对上述两法得到的油脂进行冷却结晶后，加入表面活性剂水溶液并搅拌，改善油与脂的界面张力，形成脂在表面活性剂水溶液中的悬浮液，然后利用密度差将油水混合物离心分离，得到液态的甘油三酯和包含晶体的水层，加热水层，晶体溶解、分层，将高熔点的油脂和表面活性剂水溶液分离开。

目前干法分提工艺得到改进，该方法被广泛应用于多种油脂的加工。油脂分提是物理改性过程，避免了高温处理产生大量反式脂肪酸的缺点，符合现代食品安全、环保的社会需求，因此具有广泛的应用前景。但该方法不能连续化生产，存在滤膜寿命短、易污染等不足，有待进一步改善其工艺。

5.7　复合脂类及衍生脂类

5.7.1　磷脂

磷脂是含有磷酸的脂类，主要包括甘油磷脂和神经鞘磷脂。甘油磷脂以甘油为骨架，甘油的 1 位和 2 位上的羟基分别与两个脂肪酸生成酯，3 位上的羟基与磷酸生成酯，称为磷脂酸。常见的有卵磷脂（PC）、脑磷脂（PE）、磷脂酰丝氨酸（PS）。神经鞘磷脂主要以神经鞘氨醇为骨架，神经鞘氨醇的第二位碳原子上的氨基与长链脂肪酸形成神经酰胺，再与磷酸和胆碱式乙醇胺连接形成鞘脂。几种典型磷脂的结构如图 5-31 所示。

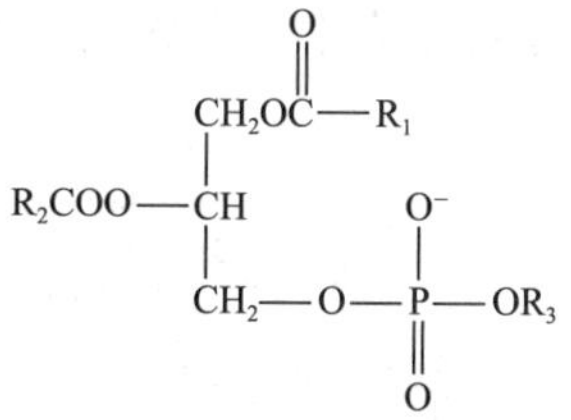

$$
\begin{array}{l}
\qquad\qquad\quad CH_2OC(=O)—R_1 \\
\qquad\qquad\quad | \\
R_2COO—CH \\
\qquad\qquad\quad | \\
\qquad\qquad\quad CH_2—O—P(=O)(O^-)—OR_3
\end{array}
$$

图 5-31　常见的几种磷脂

R_1、R_2 为脂肪酸，通常 R_1 为饱和脂肪酸，R_2 为不饱和脂肪酸；

$R_3=H$ 为磷脂酸（phosphatidic acid），$R_3=—CH_2CH_2N^+(CH_3)_3$ 为磷脂酰胆碱（phosphatidyl choline，PC），

$R_3=—CH_2CH_2NH_3$ 为磷脂酰乙醇胺（phosphatidylethanolamine，PE），

$R_3=—CH_2CH(NH_2)COOH$ 为磷脂酰丝氨酸（phosphatidylserine，PS）

磷脂是构成生物膜的重要成分，PC、PE 及鞘磷脂都参与膜的组成，不同的磷脂在结构、性质、功能上都有差异。例如 PC 溶于乙醇，而 PE 不溶，利用这一性质可以将它们分开。PC 参与脂肪的代谢，具有健脑、增强记忆力的作用。乙酰胆碱是神经系统传递信息必需的化合物，人的记忆力减退与乙酰胆碱不足有一定关系，人脑能直接从血液中摄取卵磷脂，并很快转化为乙酰胆碱。PC 还具有乳化作用，可以使中性脂肪和血管中沉积的胆固醇乳化为对人体无害的微粒，溶于水中而排出体外，同时阻止多余脂肪在血管壁沉积，可促进脂肪代谢，防止发生脂肪肝；还具有降低血清胆固醇、改善血液循环、预防心血管疾病的作用。

卵磷脂在食品中常用作乳化剂、抗氧化剂，用于乳品和速溶食品中，可提高其速溶性能；用于冰淇淋的生产中，可提高其乳化性，防止冰晶生成；用于巧克力制品中，具有降低黏度、抗氧化、抗出油和防止同质多晶间的非需宜转变等功能；用于烘焙食品中，具有提高产品保水性的作用；其还具有增加蛋糕糖霜质地及延展性、改善面团品质、抗老化、延长食品的保鲜期等作用。

5.7.2 固醇

一大类以环戊烷多氢菲为骨架的物质，称为固醇（sterol）或甾醇，是广泛存在于生物体组织内的一类天然有机化合物。按其来源主要分为植物固醇（包括豆固醇、谷固醇）、动物固醇（胆固醇）和菌性甾醇。固醇的结构通式见图5-32。植物固醇在大多数植物中都有分布，以豆固醇（rctigmasterol）、谷固醇（sitosterol）为代表；动物固醇主要来自动物组织和动物细胞，以胆固醇（cholesterol）为代表；菌性固醇主要存在于霉菌和蘑菇中，主要为麦角甾醇（ergosteorl）。

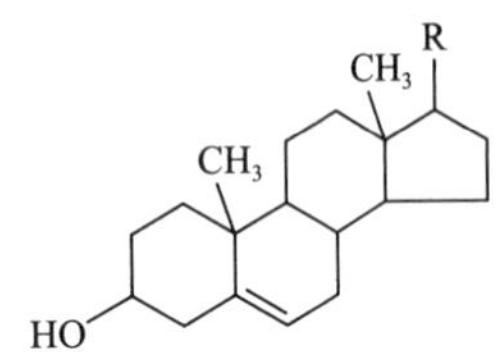

图5-32 固醇结构通式

5.7.2.1 植物固醇

植物固醇是一种存在于多种水果、蔬菜、豆类、坚果、谷类中的天然活性物质，至今已发现100多种。天然植物固醇有游离型和酯化型两种。游离型植物固醇常见的有β-谷固醇（β-sitosterol）、豆固醇（stigmasterol）、菜籽固醇（brassicasterol）和菜油固醇（campesterol）等4种（见图5-33）。酯化型的植物固醇主要有固醇硬脂酸酯、固醇油酸酯、固醇乙酸酯，是固醇在酶的作用下合成的。固醇是维生素D、甾族化合物及多种激素合成的前体物质。

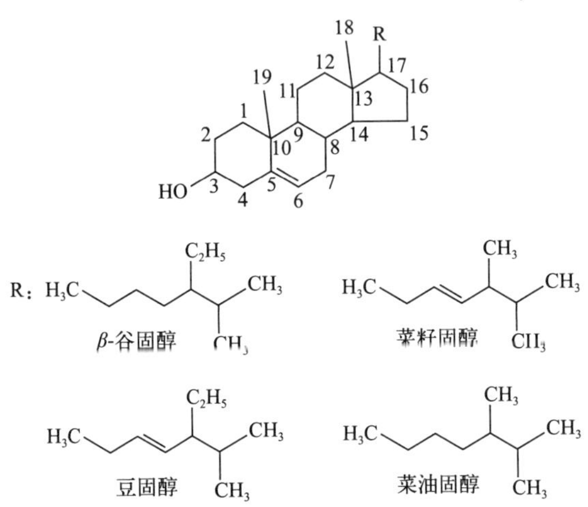

图5-33 常见的植物固醇的分子结构

固醇是不皂化物，油脂精炼在加碱脱酸时，大部分醇可被皂脚吸附，因此油脂的碱炼皂脚及油脂的脱臭馏出物可作为提取植物固醇的原料。原料经溶剂提取、浓缩、冷析、再精制，就得到植物固醇成品。固醇具有降低血清胆固醇、预防血栓形成、抗炎、抗肿瘤、抗氧化、美容、抑制血小板凝聚及调节动物生长等多种生物活性，广泛应用在食品、保健品、化妆品、饲料、医药以及化工等领域。

植物固醇酯的制备方法有化学合成法、酶催化法。酶催化法具有反应条件温和、高效专一、副产物少、易于分离纯化等优点，但是成本高、生产效率低，严重制约了酶法在植物固醇工业化生产中的应用。化学合成法是目前在工业化生产中的主要方法。

5.7.2.2 胆固醇

胆固醇是一种环戊烷多氢菲的衍生物。化学式为$C_{27}H_{46}O$，结构如图5-34所示。胆固醇为白色或淡黄色结晶，被氧化后变黄，不溶于稀酸、稀碱，易溶于有机溶剂，属于不皂化物，在食品加工中难以被破坏。它是动物体内广泛存在的类固醇，是细胞膜的重要成分，也是合成胆汁酸、类固醇激素和维生素 D_3 等的前体物质，具有重要的生理作用。少量的胆固醇对人体健康是必不可少的，在营养不良的人群中，胆固醇过低与非血管硬化造成的死亡率高有极大的相关性；但摄入过量会造成心血管疾病、肾脏疾病和骨代谢疾病患病率的显著增加。过量的胆固醇会在胆道中沉积为胆结石，在血管壁上沉积引起动脉粥样硬化。胆固醇广泛存在于动物体内，尤其在大脑及神经组织中最为丰富，在肾、皮肤、肝和胆汁中含量也较高。胆固醇需与脂蛋白结合才能被运送到身体各部位。运送胆固醇的脂蛋白有两种，即低密度脂蛋白（LDL）和高密度脂蛋白（HDL）。低密度脂蛋白胆固醇（LDL-C）有着极强的黏附力，可黏附在血管壁上，被认为是酿成血管栓塞的罪魁祸首，是“不良”的胆固醇，而高密度脂蛋白胆固醇（HDL-C）能将血管内“不良”的胆固醇运送回肝脏，避免血管阻塞，所以被认为是“良性”的胆固醇。

目前普遍接受的导致动脉硬化发生的理论是“血管损伤及胆固醇氧化修饰理论”。即动脉硬化发生的起因主要是血管内皮细胞损伤：①致使血管内皮的屏障和通透性改变，LDL-C 渗透进入动脉内皮下时，由于血管内皮细胞的微孔过滤作用，大量内源性天然抗氧化物被阻挡在外，LDL-C 离开血液后就不再受血浆或细胞间液中抗氧化物质的保护，此时如果存在吸烟、药物、高血压、糖尿病等因素的诱发，内皮细胞、平滑肌细胞等产生大量氧自由基，就会发生 LDL-C 在内皮下的氧化修饰；②干扰内皮细胞的抗血栓性质；③影响内皮细胞释放血管活性。

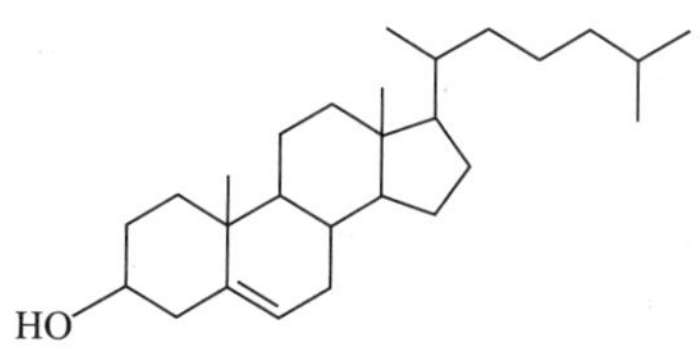

图 5-34 胆固醇的结构

在成人体内，约 2/3 的胆固醇在肝脏内合成，约 1/3 源于食物。高含量血清胆固醇是引起心血管疾病的危险因素，所以在膳食中有必要限制高胆固醇食物的摄入量。一些食品中的胆固醇含量见表 5-10。在工业生产中通常采取对动物大脑使用丙酮浸提和对羊毛脂皂化和抽提来提取胆固醇。

表 5-10 一些食品中的胆固醇含量 单位：mg/100g

食品	小牛脑	蛋黄	猪肾	猪肝	黄油	猪肉（瘦）	牛肉（瘦）	鱼（比目鱼）
含量	2000	1010	410	340	240	70	60	50

5.7.2.3 菌性甾醇

麦角固醇（ergosterol）又称麦角甾醇，主要存在于真菌及酵母菌中，麦角固醇具有抗炎、抗氧化、抗菌、抗肿瘤、降低心血管疾病发生率、降脂等生物功能。麦角固醇在紫外线照射下可转化成维生素 D，是人体维生素 D 较好的来源。真菌中麦角固醇含量丰富。麦角固醇被广泛应用在食品、医药和饲料等领域。

思考题

1. 脂类的功能特性有哪些？

2. 试述油脂的同质多晶现象在食品加工中的应用。
3. 油脂的塑性主要取决于哪些因素?
4. 简述脂肪酸在甘油三酯分子中分布的理论。
5. 食品中常用的乳化剂有哪些?
6. 简述影响食品中脂类自动氧化的因素有哪些。
7. 油炸过程中油脂的化学变化。
8. 油脂可以经过哪些精炼过程?
9. 简述酯交换及其意义。
10. 破乳有哪些类型?
11. 试述脂类的氧化及对食品的影响。
12. 试述抗氧化剂及抗氧化机理。
13. 简述脂类经过高温加热时的变化及对食品的影响。
14. 试述油脂氢化及意义。
15. 试述反式脂肪及其食品安全性。

参考文献

[1] 黄珊珊,张东,段晓亮,等. 稻谷中的脂质分布、组成、功能以及检测方法研究进展 [J]. 食品科学,2023,44 (7):324-330.
[2] 王欣卉,宋雪健,张东杰,等. 脂质组学技术及其在食品科学领域应用研究进展 [J]. 食品科学,2023,44 (5):290-297.
[3] 李鹏超,顾学艳. 共轭亚油酸对脂质代谢和身体成分组成影响的研究进展 [J]. 食品科学,2022,43 (7):373-380.
[4] 王苑力,李桐,郭咪咪,等. 中长链脂肪酸结构脂质及其制备工艺研究进展 [J]. 中国粮油学报,2021,36 (1):195-202.
[5] 杨壹芳,余沁芯,肖子涵,等. 脂质氧化对肉制品中 4 类有害物质形成影响的研究进展 [J]. 食品科学,2021,42 (21):355-364.
[6] 刘文轩,罗欣,杨啸吟,等. 脂质氧化对肉色影响的研究进展 [J]. 食品科学,2020,41 (21):238-247.
[7] 马逸凡,贾亮,熊颖,等. 植物油料热处理影响油脂氧化稳定性机理的研究进展 [J]. 中国粮油学报,2020,35 (4):181-186.
[8] 王兆明,贺稚非,李洪军. 脂质和蛋白质氧化对肉品品质影响及交互氧化机制研究进展 [J]. 食品科学,2018,39 (11):295-301.
[9] 类红梅,罗欣,毛衍伟,等. 天然抗氧化剂的功能及其在肉与肉制品中的应用研究进展 [J]. 食品科学,2020,41 (21):267-277.
[10] 陈晓迪,刘飞,徐虹. 脂溶性天然抗氧化剂的研究进展 [J]. 食品科学,2017,38 (3):299-304.
[11] 孙月娥,王卫东. 国内外脂质氧化检测方法研究进展 [J]. 中国粮油学报,2010,25 (9):123-128.
[12] 仪凯,彭元怀,李建国. 我国食用油脂改性技术的应用与发展 [J]. 粮食与油脂,2017,30 (02):1-3.
[13] 杨铭铎,于亚莉,高峰. 食品生产中脂肪代用品的研究进展 [J]. 食品科学,2002,23 (8):310-314.
[14] 张超越,辛嘉英,陈林林,等. 酶法制备人乳脂替代品的研究进展 [J]. 食品科学,2013,34 (3):298-302.
[15] 高媛,黄芳芳,王家旺,等. 益生菌降胆固醇的机制及其评价策略研究进展 [J]. 食品科学,2023,44 (21):322-329.
[16] 许青青,金文彬,苏宝根,等. 植物甾醇酯的化学合成及其分离研究进展 [J]. 中国粮油学报,2014,29 (03):120-128.
[17] 汪东风,徐莹. 食品化学 [M]. 4 版. 北京:化学工业出版社,2023.
[18] 江波,杨瑞金. 食品化学 [M]. 2 版. 北京:中国轻工业出版社,2023.

第6章 维生素与矿物质

知识结构

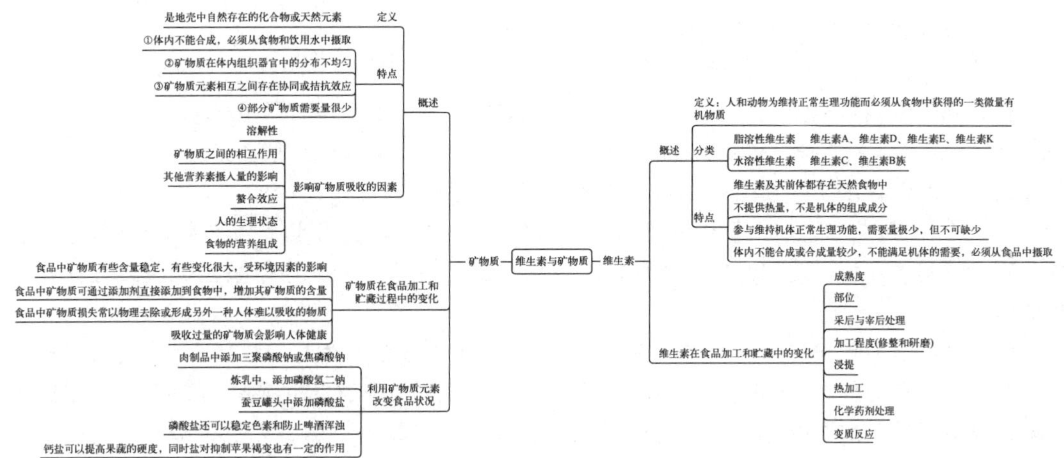

学习目标

知识目标　① 了解维生素和矿物质的种类以及它们在食品中的含量与分布。

② 掌握维生素和矿物质在食品加工、贮藏过程中发生的物理、化学变化，以及对食品品质所产生的影响。

能力目标　① 运用维生素和矿物质的理论知识，分析与其相关的变化，进而分析问题、解决问题。

② 运用现代化手段查阅相关学术资料，培养进行归纳、总结的能力，能够运用专业术语进行维生素与矿物质相关内容的交流、讨论。

素养目标　通过本章学习，了解水和冰的基本知识，体会科学进展永无止境，积极学习科学文化知识。

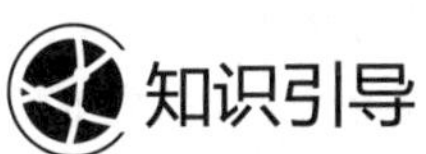

知识引导

维生素是20世纪的一项伟大发现。19世纪，随着工农业的不断发展，人们的经济基础得到改善，生活条件也不断提高。与此同时，在很多物质生活条件较好的人身上出现了一些不明症状，如消化不良、食欲不振、便秘、腹胀、厌食，严重的甚至出现肌肉酸痛、下肢无力，然后出现各种各样的躯干水肿、呼吸困难，最后引起心力衰竭。这种病在当时被称为“脚气病（beriberi）”。然而当时很多穷人并没有出现这种问题，反而以精米为食的富贵人家成了脚气病的重灾区。当时正值微生物研究流行时期，人们普遍认为脚气病跟微生物有关，是相应的致病菌导致的，所以当时该病症的研究重点都集中在如何从病人的血液中提取出相应的致病菌，但是迟迟没有进展。

1886年，年轻的荷兰军医艾克曼（Christian Eijkman，1858—1930）在爪哇岛成立专门的实验室研究亚洲普遍流行的脚气病，企图找出引起该病的细菌，但是一直没有成功。就在艾克曼因为身体健康原因准备离开爪哇岛返回荷兰之前，一次他和岛上负责100多个监狱的健康检察官沃德曼交流时发现，监狱中吃粗大米的囚犯，脚气病的发病率为0.01%，而吃精制大米的囚犯发病率却高达2.5%，而各个监狱的卫生环境基本是一样的，这就基本推翻了致病菌导致得病的推断。经过继续试验，艾克曼推测，当地大米中含有一种引起脚气病的毒素，而大米壳中含有对抗这种毒素的物质，后来在艾克曼在和其他科学家的共同研究下，他们能用水或酒精从大米壳中提取这类物质，可以治疗脚气病，于是他们将之称为“水溶性B”。艾克曼也因此在1929年获得了诺贝尔生理学或医学奖。

在艾克曼提出水溶性B之后，1911年，波兰化学家卡西米尔·冯克（Casimir Funk）鉴定出在大米壳中能对抗脚气病的物质是胺类，它是维持生命所必需的，所以建议命名为“vitamine”，由拉丁文生命（vita）和胺（amine）合并而来，意为“生命必需的胺”，但是后来随着研究的深入，发现并非所有的维生素都是胺类，所以去掉了词尾的e，就变成了现在的vitamin。在中文中，曾经被翻译为威达敏、维生素、生活素及维他命，之所以命名为维生素，有“维持生命所必需的元素”的意思。从维生素的名字我们就可以看出维生素在生物体内的作用。

矿物质和维生素一样，是人体必需的物质。虽然矿物质在人体内的总量不及体重的5%，也不能提供能量，但是它们在体内不能自行合成，必须由外界环境供给，并且在人体组织的生理作用中发挥着重要的功能。矿物质是构成机体组织的重要原料，如钙、磷、镁是构成骨骼、牙齿的主要原料，矿物质也是维持机体酸碱平衡和正常渗透压的必要条件。不同的矿物质可以组成种类、功能各不相同的蛋白质、激素、维生素和多种酶。同时，一种矿物质在人体中发挥的重要功能，也可能远远不止一种。如果人体长期缺乏某种矿物质，很有可能导致人体的某些重要生理功能损伤。总之，矿物质在维持人体各种生命活动中有着至关重要的作用。

6.1 维生素概述

6.1.1 维生素的概念和特点

维生素是人和动物为维持正常生理功能而必须从食物中获得的一类微量有机物质。通过维生素的概念，可以得到维生素的一些重要信息：第一，维生素的作用是维持人和动物的正常生理功能；第二，维生素的来源是必须从食物中获得的，人体自己不能合成或者合成量很少；第三，人体或者动物体对维生素的需要量是微量的，就是含量特别小，它的属性是有机物质。

维生素的特点包含以下几点：

① 维生素及其前体都存在于天然食物中，但是没有任何一种天然食物含有人体所需要的全部维生素。这也是为什么营养师会建议大家摄入的食物来源要丰富，种类越多越好，这样更有利于维生素的全面摄入。

② 维生素在体内不提供热量，一般也不是机体的组成成分。这说明维生素在机体内既

不作为机体的组成成分，也不作为能量来源。那么维生素在机体内到底起到的是什么样的作用呢？维生素的作用是参与维持机体正常的生理功能，是需要量极少，但却是不可缺少的一类物质。

③ 维生素在体内不能合成或合成量较少，不能满足机体的需要，必须从食品中摄取。绝大部分的维生素在体内是不能够合成的，或者是即便能够自身合成，但合成量非常少，根本不能够满足机体对它的需求，所以必须从食物中也就是从外源来摄取。

6.1.2　维生素的分类

维生素根据溶解性可以分为两大类：脂溶性维生素和水溶性维生素。其中脂溶性维生素包括维生素 A、维生素 D、维生素 E、维生素 K，水溶性维生素则主要是维生素 B、维生素 C、胆碱和肌醇等（图 6-1）。

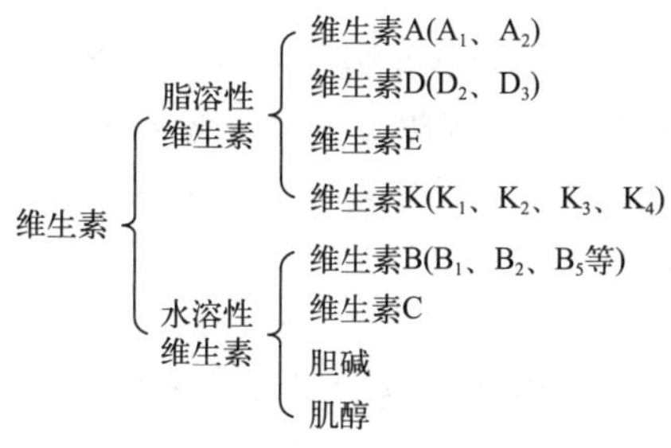

图 6-1　维生素的分类

表 6-1 比较了两大类维生素的性质，从表中我们可以看出，脂溶性维生素缺乏症出现得比较缓慢，而水溶性维生素缺乏后症状出现得很快，这是因为维生素缺乏症出现的快慢是通过它在体内蓄积的时间长短来判断的。由于脂溶性维生素在体内可以大量蓄积，所以当某一种脂溶性维生素摄入不足时，可以消耗体内蓄积的维生素，只有当缺乏较久，才会表现出一些相应的症状，所以缺乏症出现得比较缓慢的，但是当缺乏症出现后，再进行治疗恢复就需要一定的时间；而水溶性维生素由于在体内无法蓄积，摄入多出的量都随尿液排出体外，所以它虽然吸收得快，但排泄得也快。但是如果说缺乏了水溶性维生素，缺乏症很快就可以表现出来，通过给机体补充相应的水溶性维生素也可以快速地进行调节，而且很快就会起到调节的效果。

表 6-1　两大类维生素性质的比较

性质	脂溶性维生素	水溶性维生素
化学组成	C、H、O	C、H、O、N、S
溶解性	脂肪或脂类溶剂	水
吸收排泄	随脂肪经淋巴吸收，从胆汁少量排泄	经血液吸收，从尿液排泄
积存性	摄入后，大部分积存体内	一般在体内无积存
缺乏症出现时间	缓慢	快
毒性	大剂量，易中毒	一般无毒性

6.1.2.1 脂溶性维生素

(1) 维生素 A

维生素 A 是一类具有营养活性的不饱和烃，包括维生素 A_1（视黄醇）和维生素 A_2（脱氢视黄醇），如图 6-2 所示。从两者的分子结构式中可以看出，维生素 A_2 比维生素 A_1 在苯环上脱去了 2 个 H，多生成了 1 个双键，因此从视黄醇变成了脱氢视黄醇。两者比较，维生素 A_2 的活性比维生素 A_1 低，大概只有维生素 A_1 活性的 40%。

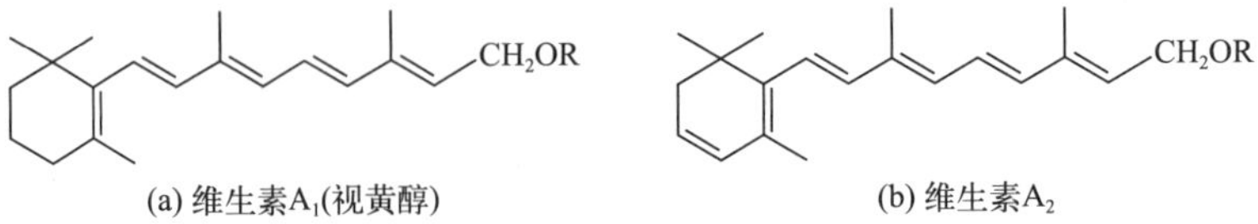

(a) 维生素A_1(视黄醇)　　(b) 维生素A_2

图 6-2　维生素 A 的化学结构

[R ═H 或 $COCH_3$ 乙酸酯或 $CO(CH_2)_{14}CH_3$ 棕榈酸酯]

维生素 A 是构成视觉细胞中感受弱光的视紫红质的一个重要组成成分，视紫红质主要与暗视觉有关，即对弱光的感知能力。如果是人体缺乏维生素 A，对弱光的适应能力就会明显减弱，临床症状表现为夜盲症或者干眼症，还有角膜软化等症状。维生素 A 的食物来源主要是鱼肝油、动物肝脏和蛋黄。

(2) 维生素 D

维生素 D 是一些具有胆钙化醇生物活性的类固醇的统称。维生素 D 也分为两类：维生素 D_2（麦角钙化醇）和维生素 D_3（胆钙化醇），如图 6-3 所示。

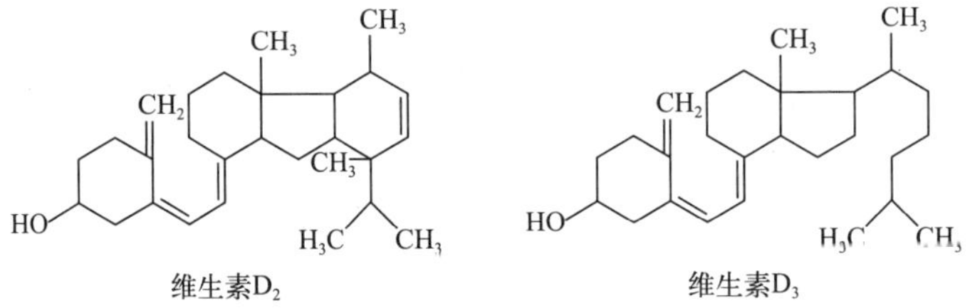

维生素D_2　　维生素D_3

图 6-3　维生素 D 的结构

维生素 D 主要和骨骼的发育有着很大的关系，因此缺乏维生素 D 以后，出现的一个典型症状就是佝偻病。因为维生素 D 的代谢产物骨化三醇可以和细胞内的受体结合，能把食物中的钙离子从小肠腔转运到小肠上皮细胞中，从而促进钙和磷的吸收。在低维生素 D 状态下，小肠仅可吸收 10%～15%膳食中的钙，而当维生素 D 水平足够时，吸收量可上升至 30%～40%。

维生素 D 含量相对较高的食物有鱼肝油、黄油和奶酪等，天然食物当中维生素 D 的含量相对较低，但是日光浴也就是多晒太阳可以促进人体内维生素 D_2 的合成，因此，可以通过多晒太阳来保证体内维生素 D 的供应。

(3) 维生素 E

维生素 E 是生育酚和生育三烯酚的总称。目前发现的维生素 E 一共有 8 种，其中 α-、β-、γ-和 δ-四种具有生理活性。

维生素 E 具有较强的抗氧化能力，说明它的还原性比较强，极易被分子氧和自由基氧化，因此维生素 E 可以充当抗氧化剂和自由基清除剂。人体有相当一部分疾病都是由人体内产生的氧化自由基造成的，所以维生素 E 的抗氧化能力对于人体的健康来说是非常有利的。另外，维生素 E 之所以叫生育酚，顾名思义，它与动物的生殖功能有密切的关系，对于维持动物的生殖功能是必需的，因此也有抗动物不育症的作用。

维生素 E 在食品里面的含量是非常丰富的，来源非常广泛，所以一般不会出现维生素 E 缺乏症。维生素 E 主要存在于蔬菜、豆类等食物中，在麦胚油中含量最为丰富。除了在这些食物中含量比较高外，蛋类、肉类、鱼类等食物里也都含有维生素 E。如果摄入不足导致维生素 E 缺乏，会产生轻微的溶血症状，人和动物缺乏维生素 E 以后，可能会发生肌肉萎缩、贫血或者其他神经退化性病变。

(4) 维生素 K

维生素 K 是醌的衍生物。其中较常见的有三种：维生素 K_1（叶绿醌）、维生素 K_2（聚异戊烯基甲基萘醌）以及人工合成的维生素 K_3（2-甲基-1,4-萘醌）。基本结构如图 6-4 所示。

维生素 K 是脂溶性维生素，所以也是溶于脂肪和脂肪溶剂的，溶解以后呈现黏稠状。维生素 K 最主要的作用就是与凝血有关，参与凝血过程，因此被称为“凝血因子”，它在体内的生理功能是促进凝血。比如有些人如果缺乏维生素 K，他在出血后因为缺乏凝血因子的作用，更加不容易止血和凝血。

维生素 K_1 在食物中的含量非常丰富，如甘蓝、菠菜等绿叶蔬菜以及猪肝、鸡蛋等中含量都比较高。而且维生素 K_2 可以由肠道内的细菌合成，因此，人一般不会出现维生素 K 缺乏症。

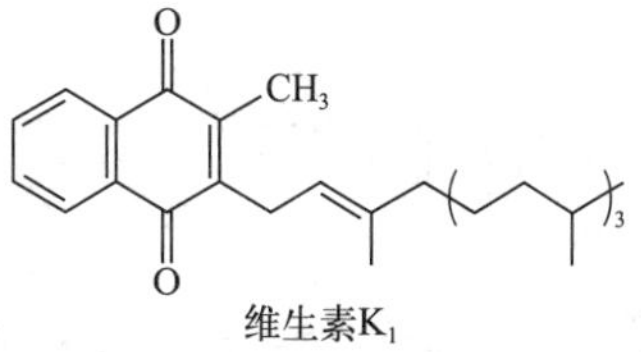

O CH3 O 维生素K_1

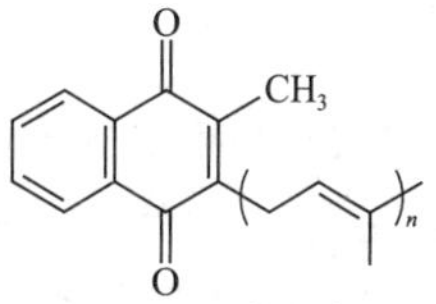

O CH3 O 维生素K_2

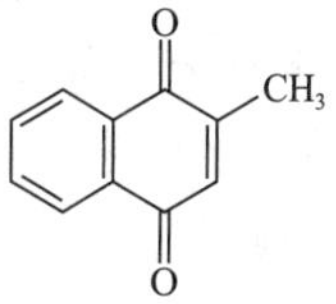

O CH3 O 维生素K_3

图 6-4 维生素 K

6.1.2.2 水溶性维生素

水溶性维生素顾名思义，这些维生素是易溶于水的，因此也易于随尿液排出，所以水溶性维生素在体内不易蓄积，必须经常从食物中摄取；但也正是由于其非常容易从体内排出，所以一般也不会出现水溶性维生素摄入过量而导致中毒的情况。

(1) 维生素 C

维生素 C 又叫作抗坏血酸，从名字就可以看出其具有抗坏血病的作用，如果缺乏维生素 C，容易引起坏血病。从结构上来看，维生素 C 分为两大类，L-抗坏血酸和 L-脱氢抗坏血酸（图 6-5）。两者相比较，L-抗坏血酸因其分子中的烯二醇结构具有强还原性，能够起到抗氧化的作用，而 L-脱氢抗坏血酸是属于氧化型的。因此，通常我们所说的维生素 C 具有还原性，可以起到抗氧化的作用，指的都是它的还原型，即 L-抗坏血酸。

维生素 C 的应用非常广泛，在日常生活中我们经常会看到并且食用一些富含维生素 C 的功能性食品和保健品，作为人体营养的补充剂。另外，在食品工业中，维生素 C 也经常作为一类食品添加剂应用到食品的加工过程中去，因为维生素 C 具有较强的还原性，在食品加工过程中比如说果汁的加工，维生素 C 就可以作为护色剂添加进去，既利用了维生素 C

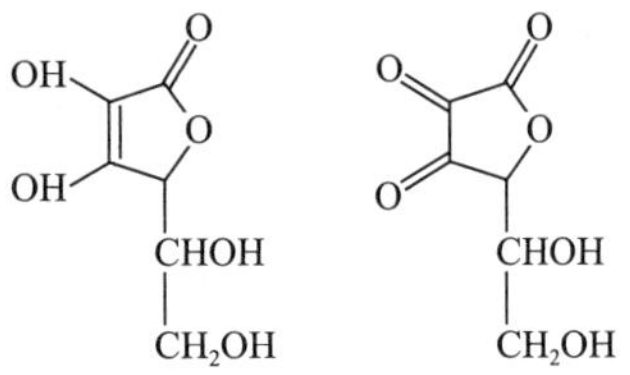

的酸性调节了果汁的口感，又补充了维生素，还达到了护色的效果。

图 6-5 L-抗坏血酸（左）及L-脱氢抗坏血酸（右）的结构

维生素C在水果和蔬菜中含量比较丰富，中国营养学会建议的成年人维生素C每日摄入量为100mg。一般来说，每天“半斤水果，一斤蔬菜”就可以满足人体对维生素C的需要量。水果中维生素C含量较高的有酸枣、鲜枣、番石榴、猕猴桃、草莓、橙子、橘子、葡萄、柠檬等；蔬菜中，维生素C在新鲜的叶菜类以及辣椒、紫甘蓝和花椰菜中含量较高。

（2）维生素B族

① 维生素B_1　维生素B_1又称硫胺素（图6-6），是最早被人们提纯的水溶性维生素，由真菌、微生物和植物合成，动物和人类只能从食物中获取。硫胺素是一种白色结晶性粉末，具有微弱特臭和苦味，并且具有潮解性。

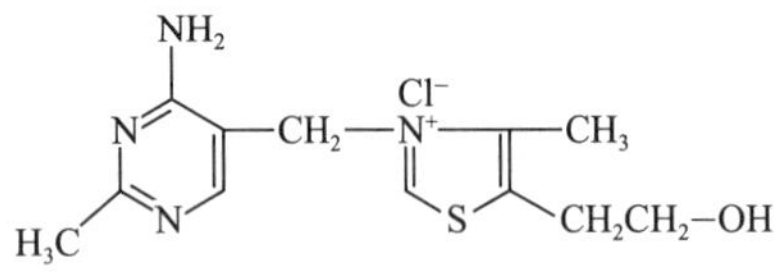

图 6-6　维生素B_1结构式

硫胺素在人体内具有多种生理功能。首先，它是一种重要的神经营养素，可为脑神经提供营养，改善患者的食欲。其次，硫胺素可磷酸化成焦磷酸硫胺素（TPP），TPP是硫胺素的辅酶形式，可参与人体内的糖代谢，具有维持正常糖代谢的作用。当人体缺乏硫胺素时，可能会出现一系列如恶心、呕吐、易激惹、心率加快、双侧肢体麻木、视物模糊、眼肌麻痹等神经或心血管系统的症状。此外，硫胺素缺乏还可能导致脚气病，表现为足底出现水疱、脱屑，伴有灼痛感，趾甲变色、变形，甲板浑浊，表面粗糙，脱落等。

硫胺素在自然界中广泛存在，尤其以酵母菌中的含量最为丰富。此外，它还存在于种子的外皮和胚芽中，如米糠和麸皮等。为了预防和治疗硫胺素缺乏症，人们可以通过摄入富含维生素B_1的食物来补充，如瘦肉、豆类、全谷类、坚果和种子等。同时，对于严重缺乏硫胺素的患者，可给予维生素B_1片的药物治疗，以及时补充硫胺素，纠正缺乏状态。

硫胺素对热相对稳定，但在高温下长时间加热可能会导致损失。硫胺素容易被氧化，特别是暴露在光和空气中的情况下。因此，食品的加工和贮藏环境应尽可能避免光照和空气，以减少硫胺素的损失。另外，不同的食品加工方法也会对硫胺素含量产生不同的影响，例如，碾磨和精炼过程可能会导致谷物中硫胺素的大量损失。

② 维生素B_2　维生素B_2，又称为核黄素，微溶于水，在27.5℃下，溶解度为12mg/100mL，在碱性溶液中易溶解，在强酸溶液中稳定。维生素B_2在人体内以黄素腺嘌呤二核苷酸（FAD）和黄素单核苷酸（FMN）两种形式参与氧化还原反应（图6-7），起到传递氢的作用，是机体中一些重要的氧化还原酶的辅基，如琥珀酸脱氢酶、黄嘌呤氧化酶及NADH脱氢酶等。如缺乏可影响机体的生物氧化，使代谢发生障碍。

核黄素比较耐热、耐氧化，但对光照及紫外线照射特别敏感，容易发生光解反应而降解，并产生自由基，破坏其他营养成分并产生异味，如牛奶的日光臭味即由此产生。因此，在食品加工和贮藏过程中，应尽量避免阳光直接照射食品，或者使用不透明的包装材料。

维生素B_2在自然界中的分布也是很广泛的，绿色植物、某些细菌和霉菌均能合成核黄素，而动物体内不能合成，必须从外界摄取。但是草食动物如反刍动物的瘤胃内或其他草食

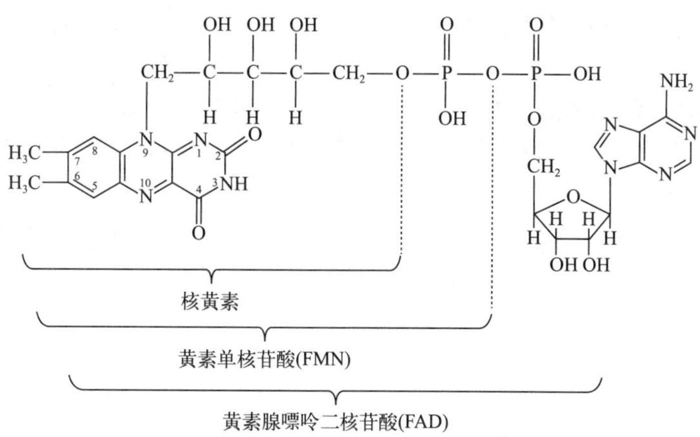

图 6-7　核黄素、黄素单核苷酸、黄素腺嘌呤二核苷酸结构式

动物的盲肠内都有微生物，可以合成核黄素，所以草食动物也不必从外界摄取维生素 B_2。牛奶、乳酪、成熟了的谷粒、肝脏、牡蛎、啤酒、酵母中维生素 B_2 含量比较丰富。

③ 维生素 PP　维生素 PP，又称为尼克酸、烟酸或维生素 B_3，在人体内，烟酸还可以转化为其衍生物烟酰胺，也被称为尼克酰胺（图 6-8）。烟酸和烟酰胺都是吡啶的衍生物，它们可以在体内相互转化。烟酸是一种白色或浅黄色的结晶或结晶性粉末，无臭或有轻微气味，味微酸。烟酸在许多方面表现出稳定性，包括无吸湿性，对光、空气和热的稳定性强以及在干燥状态和水溶液中都相当稳定。此外，烟酸在稀酸、稀碱溶液中几乎不分解。

烟酸在人体内也具有多种生理功能。其参与三磷酸腺苷（ATP）的合成，能够促进细胞代谢，提高机体能量水平。此外，烟酸在体内以烟酰胺的形式构成辅酶Ⅰ和辅酶Ⅱ，在细胞生物氧化过程中起着传递氢的作用。烟酸还具有促进脂肪、蛋白质和碳水化合物代谢，保护心脑血管，预防糖尿病等作用。

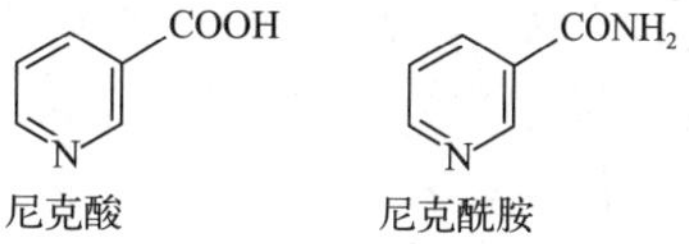

COOH　N　尼克酸　　CONH$_2$　N　尼克酰胺

图 6-8　尼克酸、尼克酰胺结构式

烟酸可以直接从食物中摄取，其主要的食物来源包括动物肝、肾、鱼禽肉类、全谷和坚果。牛奶和鸡蛋中的烟酸含量虽然较低，但它们富含色氨酸，色氨酸在人体内可以转化为烟酸。因此，人体体内一般不会缺乏烟酸。但是玉米中缺乏色氨酸和尼克酸，如果长期只食用玉米，就有可能患烟酸缺乏症（癞皮病），表现为皮炎、腹泻及痴呆等症状，以皮炎尤为突出，患者一般还患有精神疾病，到发病末期可发展成精神病。

④ 维生素 B_6　维生素 B_6，也被称为吡哆素，属于吡啶类衍生物。它包括三种可以相互转化的形式：吡哆醇、吡哆醛和吡哆胺。维生素 B_6 通常呈现为白色至淡黄色的结晶或粉末，无臭，味酸苦。它易溶于水和乙醇，在酸液中稳定，在碱液中易被破坏。吡哆醇耐热，而吡哆醛和吡哆胺不耐高温。

维生素 B_6 在人体内以磷酸酯的形式存在，是许多重要辅酶的组成部分，参与多种代谢反应，包括参与蛋白质代谢、血红蛋白合成以及神经递质的合成等。缺乏维生素 B_6 可能导致贫血、神经系统疾病等。

维生素 B_6 在多种食物中都存在，在酵母菌、肝脏、谷粒、肉、鱼、蛋、豆类及花生中含量较多。

⑤ 叶酸　叶酸又叫维生素 B_9（图 6-9），因为在绿色植物叶片中含量丰富，所以得名叶

酸。叶酸的结晶体呈黄色，微溶于水，易溶于稀乙醇。对热、光线和酸性环境敏感，容易失去活性。

叶酸广泛存在于动植物食品中，富含叶酸的食物包括绿色蔬菜、豆类、坚果、全麦面包、橙子和动物肝脏等。叶酸在人体内起着重要的生物学作用，如作为甲基供体参与细胞内的甲基化反应和脱氧核糖核酸的从头合成。当缺乏叶酸时，红细胞的发育和成熟都会受到影响，造成巨幼红细胞贫血，因此，叶酸可以在临床上用来治疗由叶酸缺乏引起的贫血。孕妇如果缺乏叶酸，可能导致新生儿神经缺损、胎儿宫内发育迟缓、早产及新生儿出生体重低等问题。

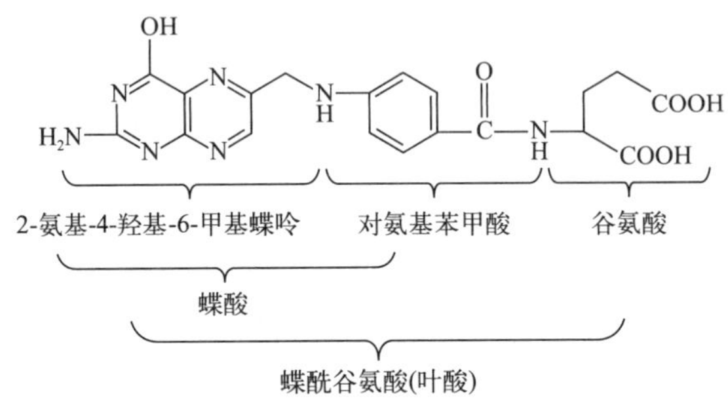

图 6-9　叶酸的结构式

⑥ 维生素 B_{12}　维生素 B_{12}，也被称为钴胺素，是一种含有三价钴的多环系化合物，其分子结构是由 4 个还原的吡咯环连接形成的一个咕啉大环（图 6-10），这种结构与卟啉相似，使得维生素 B_{12} 成为唯一一个含金属元素的维生素。维生素 B_{12} 是一种红色结晶粉末，无臭无味，易溶于水，但难溶于乙醇，不溶于丙酮、氯仿和乙醚。在 pH 为 4.5～5.0 的弱酸条件下，维生素 B_{12} 最为稳定。在强酸（pH＜2）或碱性溶液中可分解，遇热可有一定程度的破坏。

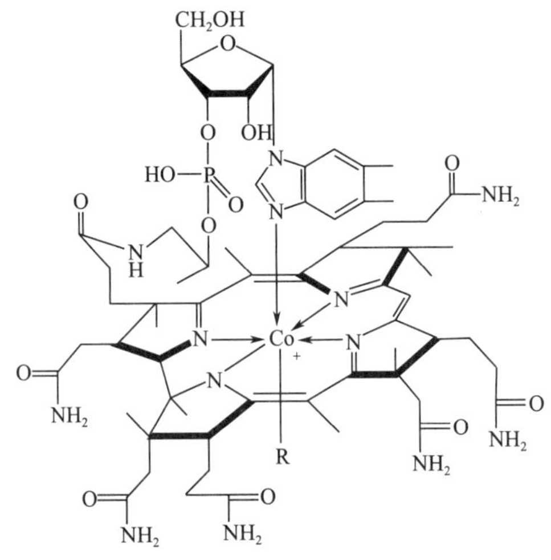

图 6-10　维生素 B_{12} 的结构

维生素 B_{12} 在人体中起着至关重要的作用。它是制造骨髓红细胞所必需的，能有效防止恶性贫血的发生，因此又叫作抗恶性贫血维生素。此外，维生素 B_{12} 还有助于保护大脑神经不受损害。动物的肝脏、鱼、肉、蛋中都富含维生素 B_{12}，而且人类肠道细菌也可以合成，所以一般情况下，不会出现缺乏维生素 B_{12} 的情况。但是值得注意的是，由于维生素 B_{12} 的吸收与胃壁细胞分泌的一种蛋白质（内源因子）有关，维生素 B_{12} 只有与内源因子结合才能透过肠壁被人体吸收，所以有的人会因为缺乏内源因子而造成体内维生素 B_{12} 的缺乏。当人体缺乏维生素 B_{12} 时，会影响免疫球蛋白的生成，使抗病能力减弱，严重缺乏时，会出现恶性贫血、神经炎、神经萎缩等症状。

⑦ 泛酸　泛酸也被称为维生素 B_5（图 6-11），这种维生素在生物体内广泛存在，因此得名泛酸或遍多酸。泛酸为浅黄色油状物，易溶于水，但在碱性溶液中易水解。

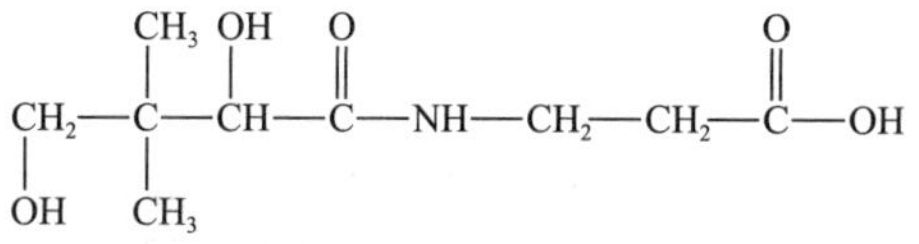

$$\underset{\underset{OH}{|}}{CH_2}—\overset{\overset{CH_3}{|}}{\underset{\underset{CH_3}{|}}{C}}—\overset{\overset{OH}{|}}{CH}—\overset{\overset{O}{\|}}{C}—NH—CH_2—CH_2—\overset{\overset{O}{\|}}{C}—OH$$

图 6-11　泛酸的结构式

泛酸的主要作用是作为辅酶 A 的前体物质。辅酶 A 在细胞内参与许多重要的生化反应，包括糖、蛋白质、脂肪等物质的代谢过程。因此，泛酸对于维持身体的正常生理机能至关重要。由于泛酸广泛存在于动植物体内，食物中泛酸的含量比较充足，人们通过日常饮食即可满足，因此通常不需要额外补充。然而，对于某些特殊人群，如婴幼儿或患有消化、吸收、代谢障碍疾病的人，他们的泛酸需求可能无法通过普通食物满足，因此需要在食品中添加泛酸作为营养强化剂。由于泛酸具有促进代谢、维护皮肤健康、减轻疲劳等多种生理功能，因此也被广泛应用于各种保健食品中。表 6-2 列举了维生素 B 族的各种维生素。

表 6-2　维生素 B 族比较

名称	俗称	稳定性	缺乏症	来源
维生素 B_1	硫胺素	热、光、酸稳定，中性和碱性易降解	脚气病	内脏、瘦肉、全谷、豆类、坚果
维生素 B_2	核黄素	热、酸稳定，光、碱性敏感	口角炎、脂溢性皮炎、角膜炎	内脏、蛋黄、乳类、绿叶菜
维生素 PP	尼克酸、烟酸、维生素 B_3	对热、光、空气、碱均不敏感	癞皮病	蘑菇、酵母菌、内脏
维生素 B_6	吡哆素	对酸稳定，对碱和光比较敏感	脂溢性皮炎、口炎、口唇干裂等	白色的肉、肝脏、蛋类
维生素 B_9	叶酸	对热、酸稳定，中性、碱性和光易分解	口腔炎、贫血症	绿色蔬菜、肝脏、谷类、肉、蛋
维生素 B_{12}	钴胺素	pH4.5～5.0 稳定，对碱和紫外光敏感	生长受阻，步态不稳，恶性贫血	动物性食品
维生素 B_5	泛酸	空气稳定，热、碱易分解	疲乏、痉挛	内脏、水果、蔬菜、牛奶、全麦

6.2 维生素在食品加工和贮藏过程中的变化

6.2.1 食品原料本身的影响

（1）成熟度

对于植物性食物来讲，影响其维生素含量的一个重要因素就是其成熟度，也就是维生素含量在食品原料中的内在变化。我们知道食品原料的来源有动物、植物和微生物，食品原料在不同的生长发育期，其成熟度不同，体内的维生素含量也是不同的。比如，番茄中的维生素C在果实的成熟过程中就经历了先上升后下降的过程（表6-3）。

表6-3 不同成熟时期番茄中维生素C含量的变化

花开后的周数	单个平均质量/g	颜色	维生素C含量/（mg/100g）
2	33.4	绿	10.7
3	57.2	绿	7.6
4	102.5	绿-黄	10.9
5	145.7	红-黄	20.7
6	159.9	红	14.6
7	167.6	红	10.1

从表6-3中我们可以看出，随着番茄果实生长周数的增加，单果质量逐渐增加，其果实的成熟度也在增加，果实从绿色逐渐转为黄绿色、红黄色，直到最后全部变成红色。在生长过程中，果实在成熟前期也就是红黄色时维生素C含量最高，而随着成熟度的继续增加，其维生素C含量反而又开始逐渐降低。番茄在成熟过程中维生素C含量的变化是比较特殊的，一般来说蔬菜中的维生素C含量是随着成熟度的增加而逐渐升高的。例如，辣椒在成熟过程中，颜色逐渐由绿色转为红色，当颜色全部变为红色时，也就是达到成熟期时维生素C含量最高。因此，我们在进行食品加工时就要注意，在选择原料时要尽可能地选择其维生素含量高的时期进行加工。

（2）部位

不同的食品在不同发育成熟期，其维生素含量不同；同一种食品在同一时期的不同部位，其维生素含量也不相同。植物的不同部位维生素含量不同。一般来说，根部的维生素含量是最低的，其次是果实和茎，而含量最高的部位是叶。这是整个植株的维生素分布情况，而以果实作为可食用部分的食物，就整个果实而言，其表皮的维生素含量最高，由表皮向果核依次递减。因此，果实的表皮中维生素含量是最高的，所以，我们平时在吃水果的时候，能保留果皮的水果应尽量不削皮，以最大限度地保留维生素，而在食品加工的过程中，也应该尽量不去皮，以保证更高的营养。

（3）采后与宰后处理的影响

植物类食品在采摘之后、动物性食品在宰杀之后一般都有一个处理过程，在这个过程中，食物中的维生素也会发生相应的变化。一般植物类食品在采摘之后都要经过一个后熟过程，植物类食品往往不是在其采摘收获后马上就能够上市销售的，而是要经过一定的贮藏期或运输过程才真正上市，在采摘之后到上市之间的这个时期，就是它的后熟时期。在这个过程中，植物体内的维生素会发生一定的，甚至是较大的变化。因此，在后熟阶段，如果贮藏条件不当的话，很可能会引发植物体内维生素的较大损失。比如非常不稳定的维生素 C，新鲜上市买回来的水果蔬菜，如果没有马上食用，也没有放入冰箱中低温贮藏，仅仅一天时间，维生素 C 就会有大量损失，最高可能损失达 60%。

动物性食品中主要含有的是维生素 B 族，动物在屠宰之后，其体内的维生素也会损失。动物体内的维生素损失主要是在宰杀过程中，动物的细胞结构会破坏受损，细胞内的氧化酶和水解酶就会从细胞中释放出来，这些酶类作用于维生素，就会改变维生素的化学形式和活性，例如使其脱去磷酸或者葡萄糖苷等，使维生素失去其原有的生物活性而导致维生素的损失。维生素损失的程度也与动物制品的贮藏温度和时间有着很大的关系。

因此我们发现，不管是动物性食品还是植物性食品，在采后和宰后的处理过程中，维生素也会发生相应的变化，这个变化主要是由于酶促反应的作用，如果处理和贮藏的条件不当，就会导致维生素的大量损失。所以在采后和宰后处理时应注意立即冷藏并采用科学包装，保持低温和低氧环境，尽可能抑制维生素氧化酶的活性，从而减少维生素的损失。

6.2.2 食品加工和贮藏过程的影响

（1）加工程度的影响

食物在经过采后和宰后的预处理之后，就要进入加工阶段，加工的程度以及加工方式都对维生素有很大的影响。在这里主要指的是对食物进行一定的修整和研磨，我们采用的加工工艺不同，对食物的处理不同，直接就会影响到维生素的保留率。植物组织经过修整或细分（比如将水果去皮）均会导致维生素的损失。例如在进行水果罐头的加工时，往往要除去果皮，但是果皮中的维生素含量是最高的，所以经过去皮处理就损失了大量维生素。不仅水果，还有谷物类的食物，在研磨过程中，营养素也会不同程度地受到破坏。谷物在收获后，比如小麦、大米，都要经过研磨脱去谷皮，而这些谷皮中的维生素含量是最高的，特别是维生素 B，但是经过研磨，维生素就会造成不同程度的损失，且研磨程度越大，维生素的损失就越多，所以大家都说糙米比精米的营养价值高，糙米的营养价值高在哪里？就是因为其研磨程度较轻，维生素的损失较少。如图 6-12 所示，谷物在研磨过程中，随着研磨程度的增加，出粉率越低，而维生素的保留率也随之降低，加工越精细，维生素损失越多。

（2）浸提

浸提程序对维生素的影响也比较大。比如在加工过程中用流水槽进行输送、清洗以及软化等，食材都要和水接触，食品中的水溶性维生素就不可避免地会从食品中溶出而造成损失，维生素损失的量的多少和食物原料的切口以及表面积有很大的关系。因为，食品中水溶性维生素损失的一个主要途径就是经由切口或易破坏的表面流失。另外，在加工过程中，除了浸提以外，洗涤、漂烫、冷却和烹调等环节也会造成营养素的损失，其损失程度与 pH、温度、水分、切口表面积和成熟度等都有关系。

（3）热加工的影响

在加工过程中，很多时候需要进行热加工处理。

① 淋洗、漂烫 因为和水的接触会导致食物里的尤其是水溶性维生素损失严重。

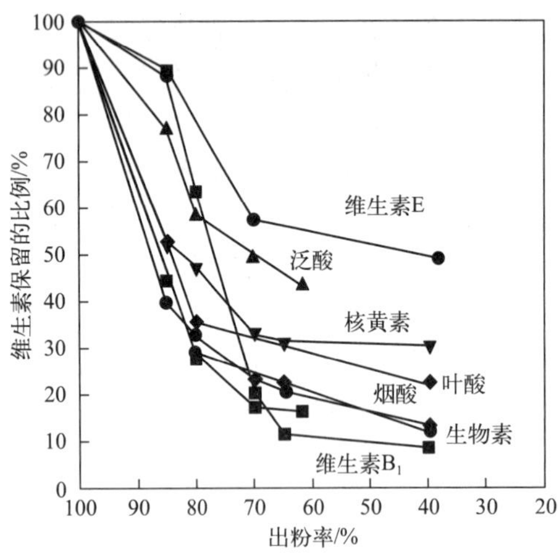

图 6-12　谷物研磨程度与维生素保留的关系

② 热处理　很多食物在加工过程中需要经过加热处理，即使不像漂烫一样直接与水接触，比如蒸汽加热，热蒸汽冷凝后会产生很多冷凝水，因此水溶性维生素的损失也是非常大的。

③ 微波处理　微波处理也是热处理的一种重要手段，与传统热处理方式的不同之处在于，微波加热并没有和水接触，并且升温较快，加热时间短，所以相对来说损失较少。相较于传统的热处理方式，微波处理更有利于维生素的保留。

总的来说，在热加工过程中，加热的温度越高，处理的时间越长，维生素的损失就越大；而高温短时处理，其损失小于低温长时间处理所造成的损失。另外，加热的方式不同，其损失程度也不相同，淋洗、漂烫处理维生素的损失大于蒸汽加热处理，又大于微波处理。

表 6-4 列举了一些常见的食品经过不同的加工方式（热处理、浸泡、煮沸、油炸）处理后硫胺素（维生素 B_1）的保留率。从表中我们可以看到，不同的热加工方式对食品中维生素 B_1 的影响是非常大的，因此，在进行热加工过程中，要注意尽可能地选择对维生素影响较小的热加工方式，以尽量减少维生素的损失。

表 6-4　食品加工处理后硫胺素的保留率

产品	加工处理方法	保留率/%
谷物	挤压烹调	48～90
土豆	在水中（Na_2SO_3 溶液中）浸泡 16h 后油炸	55～60（19～24）
大豆	水中浸泡后在水中或碳酸盐中煮沸	23～52
粉碎的土豆	各种热处理	82～97
蔬菜	各种热处理	80～95
冷冻、油炸鱼	各种热处理	77～100

（4）化学药剂处理的影响

在食品的加工过程中，有时候为了改善或者提高所加工食品的品质，经常会根据需要添加一些食品添加剂，这些添加剂往往是一些化学药剂，加入后很可能会与食品中的某些维生素发生作用，使相应的维生素被破坏。

例如，在面粉中添加增白剂。面粉增白剂的有效成分是过氧化苯甲酰，它的作用是增加面粉的白亮度，改善面粉的卖相，并且能够延长面粉的保质期。但是增白剂的作用机理是通过氧化作用释放出活性氧来实现的，活性氧能够发生氧化反应，使面粉中具有还原性的维生素比如维生素 A、维生素 C、维生素 E 被氧化破坏，所以加入增白剂后虽然面粉看起来更白亮好看，但是这是以牺牲一定的营养成分为代价的。

除了面粉中的添加剂，水果蔬菜在加工过程中，往往会加入亚硫酸盐来防止水果蔬菜发生酶促褐变和非酶促褐变，起到漂白、脱色、防腐和抗氧化的作用，以维持水果蔬菜亮丽的色泽，起到保鲜、护色、亮色的作用。但亚硫酸盐就像一把双刃剑，它还能与食品本身含有的糖、蛋白质、色素、酶和维生素相互作用，形成二氧化硫的游离残留物存在于食品中，人如果摄入过量，就会产生肠胃不适等症状，长期摄入还可能会引发慢性中毒。

在肉制品的加工过程中，亚硝酸盐是一类非常重要的食品添加剂，它能够赋予肉制品特有的鲜红色，有效改善组织结构，并且对肉毒杆菌有较强的抑制作用，所以可以作为防腐剂应用在肉制品的加工中，尤其是在腌制肉、肉肠和肉罐头中。亚硝酸盐可以防止肉中的肌红蛋白和血红蛋白因氧化而形成高铁肌红蛋白和高铁血红蛋白，从而使肉制品失去原有的天然色泽；加入的亚硝酸盐可以作为发色剂来维持肉制品的鲜红色，并且改善口感，这也就是为什么市场上售卖的牛肉颜色比较红，肉质软烂，而我们自己在家里煮的牛肉颜色深暗，且口感较柴。但是亚硝酸盐也有其危害的一方面，亚硝酸盐除了要严格控制用量，以防亚硝酸盐中毒以外，它还会破坏胡萝卜素（即维生素 A 的前体物质）、维生素 B_1 和维生素 B_9 等，从而造成肉制品中相应维生素的损失。

在食品加工过程中，不同的加工目的、最终得到的产品需求不同，加入的食品添加剂种类也不同。总的来说，化学药剂对维生素的影响，一般而言，具有氧化性的物质会加速维生素 C、维生素 B_9 等具有还原性的维生素的氧化，而还原性物质会保护这些维生素。有机酸有利于维生素 C、维生素 B_1 和维生素 B_2 的保存率；而碱性物质则会降低维生素 C、维生素 B_1、维生素 B_2、维生素 E 和维生素 B_5 等的保存率。

（5）变质反应的影响

变质反应的影响主要指的是在食品加工过程中，食品里的某些主要成分发生了一些化学反应，这些反应也引起了维生素的一些变化。

比如在加工过程中脂类发生的氧化反应。在脂质氧化过程中，会产生大量过氧化物以及环氧化物，这些物质都可以发生氧化反应，可以和一些具有还原性的维生素发生反应，像维生素 C、维生素 E 就容易被氧化而失活，导致这些维生素的含量下降。

除了脂类的氧化反应，还有糖类的非酶促褐变反应。糖类有两种重要的非酶褐变反应即美拉德反应和焦糖化反应，在这些反应过程中会生成一些高活性的羰基化合物，如 5-甲基糠醛和一些二羰基化合物等，这些物质可以和维生素 B_1、维生素 B_6 以及维生素 B_5 发生反应，从而造成这些维生素的损失。

除此之外，在食品的加工过程中，有时候也会随着配料引入一些酶，比如维生素 C 氧化酶和硫胺素酶等，这些酶的引入就可以加速维生素 C 的氧化和硫胺素也就是维生素 B_1 的水解，从而导致相应的维生素含量降低。

6.3 矿物质概述

6.3.1 矿物质的概念及特点

矿物质是指在地壳中自然存在的化合物或天然元素。食品中除去 C、H、O、N 四种构成水和有机物质的元素外，其他元素统称为矿物质，又可以叫作灰分物质、无机盐。矿物质是人体内无机物的总称，是构成人体组织和维持正常生理功能所必需的各种元素的总称，也是人体必需的七大营养元素之一。

矿物质首先强调的是各种元素。另外在人体内矿物质起到的作用即生理功能主要有两个方面：一是构成人体的组织，也就是构成人体各个组织器官所必需的组成部分；二是矿物质在人体内是维持正常生理功能所必需的一类物质，如果缺乏这些矿物质元素，人体的正常生理功能就会受到影响，由此，我们可以看出矿物质在人体中的重要性。

矿物质具备以下特点。

① 矿物质在体内是不能自己合成的，必须从食物或者饮用水中摄取。矿物质在体内不管是经过代谢途径也好，还是经过其他的合成过程，都不会自己合成，它的来源是只能从外界摄取，因此我们可以通过摄入食物，使食物里含有的矿物质进入体内，从而来获得矿物质。除了通过摄取食物来获得矿物质以外，还可以通过饮水来获取。我们平时饮用的自来水中含有一定的矿物质，市面销售的饮用水主要分为两大类，一类是纯净水，一类是矿泉水，纯净水是不含有任何矿物质的，而矿泉水里则含有一些人体需要的矿物质元素。

② 矿物质在体内组织器官中，它的分布是不均匀的。不同的矿物质根据其生理作用分布在不同的组织器官里，有的组织某些矿物质的含量比较高，相反有的组织里某些矿物质的含量就比较少。比如钙、镁、磷，它们主要分布在人体内的骨骼、牙齿这些比较坚硬的部位，它们呈现出的就是比较坚硬的状态；而像铁元素，是血红蛋白里面的一个重要元素，因此它主要分布在红细胞内。在市场上销售了几十年的食用盐是加碘盐，为什么要在盐里面加入碘？因为碘主要是分布在海产品中，而内陆地区早些年食用海产品还比较少，因此容易出现碘摄入不足而引起的“大脖子病”，其实是缺乏碘元素而引起的甲状腺肿大，因此碘主要就分布在甲状腺这个器官里。通过以上实例可以看出，矿物质由于其在体内发挥的生理功能不同，参与构成体内的组织器官不同，所以其在体内的分布也是不均匀的。

③ 矿物质元素相互之间存在协同或者是拮抗效应。人体内含有的矿物质种类是非常多的，目前的研究发现，人体内共有 50 多种矿物质，在体内不同的部位存在着，由于各种元素的相互作用和各自的特殊生理功能，才保证了机体的正常生命活动。它们既各自承担着独特的任务，又相互配合，共同完成各项代谢。机体内的任何生理生化过程都不可能由某一种元素单独完成。元素之间的作用也不是唯一固定的，即某些元素之间不是只发挥协同作用或者只发挥拮抗作用。因此正常的机体内存在的各类矿物质元素，它的含量以及种类应该达到一个平衡状态，这样才能使机体处于一个健康的状态。

例如，钙和磷共同参与构成牙齿和骨骼，它们之间有协同作用，但是钙磷比例又必须适当，如果磷摄入过量，反而会妨碍钙的吸收，这又是它们之间的拮抗作用。又如血液内的钙、镁、钾、钠等离子的浓度必须保持适当比例，才能维持神经和肌肉的正常兴奋性。还有，如果膳食中钙摄入过高会妨碍铁和锌的吸收，锌摄入过多又会抑制铁的利用。

④ 有一些矿物质的需要量是非常少的，而且其生理需要量与中毒剂量之间的范围很窄。因此对于这些矿物质元素一定要注意摄入量的控制，如果摄入量把握不好的话，很容易发生矿物质摄入过多而引起的中毒现象，这也是某些矿物质所具有的一个特点。

6.3.2 矿物质的分类

根据矿物质在体内的需要量，将矿物质元素分为两大类：常量元素和微量元素。这个分类标准是按照矿物质在体内的含量高低来进行分类的，而像钙、磷、钠、钾、镁等这一类需要量比较大，在人体内的含量高于体重的 0.01%的矿物质元素被称为常量矿物质元素，它们是体液的必需成分，另外，钙还是构成人体骨骼和牙齿的成分，因此，常量矿物质元素的需要量相对是比较大的。除了这些需要量比较大的矿物质元素外，其余的矿物质元素的需要量比较小，在人体内的含量低于体重的 0.01%，我们称为微量元素。

常量元素包括钙、磷、钠、钾、氯、镁、硫；微量元素又根据其在人体内的存在情况分为必需微量元素、可能必需的微量元素和具有潜在毒性但低剂量时可能必需的微量元素三类（图 6-13）。

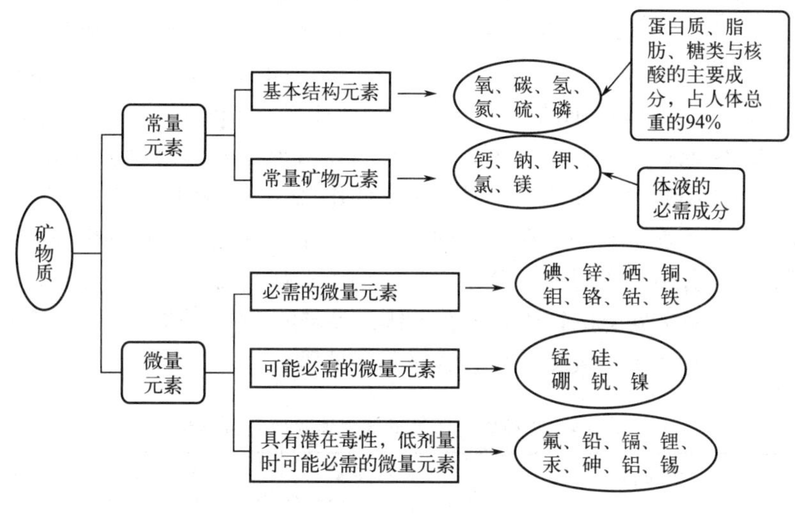

图 6-13　矿物质的分类

6.3.3　矿物质的生理功能

矿物质在人体内发挥着非常重要的作用，如果缺乏会对人体的生理机能产生严重的影响，但是由于它们承担的生理功能不同，人体对不同元素的需要量差别也很大，根据需要量将矿物质元素分为常量元素和微量元素，图 6-14 对常量元素和微量元素在人体内的主要生理功能进行了归纳。

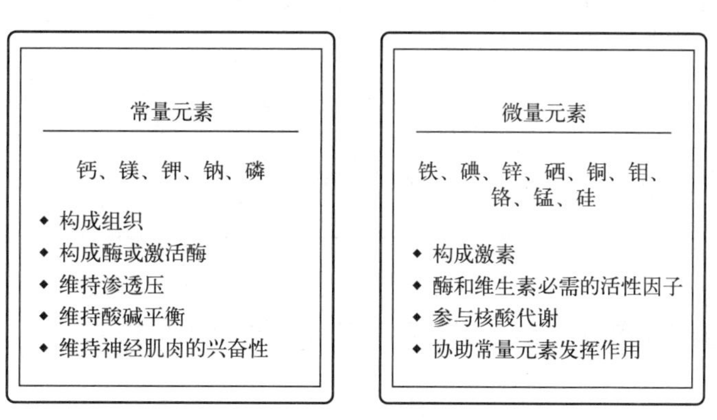

图 6-14　矿物质元素的生理功能

矿物质元素的生理功能具体有：①许多矿物质元素是机体组织的组成成分。例如人体内 99%的钙和大量的磷、镁元素就存在于骨骼和牙齿中。②矿物质元素可以作为多种酶的活化剂、辅因子或组成成分。人体内的酶绝大多数都是蛋白质，而S、P元素是蛋白质的重要组成成分；另外，Fe元素是细胞色素酶的一种重要组成成分；而Ca元素是凝血酶的活化剂，如果Ca不存在的话，凝血酶就不能够发挥凝血作用。③矿物质元素是某些具有特殊生理功能物质的组成部分。比如刚刚提到的Fe之于细胞色素酶和血红蛋白、I之于甲状腺素等，都是这些具有特殊生理功能的物质不可缺少的组成元素。④维持机体的酸碱平衡及组织细胞渗透压。矿物质可以与蛋白质一起维持细胞内外的渗透压平衡，机体内的渗透压主要由Na^{+}、K^{+}等离子来维持。另外一些碳酸盐、磷酸盐等组成的缓冲体系可以维持机体的酸碱平衡。Cl、P、S这些元素在体液中是呈酸性的，而碱性主要与一些金属离子有关，这些都可以调节机体内的酸碱平衡。⑤维持神经、肌肉兴奋性和细胞膜的通透性。如Zn元素通常在肌肉内含量较高，可以维持肌肉的兴奋状态，如果缺Zn的话，就会出现肌肉兴奋性降低，人比较懒惰的情况；Na^{+}、K^{+}、Ca^{2+}、Mg^{2+}等离子以一定比例存在时，对维持神经、肌肉组织的兴奋性、细胞膜的通透性都具有重要的作用。⑥矿物质元素如果摄取过多，容易引起过剩症及中毒。前面提到一些矿物质的需要量是非常少的，而且其生理需要量与中毒剂量之间的范围很窄，如果摄入过多，就很容易达到中毒剂量而引起矿物质中毒。

表6-5列举了一些常见的矿物质元素在人体内参与的主要生理功能、缺乏或摄入过多后会引发的疾病、在食物中的主要来源以及人体每天的需要量。

表6-5　几种矿物质元素的主要功能及供给量

矿物质	主要功能	缺乏/过多	食物来源	供给量
钙	构成骨骼牙齿，神经肌肉兴奋性	佝偻病、软骨病	虾皮、乳制品、豆类、蔬菜	800mg
铁	构成血红蛋白	缺铁性贫血	动物血、肝肉、鱼、蛋、豆类、菌藻类	男15mg 女20mg
碘	构成甲状腺激素	地方性甲状腺肿大、克汀病、高碘性甲状腺肿	海带、紫菜、海产品	150μg
锌	参与蛋白质、碳水化合物、核酸的代谢与合成	异食癖、生长迟缓、免疫力低下	动物性食物	男15.5mg 女11.5mg
硒	抗氧化作用	克山病、大骨节病	动物性食物、谷类	50μg
铜	促进铁吸收利用，参与物质氧化反应	缺铜性贫血、生长迟缓	广泛	2mg

6.4　矿物质在食品加工和贮藏过程中的变化

6.4.1　矿物质在食品中的作用

矿物质在食品中的作用主要体现在以下几个方面：

① 对食品感官质量的影响　在食品加工过程中，为了提高某些食品的感官质量，经常

会加入一些食品添加剂。例如在肉制品加工过程中，加入磷酸盐可以增加肉制品的保水性。这是因为磷酸盐对金属离子的螯合能力比蛋白质强，因此其能够与蛋白质竞争金属离子，将蛋白质中螯合的金属离子释放出来，使蛋白质的分子松散，从而可以吸收更多的水分，来增加肉制品的持水性。除了肉制品以外，植物蛋白也有同样的作用，例如在蚕豆加工过程中，由于蚕豆皮非常坚韧，吃起来口感不好，因而可以加入磷酸盐促进蚕豆罐头中蚕豆皮的软化，这也是因为磷酸盐可以与蚕豆皮中的 Ca^{2+} 螯合，从而达到软化蚕豆皮的效果。图 6-15 所示为几种常见的螯合物。

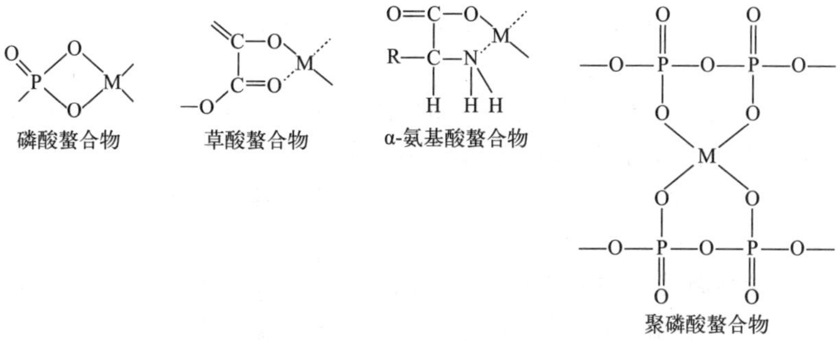

磷酸螯合物　草酸螯合物　α-氨基酸螯合物　聚磷酸螯合物

图 6-15　常见螯合物的结构

② 矿物质可以改善食品的品质　比如 Ca^{2+} 对于一些凝胶的形成和食品质地的硬化都有促进作用；Ca^{2+}、Al^{3+} 都可以使食品的脆性更好。最经典的应用实例就是卤水点豆腐。在豆腐的制作过程中，卤水里面的钙离子和镁离子可以与豆腐中的蛋白质发生作用，使液态的豆浆凝胶化，最后成为固态的豆腐。此外，在蔬菜的加工过程中，我们通常会用 $Ca(OH)_2$ 来进行处理，就是为了让 Ca^{2+} 来保持蔬菜的脆性。以上都是矿物质对食品的影响，我们在食品加工的过程中要善于利用矿物质的有利作用，对食品的感官质量产生好的影响，以达到改善和提高食品的品质的目的。

但是，在利用矿物质的这些有利因素的同时，一定还要考虑到矿物质对食品的营养及安全性的影响。除了可以改善食品的感官质量和品质外，还可以通过往食品里添加一些矿物质元素来提高食品的营养价值，例如一些功能性食品，可以根据一些特殊人群的需要，进行针对性的设计，就像在婴幼儿食品中添加一些钙、锌等元素；在老年人的食品中也可以通过添加钙来补充钙流失。但另一方面，一定要严格控制矿物质的添加量，避免添加量超标，从而影响安全性。另外，就是在食品加工的有些环节或者食品原料本身可能会受到外界环境等的影响，从而导致食品中的某些矿物质含量超标，这些也是要严格把控、注意避免的。因此，在食品生产加工过程中，我们一定要注意如何正确地利用矿物质来提供更安全、更营养、感官品质更佳的食品。

6.4.2　影响矿物质吸收利用的因素

（1）溶解性

食品中矿物质的吸收和利用与它的溶解性有很大的关系。任何一种矿物质都必须是在溶解状态下才能被人体所吸收。所以对矿物质来讲，有的矿物质是易溶的，那么它的吸收利用率就相对较高，而对于不易溶解的矿物质，那么它的吸收利用率就会比较低。另外，对于同一种元素，在不同的状态下，它的溶解性也可能差别很大，比如说 Fe 元素，它在二价状态下也就是亚铁离子时是易溶解的，而如果被氧化成了三价铁离子，它的溶解性就会大大降低，因此也更加不容易被吸收利用。比如在治疗缺铁性贫血时，医生开具铁剂的同时，也会让患者服用维生素 C 片，就是因为维生素 C 可以作为还原剂更好地保持 Fe 的二价状态，才能更好被患者吸收，从而达到补铁的效果。

（2）矿物质之间的相互作用

在前面学习矿物质特点的时候，提到矿物质元素之间存在协同效应或拮抗效应，比如钙和磷就存在互相促进的协同作用，而铁则会抑制锌和锰的吸收，这就是拮抗作用。很多元素往往都会出现这种互相协同或者互相拮抗的相互影响的关系。

（3）其他营养素

维生素 D 和蛋白质有利于 Ca 的吸收，如果体内的维生素 D 和蛋白质含量比较充足，就非常有利于 Ca 的吸收利用，在日常销售的钙片包装上可以看到，在配方列表里面除了主要成分（各种无机钙或者有机钙）以外，都还含有一定量的维生素 D。

（4）螯合效应

一些不易被人体吸收和利用的营养成分或活性成分，可以与一些矿物质元素螯合形成的螯合物，有利于这些成分的吸收。比如说活性物质植物多酚，其主要生理活性就是具有较强的抗氧化等作用，但是多酚是不溶于水的，很难被人体直接吸收利用，因此，我们可以把 Fe 和 Cu 等元素与多酚螯合在一起，这样人体在吸收 Fe 和 Cu 的同时，就一并把螯合上的多酚也吸收入体内了。

（5）人的生理状态

每个人作为一个独立个体，比如年龄、疾病、个体差异等，都使人体并不是处在完全相同的生理状态下，因此，个体间对矿物质的吸收和利用也是有着很大差别的。比如儿童，正处于一个快速生长发育的时期，这时对各种物质元素的需求量也比较大，因此儿童对 Ca、Fe、Zn 等元素的吸收就很好，利用率也很高；但是随着年龄的增长，等到成年以后，对这些元素的吸收就逐渐减慢了。

（6）食物的营养成分组成

不同的食物其营养成分组成不同，也会影响矿物质的吸收和利用。比如肉类相较于谷物类，其矿物质的吸收利用率就相对较高，因为肉类的矿物质含量也相对较高，而谷物类的吸收利用率就比较低，这主要是和食物的营养成分组成有着密切的关系。

6.4.3 食品加工和贮藏对矿物质的影响

对于矿物质在食品加工和贮藏中的变化主要指的就是其含量的变化。因为矿物质在人体内是不能够像维生素一样通过代谢反应来合成或分解的，其进入人体的途径就是通过外源的食物或水来摄入的，在体内矿物质元素也不容易和食品中的一些其他成分发生反应，因此其在机体内的变化以及在食品加工和贮藏过程中的变化，主要指的就是其含量的变化。

食品中矿物质可通过添加剂的形式直接添加到食物当中去，以增加其矿物质的含量。一些食品尤其是保健类食品在加工过程中，通常为了增加其保健或营养功能，会加入一些有益的矿物质元素，以进行营养强化，就比如最典型的加碘盐。另外，在一些食品的加工过程中，为了保持或者改善食品的品质，会加入磷酸盐增加肉制品的保水性、软化蚕豆的豆皮等。通过加入这些矿物质，一方面可以改善食品的感官质量，另一方面也增加了食品中这些矿物质的含量。

食品中矿物质的损失，通常是以物理方式去除，或者形成另外一种人体难以吸收的物质从而造成矿物质的损失。大部分食品中的矿物质的损失是以物理形式去除的，什么是物理形式去除呢？比如在果蔬去皮的过程中，就把果蔬皮内的矿物质给去除了。另外，一些蔬菜在烫漂的过程中，一些水溶性的矿物质也会随着液体而流失，从而损失掉，这些都是以物理形式去除而损失。除了以上情况，某些矿物质可以和食品中的一些成分结合在一起，形成不能被人们吸收利用的物质。比如说钙可以和植物里的草酸结合在一起，形成草酸钙，因此我们常说豆腐和菠菜不能一起吃。菠菜里含有大量的草酸，会和豆腐中的钙形成草酸钙沉淀，虽然钙以草酸钙形式被人体摄入进去了，但是草酸钙是非常难以被吸收利用的，并且长期在体内堆积，还容易形成结石。

在食品加工和贮存过程中，我们可以根据影响矿物质含量的因素，从食品原料的选择、加工手段的选择以及一些添加剂的选择等方面，根据实际需要和加工目的，进行更好更优化的选择，来改变（增加或降低）食品以及食品原料中矿物质的含量，以规避不好的影响或进一步利用其有利的方面。

思考题

1. 维生素的主要作用（功能）是什么？
2. 矿物质在体内的主要作用（功能）是什么？
3. 食品中维生素损失的常见原因有哪些？
4. 试述维生素 C 的生物功能及在食品中的应用。
5. 简述维生素 A 的主要功能及缺乏症状。
6. 影响食品中维生素含量的因素有哪些？
7. 试述矿物质元素的溶解性及其影响因素。
8. 影响矿物质生物有效性的因素有哪些？

参考文献

[1] 阚建全．食品化学［M］. 4 版．北京：中国农业大学出版社，2021.
[2] 冯凤琴，张希，倪莉．食品化学［M］. 2 版．北京：化学工业出版社，2022.
[3] 汪东风，徐莹．食品化学［M］. 4 版．北京：化学工业出版社，2023.
[4] 谢明勇，胡晓波，王远兴．食品化学［M］. 北京：化学工业出版社，2018.
[5] 江波，杨瑞金．食品化学［M］. 2 版．北京：中国轻工业出版社，2023.

第7章 酶

知识结构

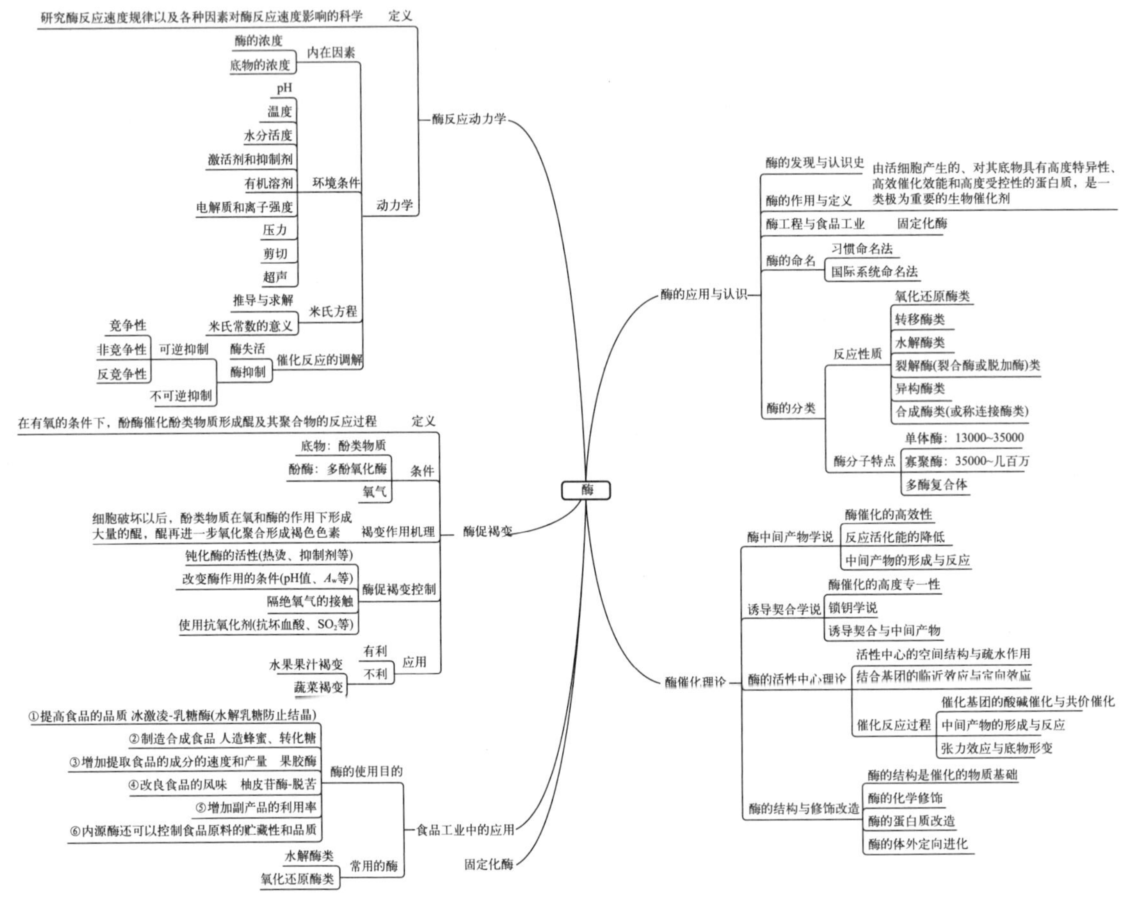

学习目标

知识目标 掌握酶学基本理论、酶分子的修饰与改造、酶的固定化技术，掌握食品工业中应用酶的性质、特点、作用机理及其在食品加工、贮藏和质量控制应用的相关知识。

能力目标 能够分析酶在食品加工、贮藏和质量控制中所起的作用，评价相关技术对人体健康、环境和社会造成的影响，具备面对食品工程复杂问题，运用所学食品酶学知识进行工艺设计、改进和创新的能力。

素养目标 本章将以“酶”好生活应用实例，培养科技报国的家国情怀和文化自信；通过酶学认识史中“生机论”等著名争论，培养辩证思维的能力，塑造实事求是、追求真理和独立思考的科学精神；通过思考“酶催化机理与酶蛋白分子结构”的关系，树立“认识世界和改造世界”的使命担当。

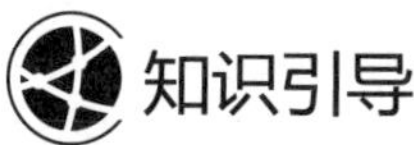

酶（enzyme）是由活体细胞代谢产生的、对其底物具有高度特异性（专一性）、高效催化效能和高度受控性的蛋白质，是极为重要的生物催化剂。任何生物体的生长、发育和繁殖的过程需要几千种化学反应，而且是在常温、常压下进行的，酶的催化作用贯穿其中，必不可少。因此要求熟知酶在食品原料加工贮藏过程中的相关化学知识。

食品工业是应用酶制剂最多的行业，酶制剂使用量大、应用范围广，其市场非常广阔。而食品酶学就是以酶学理论为基础，研究酶工程技术在食品工业中应用的科学，内容主要涵盖酶学基础、酶反应动力学、酶的生产与分离纯化、固定化酶与固定化细胞、酶分子改造与修饰基础以及酶在食品工业的应用。

酶工程与现代细胞工程、基因工程、蛋白质工程和发酵工程紧密结合，其发展极为迅猛，通过产酶菌种的改良和细胞固定化技术，深刻地影响着食品工业的发展。丹麦诺和诺德公司是世界上最大的酶制剂生产商，超过60%的酶制剂品种是通过微生物基因工程改良菌种生产的。近年来我国工业酶制剂行业得到了迅速发展，其技术水平与发达国家的差距正逐步缩小，但目前70%的市场份额依然被国际酶制剂公司垄断。

7.1 酶的应用与认识

酶的来源非常广泛，所有生物在生长和代谢过程中都会合成种类繁多的酶，以维持生命活动和生命过程，而人类对于酶的应用与认识是一个从利用到发现、从探索到揭示的过程。

7.1.1 酶的发现与认识

（1）酶的应用源远流长

人类对酶的应用源远流长，在我国古文《尚书·说命下》中，就有“若作酒醴，尔惟曲糵”的记载。“酒醴”是指酒和甜酒，也就是常见的白酒和米酒，“曲糵”是指发霉或发芽的谷物。也就是说要想生产酒和甜酒，就必须用发霉或发芽的谷物。

发芽的谷物能够生产麦芽糖，也就是常说的饴糖，这是由于小麦发芽时会产生淀粉酶，能够催化淀粉糖化成麦芽糖。发霉的谷物中含有霉菌在内的大量微生物，能够分泌淀粉酶、糖化酶和蛋白酶，从而催化谷物的淀粉、蛋白质转变成糖和氨基酸，用于生产酒、醋、酱油等食品，而酒曲就是含有曲霉的米或者麦的制品。利用发霉或发芽的谷物就是利用酶。

西方对于动物源酶的利用也非常久远，传说古埃及人将牛奶放入羊胃制成的袋子中，意外发现形成了具有愉悦口感和饱腹特性的凝乳。传统奶酪就是利用反刍动物胃液中的皱胃酶（凝乳酶），将牛乳或羊乳凝固来生产的。而为了获得更多的奶酪，皱胃酶也就成为第一个被工业化生产的酶。

（2）酶的发现

近代关于消化过程存在着争论，消化的实现是通过化学溶解？还是物理磨碎呢？于是意大利实验生理学家斯帕兰札尼在1773年进行了一个实验：他将一块肉放入一只极小的铁笼内，再将铁笼喂给鹰吃，一段时间后，拉出连着绳子的小铁笼，铁笼内的肉不见了，从而得出“胃液中一定有某种物质可以消化食物”的推断。

根据斯帕兰札尼的研究结果，科学家一直在寻找这种物质，1834年，德国生理学家施旺从胃中纯化出一种物质，和盐酸混合后蛋白质的分解速度快了许多，从而证实生物催化剂的存在，该物质命名为胃蛋白酶。

（3）酶的“生机论”

随着科学研究的发展，对于酶的认识又产生了新的争论，酶的催化是不是生命独有的现象？巴斯德就是“生机论”的支持者。巴斯德在研究葡萄酒酸败的原因时，发现酵母菌是乙醇的发酵剂，提出了“酵素”学说，该学说认为“只有活的酵母菌才能进行发酵”。

1878年，库尼把酵母菌中进行乙醇发酵的物质称为enzyme，表示“in yeast”，其含义就是在酵母菌中。我国对酶的命名就是enzyme的音译“酶”，而日本和我国台湾对酶的命名采用“酵素”的说法，这实际上是同一种物质。

当然，“生机论”也有反对者。1896年，德国化学家布赫纳兄弟将磨碎的酵母菌细胞过滤后，得到不含活细胞的滤液，发现依然能够催化糖类，发酵产生乙醇和二氧化碳。这一发现不但为酶制剂的开发提供了理论依据，也从理论上阐明了生命现象的本质是物质的作用，这为“生机论”的争论画上了句号。

（4）酶的化学本质

那么酶的化学本质是什么呢？1926年，美国科学家萨姆纳从刀豆种子中提取出脲酶的结晶，并通过研究证实脲酶是一种蛋白质；1930年，诺斯罗普等科学家先后获得胃蛋白酶、胰蛋白酶和胰凝乳蛋白酶的结晶。这些研究成果得出结论：“酶是一类具有生物催化作用的蛋白质。”

相当长一段时间内，酶的化学本质被认为是蛋白质，但切赫和奥尔特曼等科学家在1982年研究证实部分RNA也具有生物催化功能，为了与酶区分，将其命名为“核酶”，也被称为“催化性小RNA”。

在酶学研究中，酶的定义应该为“活细胞产生的具有高效催化效能、高度专一性和高度可调节性的生物分子”。但在食品酶学领域，由于只有蛋白质才有较为稳定的结构，因此用到的酶都是具有催化效能的特殊蛋白质。

M7-1 酶的认识史

7.1.2 酶的作用与定义

（1）酶（酶学）是生命活动的基础

乳糖不耐症是我国居民特别是中老年人常见的一种症状，一旦食用乳制品，会出现胃肠不适、胀气、痉挛和腹泻等现象。乳糖是由一分子的葡萄糖和一分子的半乳糖结合而成的双糖，在肠道内，只有经乳糖酶催化分解成葡萄糖和半乳糖后，才能被人体肠道吸收。

如果因先天、疾病或年龄增长等原因，体内乳糖酶活性不足，就会引发乳糖不耐症。当然，食品工业也给出了解决方案，如生产中将乳糖经乳糖酶分解后制成舒化奶，或者利用乳酸菌将乳糖发酵成乳酸，生产酸奶，都能解决这一问题，这类处理的本质都是利用酶。

由此可见，生物的一切生命活动都是生物化学反应，而酶这种生物催化剂，就是一切生命活动的基础，就像乳糖酶一样，活性不足就会影响正常的生命活动，所以说酶是生命活动的基础，而研究酶的科学就是酶学。

（2）酶工程改变了传统食品生产

火锅中经常食用的毛肚口感脆嫩，传统工艺是需要碱处理的，往往造成毛肚中碱的残留和大量的废液污染。如果运用酶技术，经过木瓜蛋白酶或者无花果蛋白酶的处理，毛肚的胶原蛋白折叠结构减少，孔洞增加，破碎效果明显，无序化程度加深。这是由于酶催化水解，破坏了胶原蛋白的三螺旋结构，胶原蛋白破碎成小分子结构并开始聚集，从而获得了脆嫩的口感。酶工程的发展使这种处理在工业上成为可能，从而极大地推动了食品加工业的发展。

（3）食品酶学与生活息息相关

食品中酶的应用与生活息息相关。面包生产中会出现顶部塌陷的现象，这是由于添加的α-淀粉酶催化淀粉分子的α-1,4-糖苷键水解，产生了更多的葡萄糖，从而使酵母菌能够产生更多的CO_2气体，提高面包的入炉急胀性，显著增大成品体积。

研究表明，随着α-淀粉酶添加量的增加，面团体积随之增大，但面团黏度随之下降，这也有利于面团体积的膨胀。但过度的膨胀也降低了面包的稳定性，过度使用将引起面包贮存期顶部塌陷。市场上一些非常“虚”的馒头在二次加热后的收缩变硬也是同样道理。因此，食品酶学与我们的生活息息相关。

（4）食品酶学的定义

在食品领域，酶的定义为由活体细胞代谢产生的、对其底物具有高度特异性（专一性）、高效催化效能和高度受控性的特殊蛋白质。研究酶的理化性质、催化作用规律、结构和作用机制、生物学功能和应用特性的学科称为酶学。将酶引入工业的技术就是酶工程。

研究酶在食品工业与技术中应用的科学就是食品酶学，是将酶学、食品微生物学的基本原理应用于食品工程，并与酶工程有机结合而产生的交叉科学与技术。

7.1.3 酶工程与食品工业

（1）固定化酶

将酶应用于工业化生产存在着三个主要的困难：一是酶作为蛋白质，易变性，稳定性差；二是传统生产中酶与生产原料混合，很难与产物分离，一次性使用成本较高，而且无法实现连续化生产；三是产物分离纯化比较困难。这就造成实际生产成本过高，难以推广。

而酶工程中的固定化技术能够完美地解决这些问题。从狭义上讲，酶工程是在一定生物反应器中，利用酶的催化特性，实现原料向产品转化的技术，而固定化就是酶工程中最重要的技术，即借助物理或化学方法，将酶固定在水不溶性或水溶性载体中，酶被局限在某一特定区域，但保留酶的催化活力，仍能进行底物与效应物分子交换，并实现其催化效能的一种酶制剂形式。

实际生产中，酶固定到载体上，首先提高了酶的稳定性，其次酶能够催化反应的发生，又不会与反应物混合，避免了分离的困难，最后实现了连续化生产，不再是一次性应用，极大地降低了成本。可以说，固定化技术是酶工业化生产的基础，解决了“用”的问题。

（2）酶工程与细胞工程、基因工程和发酵工程

那么酶“来”的问题，是如何解决的呢？如同毛肚嫩化使用的木瓜蛋白酶或者无花果蛋白酶，如果从植物中提取，代价太高，而且产量是有限的，这一问题要通过生物工程技术来解决。现代生物工程是以细胞工程、基因工程、发酵工程和蛋白质工程为基础的，而酶的生产会用到前三种技术。

以食品工业第一个基因工程产品凝乳酶为例，传统奶酪采用小牛的皱胃酶进行凝乳，成本非常高。为解决这一问题，通过细胞工程培养出适合生产的菌种大肠杆菌；利用基因工程

技术，获取小牛的凝乳酶基因，构建基因表达载体，并导入大肠杆菌细胞；以发酵工程技术优化培养过程，从而获取大量凝乳酶。

因此，从广义上讲，酶工程是酶学基本原理与生物工程相结合，研究酶制剂大规模生产及应用所涉及的理论与技术的科学，有效地解决了“来”的问题。

（3）酶工程与食品工业

ω-3 多不饱和脂肪酸是人体必需的脂肪酸，可以促进胆固醇自粪便排出，抑制肝内脂质及脂蛋白合成，从而降低血浆中甘油三酯、低密度脂蛋白和极低密度脂蛋白的水平，并提高高密度脂蛋白的水平。临床可以作为处方药用于治疗高脂血症、冠心病等，改善动脉粥样硬化。

天然的 ω-3 脂肪酸主要包括 α-亚麻酸、二十碳五烯酸（EPA）和二十二碳六烯酸（DHA）。α-亚麻酸来自植物，而 EPA 和 DHA 主要来自海洋中的鱼类、磷虾和鱿鱼，但深海鱼油对于我国来说是一种较为昂贵的稀缺资源。

在揭示酶催化机理的基础上，我国食品工业通过采用固定化脂肪酶催化技术，将甘油与多烯酸乙酯进行酯交换，制备高含量多烯酸甘油三酯，能够为消费者提供质优价廉的 ω-3 脂肪酸，可以有效降低血脂、改善动脉粥样硬化、冠心病等，保护人民健康。

另一方面，酶工程通过细胞工程、基因工程、发酵工程的结合，构建基因工程菌，大量生产食品工业需要的酶，解决了实际生产中的诸多难题，极大地降低了食品的生产成本，提高了我国食品工业技术水平。

M7-2 酶与美好生活

7.2 酶催化作用机制与结构修饰

酶是由活细胞代谢产生的、对其底物具有高效催化效能（催化效率）、高度特异性（专一性）和高度受控性（可调节性）的蛋白质，是一类极为重要的生物催化剂。由酶催化的反应称为酶促反应，又称酶催化反应。酶所作用的物质为底物，经反应产生的物质为产物。

“认识世界的目的是更好地改造世界”，如图 7-1 所示，本节将通过对酶生物催化的高效催化效能（催化效率）、高度特异性（专一性）和高度受控性（可调节性）三大特性的分析，揭示酶催化作用的本质，探讨酶结构与催化的关系，阐明酶修饰与改造的机理。对酶催化作用机制的揭示，为酶的修饰与改造、进行催化过程调节和抑制奠定了基础。

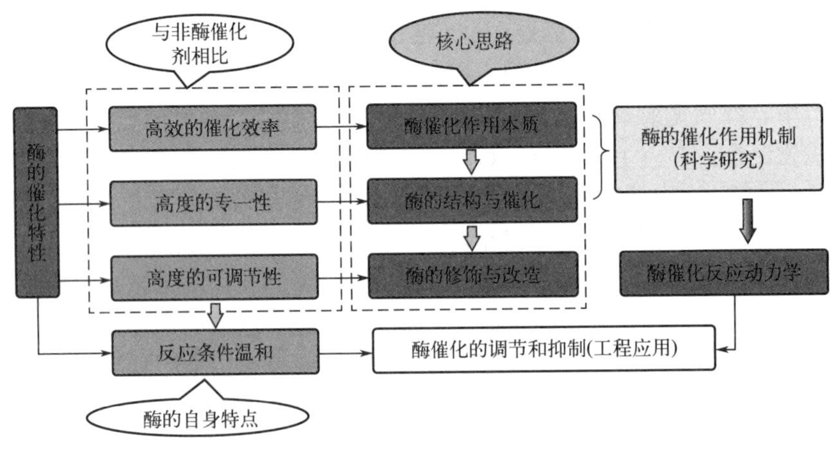

图 7-1　酶催化机制和催化反应动力学思维导图

7.2.1　酶催化作用机制

（1）酶催化反应“中间产物学说”

在高中的过氧化氢分解速率实验中，通过对比四支试管，常温、90℃加热、添加三氯化铁和添加新鲜猪肝研磨液发现，添加新鲜猪肝研磨液的试管，猪肝中的过氧化氢酶催化过氧化氢分解产生的氧气最多，能使熄灭的火柴迅速复燃。

这个实验说明生物催化剂的催化效率是极高的，以摩尔为单位进行比较，酶的催化效率比化学催化剂高 10^7～10^{13} 倍，比非催化反应高 10^8～10^{20} 倍。为什么会这样呢？这是由于活化能的存在。从表 7-1 中数据可以看出，过氧化氢酶催化效果远优于三价铁离子，就是它催化反应的活化能更低。

表 7-1　不同催化剂对过氧化氢分解速率影响分析

催化剂	反应温度	速度常数/s^{-1}	活化能/（kJ/mol）	催化量/（mol/L）
Fe^{3+}	22℃	5.6×10^{-3}	48.9	5×10^{-3}mol
过氧化氢酶	22℃	3.5×10^{3}	8.36	6×10^{-7}mol

活化能是指在化学反应中，反应物转变为产物所需克服的能垒。物理化学中的阿伦尼乌斯方程可以用来计算活化能。从图 7-2 可以清楚地看到，通常反应总能量变化，但反应的发生要克服活化能这一壁垒。非催化反应的活化能壁垒最大，但催化剂通过提供一个新的反应路径，使得反应能够避开原有的较高能垒进行，从而加快了化学反应速率。而酶促反应的活化能要明显低于一般催化剂的反应活化能，因此，酶的催化效果更好。这就像爬山时遇到难以翻越的险峰，但可以从山腰绕过去。

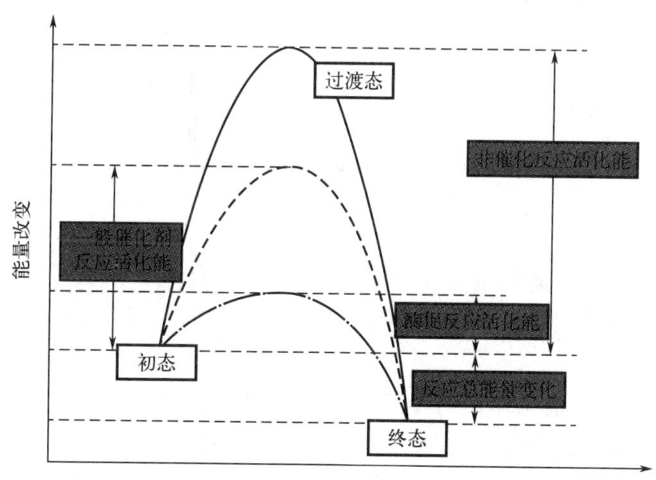

图 7-2　反应能量改变图

根据这一现象，1913 年生物化学家米歇利斯和门顿提出了酶的中间产物学说，即过渡态学说，来解释如何实现这一绕路的过程。酶降低活化能的原因是酶参加了反应，即酶分子与底物分子先结合形成不稳定的中间产物，也称中间结合物。反应过程中生成的中间产物会进一步分解出产物，释放出原来的酶，这样就把原来活化能较高的一步反应变成了活化能较低的两步反应，因而使反应沿着活化能较低的途径进行，反应速度迅速提高。

催化剂是能改变反应速度而本身不进入反应产物的物质，它不改变热力学平衡，只影响反应平衡的达成速度。中间产物学说已经被许多实验所证实，中间产物确实存在。

（2）酶与底物结合“诱导契合学说”

酶具有高度的专一性，通常分为三类。包括绝对专一性，即只作用于一个特定的底物；相对专一性，即作用对象不是一种底物，而是一类化合物或一类化学键；立体专一性，即对空间结构的专一性，如 D-、L-（右旋，左旋）立体异构专一性，即对旋光异构体（也就是手性）的底物构型有严格的选择性，另外立体专一性还包括几何异构专一性、潜手性专一性等。图 7-3 所示的三种反应，分别是哪种催化专一性呢？

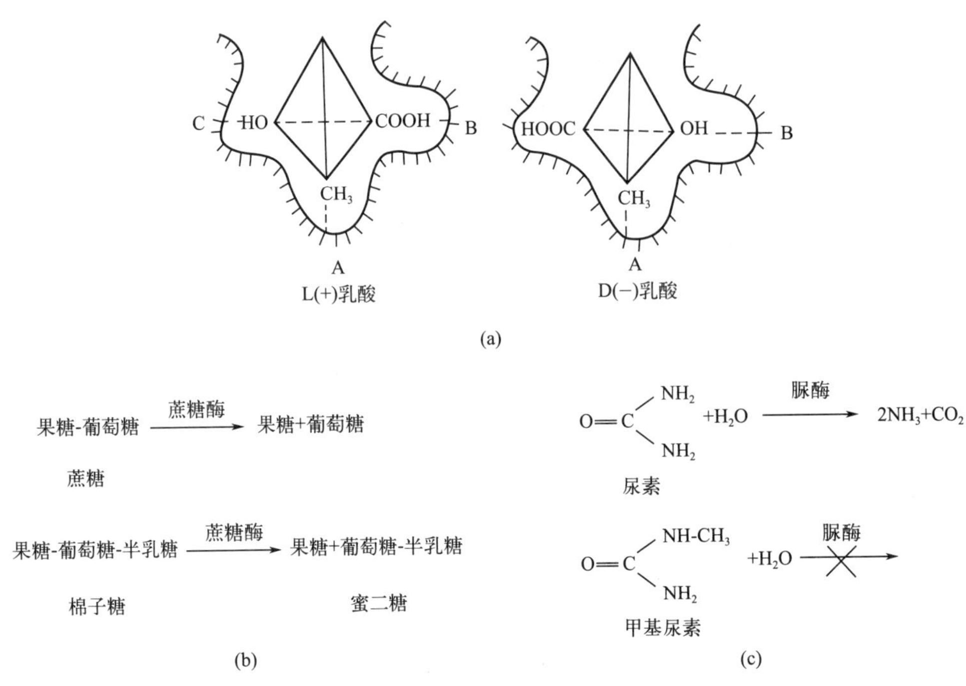

图 7-3　不同专一性催化反应

图 7-3（a）属于立体专一性，乳酸脱氢酶是手性分子，只对 L-乳酸是专一的；图 7-3（b）是相对专一性，蔗糖酶能够催化果糖和葡萄糖的糖苷键水解；图 7-3（c）是绝对专一性，脲酶只能催化尿素的水解，不能催化甲基尿素的水解。那么这种专一性的原因是什么呢？

① 锁钥学说　对于酶催化作用的专一性，1894 年费歇尔提出了锁钥学说（图 7-4），底物分子或其一部分如同一把钥匙，能够专一地楔入对应酶的活性中心部位，结合状态如钥匙和锁的关系。这一学说认为底物分子进行化学反应的部位与酶分子活性中心具有对应性极高的互补关系，很好地解释了酶的立体异构专一性。

但锁钥学说不能解释酶专一性中的所有现象，比如相对专一性的一类化合物或一类化学键，而且在一些可逆反应中，酶的活性中心既适合底物，又适合产物，缺陷是很明显的。事实上，酶的活性中心是柔性而非刚性的，是会发生变化的。

② 诱导契合学说　1958 年，柯施兰德提出了诱导契合学说（图 7-5），指出酶分子活性

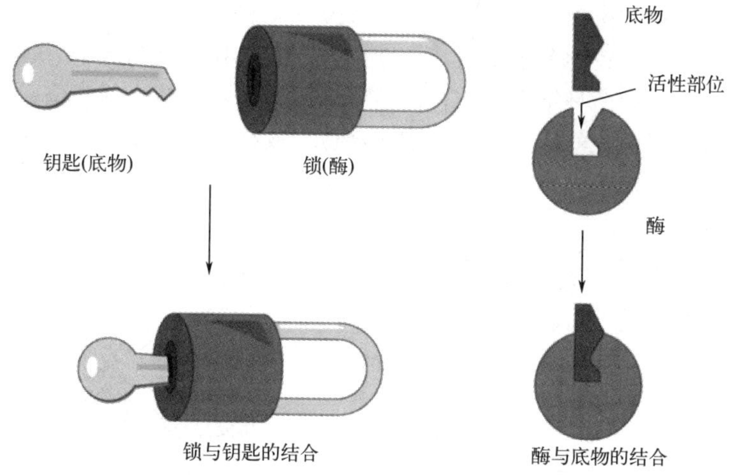

图 7-4　锁钥学说示意图

中心的结构原来并非和底物的结构完全吻合，其活性中心是柔性而非刚性的。当底物与酶相遇时，在诱导作用下，酶活性中心的构象发生相应的变化，相关基团形成正确的排列和定向，才能使底物和酶完全契合。当反应结束后，产物从酶分子上脱落下来，酶的活性中心又恢复成原来的构象。

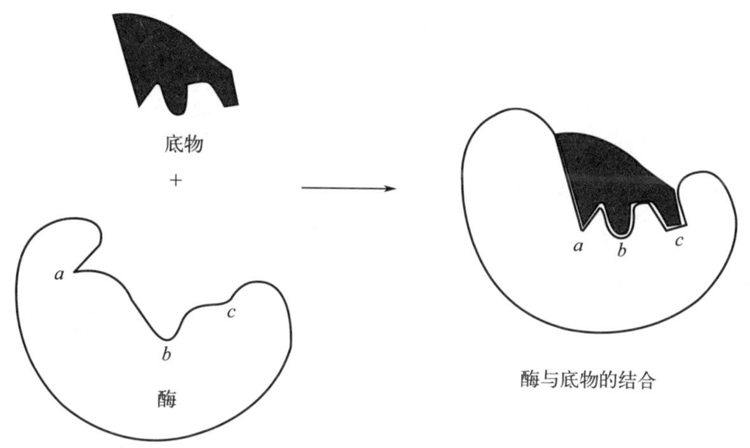

图 7-5　诱导契合学说示意图

诱导契合学说的核心包括两个方面：一是底物将诱导酶蛋白空间几何形状的改变，二是活性中心的结合基团结合底物，使底物待反应的活性部位与催化基团定向契合。诱导契合学说实际上是中间产物学说的继承和发展，后者仅说明了中间产物的存在，而前者解释了中间产物产生和变化的过程，众多研究已证实了诱导契合学说的真实性。

（3）酶的活性中心（活性部位）

酶蛋白结构中与催化直接相关的部位称为酶的活性中心，或称活性部位。酶分子中氨基酸残基侧链存在—NH_3、—COOH、—SH、—OH 等功能基团，这些功能基团中与酶活性密切相关的被称为酶的必需基团。必需基团在氨基酸序列上可能相距很远，但在空间结构上彼此靠近，在酶分子表面形成一个类似凹穴的特殊空间构象，与底物接触时表现一定柔性，与底物诱导契合发生相互作用。

酶的活性中心能够与底物分子实现特异性结合，并将其转化为底物。如图 7-6 所示，活性中心包括两个部分，一个是结合部位，即结合基团，是底物结合的部位或区域，酶的高度专一性就是由结合基团决定的；另一个是催化部位，或称催化基团，是促使底物发生化学变化的部位，决定了催化效率和催化反应的性质，最常见的反应就是酸碱催化和共价催化。

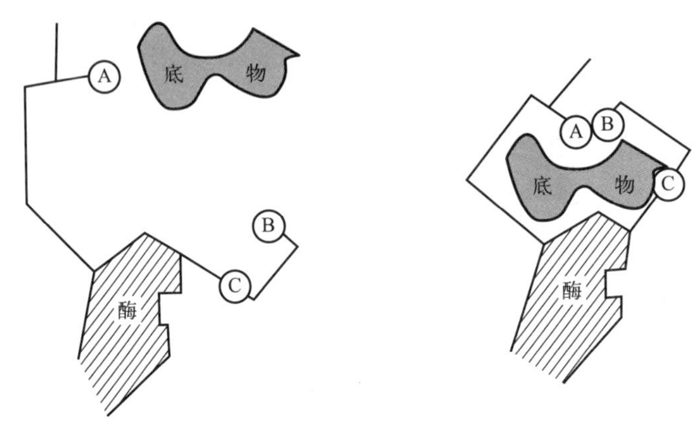

图 7-6　催化反应过程示意图

A、B：催化基团　C：结合基团

酶的活性中心能够有效促进催化反应的发生，主要表现在三个方面。第一个促进作用是为催化反应提供了疏水环境，活性中心氨基酸残基多为疏水性，使中心形成非极性的微环境，这种低介电环境甚至还可能排除水分子。对于反应物而言，在极性水环境中，底物反应部位有可能隐蔽起来，与活性中心结合后，暴露出非极性的反应部位，有助于底物分子的敏感键和酶的催化基团之间的定向契合，从而加速了反应的进行。

第二个促进作用是邻近效应和定向效应。在酶的催化作用过程中，反应物聚集在活性中心类似凹穴的特殊空间构象中，大大提高了底物的有效浓度，使底物分子相互邻近，是邻近效应；而酶结合基团的诱导作用，促使底物反应基团与酶催化基团之间实现精确定向，是定向效应。

第三个促进作用是张力效应和底物形变。底物与酶结合过程中，诱导酶分子构象发生变化，这种变化反过来对底物分子的敏感键又产生了“张力”和“形变”作用，有利于敏感键的断裂。以上三个要素，都是酶分子活性中心空间构象起到的辅助作用，极大地提高了催化反应的速率。

（4）酶催化反应过程

酶的催化反应通常有两种，即酸碱催化和共价催化。酸碱催化是酶分子催化基团可作为酸或碱向底物提供质子或从底物分子中抽取质子，与底物分子相互作用而形成过渡复合物；共价催化是酶在催化时放出或吸取电子，并作用于底物的缺电子或富电子中心，并与底物形成共价连接的共价中间物。

酸碱催化和共价催化所产生的中间产物都会使反应活化能大大降低，加速反应进行。酸碱催化中能够提供或接受质子的功能基团很多，但咪唑基是酶分子最有效、最活泼的一个功能基团。在中性条件下，既有酸的形式又有碱的形式，因此既可进行酸催化，又可进行碱催化（图 7-7）。

以胰凝乳蛋白酶水解氨基酸的酸碱催化过程为例，胰凝乳蛋白酶是一个丝氨酸蛋白酶，由氨基酸序列 57 位的组氨酸（His^{57}）、102 位的天冬氨酸（Asp^{102}）和 195 位的丝氨酸（Ser^{195}）通过氢键构成一个电荷转接系统，使得催化部位 Ser^{195} 羟基的质子被有效地撤走，表现出强烈的亲核特性。而 57 位组氨酸的咪唑环，在电荷转接中起到一个桥梁作用。

图 7-7 酸碱催化中咪唑基功能基团

水解肽键的置换反应是通过三步进行的（图 7-8），首先，当 Ser^{195} 的氧原子处于强烈亲核的状态时，氧原子对底物上的羰基进行亲核攻击，结果形成一个不稳定的四联体过渡态。其次这个四联体很快分解，C—N 键断裂，产生酰基-酶中间产物（195 位酯化的丝氨酸）和产物胺。随后由于水分子的进入，氧原子对酰基-酶中间产物的酰基碳进行亲核攻击，Ser^{195} 的氧与酰基碳之间的 C—O 键裂解，脱酰基反应产物为酸和复原的酶，到此胰凝乳蛋白酶完成一次氨基酸水解催化反应循环。

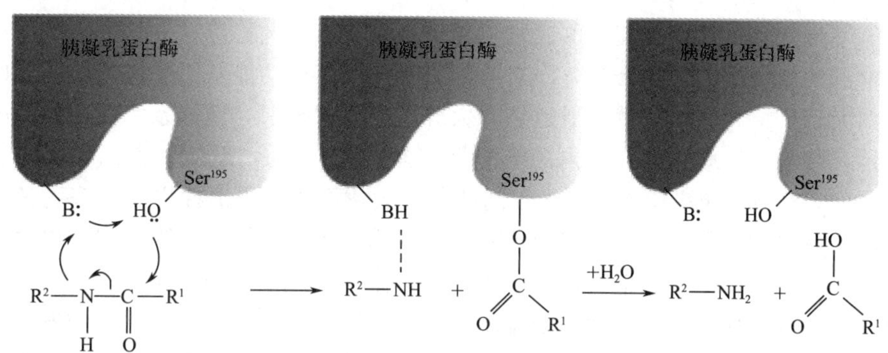

图 7-8 胰凝乳蛋白酶催化氨基酸水解反应示意图

中间产物学说提出了中间产物的存在，诱导契合学说解释了中间产物产生和变化的过程，因此酶催化作用的机制可以总结如下：首先，活性中心提供了有利于反应发生的“非极性微环境”，有利于暴露出非极性的反应部位，提高反应速率；其次，邻近效应极大地提高了反应物浓度，定向效应使催化基团精确定向底物的敏感键；再次，酶与底物结合过程对底物分子的敏感键，产生了“张力”和“形变”作用，有利于敏感键的断裂；最后是催化反应的发生，酶与底物高效结合形成中间产物，极大降低了反应活化能，提高反应速率，完成催化反应。

M7-3 酶的催化作用机制

7.2.2 酶的结构与修饰改造

（1）酶的结构与催化

酶分子活性中心为催化反应提供了完美的空间构象和适宜的疏水环境，结合基团的诱导和定向作用使催化基团精确定向到底物的反应部位，使催化反应能够顺利、高效地发生。那么这种催化反应与酶的结构是怎样的关系呢？

对酶蛋白而言，蛋白质肽链的氨基酸序列构成了酶蛋白分子的一级结构，作为催化功能的基础也称为基本结构；酶蛋白肽链盘旋折叠，形成了具有催化活性的空间结构，这种决定酶催化活性和机制的结构称为高级结构。

酶催化反应的高效性、专一性和可调节性都是由酶分子氨基酸残基侧链基团和活性中心的特殊结构和性质决定的，因此酶的蛋白质分子结构是酶催化功能的物质基础。那么，与酶催化密切相关的结合基团称为必需基团，哪些基团是必需基团呢？活性中心的催化基团和结合基团肯定是必需基团，还有吗？

要知道，催化基团和结合基团都是酶分子的氨基酸残基侧链基团，它们在一级结构及氨基酸序列上可能相距很远，但通过肽链的盘绕折叠而在空间结构上相互靠近，集中形成能与底物结合并催化反应，位于酶蛋白分子表面的特殊空间区域——活性中心。因此，对于酶分子而言，活性中心内的结合基团和催化基团以及活性中心以外维持酶活性中心空间构象的基团，都是必需基团。而任何对于必需基团的改变，都会影响酶的催化性质和催化作用。

（2）酶的化学修饰

酶是具有高度可调节性的，因此可以进行修饰与改造，即为了满足工业生产的要求，在已知酶结构和功能关系的基础上，通过化学、物理或基因的手段，有目的地改变酶的某一功能基团或氨基酸残基，从而改变酶的底物特异性、催化特性及稳定性。

最为常见的就是酶的化学修饰，即对酶的氨基酸残基或功能基团采用共价化学的办法进行修饰。如大分子结合修饰，就是通过结合大分子形成保护层，增加亲水性，提高酶空间结构的稳定性，超氧化物歧化酶在体内的半衰期仅有 6～30min，连接聚乙二醇修饰后可以延长 70～350 倍，达到 35h；某些酶分子空间结构过大，可能阻碍活性中心与底物的结合，可以进行有限水解修饰，如 180 个氨基酸连接而成的木瓜蛋白酶通过有限水解可以去除 2/3 的分子量，活力基本保持不变，但抗原性极大降低，生产中代谢负担变小。

酶分子表面的一些游离官能团，如氨基、羧基、羟基等，可与一些化合物发生酰化、醚化、烷基化反应，稳定性能得到不同程度的提高，如胰凝乳蛋白酶表面亲水—NH_2 和—COOH 被一定程度修饰后，60℃时酶活力提升 1000 倍，随着温度的升高，稳定化效应更加明显，具有极高的应用价值。

但酶的化学修饰也有较大的缺陷，反应大多在极性的氨基酸残基侧链上进行，很多不含特殊功能基团、对于维持酶特定空间结构作用很大的氨基酸很难修饰；同时，化学修饰法缺乏一定的准确性和系统性，因此目前常作为辅助手段，用于研究酶分子的结构和功能。

（3）酶的蛋白质改造

由于化学修饰的缺陷，工业化生产中要将肽链上的一个氨基酸换成另一个氨基酸，进行更加有指向性的操作，通常采用定点突变技术，即酶分子理性设计，是在 DNA 序列中的某一特定位点进行碱基改变，从而获得突变基因的技术。而要实现酶的定点突变，有三个前提条件。

一是要利用 X 射线晶体衍射、核磁共振、冷冻电子显微镜三维重建，或计算机建模获得目标酶的空间结构，也就是说必须彻底搞清楚目标酶的四级结构；二是利用生物信息学、生物化学和生物物理学确定酶与底物结合部位、催化机理、热稳定机制和耐酸碱机制，也就是说必须彻底搞清楚目标酶的酶学性质；三是确定酶结构中特定氨基酸残基及其在酶的物理化学性质中所起的作用，根据目标对特定氨基酸设定突变体。

要将酶的四级结构和酶学性质结合进行研究，确定特定氨基酸在酶催化过程中所起的作用，针对性地进行酶分子的理性设计，通过聚合酶链式反应即 PCR 技术，在目标酶 DNA 编码序列的所需位置引入点突变，插入突变碱基，从而实现对位置氨基酸残基的突变，通过对所得突变酶结构和功能的反复验证，最终获得活性更高、底物更广、选择性更强的新酶（图 7-9）。

以葡萄糖异构酶（GI）为例进行分析，采用双引物法对 GI 基因进行体外定点诱变，在氨基酸序列 138 位，以脯氨酸替代甘氨酸获得突变型葡萄糖异构酶，研究表明，在酶的比活相近的情况下，突变型的热半衰期比野生型长一倍，最适反应温度提高 10～12℃。那么原理是什么呢？我国科学家发现，这可能是由于脯氨酸具有吡咯环，替代甘氨酸后能够填充 138 位附近的空洞，使空间结构更具刚性，从而提高了酶的热稳定性（图 7-10）。

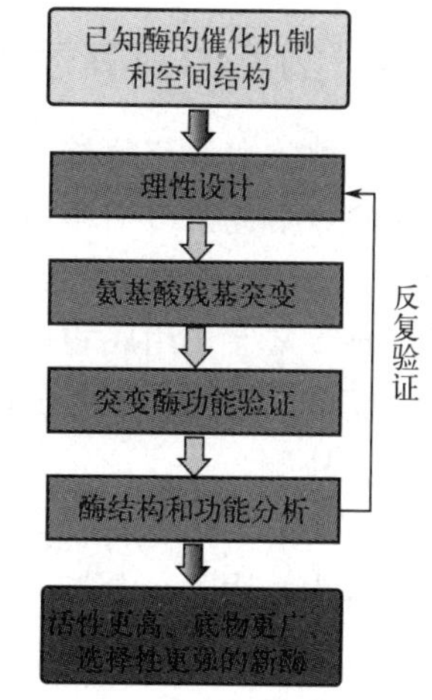

图 7-9　蛋白质突变体设计流程图

现代生物工程是以细胞工程、基因工程、发酵工程和蛋白质工程为基础的，前三种主要解决酶生产的问题，而现有酶不能满足实际生产需要时，就会用到蛋白质工程，即蛋白质改造，酶分子理性设计就是其中一种。但这种方法要求对目标酶结构和功能的关系极为清楚，信息不足时不能进行蛋白质改造。

甘氨酸　　脯氨酸

图 7-10　甘氨酸和脯氨酸分子结构图

（4）酶的体外定向进化

定点突变技术也有自身的不足，只能对天然酶蛋白中的部分氨基酸残基进行替代，酶功能改造较为有限；或已有的结构与功能相互关系的信息不能满足发展的现实需要，无法进行有效的定点突变。这时可以在实验室内体外模拟自然进化机制，对编码酶的基因进行随机诱变、重组，再通过高通量筛选或其他方法，定向选择出性能更加优良或更符合实际需要的酶，还可能赋予生物催化剂原本不具备的催化活力和性能，获得新酶。

在图 7-1 可以看到，通过对于酶高效催化效率和高度专一性的研究，揭示了酶催化作用的本质，从而阐明了酶结构与催化的关系。在此基础上，实现了酶的第三个特性，即酶的高度可调节性。无论是在确定酶催化机制、建立酶的蛋白质三维结构模型以及明晰特定氨基酸残基在酶催化过程中所起作用的基础上进行的化学修饰和定点突变，还是在信息不足情况下采用的体外定向进化，酶都可以被修饰和改造，获取更加符合需要的酶，这正是一个从认识世界到改造世界的过程，实现了主观与客观、认识与实践的统一。

M7-4 酶的结构与改造

7.3　酶的基本性质与反应动力学

为了能够指导酶催化的工程实践，在阐明酶促反应机制的基础上，进一步研究酶的催化反应动力学，即酶促反应的速度及其影响因素。

7.3.1 酶活力及其表征

（1）酶的命名与分类

酶的命名包括习惯命名法和系统命名法。习惯命名法通常按照酶作用的底物和反应类型来命名，而反应类型常被省略，如蛋白（水解）酶催化蛋白水解，常称为蛋白酶；为了区分同类的酶，常在作用底物前加上酶的来源，如木瓜蛋白酶、胰蛋白酶；有时也会在作用底物后加上反应的类型，如谷氨酰胺转氨酶等。习惯命名法虽然简单形象，但不够严谨，无法具体到某一种酶。

1961 年国际生物化学联合会酶学委员会提出一套系统命名和分类方案，将酶催化反应的类型分为六大类，分别是催化氧化还原反应的氧化还原酶 EC1、催化基团转移的转移酶 EC2、催化水解反应的水解酶 EC3、催化键断裂的裂合酶（裂解酶）EC4、催化分子内基团转移的异构酶 EC5、催化分子间或分子内键形成的合成酶 EC6。

以此为基础，通过明确酶的底物、产物、性质以及其他一些相关特性，系统命名法授予每一种酶专有的 4 位数字系统编号。如 EC1. 1. 1. 1，第一个 1 表示属于第一类氧化还原酶；第二个 1 表示属于该大类酶的第一个亚类，以醇作为催化反应供体；第三个数字表示酶所属亚亚类，如 EC1. 1. 1 表示该类酶以烟酰胺腺嘌呤二核苷酸（NAD^+）或烟酰胺腺嘌呤二核苷磷酸（$NADP^+$）为催化反应的受体；第四个数字表示该酶在亚亚类中占有的位置，如 EC1. 1. 1. 1 表示醇脱氢酶。

（2）酶活力的表征

酶的测定不同于一般化学物质，不能用质量或体积来表示，因为酶是催化剂，会参与反应，但反应前后保持了自身的独立性，理论上含量不发生变化。因此必须用酶催化反应发生的速度来表征酶的活力。

酶活力即酶活性，是指酶在一定条件下催化化学反应的能力，可用所催化的某一化学反应的反应速度来表示。酶促反应速度定义为单位时间内、单位体积中底物的减少量或产物的增加量。

从这两个定义可以看出三个问题。第一个问题，一定条件下的酶促反应速度就是酶活力，不同条件下就是酶促反应速度，因此酶活力的给出必须有前置限定条件，当然它们的单位实际上是一样的。

第二个问题，酶促反应速度用底物的减少量或产物的增加量来表示，那么底物减少量和产物增加量哪个更合适呢？通常，催化反应中的底物是过量的，酶促反应初速测定时，底物减少量占总量的比例极小，准确测定难度较大；而产物是在催化反应之初增量显著，易于测量，因此酶促反应速度测定通常以产物的增加量来表示，单位为产物浓度/单位时间。

第三个问题，从图 7-11 中可以看出，产物浓度增加速度并不是线性关系，而是一种双曲线关系，那么怎么定义这个速度呢？实际上，酶促反应过程是分为三个阶段的。

以产物浓度为纵坐标、时间为横坐标作图（图 7-11），可以看到反应初期产物浓度增加，速度保持恒定，反应速度 v 就是图中曲线的斜率，这一阶段称为一级反应阶段。这一阶段的特性是底物很多，产物很少（忽略不计），酶活力温度不变。

随着底物浓度下降，部分酶失活以及底物抑制效应的产生、产物浓度增大后逆反应速度变大等原因，产物浓度增加速度逐渐下降，逐渐达到平衡，维持零级反应。而这两者之间的阶段为混合级反应，这也是实际生产中要采用固定化酶的原因之一，不分离产物会造成酶促

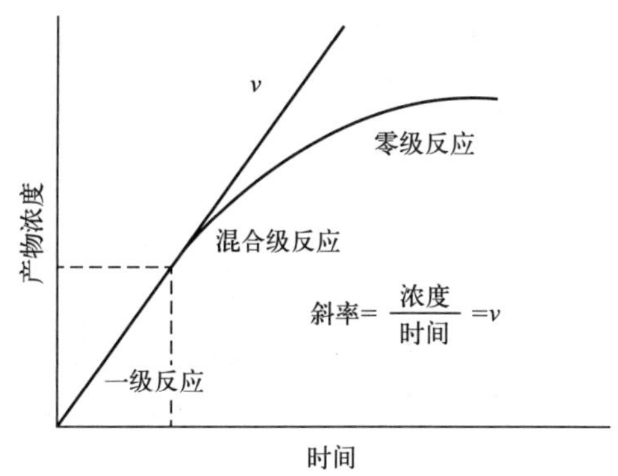

图 7-11　酶促反应过程示意图

反应无法进行。

因此，酶活力的测定以其初速度为准，当然，不同酶维持一级反应的时间是有差异的，如脂肪酶为 0～15min，而乳酸脱氢酶为 0～30s。实际上，测定酶活力是一个较为复杂的过程，需要进行大量的预实验，掌握测定酶的基本性质和催化反应特征。

酶活力表征中另一个比较重要的是比活，是指每毫克酶蛋白所具有的酶活力单位数，用 U/mg 蛋白或 kat/mg 蛋白表示。比活表示单位蛋白质的催化能力，是显示酶制剂纯度的重要指标，酶纯化步骤中通常用比活来表示纯度，一般比活越高，酶制剂越纯。

（3）酶活力的单位

根据酶活力的定义，其单位通常用一定条件下，酶促反应中产物的增加量来表示，但由于测定方法差异，或者研究者对酶活力定义的不同，造成不同酶甚至同一种酶都存在多种不同的酶活力单位，如脂肪酶就有超过 10 种酶活力单位，这造成酶活力研究结果相互比较时换算的巨大困难。

因此，1963 年，国际生物化学联合会酶学委员会提出“国际单位”（U）表示酶活力，即 1 个酶活力单位（1U）是指在标准条件（25℃，最适底物浓度和最适 pH）下，1min 内催化底物中 1mol 有关基团的酶量。但在 1972 年，该委员会又提出了新的酶活力国际单位 kat（Katal，催量）：最适条件下每秒转化 1mol 底物所需要的酶量。为什么要制定新的单位？两个单位有什么不同呢？

首先，国际单位通常是用 mol 和 s 表示反应速率，为使酶催化活性单位与国际单位的反应速率保持一致，制定了 kat 这个单位。这两者之间就存在着一个换算关系，可以看出 kat 远远大于 U，即 1kat$=6\times10^{7}$U，1U$=16.67$nkat。

其次，来看这个例子，最适条件 40℃、pH7.0，某脂肪酶每分钟分解甘油三酯产生 1μmol 游离脂肪酸，那么酶活力应该是多少？用哪个单位来表示较为便利呢？请注意，这两个单位的测定条件是不一样的，U 为标准条件（25℃，最适底物浓度和最适 pH），而 kat 为最适条件，其中的不同之处在于温度。

不同的酶有不同的最适温度，有的酶最适温度较高，25℃下甚至可能没有酶活力，因此实际研究过程中，必须根据实际测定结果选择酶活力单位，换算时也必须在相同条件下进行。实际应用中，kat 单位明显过大，U 依然较为常用，但使用时要标注反应温度。实际研究中，目前依然保留着众多习惯用法，并不完全按照国际单位进行，如每小时催化 1g 底物所

M7-5 酶催化的基本性质

需的酶量，或者直接采用比色光密度值（OD600）表示。

7.3.2 酶催化反应动力学

（1）定义与影响因素

酶催化反应动力学，又称酶促反应动力学，是研究酶促反应的速度以及影响速度的各种因素的科学。影响酶催化反应速度的因素包括内在因素和环境条件。内在因素有酶的浓度、底物的浓度和产物的浓度。动力学测定过程中，酶的浓度变化不大，通常假设浓度不变；产物在初期影响不大，通常也假设忽略不计；三个因素中底物浓度的影响最大，通常以过量的浓度进行反应。

环境因素就是外在条件，包括 pH、温度、水分活度、激活剂和抑制剂、有机溶剂、压力、超声、剪切、电解质和离子强度等，其中影响最大的是 pH 和温度。水分活度、有机溶剂、电解质和离子强度会影响酶催化反应的环境，并可能造成蛋白质变性；压力、超声、剪切等加工工艺，可能造成酶变性失活。酶促反应动力学研究通常是在最适环境条件下进行的，环境条件决定米氏常数 K_m。

某些物质可能提高某些酶的活力、加速酶促反应，被称为激活剂或活化剂，如一些金属离子会起到“搭桥”作用，形成“酶-金属-底物”复合物提高催化效率；某些物质可能抑制酶的反应，称为抑制剂，这种抑制作用可能是可逆的，也可能是不可逆的。

酶促反应动力学研究既可以为酶的机理研究提供实验证据，又能够对影响其反应的因素进行定量分析（定量往往难于定性），建立具有可操作性的反应速率方程，从而进行反应器的合理设计和反应过程最优参数的确定，最大限度地发挥酶的催化作用。

（2）温度对酶作用的影响

一定条件下，酶促反应速度达到最大时的温度称为酶的最适温度（图 7-12），最适温度不是酶的特征常数，它并不是一成不变的，受到酶的底物、纯度、激活剂、抑制剂以及酶促反应时间的影响，因此确定最适温度必须明确反应条件。

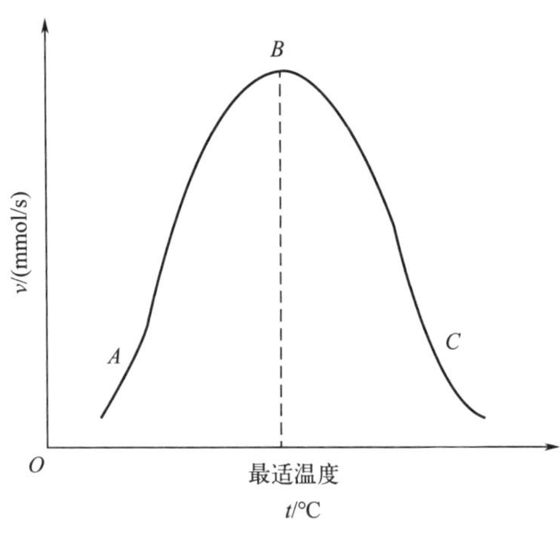

图 7-12 酶促反应最适温度

植物和微生物体内的酶，最适温度一般在 32～60℃，动物体内的酶最适温度一般在 35～40℃，为什么会这样呢？动物体内的酶，最适温度一般在体温附近或略高于体温，这是由恒温动物的特性决定的。但一些在极端条件下生活的生物，体内的酶也会适应外部的环境条件，比如在极低温度下发现的嗜冷蛋白酶的最适温度可低至4℃；在海底火山附近发现的海栖热袍菌的木聚糖酶的最适温度可高至90℃。它们的研究价值很大。

正常的酶促反应过程中，温度对酶促影响有两个方面：在一定的温度范围内，温度升高，酶促反应速度增大；当温度升高到一定值时，若继续升高温度，酶促反应速度则不再提高，反而降低。这是由于升高温度，分子运动加剧，化学反应通常都会加速；但过高温度会造成酶的蛋白质变性，反而失活，丧失催化能力（图7-13）。

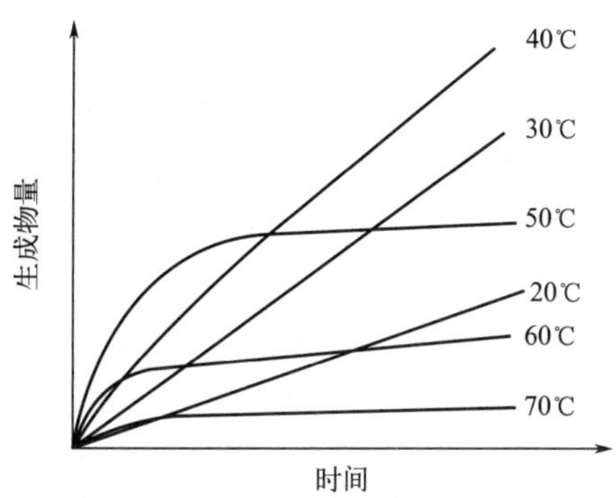

图7-13　不同温度对酶促反应的影响

因此酶催化动力学研究时，通常假设反应过程中酶活力不发生变化，但实际应用中，不同的酶有不同的温度稳定性，它是衡量其实际应用价值的重要参数，温度稳定性越高，实用性越大。因此实际研究过程中，通常要将酶在不同温度条件下处理30min，冷却后测定酶活力；或者测定酶的温度半衰期，即失去一半酶活力所需的时间。

（3）pH对酶作用的影响

大多数酶的活性受pH影响较大，我们把酶促反应速度最大时的pH称为最适pH，高于或低于此pH时活力均降低，最适pH曲线一般为S形或钟罩形。植物和微生物的最适pH多在4.5～6.5之间；动物一般在6.5～8.0之间。个别酶的最适pH可在较强的酸性或碱性区域。比如胃蛋白酶的最适pH为1.5，而肝脏中精氨酸酶的最适pH为9.7，这是由反应环境造成的（表7-2）。

表7-2　不同酶的最适pH

酶	最适pH
胃蛋白酶	1.5
凝乳酶（牛胃）	3.5
α-淀粉酶（细菌）	5.2
果胶酶（植物）	7.0
过氧化物酶（动物）	7.6
精氨酸酶	9.7

那么，为什么pH能影响酶的催化活力呢？pH通过影响酶活性部位或控制酶构象功能

团的解离状态，使底物处于兼性离子状态时，酶与底物才能很好结合。过高或过低的 pH 值将改变酶活性中心的构象，甚至改变酶分子结构造成变性失活。

不同缓冲液相同 pH 条件下酶活力和稳定性存在较大差别。因此测定最适 pH 和 pH 稳定性时，需要选择一系列的缓冲液进行测定。所以和最适温度一样，酶的最适 pH 也不是一个特征参数。由于温度和 pH 对酶促反应影响很大，但又不是特征参数，随着反应条件的变化而变化，因此在酶催化反应动力学方程中并不出现，融合在米氏常数 K_m 中。

7.3.3 中间产物学说与米氏方程

(1) 米氏方程

米氏方程是德国生物化学家米歇利斯（Michaelis）和门顿（Menten）在 1913 年推导出的，是在中间产物学说基础上提出的酶动力学的定量理论，由于是 Michaelis 和 Menten 完成的推导，因此命名为米氏方程，当然，这一酶催化动力学方程在后来也得到了其他科学家的发展和完善。

米氏方程认为酶促反应分两步：第一步是底物 S 可逆地结合到酶 E 上，形成酶-底物复合物 ES，即 E+S 与 ES 复合物的可逆反应；第二步是酶完成对应化学反应的催化，并释放生成的产物 P，第二步的反应速度与 ES 复合物的生成速度呈正相关。

酶促反应速度与底物浓度的关系也是一个三级反应（图 7-14）。第一阶段即一级反应，底物浓度很小，酶过量，反应速度取决于底物浓度；第二阶段即混合级反应，随着底物浓度增大，反应速度取决于 S 与 ES 复合物的浓度；第三阶段即零级反应，底物浓度很大时，E 全部被饱和，反应速度取决于 E 的浓度，与底物浓度无关。

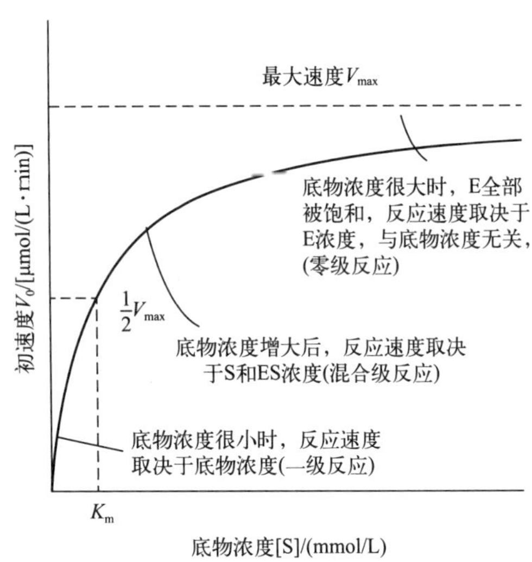

图 7-14 底物浓度与酶促反应速度的关系

图 7-14 表现的就是米氏方程的第一步反应，其中假设反应中酶处于循环状态而不消耗，[E]（酶浓度）为恒定值，而对酶促反应有极大影响的温度和 pH 等环境因素由于不是特征参数，会随着反应条件的变化而变化，因此在酶催化反应动力学方程中并不出现，融合在米氏常数 K_m 中。因此可以看到，最终的米氏方程只与底物浓度、最大反应速度和米氏常数 K_m 相关。K_m 的定义为最大反应速度 V_{max} 的一半。

（2）米氏方程的推导与求解

那么米氏方程是怎么推导出来的呢？其完整过程较为复杂，根据中间产物（复合物）学说，首先底物S可逆地结合到酶E上，形成酶-底物复合物ES，然后进行第二步，完成催化并释放生成的产物P，反应速度与ES复合物的生成呈正相关。据此列出的方程式就有四个反应常数k_1、k_2、k_3、k_4。

$$E+S \underset{k_2}{\overset{k_1}{\rightleftharpoons}} ES \underset{k_4}{\overset{k_3}{\rightleftharpoons}} E+P$$

米氏方程推导中引入了3个假设：一是反应初期，产物P的量很少，假设P对反应无影响时，反应常数k_4被忽略；二是[S]≫[E]，ES的形成不会降低底物浓度，假设底物浓度在整个反应过程中不变；三是中间产物ES在反应开始后迅速达到动态平衡，同时ES分解成产物P的速度不会破坏这种平衡，即$k_3 \ll k_2$，因此反应常数k_3也被忽略。因此米氏方程的推导实际上忽略了第二步生成产物的反应，最终得到如下方程：

$$v=\frac{V_{max}[S]}{K_m+[S]}$$

式中，v为反应速度；V_{max}为最大反应速度；K_m为米氏常数；[S]为底物浓度。

根据米氏方程，酶促反应的速度实际上取决于ES（即中间产物）的生成速度，米氏常数K_m为ES复合物稳定性的度量，是ES分解速率与形成速率的比值，这种比值反映了酶对底物的亲和力，一种酶有几种底物就有几个K_m，K_m值最小的底物就是该酶的最适底物。

米氏常数的求解包括V_{max}和K_m，可以直接用v对[S]作图（图7-15），求出$V_{max}/2$时的底物浓度，但此解法结果不准确，所以常用双倒数作图法（Lineweaver-Burk图解法），将米氏方程两侧各项作倒数处理，转化成直线方程进行处理，横坐标为1/[S]，纵坐标为$1/v$，根据直线的斜率和截距计算出K_m和V_{max}。

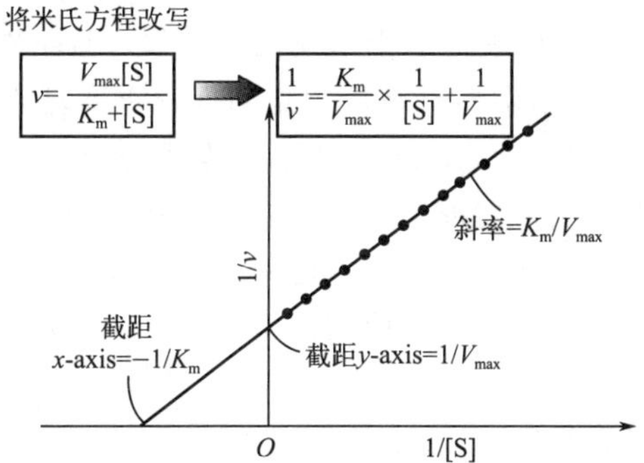

图7-15　双倒数作图法（Lineweaver-Burk图解法）

当然双倒数作图法也有一些不足：首先，[S]浓度较低时，因测定困难，v测定结果误差较大，求倒数后这种误差往往被放大；其次，等差实验时，如果按照[S]进行设置，纵轴上数据较为集中，要根据1/[S]进行浓度设计。针对这些不足，在双倒数作图法基础上，还有其他改进的求解方程，此处不再介绍。

（3）米氏常数的意义

米氏方程中的米氏常数有很重要的指导意义，看到一个酶促反应给出的米氏常数，就能了解到很多东西。首先，K_m是酶的一个特征性常数，只与酶的性质有关，与酶的浓度无关。所以可以用来鉴别不同来源或相同来源但在不同条件下催化相同反应的酶是否是同一种酶。

其次，K_m 值表示酶与底物之间的亲和程度：K_m 值大表示亲和程度小，酶的催化活性低；K_m 值小表示亲和程度大，酶的催化活性高。可以用于判断具体条件下，某一代谢反应的方向和途径，只有 K_m 值小的酶促反应才能在竞争中占优势。

再次，如果酶对几种不同的底物都有催化效能，在专一性较低的情况下，需要测定对每种底物的特定 K_m 值，其中 K_m 值最小的底物就是该酶的最适底物，也称天然底物。

最后，K_m 除了与底物类别有关以外，还与反应体系的温度和 pH 有关，所以 K_m 是一个物理常数，是对一定的底物、一定的 pH 和温度而言的。不同条件下具有不同的 K_m 值，所以一定要标明反应条件。

M7-6 酶催化的动力学方程

7.3.4 酶催化反应动力学调节

（1）调节的定义与分类

首先要区分酶失活和酶抑制的关系，其含义是不相同的。酶失活是指通过物理、化学或生物的手段，破坏酶的三维结构，引起酶的变性，导致暂时或永久变性失活，而使酶变性失活（钝化）的因素，如强酸、强碱不属于抑制剂。酶抑制是在不变性前提下，改变酶活性中心化学性质，从而造成酶活力下降或丧失。能够造成酶活力下降，同时不引起酶蛋白变性的物质，均为酶抑制剂。所以说抑制可以是失活，但失活不是抑制。比如果蔬加工前就有钝化的工艺，为的就是使果蔬中的酶失活。

对酶催化反应动力学调节的研究，主要集中在抑制的方面。因为我们要对天然存在或人工使用的酶进行控制调节或抑制，因此抑制又分为不可逆和可逆两种。

不可逆抑制：不可逆抑制剂一般为非生物来源，抑制剂能够与酶形成稳定的共价结合，破坏酶与底物的结合或催化反应的能力，引起酶活力丧失，且不能用透析、超滤等物理方法除去。如在冠状病毒的 Mpro（水解酶）被认为是病毒的重要靶点，我国科学家团队从大肠杆菌中表达纯化了 Mpro 蛋白，并利用荧光共振能量转移对蛋白活性进行了分析，通过计算机辅助药物设计技术和分子对接，发现小分子 N3 可能是 Mpro 蛋白的不可逆抑制剂。

可逆抑制：抑制剂与酶以非共价键结合，这种结合是以解离平衡为基础的，能够降低酶活力，能用透析等物理方法除去抑制剂，使酶活力恢复。比如水果可以喷涂抑制剂抑制果胶酶的活性，缓解水果的软化。

（2）酶催化反应可逆抑制作用

酶催化反应可逆抑制作用主要有四类，竞争性抑制、非竞争性抑制、反竞争性抑制（图 7-16）和混合性抑制。其中竞争性抑制是最简单的抑制模型，抑制剂的结构和底物相似，这两种分子与酶结合的部位相同，都会对活性中心进行竞争，抑制剂浓度越高，效果越好。因此竞争性抑制中最大酶促反应速度不变，而米氏常数增加。[S] 足够高，可以消除竞争性抑制。

非竞争性抑制，此类抑制剂既能与酶结合，也能与酶-底物结合，其本质是造成酶催化活性的降低，但不影响酶与底物的结合，增加 [S] 不能消除这种抑制。反竞争性抑制剂不能直接与游离酶结合，仅能与酶-底物复合物反应，形成一个或多个中间复合物，这就要求必须有底物的存在，才能产生抑制作用，K_m、V_{max} 都同步减小。

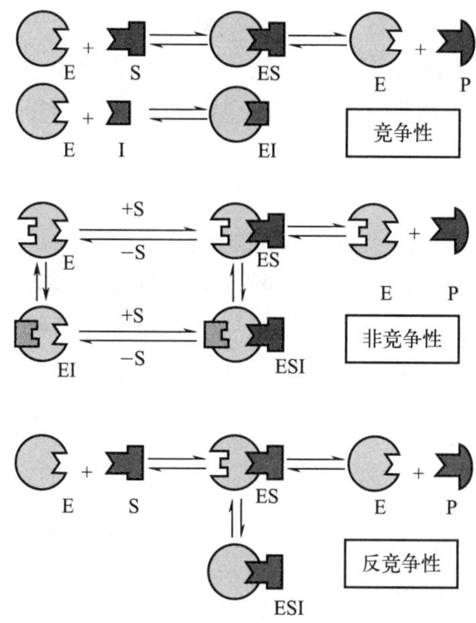

图 7-16　不同酶催化反应可逆抑制类型示意图

混合性抑制一般表现为竞争性抑制和非竞争性抑制的混合。从表 7-3 的公式可以看到，米氏方程并不是一个经验公式，而是具有理论推导基础的，在一定范围内符合客观情况，因此可以依据酶催化动力学对酶促过程进行调节和抑制，指导实际生产中酶活性的条件。

表 7-3　不同类型酶催化反应可逆抑制公式

类型	公式	V_{max}	K_m
无抑制剂	$v_0=\frac{V_{max}[S]_0}{K_m+[S]_0}$	V_{max}	K_m
竞争性抑制	$v_0'=\frac{V_{max}[S]_0}{\left(1+\frac{[I]_0}{K_i}\right)K_m+[S]_0}$	不变	增加
非竞争性抑制	$v_0'=\frac{V_{max}[S]_0}{\left(1+\frac{[I]_0}{K_i}\right)(K_m+[S]_0)}$	减小	不变
后竞争性抑制	$v_0'=\frac{V_{max}[S]_0}{K_m+[S]_0\left(1+\frac{[I]_0}{K_i}\right)}$	减小	减小

7.4　酶促褐变

果蔬等植物组织中含有大量酚类物质，当组织受到机械损伤或环境胁迫时，多酚氧化酶在有氧存在的条件下，催化酚类物质形成醌，醌再进行非酶促反应生成褐色的聚合物，被称为酶促褐变反应（enzymatic browning）。多酚氧化酶（polyphenol oxidase，PPO）包括酚酶、酪氨酸酶、儿茶酚酶等，其以铜为辅基，以氧为氢受体，属于一种末端氧化酶。在大多数情况下，多酚氧化酶导致的酶促褐变不仅影响果蔬的感官和质量，还会导致风味和品质下降，因此酶促褐变会导致巨大的经济损失。然而对于一些特殊食物的制作过程，例如红茶和乌龙茶的制作过程，酶促褐变却是其形成优质色泽和风味所必需的。

7.4.1 酶促褐变机制

酶促褐变的本质是酚酶催化酚类物质形成醌及其聚合物的过程，目前的研究表明酚酶的底物主要为一元酚和邻二酚。果蔬中的一元酚（如酪氨酸）、邻二酚（如儿茶酚），都是酚酶的底物，在果蔬的褐变反应中扮演着重要的角色。对于一元酚和邻二酚而言，具体发生酶促褐变的反应也不尽相同。下面以酪氨酸作为一元酚的代表，以儿茶酚作为邻二酚的代表，对酶促褐变的机制进行简单介绍。对于酪氨酸而言，其发生酶促褐变的反应机制如图 7-17 所示。

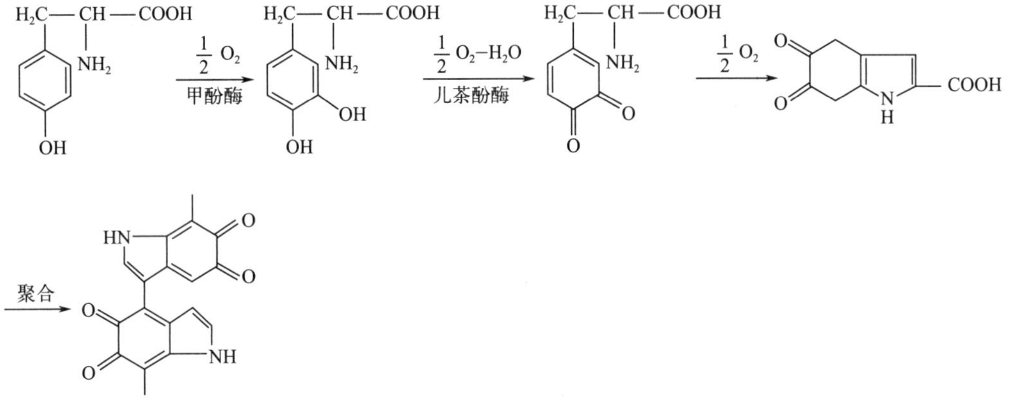

图 7-17 酪氨酸酶促褐变的反应机制

对于儿茶酚的酶促褐变而言，其主要反应机制如图 7-18 所示。儿茶酚可在酚酶和氧气存在的条件下被氧化为醌。醌进一步自发形成羟醌，进而发生聚合，随聚合度的增加，颜色由红色转变为褐色，最后生成黑褐色的物质。

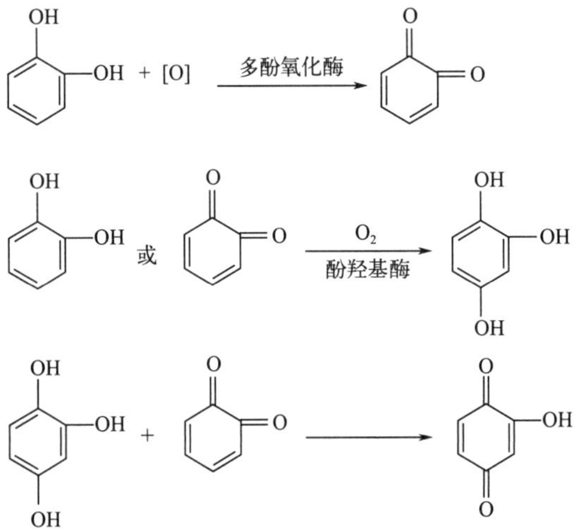

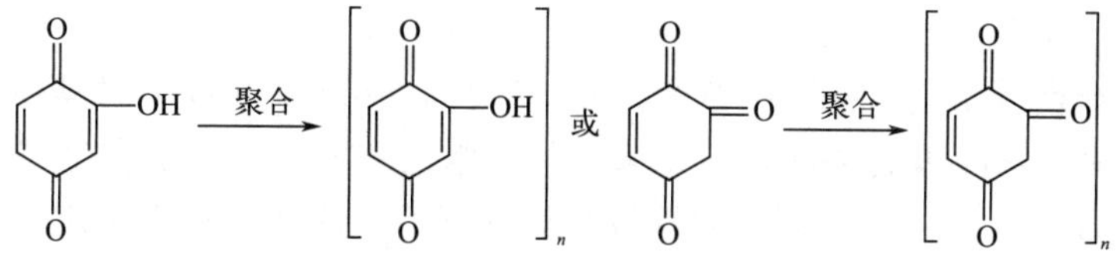

图 7-18 儿茶酚的酶促褐变

在果蔬中，还存在大量的儿茶素，作为多酚类物质，儿茶素在多酚氧化酶的作用下也会发生氧化反应生成褐色物质，其主要反应过程如图 7-19 所示。邻醌是儿茶素酶促反应的重要中间产物，其可以引起儿茶素的进一步氧化，或者彼此间聚合生成褐色物质。红茶的制作就是依靠儿茶素类多酚氧化生成黄色的茶黄素以及茶红素。

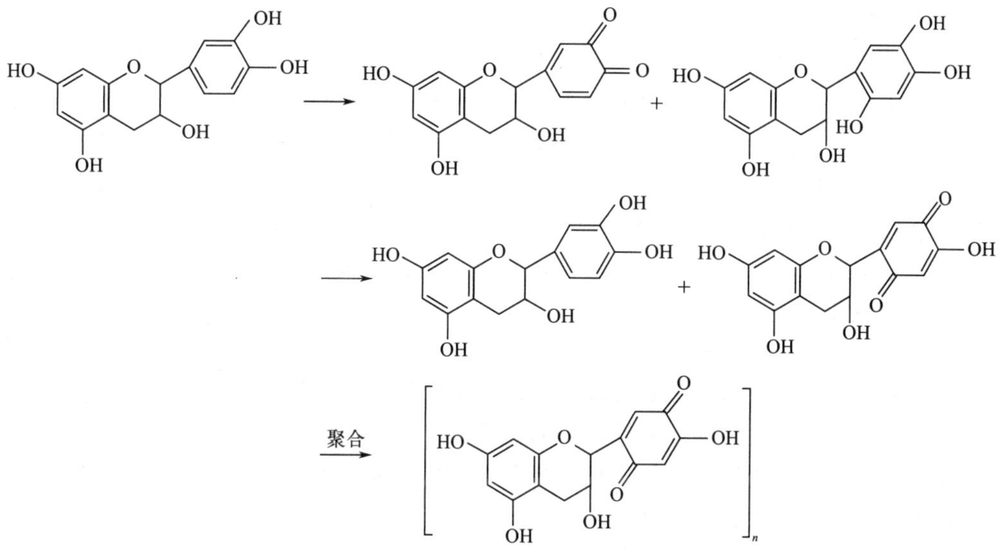

图 7-19 儿茶素的氧化反应过程

7.4.2 酶促褐变控制技术和方法

食物中发生的大部分酶促褐变都会对食品（特别是果蔬）的色泽产生不良影响，因此在食物的加工和贮藏过程中通常需要抑制酶促褐变反应的发生。酶促褐变的发生需要三个基本条件，即酚类底物、酶和氧。酚类物质是植物源食物中的主要化学物质，因此可以从控制酚酶和氧两方面入手，例如钝化酚酶的活性（热烫、抑制剂等），改变酚酶催化环境（pH、水分活度等），隔绝氧气及使用抗氧化剂（抗坏血酸、SO_2 等）。

7.4.2.1 加热处理

加热处理能使酚酶失活，进而抑制酶促褐变的发生。但是加热处理的时间必须严格控制，需要在最短时间内既能达到钝化酶的要求，又不影响食品原有的风味。目前的研究发现在 90℃左右加热 7s 即可使大部分的多酚氧化酶失活。如蔬菜在冷冻保藏或在脱水干制之前需要在沸水或蒸汽中进行短时间的热烫处理，以破坏其中的多酚氧化酶，然后用冷水或冷风迅速将果蔬冷却，停止热处理作用，以保持果蔬的脆嫩。

7.4.2.2 调节 pH

酚酶发挥催化活性最适宜的 pH 范围是 6～7 之间，pH 在 3 以下时其催化活性受到明显抑制，因此降低环境 pH 抑制果蔬褐变是果蔬加工常用的方法。目前在生产中常用的酸有柠檬酸、苹果酸、抗坏血酸等。研究表明柠檬酸对抑制酚酶活性有双重作用，柠檬酸既可以降低 pH，影响多酚氧化酶的活性，同时又可络合酚酶辅基的铜离子，进而抑制多酚氧化酶的活性，在实际生产中通常与抗坏血酸或亚硫酸联用。苹果酸是苹果汁中的主要有机酸，研究表明其同样可以显著抑制酚酶的活性。抗坏血酸也是十分有效的酚酶抑制剂，同时作为一种重要的维生素，具有很高的营养价值。它不仅能降低 pH，同时还是还原剂，可以与氧发生氧化还原反应，消耗食品体系中的氧，并能将醌还原成酚从而阻止醌的聚合，进而抑制酶促褐变的发生。

7.4.2.3 二氧化硫及亚硫酸盐处理

二氧化硫及亚硫酸盐类物质（亚硫酸钠、焦亚硫酸钠、亚硫酸氢钠、低亚硫酸钠）都是目前广泛使用的酚酶抑制剂。二氧化硫及亚硫酸盐溶液在弱酸性（pH=6）条件下对酚酶的抑制效果最好。目前，关于二氧化硫和亚硫酸盐抑制酶促褐变的观点有以下几种：抑制多酚氧化酶的酶活力；二氧化硫将醌还原为酚，或二氧化硫与醌发生加合，防止醌的进一步聚合。另外，用二氧化硫和亚硫酸盐处理不仅能抑制褐变，两者还有一定的防腐抑菌作用，并可避免维生素 C 的氧化，但是两者对色素（花青素）有漂白作用，同时会造成食物产生不愉快的味感和嗅感，浓度高时也会威胁机体健康。因此，我国标准（GB 2760—2024）规定其残留量不得超过 0.05g/kg（以二氧化硫计）。

7.4.2.4 隔绝氧气

氧气是酶促褐变发生的一个必要条件，因此隔绝氧气可以防止酶促褐变的发生。例如将切开的水果、蔬菜浸泡在水中，隔绝氧以防止酶促褐变。更有效的方法是在水中加入抗坏血酸，抗坏血酸在自动氧化过程中可以消耗果蔬切开组织表面的氧，使表面生成一层氧化态抗坏血酸隔离层。对组织中含氧较多的水果，如苹果、梨，组织中的氧也会引起缓慢褐变，需要用真空渗入法将糖水或盐水强行渗入组织内部，驱出细胞间隙中的氧。

7.4.2.5 加酚酶底物的类似物

目前一些研究表明一些酚酶底物的类似物，例如肉桂酸、阿魏酸、对香豆酸等（图 7-20），能有效抑制酶促褐变的发生，而且这三种有机酸是果蔬中天然存在的酚酸类物质，安全无毒，因此在容易发生酶促褐变的食物中，可以适量加入这些有机酸，进而抑制酶促褐变的发生。

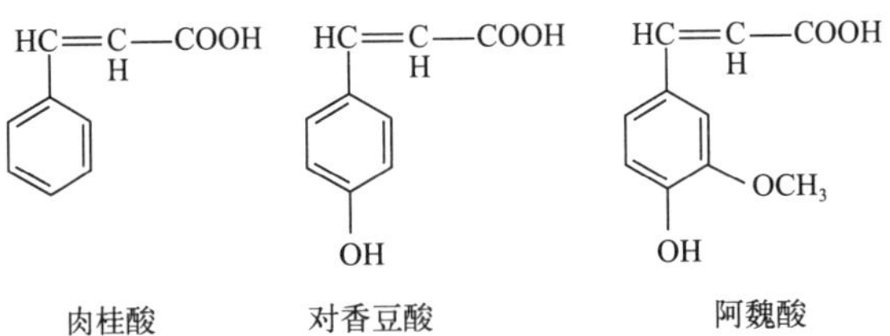

图 7-20 肉桂酸、阿魏酸、对香豆酸结构

思考题

1. 请分析酶催化特性的原理。
2. 试说明中间产物学说和诱导契合学说的含义及其相互关系。
3. 喷雾干燥法生产全蛋液粉时发生褐变，请分析原因并提出解决方案。
4. 接近冻结的低温条件下，鳕鱼的酶活力是下降还是升高，请分析原因。
5. 请分析中间产物学说与米氏方程的关系，并进行米氏方程的推导。

参考文献

[1] 阚建全．食品化学［M］. 4 版．北京：中国农业大学出版社，2021.
[2] 江正强，杨绍青．食品酶学与酶工程原理［M］. 北京：中国轻工业出版社，2018.
[3] 陈中．食品酶学导论［M］. 3 版．北京：中国轻工业出版社，2020.
[4] 由德林．酶工程原理［M］. 北京：科学出版社，2011.

第8章 色素

知识结构

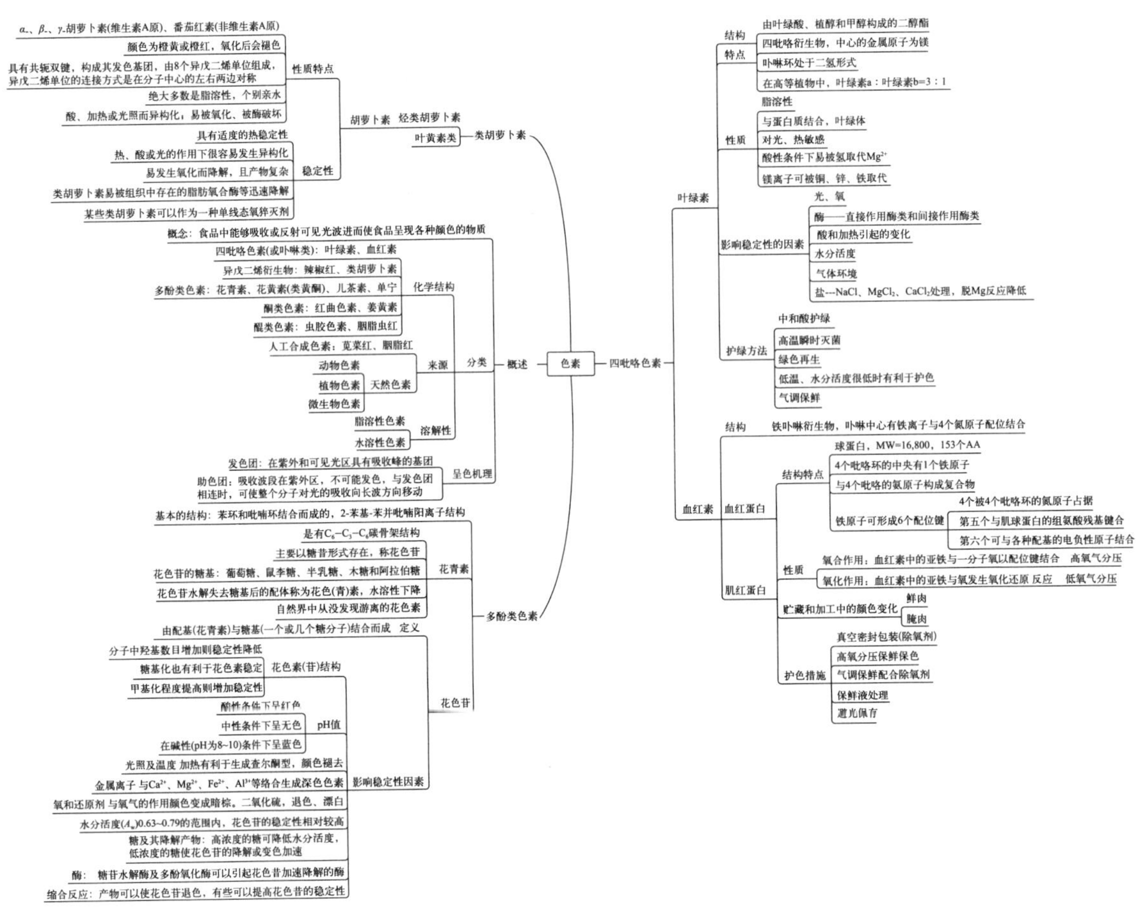

学习目标

知识目标 ① 了解天然色素的分类、结构及性质，常用的色素结构、性质及食品功能性。

② 理解色素的功能性质及在食品加工及贮藏中的变化的评价依据。

③ 掌握色素在食品加工贮藏中发生的变化对食品的营养、安全性的影响。

能力目标 ① 运用色素与食品的相关知识，设计、改造有关食品色素的加工工艺的专业能力。

② 运用现代化手段查阅色素相关的学术资料，并对其进行归纳、总结，加强自主学习和交流的能力。

素养目标 ① 引申、激发科研敏锐性，塑造追求真理、探索科学的素养。

② 结合课程内容关注现实，培养服务社会的责任感和使命感。

③ 树立职业道德、社会责任感，要对不合格的产品说“不”。

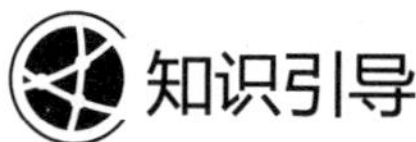

知识引导

食品的颜色，是食品除安全性和营养性外的重要质量和感官指标，人们在接触到食物的时候，首先会根据食品的颜色去判断食品的新鲜度、成熟度、风味等品质，比如根据肉的颜色来判断肉的新鲜度，根据水果的颜色判断其是否成熟；颜色还能刺激消费者的感觉器官，引起人们对食品风味的联想，增加食欲。例如很多糕点、糖果、饮料都采用红色，红色能刺激食欲，是人们喜欢的颜色。那食品的颜色是由什么决定的呢？本章主要介绍食品色素的来源、分类、色素的呈色机理，食品中常见的色素如四吡咯色素、类胡萝卜素、多酚类色素，食品色素的种类、特性及其在加工和贮藏过程中的变化以及对食品质量的影响，工业化生产过程中控制食品颜色的方法、技术原理。

8.1 概述

8.1.1 食品色素的定义与呈色机理

什么是食品色素？食品中能够吸收或反射可见光波进而使食品呈现各种颜色的物质统称为食品色素。

色素为什么能够吸收或反射可见光而呈现颜色？食品色素中通常含有两类基团。一类为发色团，另一类为助色团。发色团也叫生色团，指在紫外（200～380nm）或可见光区（380～780nm）内具有吸收峰的基团。它们在化学结构上大多具有双键结构，如碳碳双键、氮氮双键、氮氧双键等。这些发色团单独存在的时候，其吸收波长通常在200～400nm之间，不会产生颜色。如果分子中含有多个发色团，它们之间可以形成共轭体系。于是吸收波长就会向长波长方向移动，共轭体系越大，分子的吸收波长也就越长，进入可见光区，就会呈现出相应的颜色。随着化合物中双键数目的增加，吸收波长也逐渐增大，从紫外区移动到可见光区。

色素中除了含有发色团还有助色团，助色团是指一类吸收峰在紫外区，本身不能产生颜色，但它们与发色团相连可使发色团的吸收波长向长波长方向移动的基团。这类基团主要是含有氧、氮、硫等原子的基团。它们自身含有未共用电子对，当这类基团与发色团相连接时，未共用电子对与发色团形成共轭体系，使其吸收波长向长波长方向移动，从而促使物质的颜色加深。由于不同色素分子中含有发色团和助色团的数目、位置各不相同，人肉眼观察到的颜色是由于色素吸收了可见光区（380～780nm）的某些波长的光后，透过光所呈现出的颜色，即人们看到的颜色是被吸收光的互补色。不同波长光的颜色及互补色如表8-1所示。

表8-1 不同波长光的颜色及其互补色

物质吸收的光波长/nm	物质吸收的光颜色	透过光（互补色）
400	紫	黄绿

续表

物质吸收的光波长/nm	物质吸收的光颜色	透过光（互补色）
425	蓝青	黄
450	青	橙黄
490	青绿	红
510	绿	紫
530	黄绿	紫
550	黄	蓝青
590	橙黄	青
640	红	青绿
730	紫	绿

8.1.2 食品色素的分类

食品中的色素种类繁多。按照食品中色素的来源可以分为两大类：天然色素、合成色素。天然色素根据来源又可以分为动物色素、植物色素和微生物色素。常见的植物色素有叶绿素、胡萝卜素、花青素；常见的动物色素有血红素、虾青素；常见的微生物色素有红曲色素。天然色素种类繁多、色泽自然、安全性高，而且很多天然色素具有一定的营养价值、功能性质，但是稳定性差，易变色。常见的合成色素有苋菜红、胭脂红、赤藓红、柠檬黄、日落黄和亮蓝。合成色素具有化学性质稳定、经济实惠、可以调色等优点，但合成色素相对于天然色素的安全性相对较低。

按照色素的溶解性可以分为脂溶性色素和水溶性色素两大类。常见的天然色素，如叶绿素、胡萝卜素等属于脂溶性色素，该类色素易溶于有机溶剂，难溶于水。水溶性色素常见的有血红素、花青素以及胭脂红、苋菜红、新红、柠檬黄、日落黄、亮蓝等。

按照色素的化学结构可以分为四吡咯色素、异戊二烯衍生物、多酚类色素、酮类色素和醌类色素。四吡咯色素是由四个吡咯环连接而成的具有共轭结构的化合物，常见的四吡咯色素有叶绿素、血红素；常见异戊二烯衍生物有胡萝卜素、番茄红素；常见的多酚类色素有花青素、类黄酮、单宁等；常见的酮类色素有姜黄色素、红曲色素；常见的醌类色素有虫胶色素、胭脂虫红。

8.1.3 食品色素的来源

食品中的色素主要来源于三方面：

第一是食品中固有的色素，例如蔬菜中叶绿素、番茄中的番茄红素、胡萝卜中的叶黄素，这是果蔬在生长成熟过程中形成的色素，是食品固有的颜色。

第二是人为添加的色素。在食品加工中为了更好地保持或改善食品的色泽，常要向食品中添加一些食品色素，也称为食品着色剂。我国目前在食品加工中使用较多的还是人工合成的食品着色剂，如可乐里的焦糖色素。

第三是食品在加工贮藏过程中形成的色素。在食品加工过程中由于热、酶、酸、碱及水的作用，常发生氧化、水解及异构等反应，会使某些原有成分产生变化从而生成新的成分，如酶促褐变、美拉德反应、焦糖化反应、维生素 C 氧化、叶绿素与血红素变化，就会产生新的色泽。如茶鲜叶本是绿色的，如果先采取高温杀青、干燥等工艺，以钝化酶活性、减少水分含量，可保持较多的叶绿素，减少酚类的氧化，则制造出的茶叶是绿茶，其外形色泽及叶底色泽均呈绿色；但如果采取萎凋、发酵等工艺以充分利用天然酶的氧化及水解作用，则叶绿素被大量破坏，酚类物质氧化产生茶黄素、茶红素等成分，此时的茶叶为红茶，其产品外形色泽呈深褐色，汤色及叶底为鲜红色。又如，糖类是无色的，但在热的作用下能发生焦糖化反应或美拉德反应，产生褐色类的成分。另外，有些色素存在状态不同其呈色效果也不同，如虾青素与蛋白质结合时不呈现红色，但当与蛋白质分离时，则呈现红色。

M8-1 色素的定义与分类

8.2　天然色素

8.2.1　四吡咯色素

四吡咯色素是自然界中存量最大、分布最为广泛的一类色素，该色素的母体环是由四个吡咯环通过四个次甲基连接而成的一个共轭体系，即卟啉环［图 8-1（a）］。在四个吡咯环中央的空隙可以以共价键和配位键结合金属离子而呈现颜色。结合不同的金属离子会呈现不同的颜色，例如结合镁离子即形成叶绿素，呈现绿色；结合亚铁离子形成血红素，呈现红色。四吡咯色素的颜色和稳定性与该共轭体系和该体系中心的金属离子密切相关。四吡咯衍色素中重要的有叶绿素、血红素和胆红素。

叶绿素a　R=—CH_3

叶绿素b　R=—CHO

(a)　(b)

图 8-1　四吡咯色素母环（a）与叶绿素（b）

8.2.1.1　叶绿素类化合物

叶绿素是指有光合能力的卟啉类色素的统称。在自然界中，叶绿素 a 和叶绿素 b 含量最多，在高等植物中，叶绿素 a 和叶绿素 b 的比例大致为 3∶1。

叶绿素的化学结构如图 8-1（b）所示，叶绿素分子由卟啉环、植醇、二价镁离子等部分组成。卟啉环组成叶绿素的头部，植醇组成叶绿素的尾巴，镁原子居于卟啉环中央，偏向于带正电荷，与其相连的氮原子偏向于带负电荷。卟啉环具有极性，是亲水的、可以溶于水；但植醇具有一个亲脂的脂肪链，决定了叶绿素的脂溶性。叶绿素 a 和叶绿素 b 的区别在于 R 位上的取代基：当 R 位上取代基是甲基时，则是叶绿素 a，R 位上的取代基是醛基时，则是叶绿素 b。

叶绿素的物理性质：叶绿素 a 和脱镁叶绿素 a 均可溶于乙醇、乙醚、苯和丙酮等溶剂，不溶于水，而叶绿素 a 和脱镁叶绿素 a 纯品仅微溶于石油醚。叶绿素 b 和脱镁叶绿素 b 也易溶于乙醇、乙醚、丙酮和苯，纯品几乎不溶于石油醚，也不溶于水。因此，极性溶剂如丙酮、甲醇、乙醇、乙酸乙酯、吡啶和二甲基甲酰胺能完全提取叶绿素。脱植基叶绿素和脱镁叶绿素甲酯一酸分别是叶绿素和脱镁叶绿素的对应物，两者都因不含植醇侧链，而易溶于水，不溶于脂。叶绿素 a 纯品是具有金属光泽的黑蓝色粉末状物质，熔点为 117～120℃，在乙醇溶液中呈蓝绿色，并有深红色荧光。叶绿素 b 为深绿色粉末，熔点为 120～130℃，其乙醇溶液呈绿色或黄绿色，有红色荧光。叶绿素 a 和 b 都具有旋光活性。叶绿素及其衍生物在极性上存在一定差异，可以采用高效离子色谱（HPIC）进行分离鉴定，也常利用它们的光谱特征进行分析（表 8-2）。

表 8-2　叶绿素 a、叶绿素 b 及其衍生物的光谱特征

化合物	最大吸收波长/nm		吸收比（蓝/红）	摩尔吸光系数（红区）/［L/（mol·cm）］
	红区	蓝区		
叶绿素 a	660.5	428.5	1.30	86300
叶绿素 b	624.0	452.5	2.84	56100
脱镁叶绿素 a	667.0	409.0	2.09	61000
脱镁叶绿素 b	655.0	434.0	—	37000
焦脱镁叶绿酸	667.0	409.0	2.09	49000
脱镁叶绿素 a 锌	653.0	423.0	1.38	90000
脱镁叶绿素 b 锌	634.0	446.0	2.94	60200
脱镁叶绿素 a 铜	648.0	421.0	1.36	69000
脱镁叶绿素 b 铜	627.0	436.0	2.57	49800

叶绿素的化学性质：叶绿素对热、光、酸等均不稳定，在酸性条件下叶绿素分子的中心镁原子被氢原子取代，生成暗橄榄褐色的脱镁叶绿素，加热可加快反应的进行；叶绿素在稀碱溶液中水解，除去植醇部分，生成颜色仍为鲜绿色的脱植叶绿素、植醇和甲醇，加热可使水解反应加快。脱植叶绿素的光谱性质和叶绿素基本相同，但比叶绿素更易溶于水。脱植叶绿素除去镁，则形成对应的脱镁叶绿素酸，其颜色和光谱性质与脱镁叶绿素相同。叶绿素在酶的作用下，可发生脱镁、脱植醇反应。如脱镁酶可使叶绿素变化为脱镁叶绿素；在叶绿素酶的作用下，发生脱植醇反应，生成脱植叶绿素。此外，进一步的降解产物还有 10 位的 $—CO_2CH_3$ 被 H 取代，生成橄榄褐色的焦脱镁叶绿素、焦脱镁叶绿酸。绿色蔬菜在较高温度下加工后，叶绿素发生脱镁和水解反应，可生成系列化合物。叶绿素系列化合物可能发生的各种反应以及产生的色泽变化如图 8-2 所示。

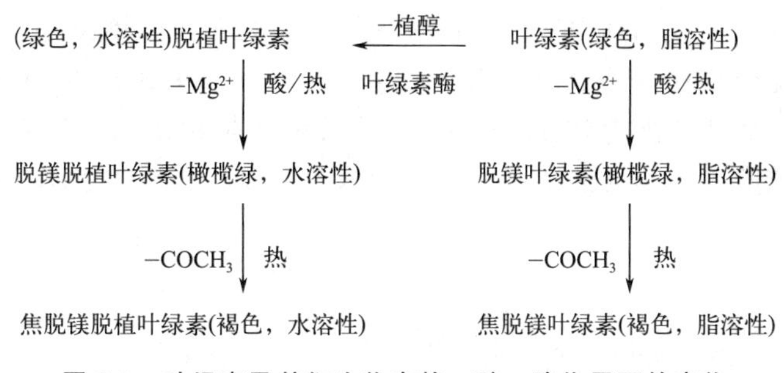

图 8-2 叶绿素及其衍生物在热、酸、酶作用下的产物

在食品加工和贮藏过程中影响叶绿素稳定性的因素，主要有以下几个方面。

① 酶 对叶绿素影响的酶可以分为两大类，直接作用酶类和间接作用类。叶绿素酶是唯一能直接水解叶绿素的酶，能催化叶绿素和脱镁叶绿素脱植醇，分别生成脱植基叶绿素和脱镁脱植基叶绿素。脱植基叶绿素颜色不发生变化，但是叶绿素由脂溶性转变为水溶性。叶绿素酶在水、醇和丙酮溶液中具有活性，其最适的反应温度是 60～82.2℃。因此，植物体采收后未经热加工，叶绿素酶催化叶绿素水解的活性弱。如果加热温度超过 80℃，酶活力降低，达到 100℃时则完全丧失活性。间接作用的酶有酯酶、蛋白酶、果胶酯酶、脂氧合酶和过氧化物酶等。酯酶和蛋白酶的作用是破坏叶绿素-脂蛋白复合体，使叶绿素失去保护而更易被破坏；果胶酯酶的作用是将果胶水解为果胶酸，从而降低体系的 pH 值，而使叶绿素脱镁；脂氧合酶和过氧化物酶的作用是催化它们的底物氧化，在氧化过程中的一些产物会引起叶绿素的氧化分解。

② 酸和热 叶绿素在酸性条件下热处理易发生氢离子取代镁离子，生成脱镁叶绿素。脱镁叶绿素为橄榄褐色，后者还是一种螯合剂。有 Zn^{2+} 或 Cu^{2+} 存在时，四吡咯环中心可与 Zn^{2+} 或 Cu^{2+} 生成对光、热稳定的亮绿色配合物。

叶绿素受热后会发生异构化，形成叶绿素 a′和叶绿素 b′。在 100℃加热 10min，5%～10%的叶绿素 a 和叶绿素 b 异构化为叶绿素 a′和叶绿素 b′。在碱性介质中（pH 值 9.0）相对比较稳定。在酸性介质中（pH 值为 3 左右），细胞受热后细胞膜被破坏，增加了 H^+ 的通透性和扩散速率。由于植物组织中有机酸的释放，pH 值下降，加速叶绿素的降解。食品在发酵过程中 pH 值降低，叶绿素在酸的作用下会发生脱镁，生成橄榄绿的脱镁叶绿素，这就是绿色的黄瓜经过一段时间腌制之后呈现橄榄绿的原因。

食品在发酵过程中，叶绿素酶能使叶绿素水解成叶绿酸，也会使脱镁叶绿素水解成脱镁叶绿酸。另外，pH 降低会使叶绿素降解成脱镁叶绿素，叶绿酸降解成脱镁叶绿酸。其中，具有苯环的非极性有机酸由于扩散进入色质体时更容易透过脂肪膜，在细胞内解离出 H^+，其对叶绿素降解的影响大于亲水性的有机酸。

③ 光 叶绿素受光照射会发生光敏氧化，四吡咯环开环降解生成小分子化合物。其主要降解产物有甘油、乳酸、柠檬酸、琥珀酸、丙二酸和少量的丙氨酸等。在活体植物中，叶绿素受到周围类胡萝卜素和其他脂类蛋白的保护避免了光的破坏作用。一旦植物衰老或者从植物中将叶绿素提取出来，或者在加工过程中导致细胞损伤，失去保护的叶绿素就容易发生降解。尤其是在光和氧同时存在时，叶绿素就会发生不可逆的褪色。

④ 金属离子 叶绿素中有镁离子，在酸热条件下，镁离子容易被氢取代形成脱镁叶绿素，脱镁叶绿素中的氢离子很容易被锌离子或铜离子置换生成稳定性更强的金属配合物，称

为叶绿素铜盐或叶绿素锌盐。其中铜盐的色泽最鲜亮，对光和热较稳定，是一种理想的食品着色剂。锌和铜的配合物在酸性溶液中比在碱性溶液中稳定（图 8-3）。在酸性条件下，叶绿素中的镁易被脱除，而锌的配合物在 pH＝2 的溶液中还是稳定的，只有在 pH 低至卟啉环开始降解时铜才会被脱除。不同的金属元素与叶绿素形成螯合物的速率不同，比如说当铜和锌同时存在的时候，主要形成的是叶绿素铜配合物。

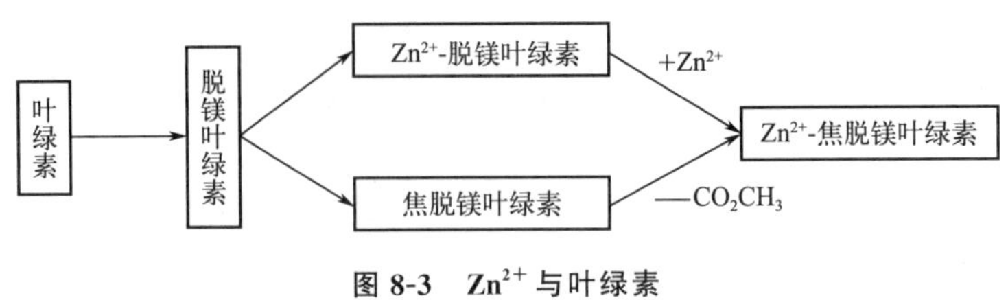

图 8-3　Zn^{2+} 与叶绿素

叶绿素类型及衍生物的结构影响金属元素与其形成螯合物的速率。叶绿素 a 的金属配合物的形成速度高于叶绿素 b 的金属配合物。这是由于—CHO 的吸电子作用使卟啉环带较多的正电荷，不利于卟啉环与带有正电荷的金属离子的结合。同样，卟啉环的空间位阻也影响金属配合物的形成速度，如叶绿素的植醇基妨碍了金属配合物的形成，所以脱镁叶绿酸 a 与 Cu^{2+} 的反应速度是脱镁叶绿素 b 与 Cu^{2+} 反应速度的四倍；焦脱镁叶绿素 a 与 Zn^{2+} 的反应比脱镁叶绿素 a 快，这是由于 10 位酯基的妨碍作用。

pH 也影响配合物的形成速度，将蔬菜泥在 121℃ 加热 60 min，pH 从 4.0 增加到 8.5 时，焦脱镁叶绿素锌 a 的生成量增加 11 倍。然而在 pH 为 10 时，由于锌产生沉淀而使配合物的生成量减少。

绿色果蔬在加工和贮藏过程中会引起叶绿素不同程度的变化，如何保护绿色果蔬的颜色，减少叶绿素的损失是非常重要的，叶绿素的护绿技术常见的有以下几类方法：

① 中和酸护绿　叶绿素在酸性条件下容易失去镁离子，生成脱镁叶绿素，颜色发生变化，通过提高叶绿素所处环境的 pH 值，例如在罐装蔬菜中加入碱性物质（如氧化钙、碳酸钠、碳酸镁）提高果蔬贮藏环境的 pH 值，可以使叶绿素在两个月内保持相对稳定的状态。但是经过两个月贮藏之后，绿色果蔬仍然会变成褐色，这是由于在贮藏过程中，果蔬不断地释放有机酸从而降低了环境的 pH 值，导致叶绿素发生降解。

② 高温瞬时灭菌　采用高温瞬时灭菌，这样不仅能够将破坏叶绿素稳定性的酶灭活，还能杀灭微生物，使蔬菜受到的破坏较小。贮藏过程中 pH 值不断降低，导致叶绿素降解，因此食品保存两个月以后，该方法的护绿效果将不再明显。

③ 绿色再生技术　利用金属离子护绿，可以采用锌盐或铜盐的热烫液处理绿色果蔬，用铜离子或锌离子取代镁离子形成更稳定的叶绿素铜盐、叶绿素锌盐，可以得到比传统方法更绿的产品。

④ 气调包装（modified atmosphere packaging，MAP）　气调包装通过调整蔬菜贮藏包装内的气体成分及比例或用惰性气体替代来延长货架寿命的技术，一般结合低温贮藏，有助于抑制蔬菜的生化反应和微生物活性。

⑤ 其他技术　非热处理方法［如超声波（ultrasound，US）预处理、辐照（紫外线、γ 射线、X 射线等）、低温（冷藏、冷冻）处理］，均可用于护绿。此外化学试剂处理［如采用 1-甲基环丙烯（1-Methyl-cyclopropene，1-MCP）等化学保鲜剂］，以及纳米涂膜、纳米包

装技术保鲜（采用壳聚糖、海藻钠、纤维素为基料可食涂层包装），采用物理、化学、生物多技术联合应用能进一步提升护色效果。低温、水分活度很低时有利于护色，这正是脱水蔬菜能长期保持绿色的原因。

8.2.1.2 血红素

（1）血红素的结构

血红素是动物肌肉和血液中的主要色素。血红素是铁卟啉衍生物（图 8-4），在卟啉环中心有亚铁离子，血红素与蛋白质结合，形成肌红蛋白和血红蛋白。肌红蛋白属于结合蛋白，蛋白质部分为主蛋白，主蛋白和辅基血红素的物质的量的比是 1∶1。肌红蛋白主要存在于动物肌肉中，血红蛋白主要存在于动物的血液中。肌红蛋白是球状蛋白，由一分子多肽链和一分子血红素结合而成，是动物肌肉中最重要的色素。动物屠宰放血后，其肉的颜色 90%以上是由肌红蛋白产生的，它的含量随着动物的种类、年龄以及动物的性别和部位有所不同。血红蛋白由四分子多肽链和四分子血红素结合而成（图 8-5），由于在动物屠宰时被放出，所以它对肉类色泽的重要性远不如肌红蛋白，只是血液中最重要的色素。

M8-2 科学故事 叶绿素的发现历史

M8-3 叶绿素

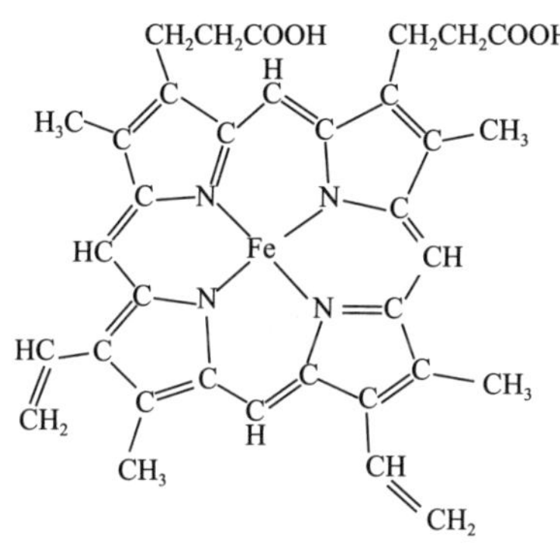

图 8-4 血红素结构图

图 8-5 血红蛋白

（2）血红素的化学反应

血红素中二价铁离子可以被氧化，生成三价铁离子，二价铁离子也可以与氧气、水、NO 等分子以配位键形式结合。血红素中的铁离子在不同状态，与不同分子结合会呈现不同的颜色。当二价铁离子与水分子结合，肌红蛋白会呈现紫红色。当氧气取代水分子，与肌红蛋白以配位键形式结合，紫红色的肌红蛋白会转化为鲜红色的氧合肌红蛋白，这一过程称为氧合作用。这一反应不同于肌红蛋白中的低价铁离子被氧化为高价铁离子。肌红蛋白和氧合肌红蛋白都能发生氧化反应，Fe^{2+} 氧化为 Fe^{3+} 从而形成褐色的高铁肌红蛋白，这一过程称为氧化反应。

肌红蛋白、氧合肌红蛋白、高铁肌红蛋白三者同时存在，三者之间可以相互转化（图 8-6）。图 8-7 所示氧分压对三种肌红蛋白色素含量的影响。从图 8-7 上可以看出，随着氧分压的增加，肌红蛋白含量迅速降低至零。氧合肌红蛋白随着氧分压的增加，色素含量不断上升，直至接近最大值。高铁肌红蛋白随着氧分压的增加，在初期会迅速增加，氧分压到一定程度之后，高铁肌红蛋白含量开始下降，逐渐接近于0。因此，高氧分压有利于形成鲜红色的氧合肌红蛋白，低氧分压是有利于肌红蛋白和高铁肌红蛋白形成。

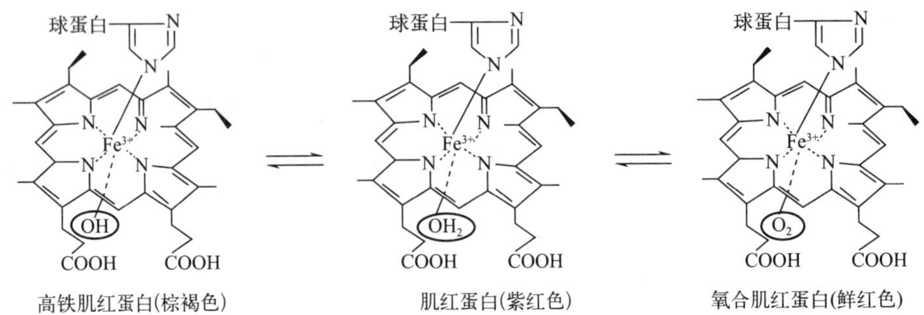

图 8-6　高铁肌红蛋白、肌红蛋白和氧合肌红蛋白

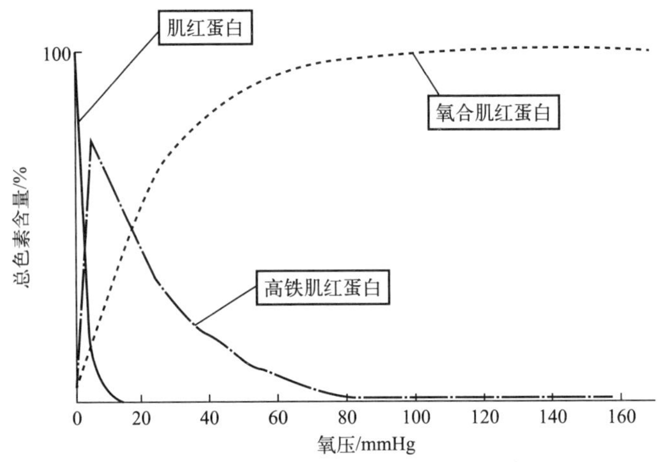

图 8-7　氧分压对三种肌红蛋白的影响

（3）血红素的颜色变化

① 鲜肉颜色变化　活的动物体内的肌肉由于血红素以氧合肌红蛋白形式存在而呈现鲜红色，动物屠宰后由于血液流干，对肌肉组织的氧气供应停止，新鲜肌肉的肌红蛋白保持还原态，肌红蛋白中的亚铁离子与水结合，呈紫红色（图8-8）。将鲜肉放置于空气中，表面的肌红蛋白与氧气结合形成氧合肌红蛋白而呈现鲜红色。肌红蛋白和氧合肌红蛋白在放置过程中，二价铁离子被空气中的氧或氧化剂氧化形成三价铁离子生成高铁肌红蛋白，因此当鲜肉在空气中放置时间较长时，棕褐色将成为主要色泽。由于其内部仍处于还原状态，因而表面下的肉呈紫红色。在肉中只要有还原性物质存在，肌红蛋白就会使肉保持红色；当还原剂物质耗尽时，高铁肌红蛋白的褐色就会成为主要色泽。高氧分压有利于形成氧合肌红蛋白；低氧气分压开始时有利于形成肌红蛋白，持续低氧气分压下，肌红蛋白被氧化变成高铁肌红蛋白。因此，为了保证氧合肌红蛋白的形成，使肉品呈现红色，通常使用饱和氧分压。如果在体系中完全排除氧，则有利于降低肌红蛋白氧化为高铁肌红蛋白的速度。

贮藏过程中还有可能会变绿，这里面有两个原因。一是食品体系中的过氧化氢与血红素中的二价铁三价铁反应生成绿色的胆绿蛋白。二是细菌在繁殖过程中产生硫化氢，在有氧气存在的时候，使肌红蛋白形成绿色的硫肌红蛋白。

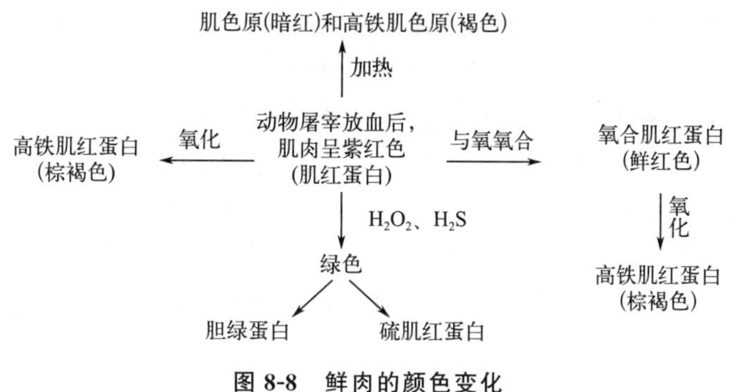

图 8-8　鲜肉的颜色变化

② 腌肉色素及颜色的变化　为什么在超市里面购买的火腿肠等肉制品的颜色都是粉红色的呢？这与肉在腌制过程中的色泽变化密切相关。在对肉进行腌制加工时，通常使用硝酸盐或亚硝酸盐作为发色剂，硝酸盐或亚硝酸盐在细菌还原作用下，或在肉类固有还原剂的作用下，发生反应，产生 NO。NO 可以与肌红蛋白结合生成亮红色的亚硝基肌红蛋白（NO-Mb）。肌红蛋白被氧化，形成褐色的高铁肌红蛋白之后，高铁肌红蛋白可以与 NO 反应生成深红色的亚硝基高铁肌红蛋白，亚硝基高铁肌红蛋白经还原剂还原，形成亚硝基肌红蛋白。亚硝基肌红蛋白并不稳定，加热之后会形成粉红色的亚硝基肌色原。

腌肉过程中添加还原剂，可以将 Fe^{3+} 还原为 Fe^{2+}、亚硝酸盐还原为 NO，并迅速生成亚硝基肌红蛋白，因此，还原剂在肉的腌制过程中是非常重要的。常用的还原剂有抗坏血酸、异抗坏血酸。此外还原剂的使用还有助于防止亚硝胺类致癌物的产生。图 8-9 表示在亚硝酸盐、一氧化氮和还原剂同时存在时形成腌肉色素的反应途径。

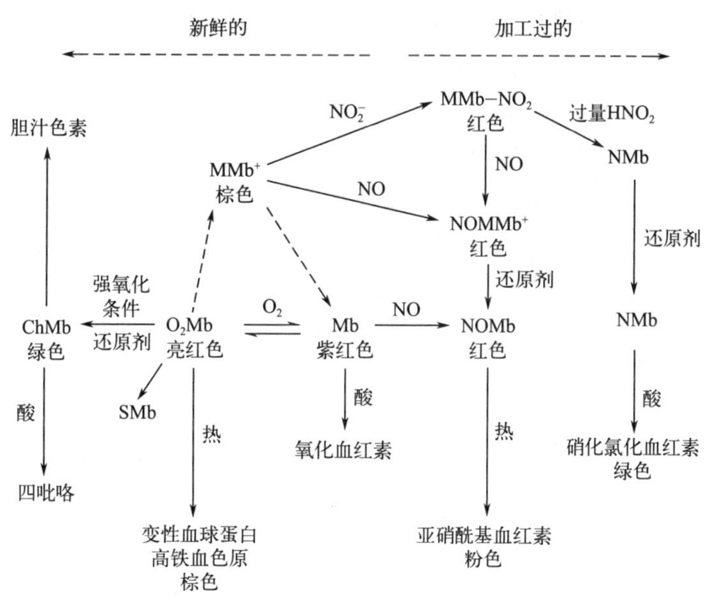

图 8-9　腌肉的颜色变化关系

发色剂亚硝酸盐在肉制品加工中具有发色、抑制肉毒梭菌、产生腌肉制品特有风味的作用，在肉制品加工中硝酸盐和亚硝酸盐的作用目前暂时无法取代，但过量使用亚硝酸盐，亚硝酸盐与肉中的胺类化合物反应会生成具有致癌性的亚硝胺类物质，所以在肉制品加工过程中要严格按照我国食品添加剂卫生标准中规定的剂量进行添加。

此外，过量地使用亚硝酸盐还会使肉制品变绿。过量的亚硝酸盐使肉变绿的机理如图 8-9 所示。高铁肌红蛋白在亚硝酸盐作用下可以生成深红色的亚硝基高铁肌红蛋白，亚硝基高铁肌红蛋白与过量的亚硝酸反应，可以生成绿色的硝基高铁肌红蛋白，硝基高铁肌红蛋白在还原剂作用下可以形成绿色的硝基肌红蛋白，在酸性、有还原剂的条件下加热会形成绿色的亚硝酰高铁血红素。所以当观察到腌肉制品出现绿色，那可能是发色剂硝酸盐和亚硝酸盐添加过量。

此外，肉及肉制品中还会出现其他色素。细菌繁殖产生的硫化氢在有氧存在下使肌红蛋白会生成绿色的硫肌红蛋白（SMb）。当有还原剂如抗坏血酸存在时，可以生成胆肌红蛋白（ChMb），并很快氧化成球蛋白、铁和四吡咯环；氧化剂过氧化氢存在时，与血红素中的 Fe^{2+} 和 Fe^{3+} 反应生成绿色的胆绿蛋白（choleglobin）。上述色素严重影响了肉的色泽和品质。表 8-3 列出了肉类加工和贮藏中产生的主要色素。

表 8-3　肉类加工和贮藏中产生的主要色素

色素	生成方式	铁的价态	颜色
肌红蛋白	高铁肌红蛋白还原，氧合肌红蛋白脱氧合作用	Fe^{2+}	浅红略带紫色
氧合肌红蛋白	肌红蛋白氧合作用	Fe^{2+}	鲜红色
高铁肌红蛋白	肌红蛋白和氧合肌红蛋白的氧化作用	Fe^{3+}	褐色
亚硝酰基肌红蛋白	肌红蛋白和一氧化氮结合	Fe^{2+}	鲜红（粉红）
亚硝酰基高铁肌红蛋白	高铁肌红蛋白一氧化氮结合	Fe^{3+}	深红
亚硝酸高铁肌红蛋白	高铁肌红蛋白与过量的亚硝酸盐结合	Fe^{3+}	红棕色
珠蛋白血色原	加热、变性剂对肌红蛋白、氧合肌红蛋白、高铁肌红蛋白、血色原的作用	Fe^{2+}	棕色
亚硝酰血色原	加热、盐对亚硝基肌红蛋白的作用	Fe^{2+}	鲜红色（粉红）
硫肌红蛋白	硫化氢和氧对肌红蛋白的作用	Fe^{3+}	绿色
胆绿蛋白	过氧化氢对肌红蛋白或氧合肌红蛋白的作用，抗坏血酸或其他还原剂对氧合肌红蛋白的作用	Fe^{2+} 或 Fe^{3+}	绿色
氯铁胆绿素	过量试剂对硫肌红蛋白的作用	Fe^{3+}	绿色
胆汁色素	大大过量的试剂对胆肌红蛋白的作用	不含铁	黄色或无色

肉类色素除受氧、热、氧化剂、还原剂、微生物的影响外，光、水分、pH、金属离子等也可影响其稳定性。如当包装的鲜肉暴露在白炽灯或荧光灯下时，会发生颜色的变化；当有金属离子存在时，会促进氧合肌红蛋白的氧化并使肉的颜色改变，其中以铜离子的作用最为明显，其次是铁、锌、铝等离子；低 pH 有利于高铁肌红蛋白的形成，影响肉的色泽。

因此，在肉类加工过程中保护鲜肉的颜色常有以下几项措施：

第一，采用真空密封包装，配有除氧剂，将鲜肉置于透气性很低的包装袋内，抽真空后密封，必要时加入少量的除氧剂。保持带内无氧，这样可以使肉中的肌红蛋白处于还原状态及血红素中的铁离子处于二价状态，且没有与氧结合，肉的颜色能够长期保持不变，一旦开袋大量的氧气与肉接触之后，很快会使肉色转向氧合肌红蛋白的鲜红色。这是目前超市鲜肉常用的方法。

第二，采用高氧分压保持肉的颜色。高氧分压包装可以使肉中肌红蛋白保持在氧合肌红蛋白这一状态，这样就不容易发生变化，始终保持鲜红色。

M8-4 血红素

第三，采用气调技术。例如采用 100% 的二氧化碳气体，配合使用一些除氧剂，把其中的氧气消耗掉，肉色就能得到较好的保护。

除此以外还可以采用可食性涂膜、避光保存、低温、液氮速冻、超高压等技术进行护色。

8.2.2　类胡萝卜素

类胡萝卜素（carotenoids）是一种多烯类色素，它是动物、植物食品中呈现黄色和红色的脂溶性色素。类胡萝卜素在自然界中分布非常广泛，迄今为止，人类在自然界中已发现 600 多种的天然类胡萝卜素。估计自然界每年生成类胡萝卜素达 1 亿吨以上，其中大部分存在于高等植物中。类胡萝卜素在植物组织的光合作用和光保护作用中起着重要的作用，它是所有含叶绿素的组织中能够吸收光能的第二种色素。类胡萝卜素和叶绿素同时存在于陆生植物中，类胡萝卜素的黄色常常被叶绿体的绿色所覆盖，在秋天当叶绿体被破坏之后类胡萝卜素的黄色才会显现出来。类胡萝卜素还存在于许多微生物（如光合细菌）和动物（如鸟纲动物的毛、蛋黄）体内。但到目前为止，没有证据证明动物体自身可合成类胡萝卜素，所有动物体内的类胡萝卜素均来源于植物和微生物。类胡萝卜素在人和其他动物中主要是作为维生素 A 的前体物质，另外，还有较强的抗氧化等活性。

类胡萝卜素按照分子结构中是否含有氧原子可以分为含氧和不含氧两大类，不含氧的类胡萝卜素称为胡萝卜素类，是由纯碳氢所构成的化合物，例如 α-胡萝卜素、β-胡萝卜素、γ-胡萝卜素、番茄红素，这一类胡萝卜素结构很明显，只有碳和氢两种元素。含氧的类胡萝卜素称为叶黄素类，属于这一类的有玉米黄素、叶黄素、辣椒红素、隐黄素和虾青素。它们结构中除了含有碳氢元素之外还含有一个或多个氧原子，如羟基、甲氧基、羧基、酮基或环氧基，区别于胡萝卜素类色素。

8.2.2.1　结构

类胡萝卜素的基本结构是异戊二烯单元，异戊二烯单元按照头尾相连或尾尾相连的方式，组成胡萝卜素的基本结构（图 8-10）。在类胡萝卜素两端有的会形成环状结构，有的会形成两个环，有的没有环状结构。类胡萝卜素的结构中含有大量的双键，这些双键形成共轭结构，共轭双键的数目、位置对类胡萝卜素的颜色有影响。类胡萝卜素均具有相同的中心结构，但末端基团不相同。已知大约有 60 种不同的末端基，构成约 560 种已知的类胡萝卜素，并且还不断报道新发现的这类化合物。

类胡萝卜素在植物组织或脂类介质溶液中有两种存在形式：游离态和结合态。结合态的类胡萝卜素可以与糖、蛋白质、脂肪酸等结合，存在于花、果实、细菌体中。对各种无脊椎动物中的色素研究表明，类胡萝卜素与蛋白质结合不仅可以保持色素稳定，而且可以改变颜色。例如，龙虾壳中虾青素（astaxanthin）与蛋白质结合时呈蓝色，当加热处理后，蛋白质发生变性，虾青素氧化成虾红素，虾壳转变为红色。另一个例子是龙虾卵中的虾卵绿蛋白是

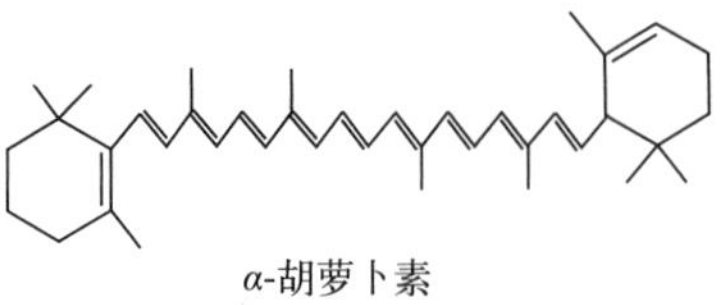

α-胡萝卜素

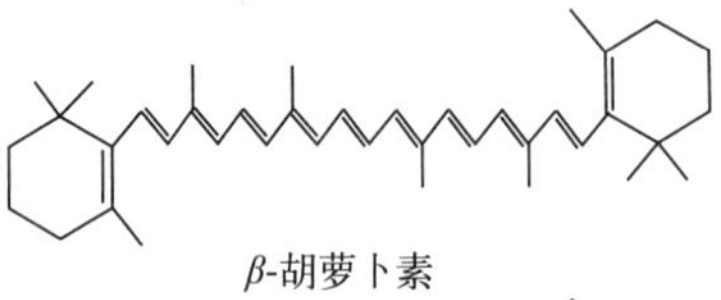

β-胡萝卜素

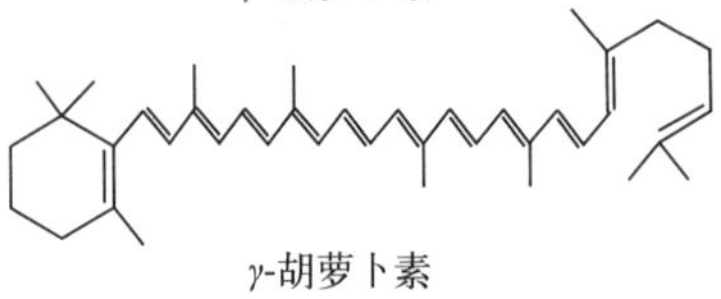

γ-胡萝卜素

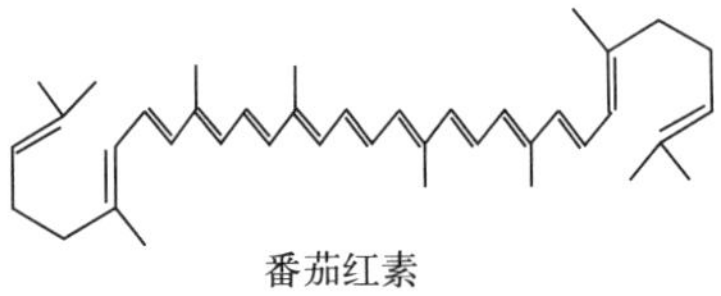

番茄红素

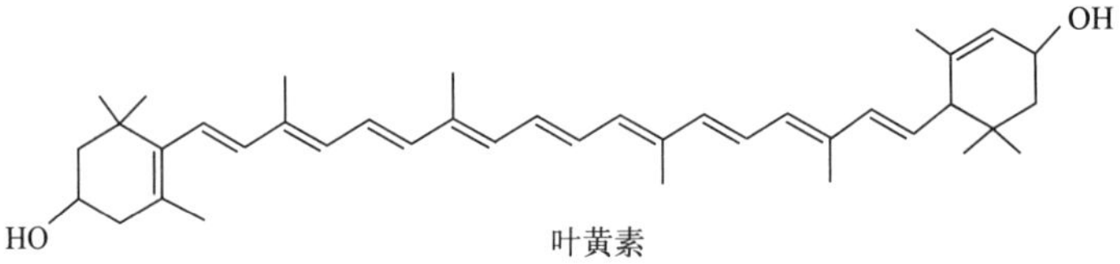

叶黄素

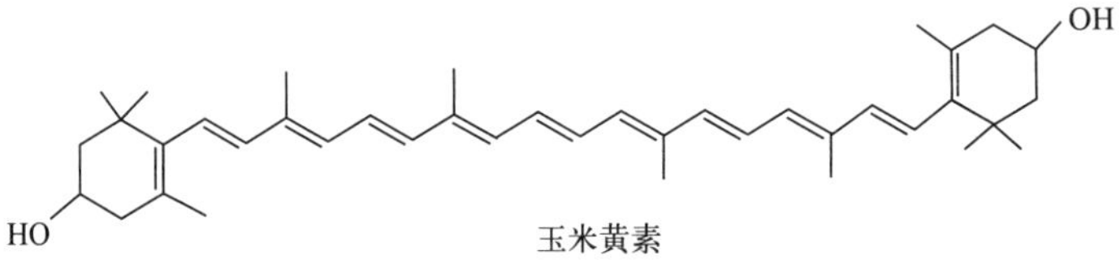

玉米黄素

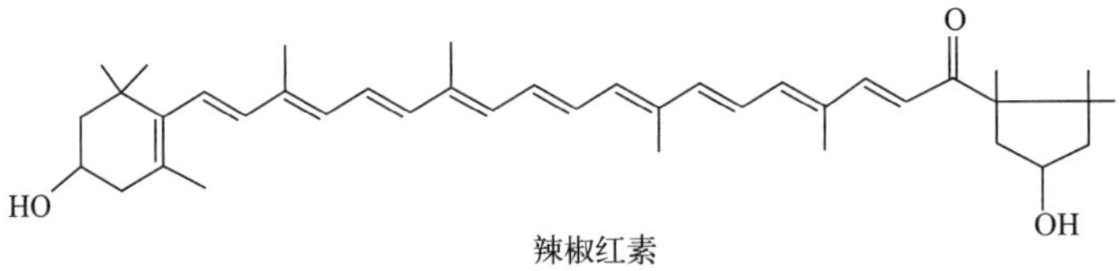

辣椒红素

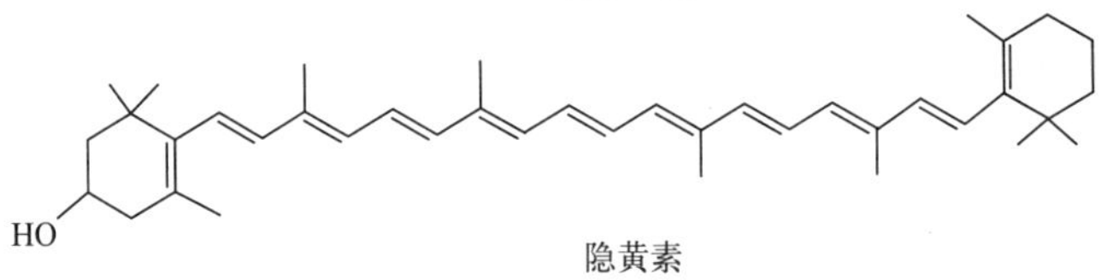

隐黄素

图 8-10　常见类胡萝卜素的化学结构

虾青素-脂糖（lipovitellin）蛋白复合物，是一种绿色色素。类胡萝卜素-蛋白复合物还存在于某些绿叶、细菌、果实和蔬菜中。类胡萝卜素还可通过糖苷键与还原糖结合，如藏红花素是多年来唯一已知的这种色素，它是由两分子龙胆二糖和藏红花酸结合而成的化合物。近来也从细菌中分离出许多种类胡萝卜素糖苷。

8.2.2.2　性质

纯的类胡萝卜素为无味、无臭的固体或晶体，能溶于油、乙醚、石油醚等有机溶剂，难溶于水和乙醇。而叶黄素因为含有羟基、羰基等亲水基团，其极性增强，可溶于极性溶剂，并且随着羟基或羰基等数目增多，其在非极性溶剂中的溶解度逐渐降低。因此，在提取过程中，要注意类胡萝卜素的溶解性，依据类胡萝卜素的溶解性选择提取溶剂。

类胡萝卜素类物质的呈色特性与其结构密切相关，类胡萝卜素分子结构中所具有的高度共轭的双键发色团，在分子中至少存在 7 个共轭双键时才能呈现黄色，羟基则作为主要的助色基团。这也是类胡萝卜素呈现多种颜色的物质基础，类胡萝卜素的颜色主要在黄色至红色范围，其检测波长一般在 400～550nm。共轭双键的数量、位置以及助色团的种类不同，使其最大吸收峰也不相同，例如 β-胡萝卜素的最高吸收峰在 497nm。此外，双键的顺、反几何异构也会影响色素的颜色，例如全反式的颜色较深，顺式双键的数目增加，颜色逐渐变淡。自然界中类胡萝卜素均为全反式结构，仅极少数的有单反式或双反式结构。

类胡萝卜素还具有抗氧化剂的特性。许多类胡萝卜素（如番茄红素、虾青素、叶黄素等）是良好的自由基猝灭剂（表 8-4），具有很强的抗氧化性，能有效地阻断细胞内的链式自由基反应。在低氧分压时，还可抑制脂肪的过氧化反应。在高氧分压条件下，β-胡萝卜素具有促氧化反应特性。

表 8-4　类胡萝卜素猝灭单线态氧的能力

类胡萝卜素	猝灭单线态氧的能力
番茄红素	16.8
β-胡萝卜素	13.5
玉米黄素	12.6
叶黄素	6.6

8.2.2.3　在加工、贮藏中的变化

类胡萝卜素在一般加工和贮藏条件下相对稳定。其稳定性很可能与细胞的渗透性和起保护作用的成分的存在有关。例如番茄红素在番茄果实中非常稳定，但提取分离得到的纯色素不稳定。冷冻几乎不改变类胡萝卜素的含量。但是热烫可引起类胡萝卜素含量的变化，常需热烫的植物制品中类胡萝卜素含量比原料组织有明显增加，这是因为脂肪氧合酶可催化类胡萝卜素的氧化分解，并使可溶性组分进入热烫液而造成损失，而热烫可使酶失活。常规热烫所采用的温和热处理也可使色素的提取效率比从新鲜组织中直接提取更高。此外，几种物理法的捣碎及热处理也可增加提取率及使用时的生物利用率。类胡萝卜素中含有高度共轭不饱和结构，高温、氧、氧化剂和光等均能使之分解褪色和异构化，主要发生热降解反应、氧化反应和异构化反应，导致食品品质降低。

① 热降解反应　类胡萝卜素在高温下发生降解反应形成芳香族化合物，反应中间体是个四元环有机物，产物主要有三种。

② 氧化反应　类胡萝卜素中含有共轭不饱和双键，能发生自动氧化、酶催化氧化、光氧化和偶合氧化反应。类胡萝卜素能形成自由基发生自动氧化反应，所形成的烷过氧化自由基，进攻类胡萝卜素的碳碳双键，形成环氧化物，并可进一步生成其他的氧化产物，常见的有羟基化物、羰基化物。类胡萝卜素的结构、氧、温度、光、水分活度、表面积、金属离子和抗氧化剂等影响自氧化反应速度。研究表明，如果反应物存在一个以上的环结构，则反应速度取决于化合物的极性，低极性化合物反应活性更高，氧加速了自氧化速度。对番茄的研究表明，空气干燥中番茄红素的损失率远远高于真空干燥的损失率；水分活度影响自氧化反

应，低水分含量时，有利于类胡萝卜素的自氧化反应，在有水和高水分活度下可以抑制类胡萝卜素的氧化；高温有利于类胡萝卜素的自动氧化；抗氧化剂抑制自氧化反应，Fe^{2+}和Cu^{2+}等会加速类胡萝卜素的自动氧化。脱水产品如胡萝卜和甘薯片具有较高的比表面积，在干燥或空气中贮藏时极易氧化分解。

当植物组织受到破坏后，组织中的类胡萝卜素会与脂肪氧合酶、多酚氧化酶和过氧化物酶接触，发生间接氧化降解。这些酶可以催化相应的底物氧化形成具有高氧化力的中间体，这些中间体进一步氧化类胡萝卜素类。例如脂肪在氧化过程中产生的氢过氧化物，会迅速与类胡萝卜素发生反应，造成类胡萝卜素的氧化，使其颜色褪去。

在光和氧存在下，类胡萝卜素发生光氧化反应。双键经过氧化后发生裂解，终产物为紫罗酮。光强度增加时反应加速，抗氧化剂存在时，使类胡萝卜素的稳定性提高。

在有油脂存在时，类胡萝卜素会发生偶合氧化，失去颜色，其转化速率依体系而定。一般在高度不饱和脂肪酸中类胡萝卜素更稳定，可能是因为脂类本身比类胡萝卜素更容易接受自由基；相反，在饱和脂肪酸中不太稳定。脂肪氧合酶加速了偶合氧化，它首先催化不饱和或多不饱和脂肪酸氧化，产生过氧化物，随即过氧化物快速与类胡萝卜素反应，使颜色褪去。

③ 异构化反应　热加工过程或有机溶剂提取、光照及酸性环境等，都能导致异构化反应。在通常情况下，天然的类胡萝卜素多以全反式、9-顺式构型存在。例如，加热或热灭菌会诱导顺/反异构化反应，为减少异构化程度，应尽量降低热处理的程度；一些蔬菜经罐藏处理后，其类胡萝卜素顺式异构体的含量增加 10%～39%。类胡萝卜素异构化时，产生一定量的顺式异构体，是不会影响色素颜色的。类胡萝卜素的异构化产物与它们的结构有关。研究发现，150℃时β-胡萝卜素异构化的主要产物为 9-顺式-β-胡萝卜素、13-顺式-β-胡萝卜素，而α-胡萝卜素异构化产物为 13-顺式-α-胡萝卜素。当形成顺式异构体时，只有很小的光谱偏移，因而产品的色泽基本不受影响；然而，维生素 A 原活性却有所下降。为了避免过度异构化，热处理强度应尽可能降低。

在加工和贮藏过程中类胡萝卜素降解和异构化的反应如图 8-11 所示。

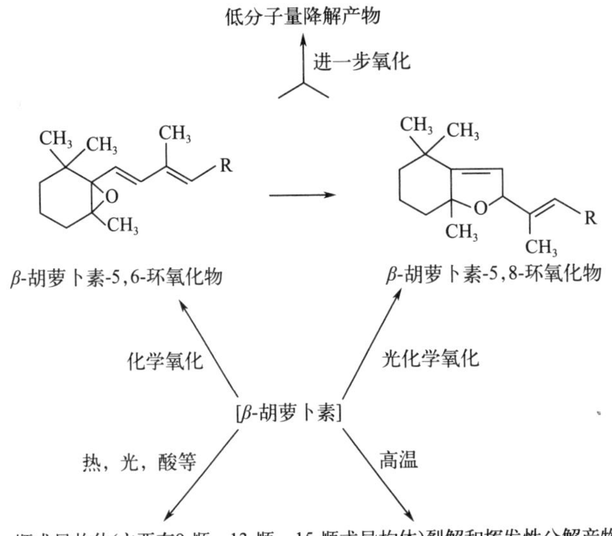

图 8-11　β-胡萝卜素的降解和异构化反应

8.2.3　多酚类色素

M8-5 类胡萝卜素

多酚类色素是广泛存在于植物中的一类重要色素，最基本的结构是苯环和吡喃环结合而成的 2-苯基-苯并吡喃阳离子结构（C_6-C_3-C_6），如图 8-12 所示。由于在苯环上连有两个及两个以上的羟基，所以统称为多酚类物质。多酚类作为植物中主要的色素类物质，大部分可以溶于水，主要包括花色苷、类黄酮、儿茶素类及原花青素等。多酚类色素的颜色有所不同，其原因是不同基团及数量不同的基团其助色效果不同，基本结构上所带给电子基团越多，颜色越深。这类色素呈现黄色、橙色、红色、紫色和蓝色。

8.2.3.1　花色苷

花色苷（anthocyanins）是一类在自然界分布最广泛的水溶性色素，许多水果、蔬菜和花之所以显鲜艳的颜色，就是由于细胞汁液中存在着这类水溶性化合物。植物中的许多颜色（包括蓝色、红紫色、紫色、红色及橙色等）都是由花色苷产生的。

（1）存在状态和结构

花色苷是由配基（花青素）与糖基（一个或几个糖分子）结合而成的苷类化合物。花青素（anthocyani-din）是 2-苯基-苯并吡喃的阳离子（图 8-13），花色苷是黄酮化合物的一种，由于其色泽和性质与其他黄酮化合物不同，目前一般将花色苷单独作为一类色素看待。自然界已知有 20 种花色苷，食品中重要的有 6 种（表 8-5），其他种类较少，仅存在于某些花和叶片中。

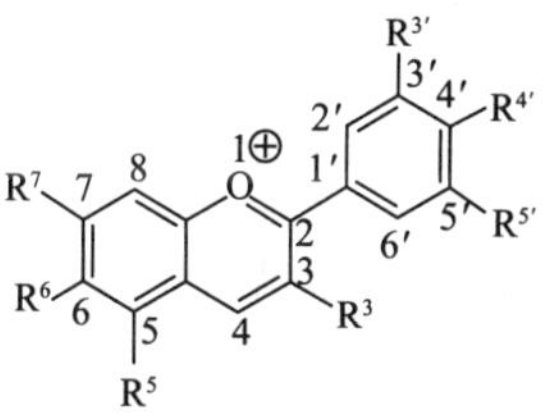

图 8-12　多酚类色素的母核

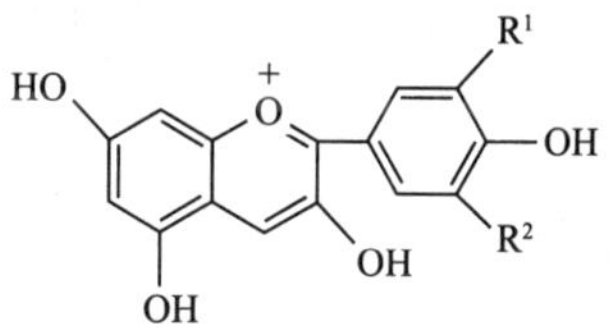

图 8-13　花青素的阳离子盐结构

表 8-5　常见的花色苷

花色苷	R^1	R^2
天竺葵色素（pelargonidin）	H	H
矢车菊色素（cyanidin）	OH	H
飞燕草色素（delphinidin）	OH	OH
芍药色素（peonidin）	OCH_3	H
牵牛花色素（petunidim）	OCH_3	OH
锦葵色素（malvidin）	OCH_3	OCH_3

花色苷结构中都有羟基或甲氧基取代，羟基数目增加使吸收波长红移，蓝紫色增强，而随着甲氧基数目增加则吸收波长蓝移，红色增强。

游离的花青素在食品中很少存在，仅在降解反应中才有微量产生。花青素多与一个或几个糖分子形成花色苷。目前研究发现，花色苷中常见的糖基有 5 种：葡萄糖、鼠李糖、半乳糖、木糖和阿拉伯糖。

根据花色苷所结合的糖分子，可以将花色苷分为单糖苷、二糖苷和三糖苷。单糖苷是指花色苷只含有一个糖基，糖与花青素形成的糖苷键几乎连接在 C3 位上。由于 C3 位的羟基相对比较活泼，因此只含一个糖苷键的花色苷几乎都连接在 C3-OH 位上。二糖基是指含有两个糖分子的花色苷，跟糖分子形成的糖苷键一般在 C3-OH 和 C5-OH 位置上各连接一个。三糖苷是指含有三个糖苷键的花色苷，三个糖基通常会在 C3-OH 和 C5-OH 位上，其中两个糖苷键连接在 C3-OH 位上，一个糖苷键连接在 C5-OH 位上，甚至有时候三个糖基都连接在 C3-OH 位上，形成支链结构或直链结构。花青素还可以酰化使分子增加第三种组分，即糖分子的羟基可能被一个或几个对香豆酸、阿魏酸、咖啡酸、丙二酸、香草酸、苹果酸、琥珀酸或醋酸分子所酰化。虽然花青素和花色苷都属于水溶性色素，但是由于糖基的存在，花色苷的水溶性更强。

花色苷和花青素的呈色与其结构中的助色基团羟基、甲氧基和糖基的取代位置、数量密切相关。作为助色基团，其助色能力的大小取决于它们的供电子能力，供电子能力越强，助色效果越强。如图 8-14 所示，随着羟基数目的增加，光吸收波长发生红移，花色苷的颜色逐渐向蓝色、紫色偏移，即蓝色增强；随着甲氧基数目的增多，光吸收波长发生蓝移，花色苷的颜色往红色偏移，即红色增强。

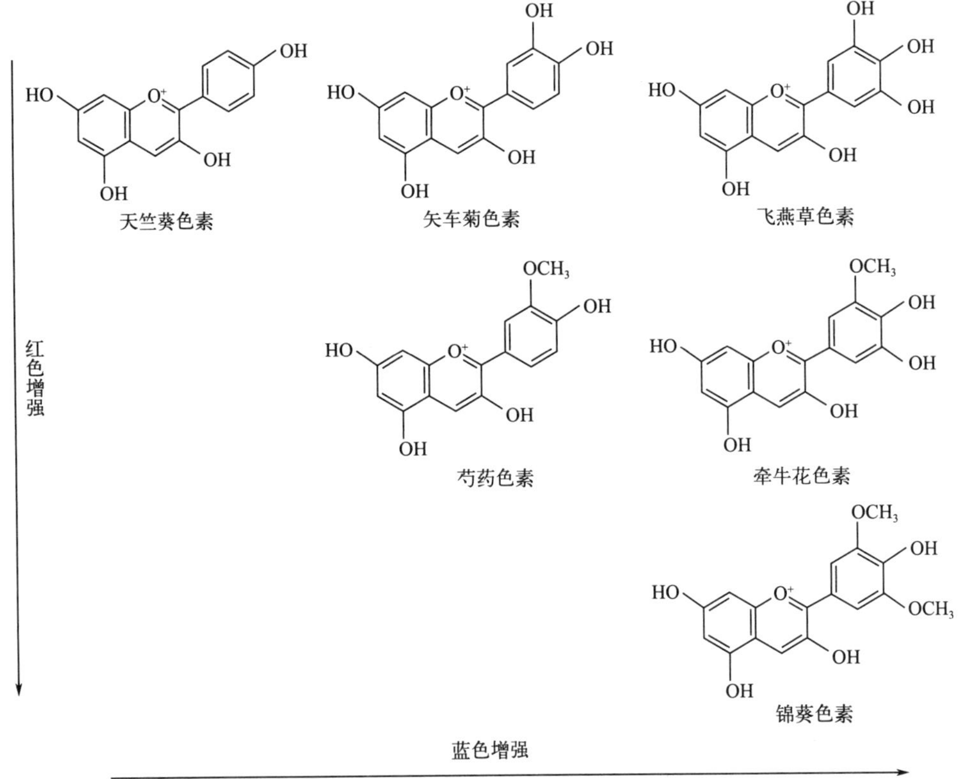

图 8-14　取代基对花色苷呈色的影响

花色苷除了可赋予食品靓丽的色泽外，目前的研究已经证实花色苷具有诸多健康功效，例如抗氧化、抗炎、抗癌、降糖、缓解肥胖、抗辐射、保护心血管和神经系统、延缓衰老、改善视疲劳等。因此花色苷作为一种重要的天然色素类物质，越来越受到人们的重视。

(2) 花色苷在加工和贮藏过程中颜色的稳定性

花色苷色素主要呈红色，在食品加工和贮藏过程中十分不稳定，其色泽与其分子结构、pH、温度、金属离子、氧化剂、还原剂、光照、糖等因素相关。花色苷分子中吡喃环的氧原子是四价的，非常活泼，易参与各种反应，常使色素变色。这是水果、蔬菜加工中通常不希望出现的。

① 花色苷结构　花色苷的稳定性与其结构关系密切。分子中羟基数目增加则稳定性降低，而甲基化程度提高则增加稳定性，同样糖基化也有利于色素稳定。因此说明取代基的性质对花色苷的稳定性有重要影响。

② pH　在不同 pH 条件下，花色苷分子结构发生变化，有些变化是可逆的，因此，其色泽随着 pH 改变而发生明显的变化，图 8-15 所显示的是花色苷的结构、色泽随 pH 所发生的变化。

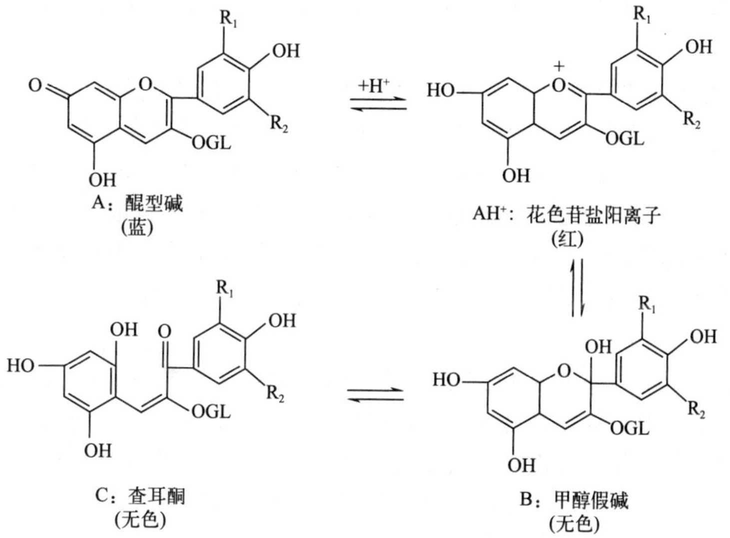

A：醌型碱
(蓝)

AH⁺：花色苷盐阳离子
(红)

C：查耳酮
(无色)

B：甲醇假碱
(无色)

图 8-15　二甲花翠素-3-葡萄糖苷不同 pH 时的结构变化

花色苷吡喃环上的氧原子呈四价，具有碱的性质，而其酚羟基具有酸的性质。如图 8-15 所示，花色苷的颜色随着环境 pH 的改变发生明显的改变。在这个过程中，花色苷表现出四种不同的结构形式，即蓝色的醌型碱结构（A）、红色 2-苯基-苯并吡喃阳离子（AH^+）、无色甲醇假碱（B）和无色查耳酮（C）。这四种形式随水溶液的 pH 值变化而发生可逆或不可逆的改变，同时溶液的颜色也随之改变。当溶液 pH＜3 时，花色苷主要以 AH^+ 形式存在；随着 pH 值升高（pH 为 4～6），AH^+ 受到水分子的亲核攻击，在 C2 位发生水合作用，生成无色的甲醇假碱；在 pH 升高（pH 为 8～10）的同时，花色苷上的酸性羟基的质子发生转移，进而生成蓝色的醌式碱；当 pH 继续升高，无色的假碱发生开环生成查耳酮结构。从图 8-16 可以看出最大吸收峰随 pH 增加而向长波方向移动。新鲜和加工的蔬菜、水果在自然 pH 下，花色苷以各种形式的平衡混合物存在。在酸性条件下，花色苷保持正常的红色。

目前花色苷类天然色素检测一般采用 pH=3 条件下测定其吸光值。

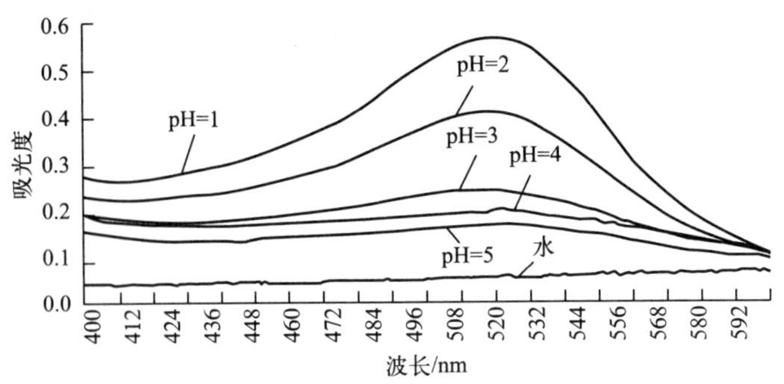

图 8-16 黑皮花生中花色苷在 pH1～5 的缓冲液中的吸收光谱

③ 温度 食品中花色苷的稳定性与温度关系较大。花色苷的热降解机制与花色苷的种类和降解温度有关。高度羟基化的花色苷比甲基化、糖基化或酰基化的花色苷的热稳定性差。随着温度的升高，平衡向生成查耳酮的方向移动，温度越高，其降解速度越快；pH 对花色苷的热稳定性有很大影响，在低 pH 时，稳定性较好，在接近中性或微碱性的条件下，其稳定性明显下降。

目前关于花色苷的热降解机理尚不完全清楚，但是研究证实香豆素-3，5-二葡萄糖苷是花色苷-3,5-二葡萄糖苷最常见的降解产物。目前研究表明可能存在 3 种降解途径（图 8-17）。途径 1：花色苷盐阳离子首先变为醌式碱，经过几种中间产物，最后得到香豆素衍生物和一个对应的 B 环化合物。途径 2：花色苷盐阳离子首先发生水加成转变为甲醇假碱，经查耳酮途径生成褐色降解产物。途径 3：花色苷盐阳离子首先转变为甲醇假碱，经查耳酮途径，最终产物为查耳酮的裂解产物。以上三种降解途径与初始反应物花色苷的类型和浓度相关。

④ 光 在植物体内，光照可以促进花色苷的形成，在食品体系内光通常会加速花色苷的降解，已在紫苏色素、紫甘薯色素、葡萄皮色素中得到证实，同时发现花色苷的结构影响其对光的稳定性，酰化和甲基化的二糖苷比未酰化的稳定，双糖苷比单糖苷更稳定，花青素单糖苷最不稳定。研究表明，紫外线的降解作用比室内光的降解作用更明显。因此花色苷在避光条件下保存，有利于其颜色的稳定。

⑤ 金属离子 花色苷分子中因为具有邻位羟基，能和金属离子形成复合物，色泽一般为蓝色，这也是自然界中的一些花青素呈现蓝色的原因。Cu^{2+}、Fe^{3+}、Al^{3+} 和 Sn^{2+} 等能与花色苷形成蓝色化合物。$AlCl_3$ 常被用来区分具有邻位羟基的花色苷与不具邻位羟基的花色苷。Fe^{3+} 和 Cu^{2+} 由于可以催化对花色苷的降解反应，从而降低花色苷的稳定性。Fe^{3+} 和 Cu^{2+} 对紫苏色素有明显的破坏作用，使色素呈现黄色。水果的变色问题，即所谓“红变”，是由于金属与花色苷形成了络合物。已发现这类变色现象出现于梨、桃和荔枝中。

⑥ 氧化剂与还原剂 花色苷是多酚化合物，结构的不饱和特性使之对氧化剂和还原剂非常敏感。氧气可通过直接氧化花色苷或者使介质过氧化，然后通过介质间接和花色苷反应促使花色苷降解。H_2O_2 能直接亲核进攻花色苷的 C2 位，使花色苷开环生成查耳酮，接着查耳酮降解生成各种无色的酯和香豆素的衍生物，这些氧化产物或者进一步降解成小分子物质，或者相互之间发生聚合反应。氧诱导的花色苷降解与 pH 值、温度和光照密切相关。

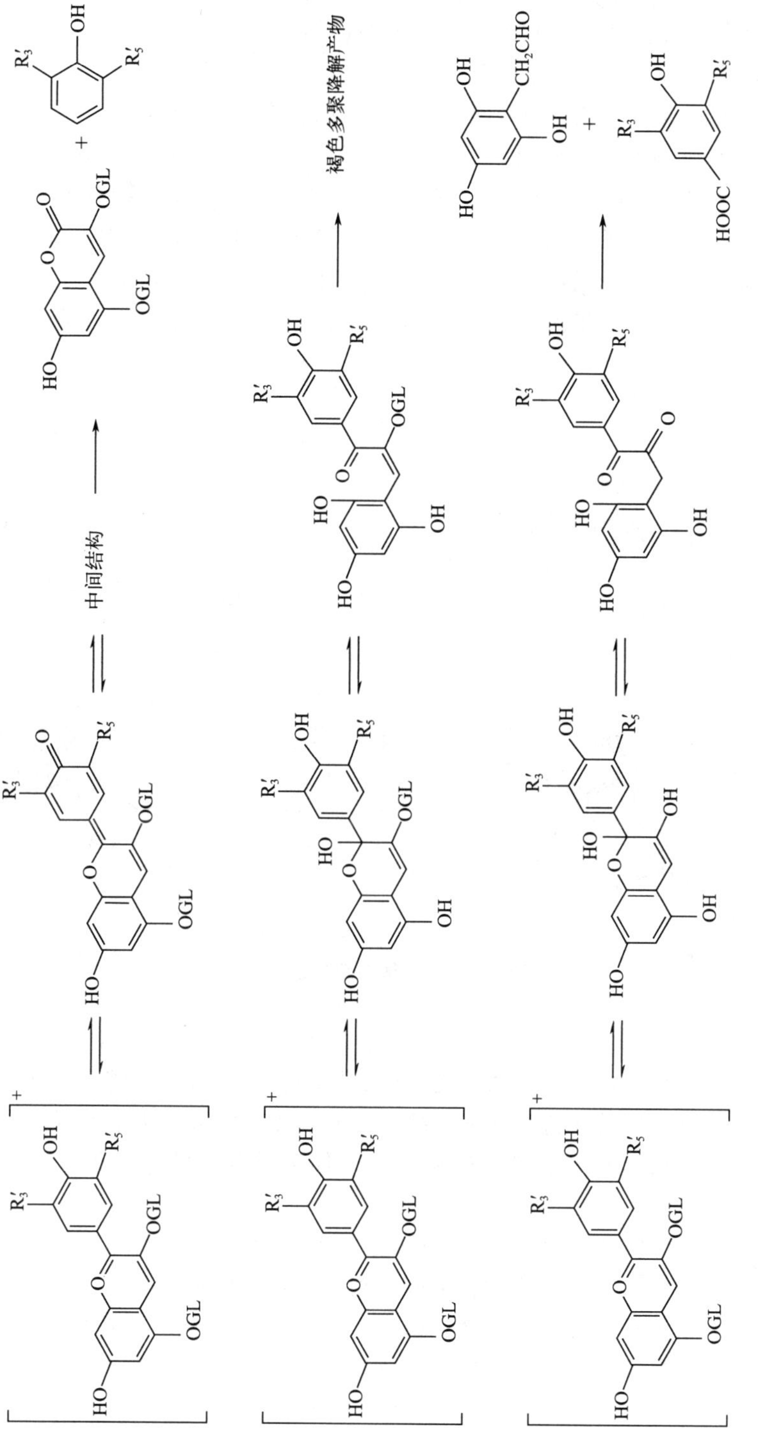

图8-17　花色苷-3, 5-二葡萄糖苷的降解机制

pH 值升高，花色苷降解速率加快；有氧条件下的光照加剧花色苷分解。因此对于富含花色苷的果汁，如葡萄汁一直是采用的热充满罐装，以减少氧对花色苷的破坏作用，只有尽量将瓶装满，才能减缓葡萄汁的颜色由红色变为暗灰色，现在工业上也有采用充氮罐装或真空条件下加工含花色苷的果汁，达到延长果汁保质期的作用。

抗坏血酸常作为营养强化剂或抗氧化剂用于食品中。然而抗坏血酸却可以促进花色苷降解，促进聚合色素的形成和花色苷颜色褪色（图 8-18）。花色苷与抗坏血酸相互作用导致降解，已为许多研究者所证实。例如每 100g 越橘汁鸡尾酒中，含花色苷和抗坏血酸分别为 9mg 和 18mg 左右，室温下贮存 6 个月，花色苷损失约 80%。由于降解产物有颜色，所以汁仍呈棕红色。这是因为抗坏血酸降解产生的中间产物过氧化物能够诱导花色苷降解。铜和铁离子催化抗坏血酸降解为过氧化物，从而使花色苷的破坏速率加快。黄酮类化合物能抑制抗坏血酸降解反应，则有利于花色苷稳定，不易褪色。因此，如果存在不适宜抗坏血酸形成过氧化氢的条件，会增加花色苷的稳定性。

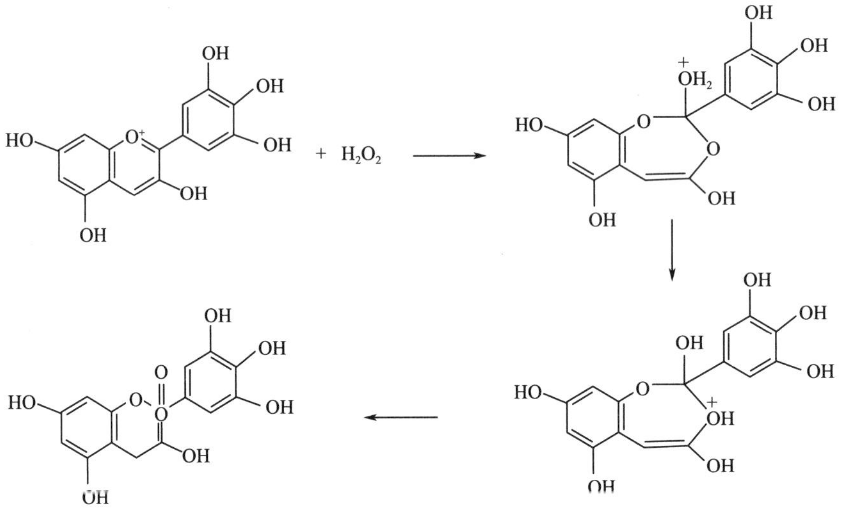

图 8-18　花色素的氧化反应

⑦ 酶　糖苷酶和多酚氧化酶、过氧化物酶能引起花色苷失去颜色，它们也被称为花色苷酶。糖苷酶的作用是水解花色苷的糖苷键，生成糖和苷元花青素，游离的花青素更容易发生氧化和褐变；多酚氧化酶是在有氧和邻二酚存在时，首先将邻二酚氧化成为邻苯醌，然后邻苯醌与花色苷反应形成氧化花色苷和降解产物。加工过程中的漂烫处理，会对这些酶灭活，保持产品色泽。

⑧ 二氧化硫　在贮藏和加工时，添加亚硫酸盐或二氧化硫可导致花色苷迅速褪色，这个过程是简单的亚硫酸加成反应，花色苷 2 或 4 碳位因亚硫酸加成反应形成无色化合物，此反应过程是可逆的，如果煮沸或酸化可使亚硫酸除去，又可重新形成花色苷（图 8-19）。在黑樱桃酒、蜜饯和糖渍樱桃生产过程中的一个加工步骤是用高浓度的 SO_2（0.8%～1.5%）将花色苷漂白。将含有花色苷的水果保存于 500～2000mg/L 的 SO_2 中，可生成无色的络合物，该反应涉及 SO_2 在 C4 位的结合。SO_2 在 C4 位结合的原因是 SO_2 在这一位置打断了共轭双键体系，从而导致颜色的损失。天竺葵色素 3-葡萄糖苷的失色反应速率常数较大，因此只需少量的 SO_2 即可快速地使大量的花色苷变色，某些花色苷能抵御 SO_2 漂白，可能是 C4

位已封闭或通过 4 位连接以二聚体形式存在。发生在黑樱桃酒和樱桃蜜饯生产过程中的漂白为不可逆过程。

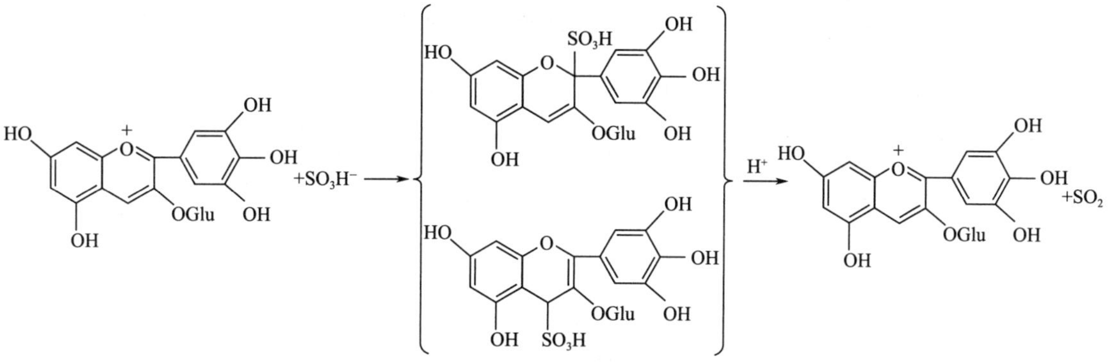

图 8-19　花色苷与亚硫酸盐的反应

⑨ 其他共存物　在氨基酸、酚类、糖衍生物等存在时，由于这些化合物与花色苷发生缩合反应可使褪色加快。反应产生的聚合物和降解产物可能十分复杂，并且与氧、温度有密切关系。

高浓度糖有利于花色苷稳定，主要是降低了水分活度。但当糖的浓度很低时，糖及其降解产物会加速花色苷的降解，而且与糖的种类有关，其中果糖、阿拉伯糖、乳糖和山梨糖对花色苷的降解作用大于葡萄糖、蔗糖和麦芽糖。这些糖自身先降解（非酶褐变）成糠醛或羟甲基糠醛，然后再与花色苷缩合而生成褐色物质。升高温度和有氧气存在将使反应速度加快。上述现象在果汁中相当明显，其反应机理还不清楚。

8.2.3.2　原花青素

原花青素（proanthocyanidin）是无色的，结构与花色苷相似，在食品加工过程中可转变成有颜色的物质。原花青素的基本结构单元是黄烷-3-醇或黄烷-3,4-二醇以 4→8 或 4→6 键形成的二聚物，但通常也有三聚物或高聚物，它们是花色苷色素的前体，在酸催化作用下，加热可转化为花色苷呈现颜色，图 8-20 是原花青素的结构单元和酸水解历程。原花青素存在于苹果、梨、柯拉果（cola nut）、可可豆（cocoabeans）、葡萄、莲、高粱、荔枝、沙枣、越橘、山楂属浆果和其他果实中。其中关于葡萄籽和皮中原花青素的结构和功能的研究最多。现已证实，原花青素具有很强的抗氧化活性，已作为抗氧化剂应用到食品中，同时还具有抗心肌缺血、调节血脂和保护皮肤等多种功能，因此，原花青素的研究愈来愈引起人们的重视。水果和蔬菜中原花青素的邻位羟基较易发生褐变反应，在空气中或光照下降解成稳定的红褐色衍生物；原花青素能与蛋白质作用生成聚合物，影响蛋白质的消化吸收。原花青素既可赋予食品特殊的风味，也可影响食品的色泽和品质。

8.2.3.3　类黄酮色素

（1）结构

类黄酮（flavonoids）广泛分布于植物界，是一大类水溶性天然色素，呈浅黄色或无色。目前已知的类黄酮化合物有 1700 种以上，其中呈色的物质有 400 余种。最重要的类黄酮化合物是黄酮和黄酮醇的衍生物，而查耳酮、二氢黄酮、异黄酮、二氢异黄酮和双黄酮等的衍生物也是比较重要的。类黄酮的代表性化合物的结构式见图 8-21。

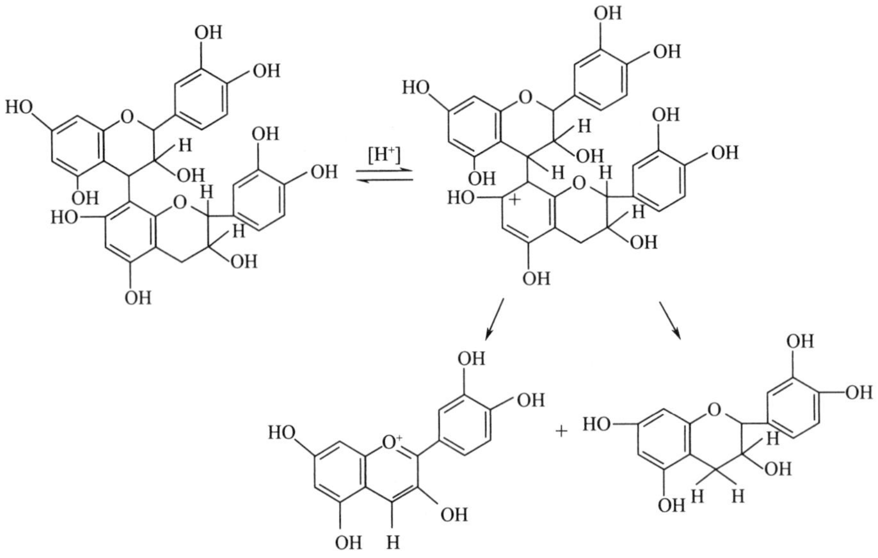

图 8-20 原花色素的结构单元和酸水解历程示意图

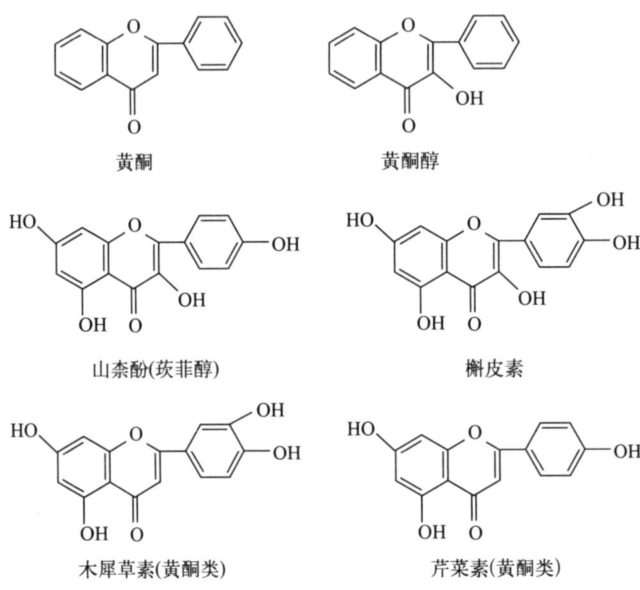

图 8-21 类黄酮的代表性化合物的结构式

黄酮醇是类黄酮中最多的一类，例如槲皮素和山柰酚（莰菲醇），其次是黄酮，包括木犀草素（luteolin）、芹菜素（apigenin）。类黄酮通常和葡萄糖、鼠李糖、半乳糖、阿拉伯糖、木糖、芹菜糖或葡萄糖醛酸结合成苷，糖基的结合位置各不相同，最常见的是在 7 碳位上取代，因为 7 碳位的羟基酸性最强，也有在 5、3′、4′、5′位上结合的。类黄酮广泛存在于常见食品中，如芹菜、洋葱、茶叶、蜂蜜、葡萄、苹果、柑橘、柠檬、青椒、木瓜、李、杏、咖啡、可可、大豆等（表 8-6）。

表 8-6　食品中的主要类黄酮

类别	化合物名称	苷元	糖残基	存在的食品
黄酮	芹菜苷（芹菜素）	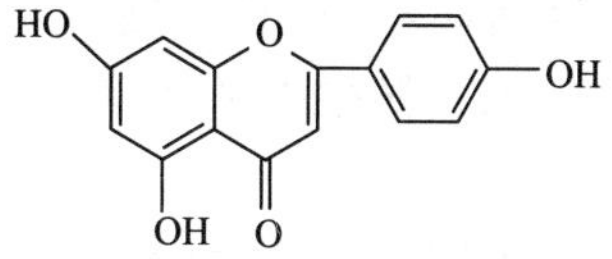 HO, O, OH, OH, O	7-β-芸香糖	荷兰芹、芹菜
二氢黄酮	橙皮苷（橙皮素）	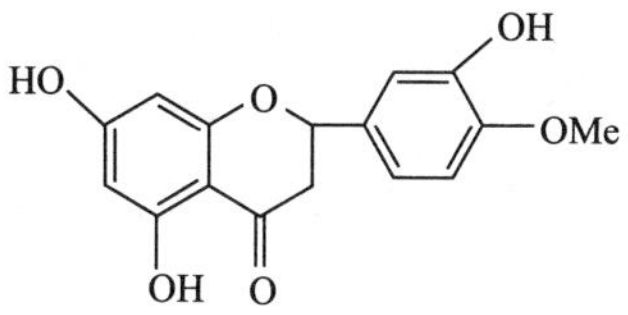 OH, HO, O, OMe, OH, O	7-β-芸香糖	温州蜜橘、葡萄柚
	柚皮苷（柚皮素）	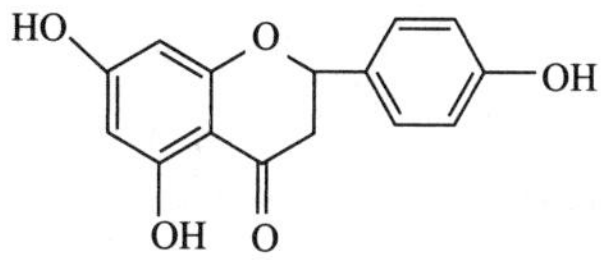 HO, O, OH, OH, O	7-β-新橙皮糖	夏橙、柑橘
黄酮醇	芦丁	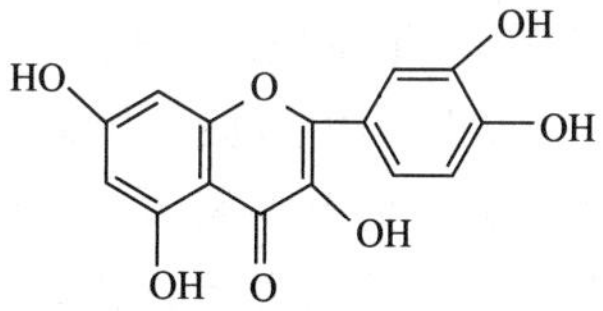 OH, HO, O, OH, OH, OH, O（槲皮素）	3-β-芸香糖	洋葱、茶叶
	栎皮苷		3-β-鼠李糖	茶
	异栎苷		3-β-葡萄糖	茶、玉米
二氢黄酮醇	杨梅苷	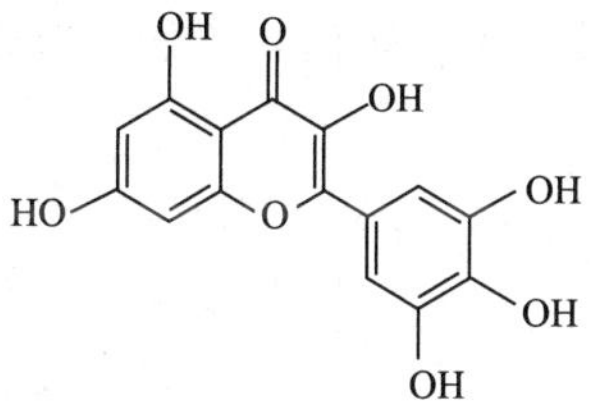 OH, O, OH, HO, O, OH, OH, OH	3-β-鼠李糖	野生桃
	紫云英苷（山柰素）	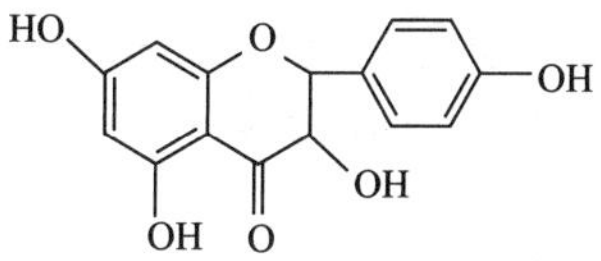 HO, O, OH, OH, OH, O	3-葡萄糖苷	草莓、杨梅、蕨菜
异黄酮	黄豆苷（大豆素）	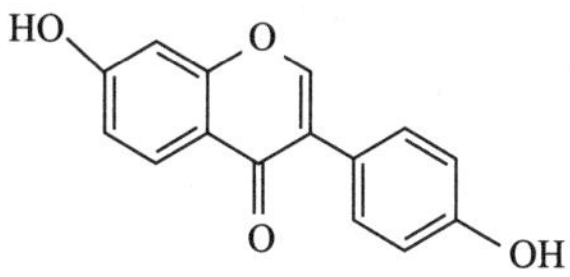 HO, O, O, OH	7-葡萄糖	大豆
双黄酮	白果素	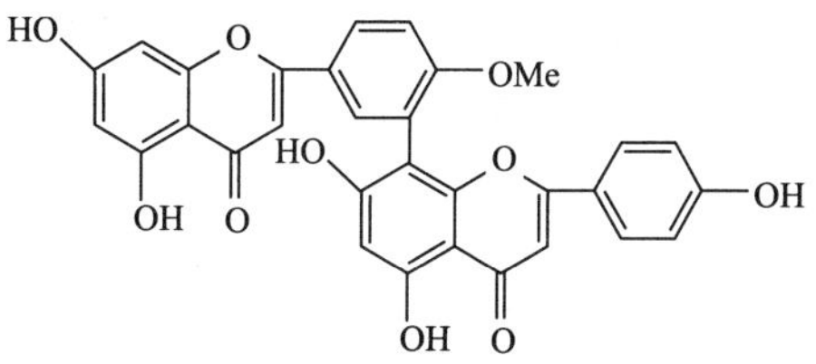 HO, O, OMe, HO, O, OH, OH, O, OH, O		白果

（2）化学性质

类黄酮分子中的苯环、苯并吡喃环以及羰基，构成了生色团的基本结构。其酚羟基取代数目和结合的位置对色素颜色有很大影响，在3′或4′碳位上有羟基（或甲氧基）多呈深黄色，而在3碳位上有羟基显灰黄色，并且3碳位上的羟基还能使3′或4′碳位上有羟基的化合物颜色加深。

类黄酮的羟基呈酸性，因此，具有酸类化合物的通性，可以与强碱作用，在碱性溶液中类黄酮易开环生成查耳酮型结构而呈黄色，在酸性条件下，查耳酮型结构又恢复为闭环结构，于是颜色消失。例如，马铃薯、稻米、小麦面粉、芦笋、荸荠等在碱性水中烹煮变黄，就是黄酮物质在碱作用下形成查耳酮型结构的原因；黄皮种洋葱变黄的现象更为显著，在花椰菜和甘蓝中也有变黄现象发生。

类黄酮化合物可以与 Al^{3+}、Fe^{3+}、Mg^{2+}、Pb^{2+}、Zr^{2+}、Sr^{2+} 等金属离子形成有色化合物，类黄酮的母核结构、羟基数目和位置决定了是否发生反应以及反应的现象，因此，与金属离子的反应可以作为类黄酮化合物的鉴别方法。例如，二氢黄酮、二氢黄酮醇与 Mg^{2+} 可显蓝色荧光，黄酮、黄酮醇、异黄酮与 Mg^{2+} 呈现黄～橙黄～褐色荧光；3碳位上的羟基与三氯化铁作用呈棕色；含有邻二酚羟基的类黄酮化合物与 Sr^{2+} 生成绿色～棕色～黑色沉淀；含有游离 C3-OH、C5-OH 类黄酮与锆盐产生黄色络合物。

类黄酮色素在空气中放置容易氧化产生褐色沉淀，因此，一些含类黄酮化合物的果汁存放过久便有褐色沉淀生成，黑色橄榄的颜色是类黄酮的氧化产物产生的。

类黄酮的多酚性质和螯合金属的能力，可作为脂肪和油的抗氧化剂，例如茶叶提取物就是天然抗氧化剂。另外，研究表明，类黄酮物质具有抗氧化、植物雌激素样作用、清除自由基、降血脂、降低胆固醇、免疫促进作用、防治冠心病、降低血管渗透性等作用。

（3）影响类黄酮稳定性的因素

① pH 值　类黄酮物质都含有酚羟基，是一种弱酸性的化合物，可以与强碱作用，进而开环转化成查耳酮型结构，呈现明亮的黄色。因此在加工过程中酸碱度的变化会直接影响类黄酮物质的稳定性和呈色效应。例如在碱性条件下，原本无色的黄烷醇和黄烷酮类可转变为有色的查耳酮类物质。例如马铃薯、小麦粉和甘蓝等在碱性水中漂烫都会引起颜色往黄色转变。用硬水煮马铃薯、荸荠、芦笋时，颜色会变黄也是由于生成了查耳酮型所致。该变化是一种可逆变化，可以采用有机酸进行逆转。在水果、蔬菜加工中，用柠檬酸调整漂烫用水 pH 的目的就在于控制这类反应的发生。

② 金属离子　类黄酮化合物可以同许多金属离子形成络合物，进而增强其显色，表现出强的显色效应。例如类黄酮与 Al^{3+} 络合后黄色增强，圣草素与 Al^{3+} 络合后表现出诱人的黄色，类黄酮化合物与 Fe^{2+} 结合后则可以呈现出蓝、黑、紫等颜色。

③ 酶促褐变　一些类黄酮化合物也是多酚氧化酶的底物，在食物的加工过程中，会发生酶促褐变。

类黄酮类色素的稳定性较差，在加工和贮藏过程中容易受到 pH、温度、光照、氧化剂、金属离子、酶等的影响。因此富含类黄酮物质的果蔬在加工和贮藏中，往往需要低温、避光、在加工过程中避免使用金属容器等、真空包装、加入一些其他抗氧化剂以及通过添加酚类底物类似物、钝化多酚氧化酶等方式来保护多酚类物质。目前最新的研究表明可以采用两亲性物质对多酚进行包埋，进而提升多酚类物质的稳定性。同时，虽然类黄酮色素稳定性较差，然而因其具有抗氧化等诸多健康功效，目前已经作为功能性配料应用在食品生产和加工中。因此类黄酮色素的研究和开发将成为天然色素未来的关注点。

8.2.4　甜菜色素

8.2.4.1　结构

甜菜色素（betalaines）是红甜菜、苋菜以及莙达菜（chard）、仙人掌果实、商陆浆果（pokeberry）和多种植物的花中存在的一类水溶性色素，已知有 70 多种，主要包括红色的甜菜红色素（betacyanin）和黄色的甜菜黄素（betaxanthin）两大类化合物，基本结构见图 8-22。

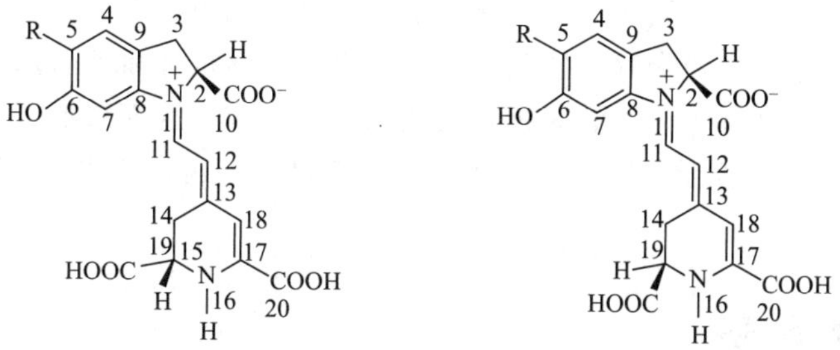

①甜菜红素，R=OH
②甜菜苷，R=葡糖基
③甜菜红苷，R=2′-葡萄糖醛酸-葡萄糖

①异甜菜红素，R=OH
②异甜菜苷，R=葡糖基
③异甜菜红苷，R=2′-葡萄糖醛酸-葡萄糖

图 8-22　甜菜色素结构

其中甜菜红色素根据取代方式的不同又可分为甜菜红素（betanidin）、甜菜红苷（betanin）和前甜菜红苷（amaranthin）。由于 C15 为手性原子，上述三种结构还可异构化为异甜菜红素（isobetanidin）、异甜菜苷（isobetanin）和异前甜菜红苷（amaranthin），异构体占 5%，游离态为 5%，糖苷占 90%。甜菜黄素根据取代方式的不同又可分为甜菜黄素Ⅰ和甜菜黄素Ⅱ。甜菜黄素Ⅰ和甜菜黄素Ⅱ大约以相同的量存在。

甜菜黄素和甜菜红苷的最大吸收波长分别为 480nm 和 538nm。甜菜红苷的颜色几乎不随 pH 变化而变化。甜菜红苷的溶液一般呈红紫色，对酸稳定性好。

8.2.4.2　化学性质

甜菜色素和其他天然色素一样，在加工和贮藏过程中都会受到 pH、水分活度、加热、氧和光的影响。

① pH　甜菜色素在 pH 为 4.0～5.0 范围最稳定，碱性条件下变黄，这是因为在碱性条件下，甜菜红色素转化为甜菜黄素。

② 热和酸　在温和的碱性条件下甜菜红苷降解为甜菜醛氨酸（BA）与环多巴-5-葡萄糖苷（CDG）（图 8-23）。甜菜红苷溶液和甜菜制品在酸性条件下加热也可能形成上述两种化合物，但反应速度慢得多。

甜菜红苷降解为 BA 和 CDG 的反应是一个可逆过程，因此色素在加热数小时以后，BA 的醛基和 CDG 的亲核氨基发生席夫碱缩合，重新生成甜菜红苷，最适 pH 为 4.0～5.0。甜菜罐头的质量检查一般在加工后几小时检查就是这个道理。甜菜红苷在加热和过酸的作用下可引起异构化，在 C15 的手性中心可形成两种差向异构体，随着温度的升高，异甜菜红苷的比例增高。

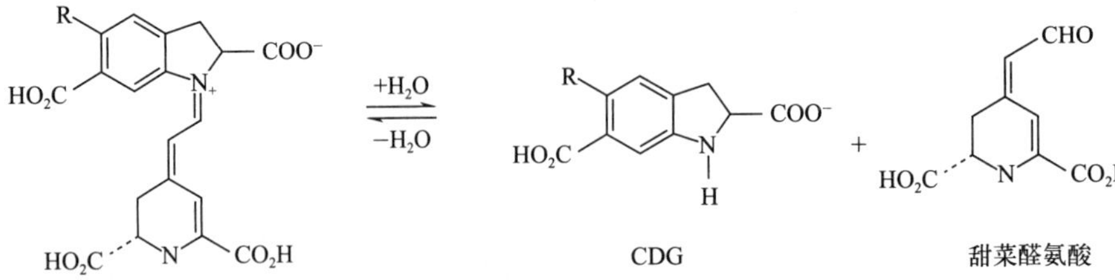

图 8-23　甜菜红苷的降解反应

③ 氧和光　氧对甜菜色素的稳定性有重要影响。实验证明，甜菜罐头顶空的氧会加速色素的褪色。分子氧是甜菜红苷氧化降解的活化剂，活性氧如单线态氧、过氧化阴离子等不参与氧化反应。光加速甜菜红苷降解，抗氧化剂抗坏血酸和异抗坏血酸可增加甜菜红苷的稳定性，铜离子和铁离子可以催化分子氧对抗坏血酸的氧化反应，因而降低了抗坏血酸对甜菜红苷的保护作用。加入金属螯合剂乙二胺四乙酸（EDTA）或柠檬酸可以提高色素的稳定性。

8.3　人工合成色素

食用色素除天然色素外，还有为数较多的人工合成色素。人工合成色素用于食品着色有很多优点，例如色彩鲜艳、着色力强、性质较稳定、结合牢固等，这些都是天然色素所不及的。我国目前使用的几种合成色素的性质见表 8-7。

表 8-7　我国允许在食品中添加的人工色素的结构及理化性质

名称	溶解性	稳定性				颜色	最大允许使用量
		光	热	酸	碱		
苋菜红	水溶性	△	◇	△	◇	红色	50mg/kg
赤藓红	水溶性	○	▲	●	△	红色	50mg/kg
胭脂红	水溶性	△	△	△	○	红色	50mg/kg
柠檬黄	水溶性	△	▲	▲	△	黄色	100mg/kg
日落黄	水溶性	△	▲	▲	△	黄色	100mg/kg
亮蓝	水溶性	▲	▲	▲	△	蓝色	25mg/kg
靛蓝	微水溶	○	○	○	○	紫蓝	100mg/kg

注：▲非常稳定；△稳定；◇一般；○不稳定；●非常不稳定。

近年来，由于在对人工合成色素的研究中发现有些色素具有致癌隐患，故不少国家将其从允许使用的名单中删去，现在保留的数量品种不多，各国对此均有严格的限制，因此生产中实际使用的品种正在减少。下面介绍我国目前允许使用的人工合成色素，具体使用范围和用量详见 GB 2760—2024 规定。

8.3.1　苋菜红

苋菜红（amaranth）的化学名称为 1-（4′-磺酸基-1-萘偶氮）-2-萘酚-3，7-二磺酸三钠盐，分子式为 $C_{20}H_{11}N_2Na_3O_{10}S_3$，分子量为 604.49，其化学结构式如图 8-24 所示。

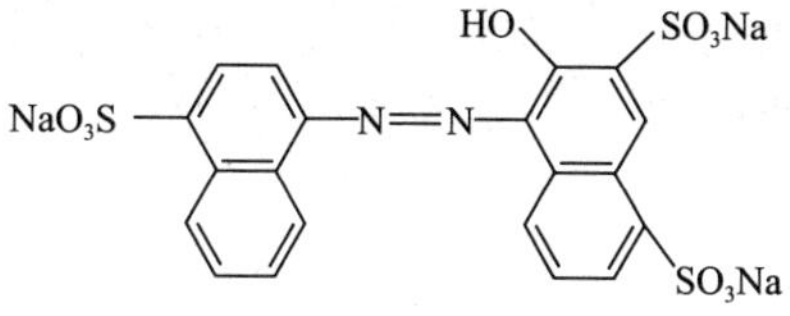

图 8-24 苋菜红结构式

苋菜红为紫红色颗粒或粉末状，无臭，可溶于甘油及丙二醇，微溶于乙醇，不溶于脂类。

0.01%苋菜红水溶液呈红紫色，最大吸收波长为 520nm±2nm，且耐光、耐酸、耐热和对盐类也较稳定，但在碱性条件下容易变为暗红色。此外，这种色素较抗氧化，但还原性差，不宜用于发酵食品及含有还原性物质的食品的着色。主要用于饮料、配制酒、糕点上色、青梅、糖果等。

8.3.2 胭脂红

胭脂红（ponceau 4R）的化学名称为 1-（4′-磺酸基-1-萘偶氮）-2-萘酚-6,9-二磺酸三钠盐，分子式为 $C_{20}H_{11}O_{10}N_2S_3Na_3$，分子量为 604.49，是苋菜红的异构体。化学结构式如图 8-25 所示。

胭脂红为红色至暗红色颗粒或粉末状物质、无臭，易溶于水，水溶液为红色，难溶于乙醇，不溶于油脂，对光和酸较稳定，但对高温和还原剂的耐受性很差，能被细菌所分解，遇碱变成褐色。主要用于饮料、配制酒、糖果等。

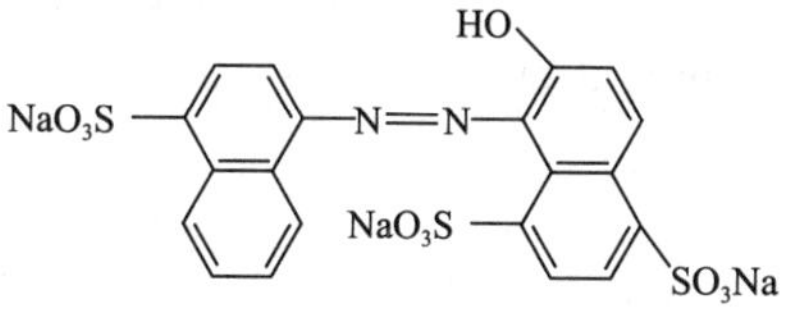

图 8-25 胭脂红化学结构式

8.3.3 赤藓红

赤藓红（erythrosine）的化学名称为 2,4,5,7-四碘荧光素，分子式为 $C_{20}H_6I_4Na_2O_3 \cdot H_2O$，分子量为 897.88，化学结构式如图 8-26 所示。

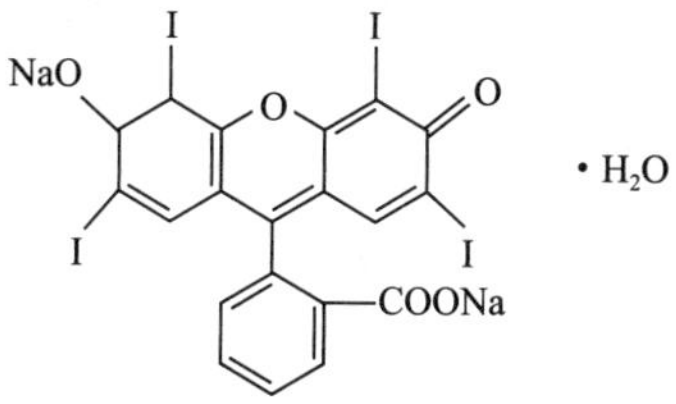

图 8-26 赤藓红化学结构式

赤藓红为红褐色颗粒或粉末状物质、无臭，易溶于水，水溶液为红色，对碱、热、氧化还原剂的耐受性好，染着力强，但耐酸及耐光性差，吸湿性差，在 pH<4.5 的条件下，形成不溶性的黄棕色沉淀，碱性时产生红色沉淀。在消化道中不易吸收，即使吸收也不参与代谢，故被认为是安全性较高的合成色素。主要用于复合调味料、配制酒和糖果、糕点等。

8.3.4 新红

新红（new red）的化学名称为 2-（4′-磺基-1′-苯氮）-1-羟基-9-乙酸氨基-3,7-二磺酸三钠盐，分子式为 $C_{18}H_{12}O_{11}N_3NaS_3$，分子量为 595.15，其化学结构式如图 8-27 所示。

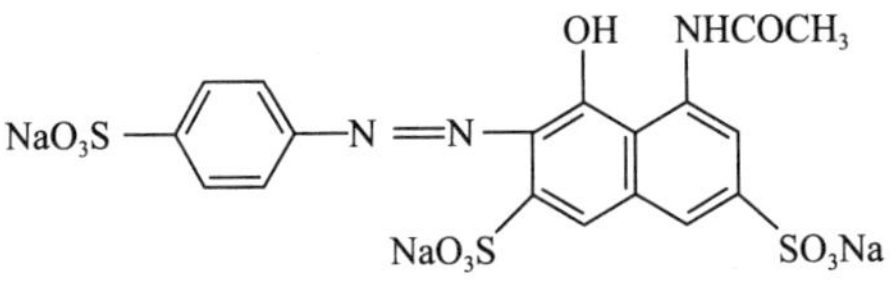

图 8-27 新红化学结构式

新红为红色粉末，易溶于水，水溶液为红色，微溶于乙醇，不溶于油脂，可用于饮料、配制酒、糖果等。

8.3.5 柠檬黄

柠檬黄（tartrazine）的分子式为 $C_{16}H_9N_4Na_3O_9S_2$，分子量为 534.37，化学结构式如图 8-28 所示。

柠檬黄为橙黄色粉末，无臭，易溶于水，水溶液为红色，也溶于甘油、丙二醇。稍溶于乙醇，不溶于油脂，对热、酸、光及盐均稳定，耐氧性差，遇碱变红色，还原时褪色。主要用于饮料、汽水、配制酒、浓缩果汁和糖果等。

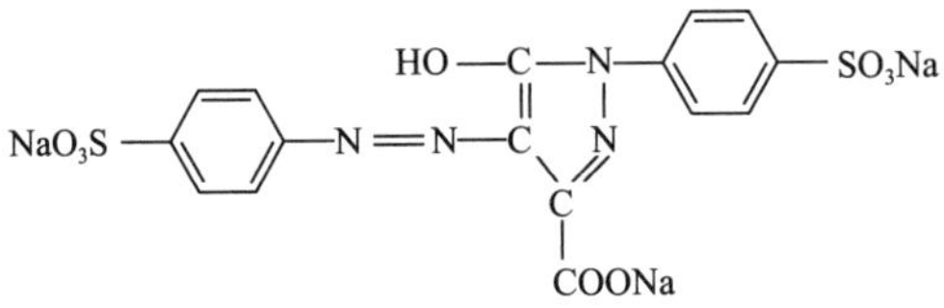

图 8-28 柠檬黄化学式

8.3.6 日落黄

日落黄（sunset yellow FCF）的化学名称为 1-（4′-磺基-1′-苯偶氮）-2-苯酚-7-磺酸二钠盐，分子式为 $C_{16}H_{10}N_2Na_2O_7S_2$，分子量为 452.37，化学结构式如图 8-29 所示。

日落黄是橙黄色均匀粉末或颗粒，易溶于水，水溶液为橘黄色，耐光、耐酸、耐热，易溶于水、甘油，微溶于乙醇，不溶于油脂。在酒石酸和柠檬酸中稳定，遇碱变红褐色。还原时褪色。

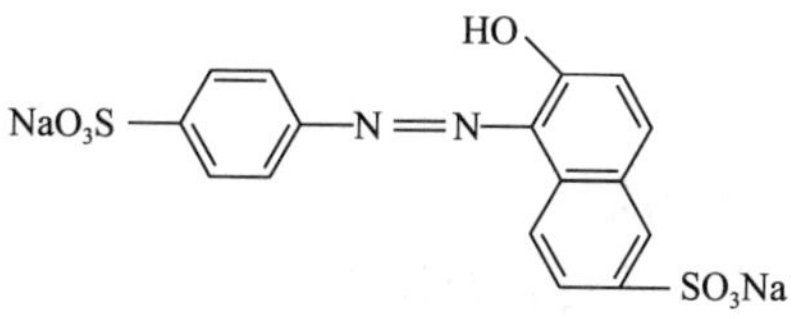

图 8-29　日落黄化学式

8.3.7　靛蓝

靛蓝（indigo carmine）的化学名称为 5,5′-靛蓝素二磺酸二钠盐，分子式为 $C_{16}H_8O_8N_2S_2Na_2$，分子量为 466.36，化学结构式如图 8-30 所示。

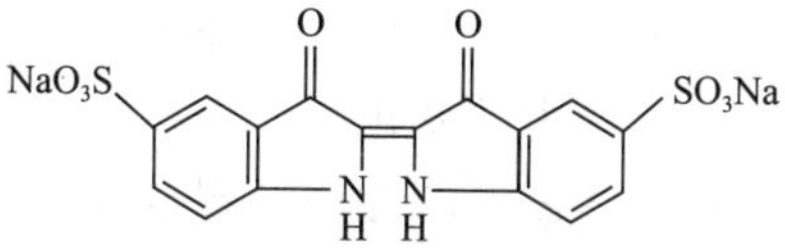

图 8-30　靛蓝化学结构式

靛蓝为蓝色粉末，无臭，它的水溶液为紫蓝色。但在水中溶解度较其他合成色素低，溶于甘油、丙二醇，稍溶于乙醇，不溶于油脂，对热、光、酸、碱、氧化作用均较敏感，耐盐性也较差，易为细菌分解，还原后褪色，但染着力好，常与其他色素配合使用以调色。可用于腌制蔬菜、高糖果汁（味）或果汁（味）饮料、碳酸饮料、配制酒、糖果、青梅、虾（味）片等。

8.3.8　亮蓝

亮蓝（brillant blue）的化学名称为 4-［*N*-乙基-*N*-（3′-磺基苯甲基）-氨基］苯基-（2′-磺基苯基）-亚甲基-（2,5-亚环已二烯基）-（3′-磺基苯甲基）-乙基胺二钠盐，分子式为 $C_{37}H_{34}N_2Na_2O_9S_3$，分子量为 792.84，化学结构式如图 8-31 所示。

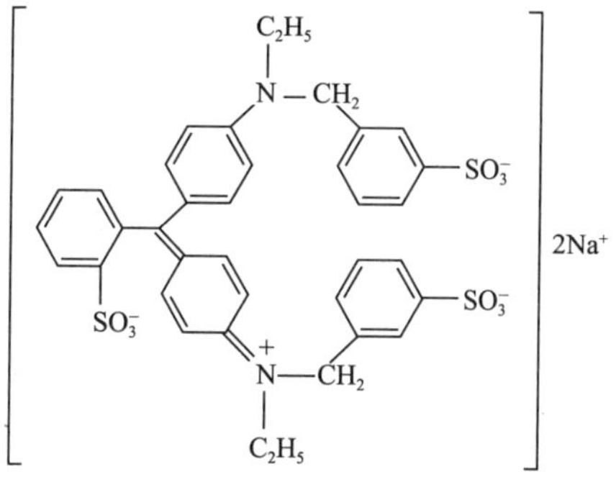

图 8-31　亮蓝化学结构式

亮蓝是紫红色均匀粉末或颗粒，有金属光泽。易溶于水，水溶液呈亮蓝色，也溶于乙醇、甘油，有较好的耐光性、耐热性、耐酸性和耐碱性。使用范围同靛蓝。

思考题

1. 请简要说明食品中色素的来源。
2. 简要说明人工合成色素和天然色素的优缺点。
3. 试述肌红蛋白的氧合和氧化作用及对肉色的影响。
4. 简述食品中色素的分类。
5. 在腌肉生产中会产生绿色，请简述腌肉变色的原因。
6. 简述五种人工合成色素的名称、性质以及在食品加工中的应用。
7. 简述红曲色素的使用及注意问题。
8. 黄酮苷元上的取代基如何影响黄酮类化合物的颜色？
9. 试简要分析氧分压与各种血红素的关系。
10. 试述肉类加工和贮藏过程中产生不良色素的原因。
11. 论述类胡萝卜素在加工、贮藏中的变化。
12. 结合自身知识，列举一种天然色素的性质及提取工艺。
13. 结合实际生产列举目前果蔬加工和贮藏中的护绿技术。
14. 试论述影响叶绿素稳定的影响因素。
15. 影响花色苷的稳定性的因素有哪些？

参考文献

[1] 汪东风，徐莹．食品化学［M］. 4版．北京：化学工业出版社，2024.

[2] 胡宇微，孙红男，木泰华．提高叶绿素稳定性方法的研究进展［J］. 食品科技，2023，48（2）：49-55.

[3] 郜晶晶，张玉斌，吴仕逵，等．乳酸盐对冷却肉护色机理的研究进展［J］. 食品与发酵工业，2019，45（12）：279-284.

[4] 衣珊珊，沈昌，韩永斌，等．红曲色素形成机理及提高其色价的途径［J］. 食品科学，2005，26（7）：256-261.

[5] 江波，杨瑞金．食品化学［M］. 2版．北京：中国轻工业出版社，2018.

第9章

食品的风味物质

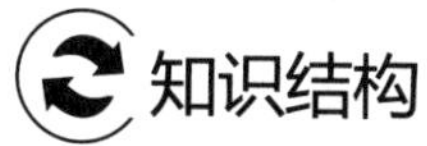

知识结构

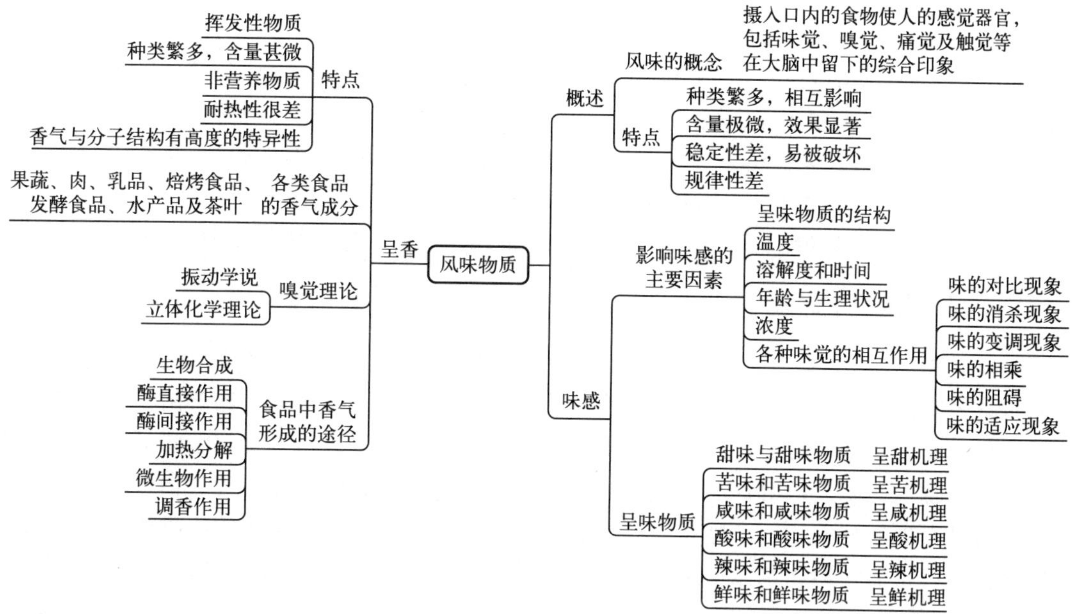

学习目标

知识目标 ① 了解常见气味物质的化学结构和类别及其气味特征；了解呈味物质的呈味机理和食品中呈味物质之间的相互作用。

② 掌握常见食品呈味物质（如甜味剂、酸味剂、鲜味剂）的呈味特点及其在食品加工中的应用。

③ 熟悉一些重要动植物食品的香气特征和呈香物质；熟悉食品香气物质在食品加工中的应用；掌握食品香气的形成途径。

能力目标 ① 能运用食品呈香和呈味机理，在开发食品新产品时对其进行科学调味和调香，提升食品风味。

② 能运用现代化工具和手段查阅与食品风味相关的学术资料，并对其进行归纳、总结，具备自主学习和交流的能力。

素养目标 通过本章学习，了解食品风味物质呈香、呈味与物质分子量和结构的关系，体会科学进展永无止境，积极学习食品科学与工程领域知识。

知识引导

古人云："色恶，不食。臭恶，不食。"人是如何感知食物的颜色的？如何感知食物的气味？为什么食物会让人感受到酸、甜、苦、辣、咸不同的风味？食物中的香气是什么成分？是如何形成的？本章将为大家揭示食物的风味成分、生成途径、变化机理和调控方法。

9.1 概述

人们在食用食品时，除了从其中获取人体必需的蛋白质、氨基酸、脂肪酸、糖类物质、维生素和矿物质等营养物质外，还会享受食品消费过程中给我们带来的愉悦感，如享受食品特有的滋味、香味和口感。央视拍了一部中华美食纪录片——《舌尖上的中国》，向我们介绍了中华民族源远流长的饮食文化和全国各地的特色美食，告诉我们食品除了具有它最本质的营养功能外，还具有特定的风味功能和饮食文化，其中食品的风味在食品的各项功能中占有重要的地位。

9.1.1 风味的概念和分类

食品的风味就是指摄入口腔的食物使人的感觉器官，包括味觉、嗅觉、痛觉、触觉、视觉和听觉等所产生的感觉印象，即食物客观性使人产生的感觉印象的总和（图 9-1）。这里关于食品风味的定义是广义的食品风味，即食品风味不仅是由呈味物质引起的味觉和由食品挥发物引起的嗅觉，还包括由食品特有的物理特性（如硬度、脆度、黏弹性、稀稠度等）在口腔中咀嚼时产生的触觉和运动感觉，以及食品在咀嚼时产生的声响引起的听觉感受；当然还包括由食品特定的外形和色泽而引起的视觉感受。如我们在品尝一种巧克力时，通常会说："这个巧克力外形可爱、色泽诱人，嚼一口软硬适中，入口即化，润滑如丝，甘甜爽口，香气怡人，令人回味无穷！"这里在品尝巧克力时的描述用语，即巧克力特有的外观使人所产生的视觉与其在摄入口腔时，通过咀嚼所产生的味觉、嗅觉、触觉和听觉等感觉印象的综合，这就是巧克力的风味。

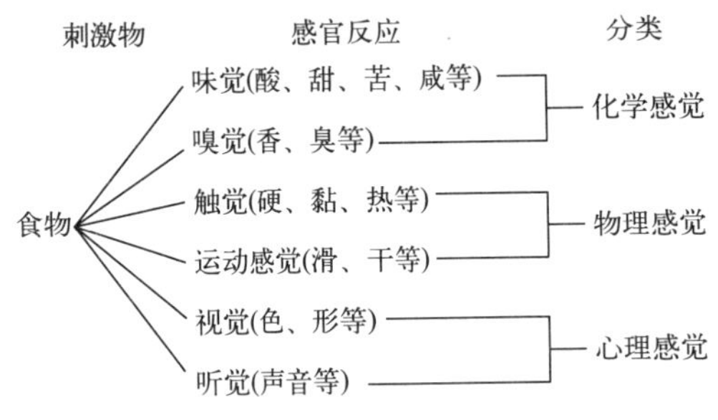

图 9-1 食品产生的感官反应及分类

根据风味产生的刺激方式的不同可以将其分为三类：①化学感觉；②物理感觉；③心理感觉。第一类风味是指食品在消费时所产生的化学感觉，包括味觉和嗅觉，味觉是指由味觉器官所感受到的食品的酸、甜、苦、咸等滋味，而嗅觉则是指由嗅觉器官所感受到的食品的气味，如苹果香、柠檬香、食物腐败酸臭等。第二类风味是指食品在消费时所产生的物理感觉，包括食品在咀嚼时由口腔所感受到的食品的硬度、黏度、温度、干涩还是润滑等。第三类风味是指食品在消费时所产生的心理感觉，包括由食品特有的色泽和外形所引起的视觉感受和由食品在咀嚼时所发出的声音而引起的听觉感受。

通常而言，食品的功能包括 3 类：①营养功能；②感官功能；③保健功能。其中，食品的营养功能是指我们在食用食品时能够从中获得人体所需的蛋白质、氨基酸、脂肪酸、碳水化合物、维生素和矿物质等，以维持机体正常的繁殖、生长发育和生存等一切生命活动。食品的保健功能是指我们在食用食品时能够从中获得对人体健康有益的功能因子，如我们在食用植物性食品时，可以从中摄取花色苷，花色苷具有抗氧化、抗癌、改善肝功能等作用；同样，从植物性食品中摄入的植物固醇具有降低血清胆固醇和低密度脂蛋白的作用，并具有预防心脑血管疾病的功效。食品除了具有营养功能和保健功能外，还有另外一个重要的功能，那就是食品的感官功能。一个好的食品除了具有营养和保健功能外，还必须色、香、味、质地和口感俱佳。现代食品企业在研究、开发和生产食品时，必须考虑和重视食品的感官功能，也就是说必须重视食品的风味，否则再有营养的食品如果风味不佳，也很难受到消费者的青睐。因此，在研究和开发新的食品时，必须重视食品的风味。

由于风味是一种感觉现象，所以对风味的理解和评价常带有强烈的个人、地区和民族的特殊倾向。风味是评定食品感官质量的重要内容。虽然现代分析技术为风味化学的深入研究提供了极大的方便，但是无论是用定性还是定量的方法，都很难准确地测定和描述食品的风味，因为风味是某种或某些化合物作用于人的感觉器官的生理结果。因此，感官鉴定仍是风味研究的重要手段。

9.1.2 风味物质的特点

食品中体现风味的化合物称为风味物质。食品的风味一般由多种并相互作用的物质体现，其中的几种风味物质起到主导作用，其他起辅助作用。如果以食品中的一个或几个化合物来代表其特定的食品风味，那么这几个化合物称为食品的特征效应化合物（characteristic com-pound）。例如香蕉香甜味道的特征化合物为乙酸异戊酯，黄瓜的特征化合物为 2,6-壬二烯醛等。食品的特征效应化合物的数目有限，并以极低的浓度存在，有时很不稳定，但它们的存在为我们研究食品风味的化学基础提供了重要依据。

体现食品风味的风味物质一般有如下特点。

① 种类繁多，相互之间影响作用明显。如调配的咖啡中，风味物质达到 500 多种。另外，风味物质之间的相互拮抗或协同作用，使得用单体成分很难重现其原有的风味。

② 含量微小，但效果显著。食品中风味物质的含量差异较大，所占的比重也很低，但产生的风味却很明显。如香蕉的香味特征物在每千克水中仅含 5×10^{-6} mg 就会具有香蕉的味道。

③ 稳定性比较差。很多风味物质容易被氧化、加热等分解，稳定性差，如风味较浓的茶叶，会因其风味物质的自动氧化而变劣。

④ 风味物质的分子结构缺乏普遍的规律性。风味物质的分子结构是高度特异的，其分子结构的稍微改变将引起风味很大的差别，即使是风味相同或相似的化合物，其分子结构也难以找到规律性。

⑤ 风味物质还受到其浓度、介质等外界条件的影响。

9.2 味感

9.2.1 味觉的概念与分类

味觉是指食物在人的口腔内对味觉器官化学感受系统的刺激并产生的一种感觉。不同地域的人对味觉的分类是不一样的，如日本分为 5 种味，即酸、甜、苦、咸、辣。欧美各国分为 6

种：酸、甜、苦、咸、辣、金属味。印度分为酸、甜、苦、辣、咸、涩味、淡味、不正常味 8 种味。我国除酸、甜、苦、辣、咸 5 味外，还有鲜味和涩味，共分 7 味。但从味觉的生理角度分类，只有四种基本味，即酸、甜、苦、咸，这是因为这 4 种味觉都是由相应的呈味物质刺激口腔内的味觉感受体（主要是味蕾），产生生理信号，然后通过一个收集和传递信息的神经感觉系统传导到大脑的味觉中枢，最后通过大脑的综合神经中枢系统的分析，从而产生味觉，告诉人们某个物质是酸味物质、甜味物质、苦味物质或咸味物质。而辣味和涩味不是由相应的呈味物质刺激味蕾，产生生理信号传导而产生的。辣味主要是由食物成分（如辣椒素、胡椒碱）刺激口腔黏膜、鼻腔黏膜、皮肤和三叉神经而引起的一种痛觉。涩味则是由食物成分（如未成熟柿子中的丹宁）刺激口腔、舌头黏膜，使蛋白质凝固而产生的一种收敛感觉。但从食品的调味而言，辣味和涩味应看成是两种独立的味。至于鲜味，因为其与其他味配合，能使食品的整个风味具有更鲜美的特殊作用，所以在欧美通常将鲜味物质列为风味强化剂或增效剂，并不把鲜味列为独立的味。但我国在食品调味中已经将鲜味作为一种独立的味感。

9.2.2 味觉的生理基础

人们之所以能够感觉到酸、甜、苦、咸等不同的味觉，其产生的生理过程是：首先呈味物质刺激口腔内的味觉感受体，产生生理信号，然后通过一个收集和传递信息的神经感觉系统传导到大脑的味觉中枢，最后通过大脑的综合神经中枢系统的分析，从而产生相应的味觉。不同的味觉产生有不同的味觉感受体，味觉感受体与呈味物质之间的作用力也不同。

就味觉产生的生理过程而言，通常包括 2 种类型：一是味觉产生的神经过程，二是味觉产生的器官过程。其中味觉产生的神经过程具体如下：口腔内分布着很多的自由神经末梢，这些自由神经末梢也是一种能够识别不同化学物质的微接收器。当呈味物质与自由神经末梢的感受器发生相互作用时，就会产生相应的生理信号传导，信号通过髓鞘、轴突，沿着神经冲动的传播方向，最后传输到中枢神经并形成相应的感觉（味觉）。味觉产生的第二个生理过程是味觉产生的器官过程，如图 9-2 所示，当呈味物质进入口腔时，首先被味蕾有孔顶端的微绒毛（微丝）所吸附，然后通过味孔（味蕾顶端的小孔）进入味蕾内部，在味细胞受体上与不同的组分发生作用，产生生理信号，然后通过一个收集和传递信息的神经感觉系统传导到大脑的味觉中枢（也就是图 9-2 中所示的岛盖部的味觉区），最后通过大脑的综合神经中枢系统的分析，从而产生相应的味觉。对甜味化合物来讲（图 9-3），味觉感受器是与 G-蛋白（guanine nucleotide binding proteins）结合在一起的（对鲜味、苦味也是如此），一旦甜味化合物与味觉细胞表面的感受器的蛋白立体专一性结合，感受器蛋白将发生构型变化并随后与 G-蛋白作用，激活腺嘌呤环化酶（adenyl cyclase），从 ATP 合成出 3′，5′-环 AMP（cAMP）；在此之后，cAMP 刺激 cAMP 依赖激酶，导致 K^+ 通道蛋白质的磷酸化，K^+ 通道最后关闭。由此，向细胞输送 K^+ 的浓度降低，导致细胞膜的脱极化，这将激活电位依赖钙通道，Ca^{2+} 流入细胞，在突触释放出神经传递物质（去甲肾上腺素，norepinephrine）。因此，在神经细胞产生了作用电位，从而产生相应的传导，最后在中枢神经形成相应的感觉，即甜味。

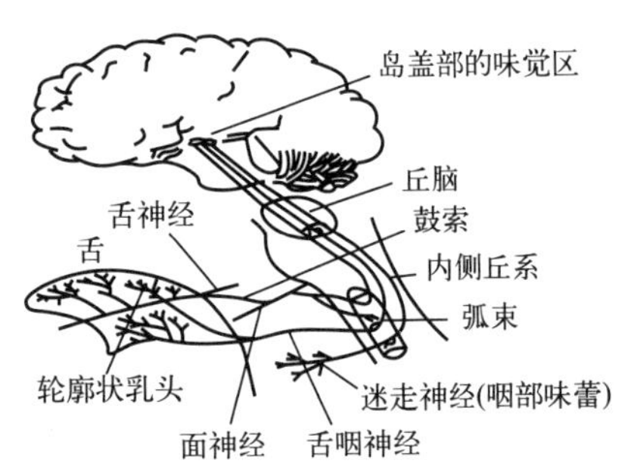

图 9-2　味觉产生的器官过程

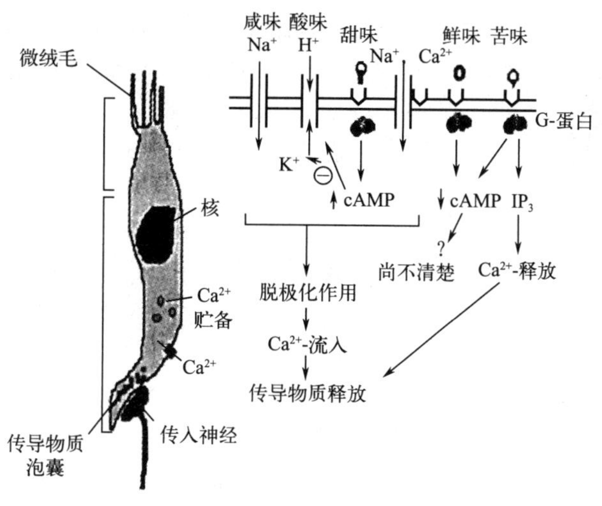

图 9-3　味觉产生的生理学机制

综上可知，口腔内的味觉感受器主要是味蕾（taste bud），其次是自由神经末梢。人的味蕾除小部分分布在软腭、咽喉和会咽等处外，大部分味蕾都分布在舌头表面的乳突中，尤其在舌黏膜皱褶处的乳突侧面上味蕾分布更为稠密。当用舌头向硬腭上研磨食物时，味蕾最易受到刺激而兴奋起来。味蕾的微结构如图 9-4 所示，味蕾具有味孔，并与味神经相通。通常而言，人的味蕾数目随着年龄的增长而减少，对味的敏感性也随之降低；一般成年人只有 9000 多个味蕾，而婴儿的味蕾则超过 10000 个。

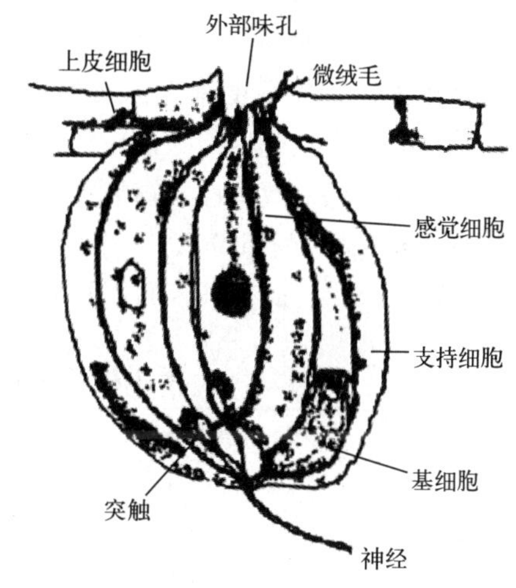

图 9-4　味蕾的结构

味蕾通常由 40～150 个椭圆形的味细胞所组成，是味觉感受器与呈味物质相互作用的部位。味蕾中的味细胞寿命不长，从味蕾边缘表皮细胞上有丝分裂出来后只能存活 6～8d，因此，味细胞一直处于变化状态。味蕾有孔的顶端存在着许多长约 2μm 的微绒毛（微丝），正是这些微绒毛才使得呈味物质能够被迅速吸附，从而产生味觉。味细胞后面连着传递信息的神经纤维，这些神经纤维再集成纤维束通向大脑，在其传递系统中存在几个独特的神经节，它们在自己的位置上支配相应的味蕾，以便选择性地响应不同的化合物。味蕾 10～14 d 更新一次，并通过味孔与口腔相通。味细胞表面由蛋白质、脂质及少量的糖类、核酸和无机离子组成。不同的呈味物质在味细胞的受体上与不同的组分作用，例如甜味物质的受体是蛋白质，苦味和咸味物质的受体则是脂质，也有人认为苦味物质的受体也可能与蛋白质相关。研究表明，不同的呈味物质在味蕾上有不同的结合部位，尤其是甜味、苦味和鲜味物质，其分子结构有严格的空间专一性要求，如菌状乳头、丝状乳头、轮廓乳头和叶状乳头分别存在于舌头表面的不同部位且分布不均匀，导致舌头各部位对味觉的感受性、灵敏度也不相同（图 9-5）。一般而言，人的舌尖和边缘对咸味较为敏感，舌头前部对甜味最敏感，而舌中和靠腮两边对酸味最为敏感，舌根则对苦味、辣味最为

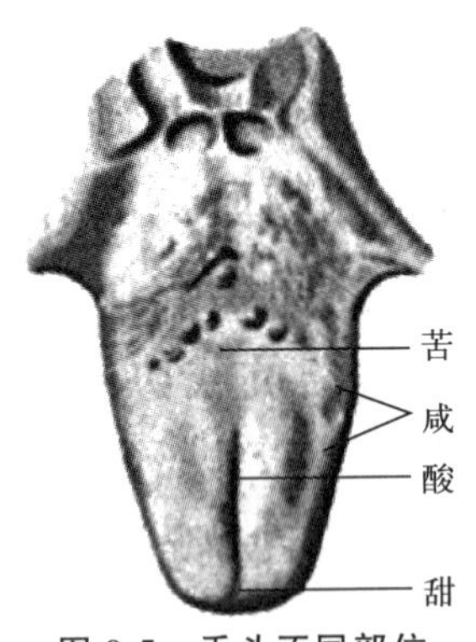

图 9-5 舌头不同部位对味觉的敏感性

敏感。当然这些感觉也不是绝对的，也会因人而异。

试验表明，人的味觉从刺激味蕾到感受到味，仅需1.5～4.0ms，比人的视觉（13～15ms）、听觉（1.27～21.5ms）或触觉（2.4～8.9ms）都快得多。这是因为味觉通过神经传递，几乎达到了神经传递的极限速度，而视觉、听觉则是通过声波或一系列次级化学反应来传递的，因而较慢。在四种基本味觉中，人对咸味的感觉最快，对苦味的感觉最慢，但就人对味觉的敏感性来讲，苦味比其他味觉都敏感，更容易被觉察。

9.2.3 味的阈值

衡量味的敏感性的标准是呈味阈值。阈值是指某一化合物能被人的感觉器官（味觉或嗅觉）所辨认时的最低浓度。进一步而言，阈值又可分为绝对阈值、差别阈值和最终阈值。绝对阈值是指人感觉某种物质的味觉从无到有的刺激量。差别阈值是指人感觉某种物质的味觉有显著差别的刺激量的差值。而最终阈值则是指人感觉某种物质的刺激不随刺激量的增加而增加的刺激量。

由于人的味觉感受器（味蕾）的分布区域及对味觉物质的感受敏感性不同，所以感觉器官对呈味化合物的感受敏感性及阈值各不相同。对于基本味觉而言，各个典型代表物的阈值一般认为蔗糖为0.3%（质量分数）、柠檬酸为0.02%（质量分数）、奎宁约为16mg/kg，氯化钠为0.2%（质量分数）。此外，舌的不同部位对各代表物的感知阈值也不同，如表9-1所示。

表 9-1 味道在舌不同部位的感知阈值范围

味感	呈味物质	舌尖	舌边	舌根
咸味	食盐	0.25%	0.24%	0.28%
酸味	柠檬酸	0.01%	0.006%～0.007%	0.016%
甜味	蔗糖	0.49%	0.72%～0.76%	0.79%
苦味	硫酸奎宁	0.00029%	0.0002%	0.00005%

9.2.4 影响味感的主要因素

（1）物质的结构

呈味物质的结构是影响味感的内因。一般而言，糖类如蔗糖、葡萄糖、果糖多呈甜味；酸类物质如醋酸和柠檬酸多呈酸味；盐类如氯化钠、氯化钾等多呈咸味；而生物碱、重金属盐则多呈苦味。但也有例外，如糖精等非糖有机盐也有甜味，草酸并无酸味而有涩味，碘化钾呈苦味而不显咸味等。总之，物质结构与其味感间的关系非常复杂，有时分子结构上的微小改变也会使其味感发生很大的变化。

（2）食品和介质的温度

同数量的同一物质往往因温度的不同其阈值也有差别。实验表明，味觉一般在10～40℃较为敏锐，其中以30℃最为敏锐。低于此温度或高于此温度，各种味觉都稍有减弱，50℃时各种味觉大多变得迟钝。在4种原味中，甜味和酸味的最佳感觉温度为35～50℃，咸味的最适感觉温度为 18～35℃，而苦味则是 10℃。各种味感阈值会随温度的变化而变化，这种变化在一定温度范围内是有规律的。不同的味觉受到温度影响的程度也不相同，其中对糖精甜度的影响最大，对柠檬酸酸度的影响最小。

(3) 物质的水溶性和浓度

呈味物质只有溶解后才能刺激味蕾，完全不溶于水的物质是无味的，溶解度小于其阈值的物质也是无味的。通常而言，呈味物质的水溶性越高，溶解速度越快，其味觉产生得也越快，消失得也越快。例如，蔗糖易溶解，故甜味产生得快，消失得也快；而糖精较难溶，则甜味产生较慢，但维持时间也较长。一般呈现酸味、甜味、咸味的物质都有较大的水溶性，而呈现苦味的物质的水溶性一般。

呈味物质的浓度也会对味感产生影响，适当浓度产生愉快的味感，不适当浓度产生不愉快的味感。如甜味在任何被感觉到的浓度下都会给人带来愉快的感受；而酸味和咸味在低浓度时使人有愉快的感受，在高浓度时则会使人感到不愉快。由于呈味物质只有在溶解状态下才能扩散至味觉感受器，进而产生味觉，因此味觉也会受呈味物质所在介质的影响。介质的黏度会影响可溶性呈味物质向味感受器的扩散，介质性质也会影响呈味物质的可溶性，进而影响味觉的产生。

(4) 年龄、性别与生理状况

年龄对味觉敏感性是有影响的，通常而言，年龄超过 60 岁的人，对咸、酸、苦、甜 4 种基本味的敏感性都会降低。这主要是由于：一是年龄增长到一定程度后，舌乳头上的味蕾数目会减少；二是老年人自身所患疾病也会阻碍其对味感的敏感性。有关性别对味觉的影响目前存在争议，一些研究者认为在基本味觉的敏感性上无性别差异；而另一些研究者则指出性别对苦味敏感性没有影响，而对咸味和甜味，女性比男性敏感，对酸味则是男性比女性敏感。

生理状况对味觉的影响主要表现如下：身体患某些疾病或者发生异常时，会导致失味、味觉迟钝或变味。例如，人在患黄疸的情况下，对苦味的感觉会明显下降甚至丧失；患糖尿病时，对甜味刺激的敏感性会明显下降。这些由于疾病而引起的味觉变化有些是暂时性的，待康复后其味觉可以恢复正常，而有些则是永久性的。此外，味觉的敏感性还会取决于身体的需求状况。若长期缺乏维生素 C，则对柠檬酸的敏感性明显增强；血液中糖分升高后，对甜味的敏感性会降低。

人在饥饿状态下会提高味觉敏感性。有实验证明，4 种基本味的敏感性在上午 11：30 达到最高。在进食后 1h 内敏感性明显下降，降低的程度与所食用食物的热量值有关。人在进食前味觉敏感性很高，证明味觉敏感性与体内生理需求密切相关。而进食后味觉敏感性下降，一方面是所摄入的食物满足了生理需求；另一方面则是饮食过程造成味觉感受器产生疲劳导致味敏感性降低。

9.2.5　呈味物质的相互作用

味的形成，除了生理现象外，还与呈味物质的化学结构和物理性质有关。如同一种物质由于光学性质不同，它们的味觉可以不完全一样；而不同的物质，可以呈现相同的味觉。食品的成分千差万别，成分之间会相互影响，因此各种食品虽然可具体分析出组分，但其味觉不是将各个组分的味感简单加和，而必须考虑各组分之间的相互作用。

① 味的相乘作用　某种物质的味感会因另一味感物质的存在而显著加强，这种现象叫味的相乘作用，又称为味的协同效应。例如，谷氨酸钠（MSG）与 5′-肌苷酸（5′-IMP）共

同使用时能相互增强鲜味；甘草铵本身的甜度是蔗糖的50倍，但与蔗糖共同使用时末期甜度可达到蔗糖的100倍；麦芽酚几乎对任何风味都有协同作用，在饮料、果汁中加入麦芽酚能增强甜味。

② 味的对比作用　指两种或两种以上的呈味物质适当调配，可使其中某种呈味物质的味感更加突出的现象。例如在10%的蔗糖溶液中添加0.15%的氯化钠，会使蔗糖的甜味更加突出；在食醋中添加一定量的氯化钠也可以使酸味更加突出；在味精中添加一定量的氯化钠，会使味精的鲜味增强。

③ 味的消杀作用　指一种呈味物质能够减弱或抑制另一种呈味物质味觉强度的现象，又称为味的拮抗作用。在蔗糖、柠檬酸、氯化钠和奎宁之间，若将任何两种以适当浓度混合时，都会使其中任何一种单独的味感减弱。例如，在泡柠檬茶时，如果不加入蔗糖，通常会有一种酸涩的感觉，并且这种味觉会使人感到不愉快；相反，如果我们同时加入适量的蔗糖，就会使柠檬茶变得酸甜爽口。

④ 味的变调作用　两种呈味物质相互影响而导致其味感发生改变的现象，称为味的变调作用或阻碍作用。变调作用是味质本身的变化，而对比作用是味的强度发生改变。如西非有一种“神秘果”内含一种碱性蛋白质，吃了以后再吃酸的东西时，反而会感觉有甜味 。另外，有人发现在热带植物匙羹藤的叶子内含有匙羹藤酸，当咬过这种叶子后，再吃甜或苦的食物时便不知其味，它可抑制甜味和苦味的时间长达数小时，但对酸味和咸味并无抑制作用。

⑤ 味的疲劳作用　当较长时间受到某味感物质的刺激后，再吃相同的味感物质时，往往会感到味感强度下降，这种现象称为味的疲劳作用。味的疲劳现象涉及心理因素，例如，吃第二块糖感觉不如吃第一块糖甜；有的人习惯吃味精，加入量越多，反而感到鲜味越来越淡。

除此之外，味感物质与嗅感物质之间相互也有影响。从生理学上讲，味感与嗅感虽有严格区别，但由于咀嚼食物时产生的由味与气相互混合而形成的复杂感觉，以及味感物质与风味化合物间的转化作用使两种感觉相互促进。

总之，各呈味物质之间或呈味物质与其味感之间的相互影响以及它们所引起的心理作用，都是非常微妙的，至今尚不清楚，还需深入研究。

9.3 食品的呈味物质

9.3.1 甜味与甜味物质

甜味（sweet taste）是普遍受人们欢迎的一种基本味感，常用于改进食品的适口性和某些食用性。糖类是最有代表性的天然甜味物质，如蔗糖、葡萄糖、果糖等。除了糖及其衍生物外，还有许多非糖的天然化合物、天然化合物的衍生物和合成化合物也都具有甜味，有些已成为正在使用的或潜在的甜味剂，如氯仿、糖精（邻苯甲酰磺酰亚胺）、阿斯巴甜（天门冬酰苯丙氨酸甲酯）、甜蜜素（环己基氨基磺酸钠）等。

9.3.1.1 呈甜机理（夏氏学说）

在提出甜味学说以前，一般认为甜味与羟基有关，因为糖类分子中含有羟基，可是这种观点不久就被否定了，因为不同多羟基化合物的甜味相差很大。再者，许多氨基酸、某些金属盐和不含羟基的化合物，如氯仿（$CHCl_3$）和糖精也有甜味。所以要确定一个化合物是否具有甜味，还需要从甜味化合物结构共性上寻找联系，因此而发展出从物质的分子结构上解释物质与甜味关系的相关理论。

1967 年，夏伦贝尔（Shallenberger）和 Acree 等在总结前人对糖和氨基酸的研究成果的基础上，提出了有关甜味物质的甜味与其结构之间关系的 AH/B 生甜团学说（图 9-6）。他们认为，物质要呈现甜味，其分子结构必须在空间上满足特定的条件。第一个条件是：甜味物质分子结构中存在一个能形成氢键的基团—AH，也就是质子供给基，如—OH、—NH_2、═NH 等；同时还存在一个有电负性轨道的原子 B，称为质子接受基，如 O、N 原子等。第二个条件是：质子供给基和质子接受基在空间上相距 0.25～0.4nm，同时还必须满足特定的立体化学要求，这样才能与甜味受体结合。在甜味感受器内，味细胞受体上的蛋白质也存在着类似的 AH/B 结构单元，这两类基团的距离约为 0.3nm，当甜味化合物的 AH/B 结构单元通过氢键与甜味感受器内受体蛋白质的 AH/B 结构单元结合时，便对味觉神经产生刺激，发生一系列的生理生化反应，产生生理信号，然后通过一个收集和传递信息的神经感觉系统传导到大脑的味觉中枢，最后通过大脑的综合神经中枢系统的分析，从而产生相应的味觉，告诉人们刚才品尝的物质具有甜味。氯仿、糖精、葡萄糖等结构不同的化合物的 AH/B 结构，可以用图 9-7 来形象地表示。

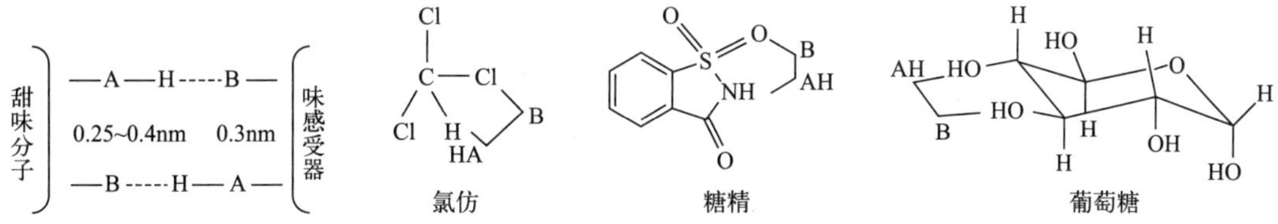

图 9-6　夏氏生甜学说图解　　**图 9-7　几种化合物的 AH/B 关系图**

Shallenberger 和 Acree 等提出的学说虽然可以从化合物分子结构特征上解释一个物质是否具有甜味，但是无法解释同样具有 AH/B 结构的化合物的甜味强度存在较大差异的内在原因；同样无法解释为什么有些具有这两类基团的物质没有甜味却有苦味，如多肽无甜味；也无法解释为何 D-缬氨酸呈甜味，而 L-缬氨酸呈苦味。后来 Kier 对 AH/B 生甜团学说作了补充和发展，提出了三点接触学说。他认为在甜味化合物中除了 AH 和 B 两个基团外，还可能存在一个具有适当立体结构的亲脂区域，即在距 AH 基团质子约 0.314nm 和距 B 基团 0.525nm 的地方有一个疏水基团（hydrophobic group）X（如—CH_2CH_3、—C_6H_5 等）时，它能与甜味感受器的亲脂部位通过疏水键结合，产生第三接触点，形成一个三角形的接触面（图 9-8）。X 部位似乎是通过促进某些分子与甜味感受器的接触而起作用，进而影响到所感受的甜味强度。因此，X 部位是甜味化合物的一个极为重要的特性，它或许是影响甜味化合物间甜味质量差别的一个重要原因。这个经过补充后的学说称为 AH-B-X 学说。

9.3.1.2　甜味强度及其影响因素

甜度指的是甜味物质甜味的强度，但甜度目前还不能用物理或化学方法定量测定，只能凭人的味感来判断。通常是以在水中较稳定的非还原天然蔗糖为基准物（如以 15%或 10%的蔗糖水溶液在 20℃时的甜度为 1.0 或 100），用以比较其他甜味剂在同温同浓度下的甜度大小。这种相对甜度称为比甜度（表 9-2）。在常见糖类物质中，半乳糖的比甜度最低，为 0.27；而果糖的比甜度最高，为 1.0～1.75。这种比较测定法，由于受人为的主观因素影响很大，故所得的结果往往不一致，在不同的文献中有时差别很大。

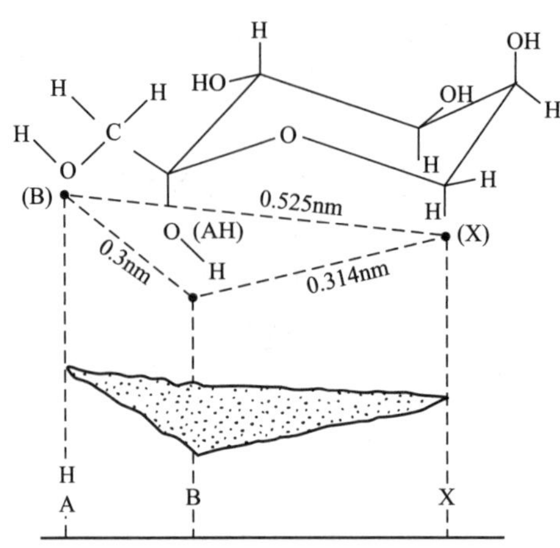

图 9-8　β-D-吡喃果糖甜味单元中 AH/B 和 X 之间的关系

表 9-2　一些糖和糖醇的比甜度

甜味剂	比甜度	甜味剂	比甜度	甜味剂	比甜度
α-D-葡萄糖	0.40～0.79	蔗糖	1.0	甘露醇	0.68
β-D-呋喃果糖	1.0～1.75	棉籽糖	0.23	麦芽糖醇	0.75～0.95
α-D-半乳糖	0.27	转化糖浆	0.8～1.3	半乳糖醇	0.58
α-D-甘露糖	0.59	木糖醇	0.9～1.4		
α-D-木糖	0.40～0.70	山梨醇	0.5～0.7		

影响甜味化合物甜度的主要外部因素有以下几方面。

（1）物质的结构

① 甜味物质的聚合度对甜度有影响。通常而言，随着聚合度增大，甜味物质的甜度会降低。常见的单糖和双糖（如葡萄糖、果糖、麦芽糖和蔗糖等）都具有较高的甜度，这主要是由于它们都具有较高的水溶性，并且其分子能够顺利通过味蕾的味孔，进入味细胞，与味细胞受体上蛋白质特定的结构单元相结合，从而产生甜味；然而，具有较高聚合度的糊精和淀粉则没有甜味，这主要是由于糊精和淀粉在水中的溶解度较低，并且其分子量较大，不能通过味蕾的味孔进入味细胞与相应的受体蛋白结合，因此不会产生甜味。

② 同种甜味物质不同的异构体也会对甜度产生影响。α-葡萄糖的甜度＞β-葡萄糖的甜度，而 β-果糖的甜度＞α-果糖的甜度。

③ 同种甜味物质不同的环结构也会对甜度产生影响。如 β-D-吡喃果糖的甜度就大于 β-D-呋喃果糖。

④ 甜味物质糖苷键的类型对甜度有影响。如麦芽糖和龙胆二糖都是由 2 分子 D-葡萄糖构成的双糖，但麦芽糖是由 α-1，4-糖苷键构成的，具有甜味，而龙胆二糖是由 β-1，6-糖苷键构成的，具有苦味。

（2）介质温度

① 温度对味觉器官的影响。一般在 30℃时，味觉器官的敏感性最高，过高或者过低的温度会使得味觉感受变得迟钝，不能真实反映实际情况。

② 温度对化合物结构的影响。在较低温度范围内，温度对蔗糖和葡萄糖的影响很小，

但果糖的甜度受温度的影响却十分显著。这是因为在果糖的平衡体系中，随着温度升高，其甜度会降低（异构化），甜度大的 β-D-吡喃果糖的百分含量会下降，而甜度小的 β-D-呋喃果糖的含量升高（图 9-9）。

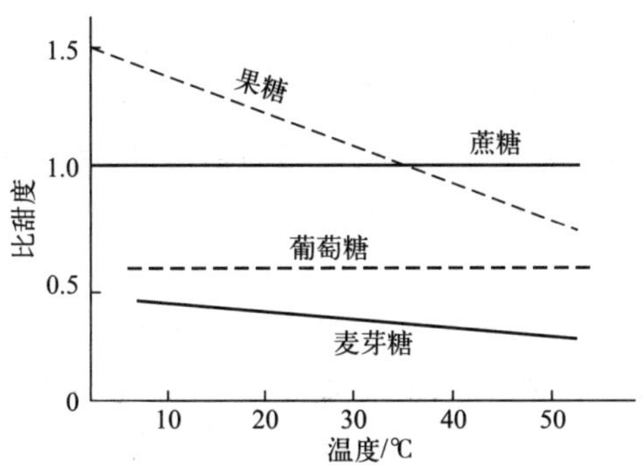

图 9-9　4 种糖的甜度与温度关系

（3）浓度

通常而言，甜度会随着甜味剂浓度的增大而提高，但各种甜味剂之间有差别。大多数糖的甜度随浓度增大的程度都比蔗糖大，尤其以葡萄糖最为明显。例如当蔗糖和葡萄糖的浓度均小于 40%时，同等浓度下蔗糖的甜度大；但当二者浓度均大于 40%时，其甜度几乎无差别。对于人工合成的甜味剂而言，过高的浓度下，其苦味变得非常突出。

（4）溶解性

一般而言，甜味物质的溶解性会影响甜味产生的快慢和维持时间的长短，如蔗糖的溶解性大，其产生甜味较快但维持时间短；相比而言，糖精的溶解性较差，因此其产生甜味慢但维持时间较长。

（5）其他呈味物质

如在 10%的蔗糖溶液中添加 0.15%的氯化钠，会使蔗糖的甜味更加突出（味的对比作用）；又如，甘草酸铵本身的甜度是蔗糖的 50 倍，但与蔗糖共同使用时末期甜度可达到蔗糖的 100 倍（味的相乘作用）；同样，蔗糖和醋酸之间的相互作用（味的消杀作用）也会同时影响甜味和酸味的感觉。

9.3.1.3　常见甜味剂及其应用

甜味剂按其来源可以分为两类：一类是天然甜味剂，如蔗糖、淀粉糖浆、果糖、葡萄糖、麦芽糖、甘草甜素、甜菊苷；另一类是合成甜味剂，如糖醇、糖精、甜蜜素、帕拉金糖等。合成甜味剂热值低，没有发酵性，对糖尿病患者和心血管疾病患者有益。甜味剂按其生理代谢特性，还可分为营养性甜味剂和非营养性甜味剂。

（1）单糖和双糖

单糖包括葡萄糖、果糖、木糖等。葡萄糖（glucose）的甜味有凉爽感，其甜度为蔗糖（sucrose）的 65%～75%，适合直接食用，也可用于静脉注射。果糖（fructose）甜度高，吸湿性强，不易结晶，易消化，且不需要胰岛素，能直接在人体内代谢，适合幼儿和糖尿病患者食用；木糖易溶于水，有类似果糖的甜味，其甜度约为蔗糖的 65%，溶解性和渗透性大而吸湿性小，易引起褐变反应，不能被微生物发酵。在人体内不产生热量，可供糖尿病和高血压患者食用。

常见的双糖有蔗糖、麦芽糖、乳糖等。蔗糖（sucrose）的甜味纯正，甜度大，由甘蔗和甜菜生产，在食品工业中用量最大。麦芽糖（maltose）在糖类中营养价值最高，甜味爽口温和，不像蔗糖那样会刺激胃黏膜，甜度约为蔗糖的1/3。乳糖是乳中特有的糖，甜度为蔗糖的1/5，是糖类中甜度较低的一种，水溶性较差，食用后在小肠中受半乳糖酶的作用，分解成半乳糖和葡萄糖而被人体吸收。《食品安全国家标准　较大婴儿配方食品》（GB 10766—2021）调整了较大婴儿配方食品中碳水化合物的要求，要求乳糖含量应≥90%；《食品安全国家标准　幼儿配方食品》（GB 10767—2021）标准则明确限制蔗糖、果糖在幼儿配方食品中的添加，要求乳糖含量占碳水化合物总量的50%以上。

（2）糖浆

淀粉糖浆（starch syrup）由淀粉经不完全水解而制得，也称转化糖浆，由葡萄糖、麦芽糖、低聚糖及糊精等组成。工业上常用葡萄糖值（DE，还原糖当量）来表示淀粉转化的程度，DE指淀粉转化液中所含转化糖（以葡萄糖计）干物质的百分率。根据水解度的差异，可将淀粉糖浆分为：低转化糖浆（DE≤20%）、中转化糖浆（DE＝38%～42%，也称普通糖浆或标准糖浆，为淀粉糖浆的主要产品）和高转化糖浆（DE＞60%）。DE值不同的糖浆，在甜度、黏度、增稠性、吸湿性、渗透性、耐贮性等方面均不同，可按用途进行选择。

异构糖浆是用异构酶将淀粉糖浆中的葡萄糖部分异构化为果糖而制得的，也称果葡糖浆。目前生产的异构糖浆，果糖转化率一般可达到42%，其甜度相当于蔗糖。异构糖浆甜味纯正，结晶性、发酵性、渗透性、保湿性、耐贮性均较好，近年发展很快。

（3）糖醇

常见的有木糖醇，山梨醇、甘露醇、麦芽糖醇等。它们在人体内的吸收和代谢不受胰岛素的影响，也不妨碍糖原的合成，为糖尿病、心脏病、肝脏病患者的理想甜味剂。此外，糖醇保湿性强，能帮助食品维持一定的水分，防止干燥。值得注意的是，木糖醇和甘露醇带有清凉味和香气，能够改善食品的风味；还不易被微生物利用和发酵，是良好的防龋齿的甜味剂。

（4）糖苷

如甜菊苷（stevioside，图9-10），从甜叶菊的茎、叶中提取而得，其甜度为蔗糖的300倍，是最甜的天然甜味剂之一。对热、酸、碱都稳定，安全性好，无苦味，无发泡性，溶解性好，并在降血压、促代谢、治疗胃酸过多等方面有疗效，适用于糖尿病患者的食品和低热量食品。

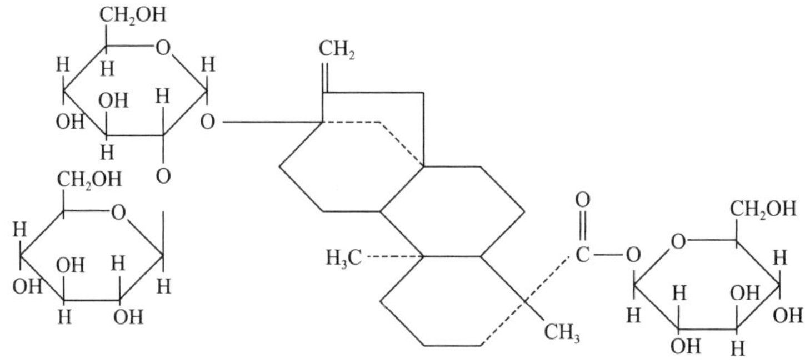

图9-10　甜菊苷的结构

（5）其他甜味剂

① 甜蜜素 也叫环己基氨基磺酸钠。它是一种无营养甜味剂，毒性较小，为安全的食品添加剂；甜度为蔗糖的30～50倍，略带苦味，易溶于水，对热、光、空气稳定，广泛用于饮料、冰淇凌、蜜饯、糖果的生产中。

② 阿斯巴甜 也叫蛋白糖，化学名称为天门冬酰苯丙氨酸甲酯。它是一种二肽衍生物，其甜度为蔗糖的200倍，甜味清凉纯正，可溶于水；但其稳定性不高，易分解而失去甜味。蛋白糖安全性高，有一定的营养价值，在饮料工业中被广泛使用，我国允许按正常生产需要添加。

③ 帕拉金糖 又名异麦芽酮糖。其甜味纯正，最大的特点是抗龋齿，被人体吸收缓慢，血糖上升较慢，多用作糖尿病患者和肥胖人群的甜味剂。帕拉金糖作为防龋齿的功能性甜味剂而广泛应用于口香糖、高级糖果、运动员饮料等食品中。

此外，还有三氯蔗糖和二氢查耳酮衍生物，它们也广泛用于食品加工。

9.3.2 苦味和苦味物质

苦味（bitter taste）是食品中很普遍的味感，许多有机物和无机物都具有苦味。单纯的苦味会令人感到不愉快，但当它与甜、酸或其他味感调配得当时，能形成一种特殊的风味。例如，茶、咖啡和啤酒等都具有一定的苦味，但均被许多人喜爱。

9.3.2.1 呈苦机理

目前，有关苦味物质的呈味机理主要有以下几个学说。

（1）三点接触学说

Lehmann发现，有几种D-氨基酸的甜味强度与其L-异构体的苦味强度之间有相对应的直线关系。因而他认为苦味分子与苦味受体之间和甜味一样也是通过三点接触而产生苦味的，仅是苦味物质第三点的空间方向与甜味剂相反。即大多数苦味物质具有与甜味物质同样的AH/B结构单元及疏水基团，它们与苦味受体也是通过三点接触而产生苦味的，但苦味物质第三点的空间方向与甜味剂相反。

（2）沙氏理论（也叫内氢键学说）

该学说认为苦味来自呈味分子的疏水基，当苦味物质分子中的AH基团与B基团的距离很近（约为0.15nm）时，可形成分子内氢键，使整个分子的疏水性增强，而这种疏水性是与苦味受体中多烯磷脂相结合的必要条件。另外内氢键易和过渡金属离子形成螯合物。因此，物质分子的内氢键可使其呈现苦味。

（3）诱导适应学说

三点接触学说和内氢键学说虽然能在一定程度上解释苦味的产生，但大多脱离了味细胞膜结构而只着眼于刺激物分子结构，而且完全没有考虑一些苦味无机盐的存在。在此基础上，我国学者曾广植提出了诱导适应学说。该学说认为苦味受体是多烯磷脂在细胞黏膜表面形成的“水穴”，并且该受体穴可以组成各种不同的多级结构，能与不同的苦味剂相互作用。凡是能够进入苦味受体的刺激物，只要改变磷脂的构象，就能产生苦味。

如人在品尝了硫酸奎宁后，并不影响继续品尝出尿素或硫酸镁的苦味；反之亦然。若将硫酸奎宁和尿素共同品尝，则会产生协同效应，苦味增强。这证明硫酸奎宁和尿素在味细胞受体上有不同的作用部位或有不同的“水穴”。但若品尝了硫酸奎宁后再喝咖啡，则会感到咖啡的苦味减弱，这说明二者在味细胞受体上有相同的作用部位或“水穴”，它们会产生竞争性抑制。

9.3.2.2 食品中常见的苦味物质

食品中常见的苦味物质，来源于植物性食品的主要有4类，包括生物碱、萜类、糖苷类和苦味肽类；来源于动物的有苦味酸、甲酰苯胺、甲酰胺、苯基脲和尿素等。

（1）茶叶、可可、咖啡中的苦味物质

茶叶、可可、咖啡中的苦味物质都是生物碱类苦味物质。存在于咖啡、茶叶中的咖啡碱，在水中浓度为150～200mg/kg时，就会感觉到明显的苦味。可可中含有的可可碱（3，7-二甲基黄嘌呤）是可可产生苦味的原因。咖啡碱和可可碱在浓度适当或与其他呈味物质适当调配时，可产生令人愉悦的味觉体验，但当其浓度过高时，则产生令人不愉悦的苦味。此外，咖啡碱和可可碱还具有兴奋中枢神经的作用。

（2）啤酒中的苦味物质

在啤酒生产时要大量使用酒花（hop），这样才能使啤酒具有特征性风味。其中啤酒中的苦味物质是葎草酮或蛇麻酮衍生物，它们均来自酒花。当啤酒中的葎草酮（humulone）或蛇麻酮衍生物的含量适中时，啤酒会带有淡淡的苦味，此时在其他风味物质的协同作用下，往往使人产生愉悦的感觉。但值得注意的是，在麦芽汁煮沸时，葎草酮会通过异构化反应转变为异葎草酮。异葎草酮是啤酒在光照下产生臭鼬鼠味和日晒味化合物的前体物质。当有酵母菌发酵产生的硫化氢存在时，其异己烯链上的酮基邻位碳原子发生光催化反应，生成一种带有臭鼬鼠味的3-甲基-2-丁烯-1-硫醇（异戊二烯硫醇）化合物。因此，在麦芽汁蒸煮时，应尽量减少异葎草酮的生成，同时采用清洁的棕色玻璃瓶包装啤酒，从而避免啤酒产生臭鼬鼠味和日晒味。

（3）柑橘中的苦味物质

柚皮苷（naringin）及新橙皮苷（nehoesperidin）是柑橘类果皮中的主要苦味物质。柚皮苷纯品的苦味比奎宁还要苦，检出值可低达0.002%。当吃柑橘类水果，特别是吃柚子时，如果果肉外表白色的瓤皮没有去除干净，就会吃出苦味。这主要是柚子白色的瓤皮中含有柚皮苷和新橙皮苷。其中，柚皮苷纯品的苦味比奎宁还要苦，其苦味阈值可低至0.002%。柚皮苷和新橙皮苷都属于黄酮苷类的苦味物质，黄酮苷类分子中糖苷基的种类与其是否具有苦味有决定性的关系，如与芸香糖成苷的黄酮类没有苦味，而以新橙皮糖为糖苷基的都有苦味，当新橙皮糖糖苷基水解后，则苦味消失。利用这一原理，在柑橘类罐头和橙汁加工时，通常采用酶制剂来水解柚皮苷和新橙皮苷的糖苷基，从而脱除其苦味。图9-11显示了柚皮苷生成无苦味衍生物的酶水解位点。芸香糖与新橙皮糖都是鼠李糖葡萄糖苷，但前者是鼠李糖（1→6）葡萄糖，后者是鼠李糖（1→2）葡萄糖。

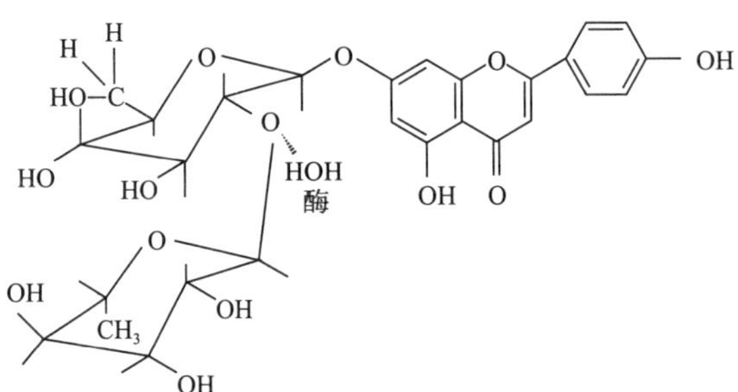

图9-11 柚皮苷生成无苦味衍生物的酶水解部位结构

（4）氨基酸及多肽类

干酪是以乳、稀奶油、酪乳或混合乳为原料，经凝固后，排除乳清而获得的新鲜或成熟的产品。干酪在成熟过程中，由于微生物发酵所产生酶的作用，会使 α_{s1} 酪蛋白在其 144、145 号氨基酸残基之间和 150、151 号氨基酸残基之间的肽键发生断裂，得到一种如图 9-12 所示的六肽化合物 Phe-Tyr-Pro-Glu-Leu-Phe（即苯丙氨酸-酪氨酸-脯氨酸-谷氨酸-亮氨酸-苯丙氨酸），这种肽非常苦，是成熟干酪中产生苦味的原因。

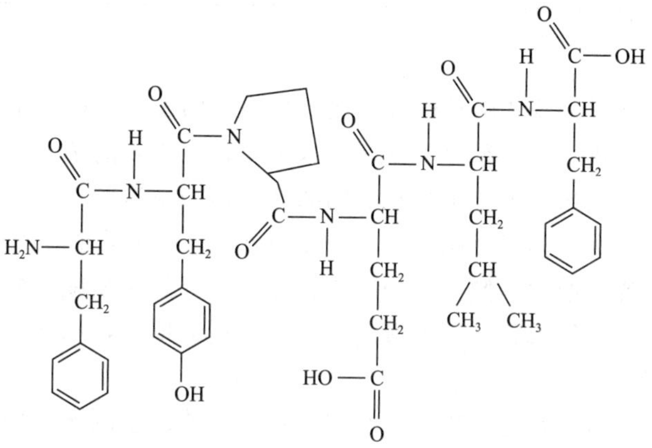

图 9-12　强极性 α_{s1} 酪蛋白衍生物的苦味肽

多肽类物质的苦味与其氨基酸侧链的总疏水性相关，当多肽的疏水值大于 1400 时才有可能呈现苦味，而疏水值低于 1300 的肽是没有苦味的。干酪成熟过程中产生的六肽，其疏水值为 2290，具有明显的苦味。

多肽的苦味除了与其氨基酸侧链的总疏水性相关外，还与肽的分子量大小有关。通常，只有分子量低于 6000 的肽类物质才可能有苦味；分子量大于 6000 的肽，由于其几何体积大，导致无法接近苦味感受器，即不能与苦味受体发生相互作用，因而不会产生苦味。

（5）盐类

盐的苦味与盐类阴离子和阳离子的离子直径之和有关。当盐的离子直径之和小于 0.65nm 时，显示出纯咸味，如 LiCl 和 NaCl，其离子直径之和分别为 0.498nm 和 0.556nm，它们均显示出纯咸味。KCl 离子直径之和为 0.628nm，因此 KCl 稍有苦味。随着离子直径和的增大，盐的苦味逐渐增强，如 CsCl（离子直径之和为 0.696nm）和 Csl（离子直径之和为 0.774nm）均显示出明显的苦味；而 $MgCl_2$ 的离子直径之和为 0.860nm，因此具有很强苦味。

9.3.3　咸味与咸味物质

咸味（salt taste）在食品调味中颇为重要。咸味是中性盐所显示的味，只有氯化钠才产生纯粹的咸味，用其他物质来模拟这种咸味是很难的，如溴化钾除具咸味外还带有苦味，属于非单纯的咸味。常见的各种盐溶液的味感特点如表 9-3 所示。纯咸味的盐有 NaCl、KCl、NH_4Cl、NaBr、NaⅠ、$NaNO_3$、KNO_3；咸中带有苦味的盐有 KBr、NH_4Ⅰ；呈现苦味的盐有 $MgCl_2$、$MgSO_4$、KI、CsBr；呈现不愉快味兼苦味的盐有 $CaCl_2$、$Ca(NO_3)_2$。

表 9-3　常见盐的味感特点

味感	盐的种类
咸味	NaCl、KCl、NH_4Cl、NaBr、NaI、$NaNO_3$、KNO_3
咸苦味	KBr、NH_4I
苦味	$MgCl_2$、$MgSO_4$、KI、CsBr
不愉快味兼苦味	$CaCl_2$、$Ca(NO_3)_2$

9.3.3.1 呈咸机理

研究发现，盐类物质呈现咸味是由其解离后的阴、阳离子共同决定的。其中，阳离子是盐的定位基，与盐呈现咸味的关系更为密切，这主要是由于阳离子易被味感受器的蛋白质的羧基或磷酸基吸附而呈咸味。阴离子是盐的助味基，影响咸味的强弱并有可能产生副味。

对于盐的阳离子而言，其半径越小（原子量越小），盐就呈现较纯的咸味；随着阳离子的原子量增大，盐有苦味增大的倾向。如氯化钠和氯化钾是典型咸味的代表，这主要是由于钠离子和钾离子产生较纯的咸味，而随着阳离子原子量的增大，如镁离子则同时产生咸味和苦味。

对于盐的阴离子而言，它主要影响咸味的强弱并可能产生副味。如氯离子的离子半径较小，其本身是无味的，对咸味的抑制也最小；随着阴离子原子量的增加，会使盐有增大苦味的倾向；对于较复杂的阴离子，它不但能抑制阳离子的味道，而且会带来额外的味道，如长链脂肪酸盐或长链烷基磺酸钠中的阴离子所产生的肥皂味可以完全掩蔽阳离子的味道。

9.3.3.2 常见的咸味物质及其应用

食品调味中的咸味是一种非常重要的味感，因此调味用的盐应该是咸味纯正的食盐。日常食用的食盐在精制前，常常混杂有氯化钾、氯化镁、硫酸镁等其他盐类，因此还带有苦味，需要精制后才能食用。

由于食盐的过量摄入会对身体造成不良影响，这便激发了人们对食盐替代物的研究兴趣。近年来，开发的食盐替代物的品种较多，如葡萄糖酸钠、苹果酸钠等有机酸钠盐也有食盐一样的咸味，可用作无盐酱油和肾脏病患者食品的咸味剂。此外，某些氨基酸的盐也带有咸味，其咸味与食盐无区别，有望成为未来食品咸味剂的“新宠”。但整体而言，目前使用食盐替代物的食品味感与使用 NaCl 的食品相比仍有较大的差别，这也限制了食盐替代物的使用，将来要进一步加大科研投入，开发营养、健康、咸味纯正的食盐替代物。

9.3.4 酸味与酸味物质

酸味（sour taste）是食品调味中一种常见的味感。大家一般都喜欢酸酸甜甜的味道，酸味和甜味的适当混合，是构成水果和饮料风味的重要因素；咸酸适宜是食醋的风味特征；若在酸中加入适量苦味物质，也能形成食品的特殊风味。酸味是由于舌黏膜受到氢离子刺激而引起的一种化学味感，因此，凡是在溶液中能电离出 H^+ 的化合物都具有酸味。人类早已适应酸性食物，故适当的酸味可以给人爽快的感觉，并促进食欲。

9.3.4.1 呈酸机理

酸味物质之所以呈现酸味，主要是由物质的定味基和助味基共同决定的。目前普遍认为，H^+ 是酸味剂 HA 的定味基，阴离子 A^- 是助味基。酸味是由 H^+ 刺激味细胞的磷脂头部，发生交互反应而引起的一种味感。研究发现，酸味剂的酸味强度与酸的强度不呈正相关，主要受其阴离子结构的影响。如在 pH 值相同时，有机酸的酸味就比无机酸强，这是由于有机酸的助味基 A^- 在磷脂受体表面有较强的吸附性，能减少膜表面正电荷的密度，这也就减少了酸味受体对 H^+ 的排斥力。因此，若在酸味物质阴离子上增加羧基或羟基将减弱阴离子作为助味基的亲脂性，使酸味减弱；相反，若在阴离子上增加疏水性基团，则有利于阴离子作为助味基在脂膜上的吸附，使膜增加对 H^+ 的引力，从而增强酸味强度。此外，酸味剂的阴离子还对酸的风味有影响，有机酸的阴离子一般具有爽快的酸味（当然也有例外）。

上述酸味模式虽解释了不少酸味现象，但目前所得到的研究数据，尚不足以说明究竟是 H^+、酸味剂的阴离子，还是酸味剂的完整分子对酸感的影响最大；另外，酸味剂分子的许多性质如分子量、分子的空间结构等对酸味的影响亦未弄清，有关酸味的学说还有待于进一步发展。

9.3.4.2　常见的酸味剂

① 食醋　食醋（vinegar）是我国最常用的酸味剂，除含 3%～5%的醋酸外，还含有少量的其他有机酸、氨基酸、糖、醇、酯等。它的酸味温和，在烹调中除用作调味外，还有防腐败、去腥臭等作用。除了食醋外，市场上还经常看到白醋，它是由食品级醋酸与水调配而成的人工合成醋，缺乏食醋典型的风味。我国允许醋酸在食品中按生产需要量添加。

② 乳酸　乳酸（latic acid）在水果蔬菜中很少存在，现多为人工合成品，溶于水及乙醇，有防腐作用，酸味稍强于柠檬酸，可用作 pH 调节剂，可用于清凉饮料、合成酒、合成醋、辣酱油等。用其制作泡菜或酸菜，不仅可调味，还可防止杂菌繁殖。

③ 柠檬酸　柠檬酸（citric acid）是果蔬中分布最广的一种有机酸，其酸味圆润、爽快可口，入口即达最高酸感，后味持续时间短。柠檬酸广泛用于清凉饮料、水果罐头、糖果等的调配，通常用量为 0.1%～1.0%。此外，柠檬酸还具有良好的防腐性能和抗氧化增效功能，安全性高，我国允许按生产需要量添加。

④ 苹果酸　苹果酸（malic acid）多与柠檬酸共存，为无色或白色结晶，易溶于水和乙醇。苹果酸爽口，略带刺激性，稍有苦涩感，呈味时间长。其酸味较柠檬酸强，是柠檬酸的 1.2 倍。与柠檬酸合用时，有强化酸味的效果。苹果酸常用于调配饮料等，尤其适用于果冻。苹果酸钠盐有咸味，可作肾脏病患者的咸味剂。苹果酸安全性高，我国允许按生产需要量添加，通常使用量为 0.05%～0.5%。

⑤ 酒石酸　酒石酸（tartaric acid）广泛存在于许多水果中，其酸味更强，约为柠檬酸的 1.3 倍，但稍有涩感。酒石酸用途与苹果酸相同，多与其他酸合用，但它不适用于配制起泡的饮料或用作食品膨胀剂。酒石酸安全性高，我国允许按生产需要量添加，一般使用量为 0.1%～0.2%。

⑥ 抗坏血酸　抗坏血酸（ascorbic acid）为白色结晶，易溶于水，有爽快的酸味，但易被氧化。在食品中可作为酸味剂和维生素 C 添加剂，还有抗氧化和防褐变的作用，可作为辅助酸味剂使用。

⑦ 葡萄糖酸　葡萄糖酸（gluconic acid）为无色或淡黄色液体，易溶于水，其产品多为 50%的液体；干燥时易脱水生成葡萄糖酸 γ-或 δ-内酯，且此反应可逆，利用这一特性可将其用于某些最初不能有酸性而在水中受热后又需要酸性的食品中。例如将葡萄糖酸内酯加入豆浆中，遇热即会生成葡萄糖酸而使大豆蛋白凝固，得到内酯豆腐。葡萄糖酸也可直接用于调配清凉饮料、食醋等，或在营养食品中代替乳酸。

9.3.5 辣味与辣味物质

辣味（hottaste）是由辛香料中的一些成分所引起的尖利的刺痛感和特殊的灼烧感的总和。它不但刺激舌和口腔的触觉神经，同时也会机械刺激鼻腔，有时甚至对皮肤也产生灼烧感。适当的辣味有增进食欲、促进消化液分泌的作用，在食品调味中已被广泛应用。

9.3.5.1 呈辣机理

辣味物质的分子结构中具有起定味作用的亲水基团和起助味作用的疏水基团，并且其辣味随非极性尾链的增长而加剧，以 C_9 左右达到最高峰，然后陡然下降，我们把该规律称之为 C_9 最辣规律。日常生活中常见的辣椒素、胡椒碱、花椒碱、生姜素、大蒜素等都是双亲性分子，其极性头部是定味基，非极性尾部是助味基，它们的辣味均符合 C_9 最辣规律。图 9-13 展示了辣椒素辣味与其非极性尾链碳原子数的关系，图 9-14 展示了生姜素辣味与其非极性尾链碳原子数的关系，它们均符合 C_9 最辣规律。

一般脂肪醇、醛、酮、酸的烃链长度增长也有类似的辣味变化。上述辣味分子尾链若无顺式双键或支链时，C_{12} 以上将丧失辣味；若链长超过 C_{12} 但在 ω-位邻近有顺式双键，则还有辣味。顺式双键越多越辣，反式双键影响不大；双键在 C9 位上影响最大；苯环的影响相当于一个 C4 顺式双键。一些极性更小的分子如 $BrCH=CHCH_2Br$、$CH_2=CHCH_2X$（X＝NCS、OCOR、NO_2、ONO）、$(CH_2=CHCH_2)_2S_n$（n＝1，2，3）、Ph $(CH_2)_n$NCS 等也有辣味。

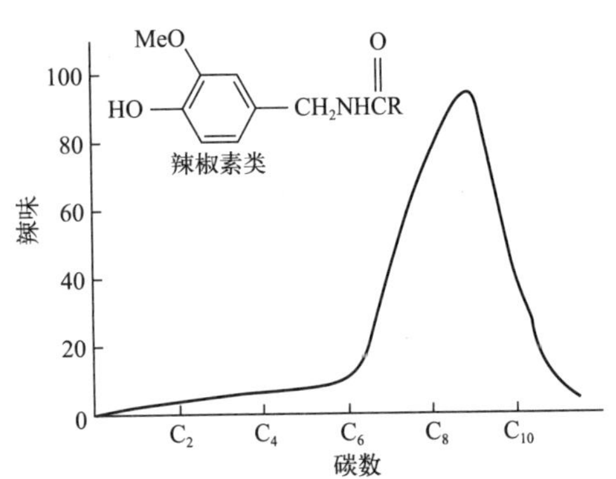

图 9-13 辣椒素与其尾链碳数的辣味关系

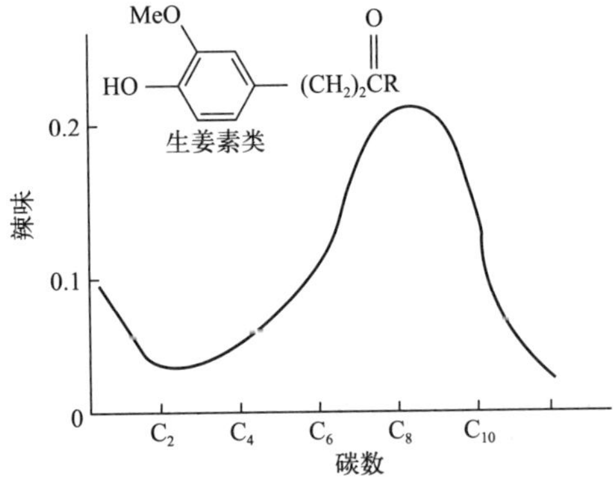

图 9-14 生姜素与其尾链碳数的辣味关系

辣味物质分子极性基的极性大小及其位置与味感关系也很大。极性头的极性大时是表面活性剂；极性小时是麻醉剂。极性处于中央的对称分子如：

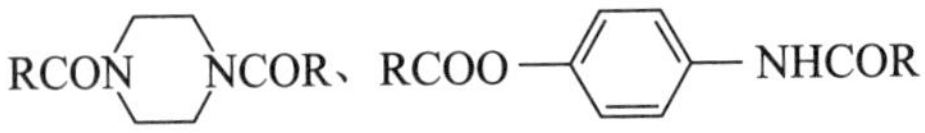

RCON NCOR、RCOO— —NHCOR

其辣味只相当于半个分子的作用，且因其水溶性降低而辣味大减。极性基处于两端的对称分子如：

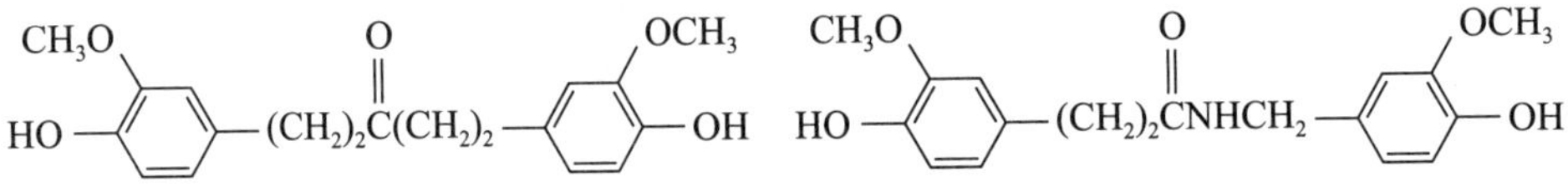

时，则味道变淡。增加或减少极性头部的亲水性，如将

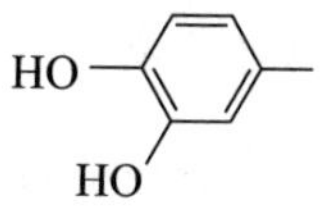

改为

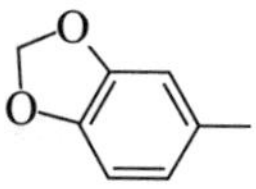

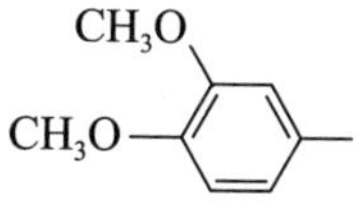

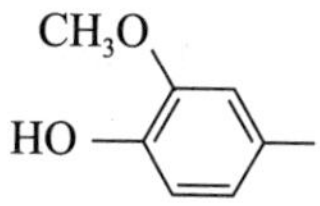

辣味均降低；甚至调换羟基位置也可能失去辣味，而产生甜味或苦味。

9.3.5.2　常见辣味物质

（1）热辣（火辣）味物质

热辣味物质是一种无芳香的辣味物质，在口中能引起灼热感。主要有以下几种。

① 辣椒（capsicum）　它的主要辣味成分为类辣椒素（capsaicin），是一类碳链长度不等（C_8～C_{11}）的不饱和单羧酸香草基酰胺。另外，辣椒中还有少量的二氢辣椒素（图 9-16），后者已有人工合成，可用于食品的调味。类辣椒素辣味强度各不相同，以侧链为 C_9～C_{10} 时最辣，双键并非辣味所必需。不同辣椒的辣椒素含量差别很大，甜椒通常含量极低，一般红辣椒含 0.06%，牛角红椒含 0.2%，印度萨姆椒为 0.3%，乌干达辣椒可高达 0.85%。

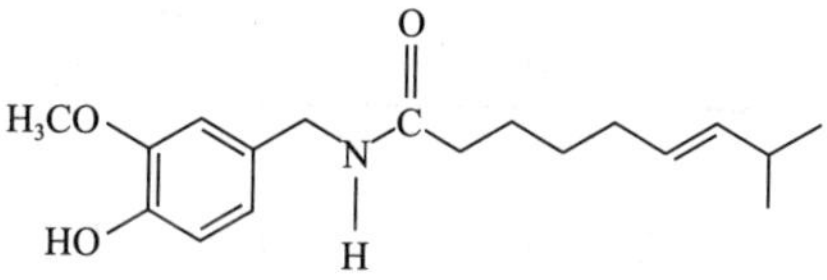

图 9-15　辣椒素

② 胡椒（pepper）　常见的有黑胡椒和白胡椒两种，都由果实加工而成。其中由尚未成熟的绿色果实可制得黑胡椒；用色泽由绿变黄而未变红的成熟果实可制取白胡椒。胡椒的辣味成分除少量类辣椒素外，主要是胡椒碱。胡椒碱是一种酰胺化合物，其不饱和烃基有顺反异构体，其中顺式双键越多时越辣；全反式结构叫异胡椒碱。胡椒经光照或贮存后辣味会减弱，这是由顺式胡椒碱异构化为反式结构所致。合成的胡椒碱已在食品中使用（图 9-16）。

胡椒碱：2-*E* 和 4-*E* 构型，辣味最强。

异胡椒碱：2-*Z* 和 4-*E* 构型，辣味较强。

异黑椒素：2-*E* 和 4-*Z* 构型，辣味较强。

黑椒素：2-*Z* 和 4-*Z* 构型，辣味仅次于胡椒碱。

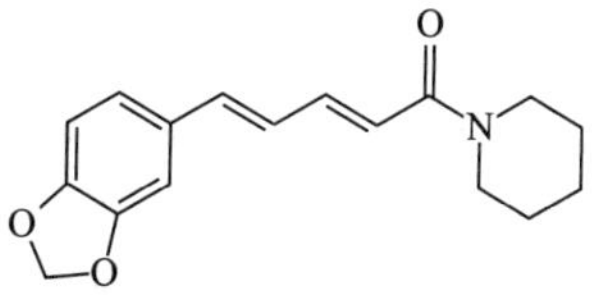

图 9-16　胡椒碱

③ 花椒（xanthoxylum） 花椒主要辣味成分为山椒素（sanshool），是酰胺类化合物，有13种之多。在花椒中发现的酰胺类物质见表9-4。除此之外，还有少量异硫氰酸烷丙酯等。它与胡椒、辣椒一样，除辣味成分外还含有一些挥发性香味成分。

表 9-4 花椒中的酰胺类物质

序号	名称	类型	取代基和双键类型（Z/E）
1	α-山椒素	Ⅰ	R=H—2E，6Z，8E，10E
2	羟基-α-山椒素	Ⅰ	R=OH—2E，6Z，8E，10E
3	羟基-β-山椒素	Ⅰ	R=OH—2E，6Z，8E，10E
4	β-山椒素	Ⅰ	R=H—2E，6E，8E，10E
5	γ-山椒素	Ⅱ	R=H—2E，4E，8Z，10E，12E
6	羟基-γ-山椒素	Ⅱ	R=OH—2E，4E，8Z，10E，12E
7	2′-羟基-N-异丁基-2,4,8,10,12-十四烷五烯酰胺	Ⅱ	R=OH—2E，4E，8E，10E，12E
8	N-异丁基-2，4，8，10，12-十四烷五烯酰胺	Ⅱ	R=H—2E，4E，8E，10E，12E
9	2′-羟基-N-异丁基-2，4，8，11-十四烷四烯酰胺	Ⅲ	R=OH—2E，4E，8Z，11Z
10	2′-羟基-N-异丁基-2，4-十四烷二烯酰胺	Ⅳ	R=OH—2E，4E
11	N-异丁基-2，4-十四烷二烯酰胺	Ⅳ	R=H—2E，4E
12	2′-羟基-N-异丁基-2，4，8-十四烷三烯酰胺	Ⅴ	R=OH—2E，4E，8Z
13	N-异丁烯-2，4，8-十四烷三烯酰胺	Ⅵ	2E，4E，8E，10E，12E

注：

$$\mathrm{CH_3—CH\overset{10}{=}CH—CH\overset{8}{=}CH—CH\overset{6}{=}CH—CH_2—CH_2—CH\overset{2}{=}CH—CONH—CH_2—C(Me)_2—R}(\mathrm{I})$$

$$\mathrm{CH_3—CH\overset{12}{=}CH—CH\overset{10}{=}CH—CH\overset{8}{=}CH—CH_2—CH_2—CH\overset{4}{=}CH—CH\overset{2}{=}CH—CONH—CH_2—C(Me)_2—R}(\mathrm{II})$$

$$\mathrm{CH_3—CH_2—CH\overset{11}{=}CH—CH_2—CH\overset{8}{=}CH—CH_2\quad CH_2\quad CH\overset{4}{=}CH—CH\overset{2}{=}CH—CONH—CH_2—C(Me)_2—R}(\mathrm{III})$$

$$\mathrm{CH_3—(CH_2)_8—CH\overset{4}{=}CH—CH\overset{2}{=}CH—CONH—CH_2—C(Me)_2—R}(\mathrm{IV})$$

$$\mathrm{CH_3—(CH_2)_4—CH\overset{8}{=}CH—CH_2—CH_2—CH\overset{4}{=}CH—CH\overset{2}{=}CH—CONH—CH_2—C(Me)_2—R}(\mathrm{V})$$

$$\mathrm{CH_3—CH\overset{12}{=}CH—CH\overset{10}{=}CH—CH\overset{8}{=}CH—CH_2—CH_2—CH\overset{4}{=}CH—CH\overset{2}{=}CH—CONH—CH_2—C(Me){=}CH_2}(\mathrm{VI})$$

（2）辛辣（芳香辣）味物质

辛辣味物质是一类除辣味外还伴随有较强烈挥发性芳香味的物质，是具有味感和嗅感双重作用的成分。

① 姜（ginger） 新鲜姜的辛辣成分是一类邻甲氧基酚基烷基酮，其中最具代表性的为姜醇，它分子中环侧链上羟基外侧的碳链长度各不相同（C_5～C_9）。鲜姜经干燥贮存，姜醇会脱水生成姜烯酚类化合物，后者较姜醇更为辛辣。当姜受热时，姜烯酚环上侧链断裂生成姜酮，辛辣味较为缓和。姜醇和姜烯酚中以$n=4$时辣味最强（图9-17）。

② 肉豆蔻（nutmeg）和丁香（clove） 肉豆蔻和丁香的辛辣成分主要是丁香酚和异丁香酚，这类化合物也含有邻甲氧基苯酚基团。

③ 芥子苷（mustard glycosides） 芥子苷有黑芥子苷（sinigrin）及白芥子苷（sinalbin）两种，在水解时产生葡萄糖及芥子油。黑芥子苷存在于芥菜（brassica juncea）、黑芥

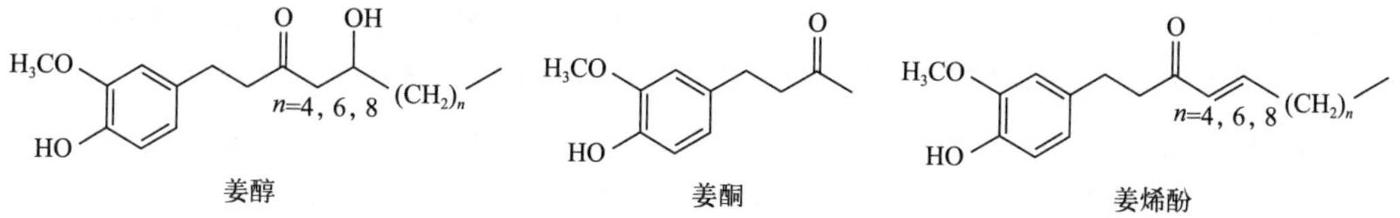

图 9-17　姜中的辣味成分

(sinapinigra）的种子及辣根（horseradish）等蔬菜中。白芥子苷则存在于白芥籽（sinapis alba）中。

在甘蓝、萝卜、花椰菜等十字花科蔬菜中还含有一种类似胡椒的辛辣成分 *S*-甲基半胱氨酸亚砜（*S*-methyll-cysteine-*S*-oxide)。

(3）刺激辣味物质

刺激辣味物质是一类除能刺激舌和口腔黏膜外，还能刺激鼻腔和眼睛，具有味感、嗅感和催泪性的物质。主要有：

① 蒜、葱、韭菜　蒜的主要辣味成分为蒜素、二烯丙基二硫化物、丙基烯丙基二硫化物 3 种，其中蒜素的生理活性最大。大葱、洋葱的主要辣味成分则是二烯丙基二硫化物、甲基丙基二硫化物等。韭菜中也含有少量上述二硫化物。这些二硫化物在受热时都会分解生成相应的硫醇（mercaptan)，所以蒜、葱等在煮熟后不仅辛辣味减弱，而且还产生甜味。

② 芥末、萝卜　主要辣味成分为异硫氰酸酯类化合物，其中的异硫氰酸丙酯也叫芥子油（allylmustard oil)，刺激性辣味较为强烈。它们在受热时会水解为异硫氰酸，辣味减弱。

9.3.6　鲜味与鲜味物质

鲜味（delicious taste）是一种复杂的综合味感，具有风味增效的作用。我国将谷氨酸一钠、5′-鸟苷酸二钠、天门冬酰胺钠、琥珀酸二钠、谷氨酸-亲水性氨基酸二肽（或三肽）以及部分水解蛋白等的综合味感均归为鲜味。当鲜味剂的用量高于其阈值时，食品的鲜味会增加；但用量少于其阈值时，则仅是增强风味，故欧美常将鲜味剂称为风味增强剂。

9.3.6.1　呈鲜机理

鲜味物质的分子需要有一条相当于 3～9 个碳原子长的脂链，而且分子的两端都带有负电荷，当脂链长度为 4～6 碳时其鲜味最强。鲜味物质的脂链不限于直链，也可为脂环的一部分，其中的 C 可被 O、N、S、P 等原子取代。值得注意的是，保持鲜味物质分子两端的电负性对鲜味至关重要，若将羧基经过酯化、酰胺化，或加热脱水形成内酯、内酰胺后，均将降低鲜味。研究还发现，鲜味物质其中一端的负电荷也可用一个负偶极子替代，如部分多肽和核苷酸呈现鲜味的机理可用此解释；另外，真菌中所含的口蘑氨酸和鹅膏氨酸等物质也具有此结构特征，它们的鲜味比味精强 5～30 倍。但目前出于经济效益、副作用和安全性等方面的原因，作为商品的鲜味剂主要是谷氨酸型和核苷酸型。

此外，鲜味物质在呈味时还存在竞争作用和协同作用。如相同类型的鲜味剂共存时，它们与受体结合时会存在竞争作用；而不同类型的鲜味剂共存时，它们在呈味时则有协同作用。如将味精与肌苷酸按 95∶5 的比例混合，其鲜味可提高 6 倍，这也是工业上制造鸡精的基本原理。因此，家庭烹饪中所用的鸡精并不是鸡肉的水解物也不是鸡骨的浸提物，而是由味精与肌苷酸按 95：5 比例混合再加上一些辅料制造而成的。

9.3.6.2　常见鲜味物质

鲜味物质若从化学结构特征上区分，可以分为以下几类。

① 氨基酸类　在天然氨基酸中L-谷氨酸和L-天冬氨酸的钠盐及其酰胺都具有鲜味。L-谷氨酸钠俗称味精，具有强烈的肉类鲜味。谷氨酸型鲜味剂（MSG）属脂肪族化合物（aliphatic compounds），在结构上具有空间专一性要求，若超出其专一性范围，将会改变或失去味感。该类鲜味物质的定味基是两端带负电的官能团，如羧基、磺酸基、巯基等；助味基是具有一定亲水性的基团，如 α-L-NH_2、—OH 等。因此味精的鲜味是由 α-NH_3^+ 和 γ-COO^- 两个基团静电吸引所产生的，在 pH＝3.2 即在等电点时，鲜味最低；在 pH＝6 时谷氨酸几乎全部解离，鲜味最高；而 pH 在 7 以上时，由于形成谷氨酸的二钠盐，其鲜味会消失。食盐是味精的助鲜剂，味精也有缓和咸、酸、苦的作用，使食品具有更加自然的风味。另外，L-天冬氨酸的钠盐和酰胺亦具有鲜味，是竹笋等植物性食物的主要鲜味物质。

② 核苷酸类　在核苷酸中能够呈鲜味的有 5′-肌苷酸（5-IMP）、5′-鸟苷酸（5′-GMP）和 5′-黄苷酸，前两者鲜味最强，分别代表着鱼类、蘑菇类食品的鲜味。此外，5′-脱氧肌苷酸及 5′-脱氧鸟苷酸也具有鲜味。如图 9-18 所示，肌苷酸型鲜味剂（IMP）属于芳香杂环化合物，结构也有空间专一性要求，其定位基是亲水的核糖磷酸，助味基是芳香杂环上的疏水取代基。这些 5′-核苷酸与谷氨酸钠合用时可明显提高谷氨酸钠的鲜味（表 9-5）。如 1％肌苷酸＋99％谷氨酸钠的混合物，其鲜味为单纯谷氨酸钠的 4 倍；5％肌苷酸＋95％谷氨酸钠的混合物，其鲜味为单纯谷氨酸钠的 6 倍。即这两类鲜味剂混合使用时有协同增效效应。

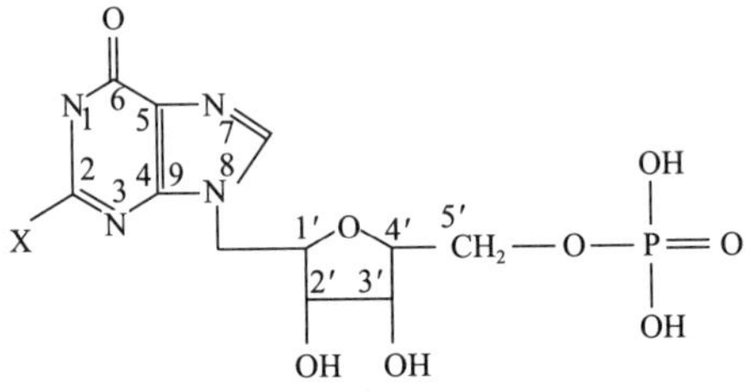

X＝H(5′-IMP，5′-肌苷酸)
X＝—NH_2(5′-GMP，5′-鸟苷酸)

图 9-18　5′肌苷酸、5′鸟苷酸的分子结构

表 9-5　MSG 与 IMP 的协同效应

MSG 用量/g	IMP 用量/g	混合物用量/g	相当于 MSG 用量/g	相乘效果/倍
99	1	100	290	2.9
98	2	100	350	3.5
97	3	100	430	4.3
97	4	100	520	5.2
95	5	100	600	6.0

③ 其他呈鲜物质　包括琥珀酸（succinic acid）及其钠盐、天然存在的一些肽类物质以及动、植物水解蛋白、浸膏等。其中，琥珀酸及其钠盐在畜禽等动物性食品中均有存在，尤其以贝类中含量最多，它是贝类呈现鲜味的主要成分。另外，由微生物发酵的食品如酱油、酱、黄酒等也存在少量的琥珀酸。琥珀酸及其钠盐与其他鲜味剂合用，有助鲜效果。

对肽类物质而言，凡与谷氨酸羧基端连接有亲水性氨基酸的二肽、三肽也有鲜味，如谷-胱-甘三肽、谷-谷-丝三肽、口蘑氨酸等均具有鲜味。相反，若谷氨酸羧基端与疏水性氨基相连接，则将产生苦味。此外，目前市场上还有动、植物水解蛋白、浸膏等产品，它们也具有一定的鲜味，可用于食品的调味，使食品的呈味更加自然、圆润。如我们常吃的红烧牛肉面，其酱包生产时就添加了水解植物蛋白和牛肉浸膏，以提升鲜味。

9.3.7　其他味感

9.3.7.1　清凉味

清凉味（coolingsensation）是由一些化合物对鼻腔和口腔中的特殊味觉感受器刺激而产生的。典型的清凉味为薄荷风味，包括留兰香和冬青油的风味。以薄荷醇（menthol）和 D-樟脑（camphor）为代表物（图 9-19），它们既有清凉嗅感，又有清凉味感。其中薄荷醇是食品加工中常用的清凉风味剂，在糖果、清凉饮料中使用较广泛。这类风味物产生清凉感的机制尚不清楚。薄荷醇可用薄荷的茎、叶进行水蒸气蒸馏而得到，它具有 8 个旋光体，自然界存在的为 L-薄荷醇。

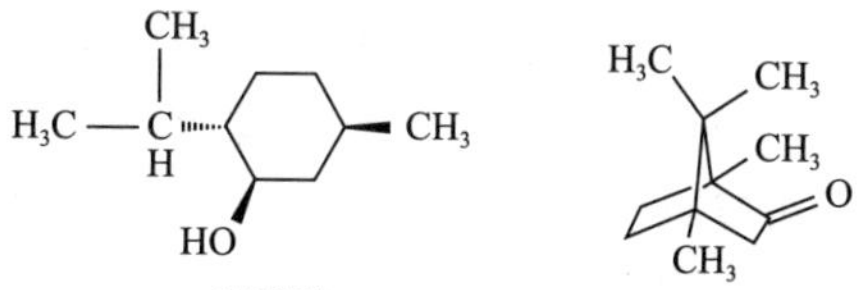

图 9-19　薄荷样清凉风味物质的结构举例

一些糖的结晶入口后也产生清凉感，这是因为它们在唾液中溶解时要吸收大量的热量。例如，蔗糖、葡萄糖、木糖醇和山梨醇结晶的溶解热（J/g）分别为 18.1、94.4、153.0 和 110.0，后 3 种甜味剂明显具有清凉风味。

9.3.7.2　涩味

当口腔黏膜蛋白质被凝固时，就会引起收敛，此时感到的滋味便是涩味（astringency）。因此，涩味不是由于作用于味蕾产生的，而是刺激触觉神经末梢所产生的，表现为口腔的收敛感觉和干燥感觉。

引起食品涩味的主要化学成分是多酚类化合物，其次是铁金属、明矾、醛类、酚类等物质，有些水果和蔬菜中由于存在草酸、香豆素和奎宁酸等也会引起涩味。多酚的呈涩作用与其可同蛋白质发生疏水性结合的性质直接相关，比如单宁分子具有很大的横截面，易于同蛋白质分子发生疏水作用，同时它还有许多能转变为醌式结构的苯酚基团，也能与蛋白质发生交联反应。一般缩合度适中的单宁都有这种作用，但缩合度过大时因溶解度降低不再呈涩味。

未成熟柿子的涩味是典型的涩味，其涩味成分是以无色花青素为基本结构的糖苷，属于多酚类化合物，易溶于水。当涩柿及未成熟柿的细胞膜破裂时，多酚类化合物逐渐溶于水而呈涩味。在柿子成熟过程中，分子间呼吸或氧化，使多酚类化合物氧化、聚合而形成水不溶性物质，涩味即随之消失。

茶叶中亦含有较多的多酚类物质，由于加工方法不同，制成的各种茶类所含的多酚类物质各不相同，因而它们的涩味程度也不相同。一般绿茶中多酚类含量多，而红茶经过发酵后多酚类被氧化，其含量减少，涩味也就不及绿茶浓烈。

涩味在一些食品中是所需要的风味，例如茶、红葡萄酒。但在一些食品中却对食品的质量存在影响，例如有蛋白质存在时，二者之间会产生沉淀。

9.3.7.3 金属味

由于与食品接触的金属与食品之间可能存在着离子交换关系，存放时间长的罐头食品中常有一种令人不快的金属味（metals taste），有些食品也会因原料引入金属而带有异味。

9.4 嗅觉和嗅感物质

9.4.1 嗅觉基础知识

嗅觉（olfaction）指食品中的挥发性物质刺激鼻腔内的嗅觉神经细胞而在中枢神经中引起的一种感觉（perception）。其中，令人愉快的嗅觉称为香味（fragrance），令人厌恶的嗅觉称为臭味（stink）。嗅觉是一种比味觉更复杂、更敏感的感觉现象。一般从感知有气味的物质到有嗅觉感受仅需 0.2～0.3s。

食品的属性可以分为两大类：一类是食品的基本属性，即食品的营养性与安全性；另一类是食品的嗜好性，即食品特有的色、香、味、形。即良好的食品除了具有营养和保健功能外，还必须色、香、味、质地和口感俱佳。其中，食品的香气又在食品的嗜好特性中占有重要的地位。通常良好的食品香气会增加人们的愉快感，并引起食欲，间接地增加人体对营养成分的消化和吸收，所以食品的香气在现代食品加工中具有极其重要的作用。

任何一种食品的香气都是多种香气物质的综合反映，包括头香、主香和尾香。如水果中的酯、醛、醇、酮和酸类等化合物以不同的比例组合就可以构成不同的香气，也就是说水果的香气是由复杂的混合物质协同表达出来的一个整体嗅感特征；某一种或几种香气成分不能完全代表整个水果香气，水果香气通常是几十种或者几百种香气成分所共同呈现的整体嗅感。研究发现，西番莲果汁主要香味成分有 24 种，其中检测出带有明显香味的酯类物质 14 种，酮类物质 2 种，醛类物质 2 种，烯萜类物质 3 种，醇类 1 种，其他类物质 2 种。

判断一种挥发性物质在某种食品香气形成中作用的大小，常用该物质的香气值来衡量。香气值即嗅觉物质的浓度与其风味阈值的比值。若香气值小于 1，则说明该物质在香气产生中没有发生作用；如果某种挥发性物质香气值越大，说明它在食物香气形成中的贡献越大。

9.4.2 嗅觉生理学

9.4.2.1 嗅觉产生过程

嗅觉产生的过程，始于食品中的挥发性物质悬浮于空气中，随着呼吸进入鼻腔。气味分子经高而窄的鼻通道到达嗅觉感受区，在嗅觉感受区，嗅感物质被嗅黏液层的黏液吸附。然后黏液中的可溶性气味结合蛋白与气味分子发生作用，增加气味分子的溶解度，并将其转运至嗅觉感受器的纤毛部位，同时激活嗅觉受体细胞内第二信使系统（环磷酸腺苷和/或三磷酸肌醇），并直接影响嗅纤毛中的离子通道，使双极感觉神经元去极化，产生神经冲动。随后由神经纤维将神经冲动从纤毛运送至嗅球，并于嗅球内进一步将初级嗅觉信息提纯，最后传到位于大脑梨状皮质的主嗅觉皮层而形成嗅觉。

9.4.2.2 嗅觉的基本特点

① 敏锐　人的嗅觉相当敏锐（acuity），一些气味化合物即使在很低的浓度下也会被感

知。据说个别训练有素的专家能辨别 4000 种不同的气味。某些动物的嗅觉更为敏锐，犬类嗅觉的灵敏性已为众所周知，鳝鱼的嗅觉也几乎能与犬相匹敌，它们比人类的嗅觉约灵敏 100 万倍，有时连现代化的仪器也难以企及。

② 易疲劳与易适应　当嗅觉中枢神经由于一些气味的长期刺激而陷入负反馈状态（negative feedback status）时，感觉便受到抑制而产生适应性（adaptation）。正如香水虽芬芳，但久闻也不觉其香；臭豆腐尽管臭，但久而久之也能忍受。这说明嗅觉细胞易产生疲劳（fatigue）而对特定气味处于不敏感状态。另外，当人的注意力分散时会感觉不到气味，而长时间受到某种气味刺激便对该气味形成习惯等。疲劳、适应和习惯这三种现象会共同发挥作用，很难区别。

③ 个体差异大　不同的人，嗅觉差别很大，即使嗅觉敏锐的人也会因气味而异。一般认为女性的嗅觉比男性敏锐，但也有例外。此外，由于遗传等原因，极少数人会出现对气味不敏感的极端情况，也就是我们俗称的嗅盲。

④ 阈值会随人身体状况变动　当人的身体疲劳或营养不良（malnutrition）时，会引起嗅觉功能降低；人在生病时会感到食物平淡不香；女性在月经期（menses）、妊娠期（gestation）或更年期（menopause）可能会发生嗅觉减退或过敏现象。这都说明人的生理状况对嗅觉也有明显影响。

9.4.2.3　气味对身体的影响

① 对呼吸器官的影响　当我们在花园散步，呼吸到花的清香时，当我们喝咖啡闻到咖啡的香味时，通常都会不由自主的深吸气，来感受花的清香和咖啡的香气；当我们嗅到可疑气味时，通常呼吸会变短促；当环境中充满恶臭气味时候，我们通常会屏住呼吸，赶紧逃离。

② 对消化器官的影响　一般良好的食品香气能促进胃肠运动，产生饥饿感；而食品腐败的臭气则会抑制胃肠运动，使人食欲减退，甚至会使人恶心呕吐。

③ 对循环系统的影响　通常而言，令人愉悦的香气会使人的血管扩张、血压下降，所以为了缓解人的紧张情绪，帮助降低血压，通常可采用花香疗法。

④ 对精神活动的影响　通常而言，良好的香气，会使人身心愉快、神清气爽，可解除精神紧张、身心疲劳等症状；相反，环境中的恶臭味则会使人心烦、焦躁，丧失活动欲望。

9.4.3　嗅觉理论

根据气味物质的分子特征与其气味之间的关系，已提出了多种嗅觉理论，其中以嗅觉立体化学理论和振动理论最为著名。

嗅觉立体化学理论（stereochemical theory）是在 1952 年由 Amoore 提出的。该理论第一次将物质产生的嗅觉与其分子结构联系起来。该理论认为不同香气物质的分子立体结构、大小和电荷是不一样的，可以和人的嗅觉受体发生特异性结合，这就像钥匙开锁一样恰如其分地嵌入受体的空间，人就能够捕捉到这种气体的特征。另外，该理论首次在嗅觉研究中提出主导气味的概念，因而也有人将此理论称为主香理论，这与颜色的视觉感觉相类似。Amoore 认为：不同的气味实际上是由有限的几种主导气味以不同的组合混合而成的。Amoore 根据文献上各种气味出现的频率提出了 7 种主导气味，包括清淡气味、樟脑气味、发霉气味、花香气味、薄荷气味、辛辣气味和腐烂气味。嗅觉立体化学理论从一定程度上解释了分子形状相似的物质其气味之所以可能差别很大的原因，即它们具有不同的功能基团。

嗅觉振动理论（vibrational theory）由 Dyson 于 1937 年第一次提出，在随后的 20 世纪 50—60 年代又得到 Wright 的进一步发展。该理论认为人的嗅觉类似于视觉和听觉，嗅觉受体分子能与气味分子发生共振，由于不同的气味分子所产生的振动频率不同，因此能形成不同的嗅感。

膜刺激理论认为，气味分子被吸附在受体柱状神经的脂膜界面上，嗅感细胞能被气味的刚性分子所渗透和极化，定向双脂膜可能暂时被穿孔，并借此进行离子交换，从而产生神经脉冲，然后由神经纤维将神经冲动运送至嗅球，并于嗅球内进一步将初级嗅觉信息提纯，最后传到位于大脑梨状皮质的主嗅觉皮层而形成嗅觉。

9.4.4 嗅感物质分子结构与呈香特点

一种食物的气味是由很多种挥发性物质共同作用的结果，例如在咖啡中，已鉴定出的香气成分达 468 种。但是某种食品的气味往往又是由主要的少数几种香气成分所决定，这些成分被称为主香（导）成分。通常而言，一个食物的主香成分比该食物中其他挥发性成分具有更高的香气值。与形成食物味感的物质不同，形成食品气味的物质一般种类繁多、含量极微、稳定性差且大多数为非营养性成分。为了更好地研究食品的香气成分，通常将气味物质按其属性划分为醇类、酯类、酸类、酮类、烯萜类、杂环类（吡嗪、吡咯、咪唑等）、含硫化合物和芳烃类。气味物质的结构与其气味之间的关系极其复杂，目前已经成为食品化学领域的研究热点。

9.4.4.1 典型香味与化合物分子结构之间的关系

① 果香味　水果中的香气成分比较单纯，以有机酸酯类、醛类、萜类和挥发性酚类物质为主。水果的香气成分产生于植物体内的代谢过程中，因而随着果实成熟度的增加而增加。一般而言，人工催熟的果实不及自然成熟水果的香气浓郁。小分子酯类物质是苹果、草莓、梨、甜瓜、香蕉等许多水果香气的主要成分。在苹果挥发性物质中，小分子酯类物质占 78%～92%，其中乙酸-3-甲基丁酯、3-甲基丁酸乙酯和 3-甲基丁酸丁酯是苹果典型的香味物质，且阈值很低，如 3-甲基丁酸乙酯的阈值仅为 1×10^{-7} mg/kg，被认为是苹果的重要香气成分之一。

② 焦糖香味　如麦芽酚、乙基麦芽酚、甲基羟基环戊烯酮、二甲基羟基呋喃酮等都呈现典型的焦糖香味。

③ 苦杏仁气味　苦杏仁气味物质的典型特征是苯环上连接一个 R 基团，这个 R 基团可以是醛基、硝基或氰（qíng）基；进一步研究可知，具有杏仁香味的化合物的分子结构需具备以下 2 个特征：分子中至少有一个官能团，而且这个官能团是吸电子基团；该吸电子基团连接到苯环共轭体系（苯环或五元杂环）。

④ 大茴香气味　具有大茴香气味物质的分子结构与具有苦杏仁气味物质结构的差异是在苯环 R 基团的对位含有一个甲氧基。

⑤ 茉莉香气　其分子结构特征与苦杏仁气味物质结构的差异是在苯环 C3 和 C4 原子上连接一个双氧环醚。具有花香味的物质其分子结构在整体上比较相似，如苯乙酮、苯乙醇、苯乙醛、环己基乙醛都具有显著的花香味。

9.4.4.2 各类化合物呈香特点

（1）脂肪族化合物呈香特点

① 脂肪族醇类　一般 C_1～C_3 的低级醇具有令人愉快的香气；C_4～C_6 的醇有近似麻醉

的气味；C_7～C_{10} 的醇呈芳香味；而挥发性较高的不饱和醇，许多则具有特别的芳香。如白酒主要香气物质中就含有异戊醇；在苹果香气物质中，醇类物质占总挥发性物质的 6%～12%，主要醇类为丁醇和己醇。

② 脂肪族酮类　丙酮有类似薄荷的香气；低浓度的丁二酮有奶油香气，但浓度稍大就有酸臭味；值得注意的是，C_7～C_{12} 酮是某些天然食物中的香气成分；而 C_{10}～C_{15} 的甲基酮则有油脂酸败的哈喇味。如在番茄果实中，其挥发性物质以醇类、酮类和醛类物质为主，其中酮类物质主要为 1-庚烯-3-酮。对于新鲜优质的牛奶而言，其香味成分主要是低级脂肪酸和羰基合物，如 2-己酮、2-戊酮、丁酮等。

③ 脂肪族醛类物质　低级脂肪醛有强烈的刺鼻的气味；随分子量增大，刺激性减小，并逐渐出现令人愉快的香气。如 C_8～C_{12} 的饱和醛有良好的香气，但 α,β-不饱和醛有强烈的臭气。番茄所含的醛类物质主要是顺-3-己烯醛、己烯醛、3-甲基丁醛、2-庚烯醛等。对于牛乳及乳制品而言，如果长时间暴露在空气中，会导致乳脂中不饱和脂肪酸发生自动氧化，产生 α,β-不饱和醛和具有两个双键的不饱和醛，其中以碳原子数为 8 的辛二烯醛和碳原子数为 9 的壬二烯醛最为突出，两者浓度即使在 1mg/kg 以下也能闻到乳制品的氧化臭味。

④ 脂肪族酯类物质　由低级饱和脂肪酸和饱和脂肪醇形成的酯，具有各种水果香气。内酯，尤其是 γ-内酯有特殊香气。我们经常吃的苹果、草莓、梨、甜瓜、香蕉等水果香气的主要成分就是小分子酯类物质。对于蒸馏酒而言，酱香型白酒主要香气物质是乙酸乙酯及乳酸乙酯，浓香型白酒的主要香气物质为己酸乙酯及乳酸乙酯；乙醛、异戊醇在这二种酒中含量均较高；此外，在酒中鉴定出的其他微量、痕量挥发成分还有数十种之多。

⑤ 脂肪族酸类物质　低级脂肪酸有刺鼻的气味，C_7～C_{14} 脂肪酸呈脂肪气味。新鲜黄油香气的主要成分是挥发性酸和醇、异戊醛、双乙酰和乙偶姻，其中挥发性酸包括正丁酸、正戊酸、异戊酸、正辛酸等。酱及酱油中风味物质的来源有：原料成分所产生的香气成分；微生物新陈代谢所产生的香气成分；酱醪发酵过程中化学反应产生的香气成分。酱类食品中主要的挥发性风味成分包括酯类、醇类、醛酮类、酚类、有机酸类、含硫类化合物，还有呋喃类、含氮杂环类化合物，其中所含的有机酸类物质包括乙酸、丙酸、异戊酸、己酸等，它们共同组成了酱类食品特有的香气。

（2）芳香族化合物呈香特点

芳香族化合物大多有芳香气味，如苯甲醛具有杏仁香气，桂皮醛具有肉桂香气，香草醛则具有香草香气。此外，醚类及酚醚多有香辛料香气，如茴香脑具有茴香香气，丁香酚具有丁香香气。最近研究发现，在成熟香蕉果实的挥发性物质中含有较高浓度的丁香醇、丁香醇甲酯及其衍生物等芳香族化合物；在葡萄挥发性物质中含有苯甲醇、苯乙醇、香草醛、香草酮及其衍生物等芳香族化合物，它们均对成熟香蕉和葡萄特征香气的形成具有重要贡献。在酱和酱油中则含有以 4-乙基愈创木酚、4-乙基苯酚和对羟基苯乙醇为代表的芳香族化合物；在红茶中含有以香叶醇、芳樟醇、苯甲醇、2-苯乙醇为代表的芳香族化合物，它们赋予红茶典型的花果香味。

（3）萜类化合物呈香特点

萜类化合物是分子骨架以异戊二烯单元（C_5 单元）为基本结构单元的化合物及其衍生物。这些含氧衍生物可以是醇、醛、酮、羧酸、酯等。萜类化合物广泛存在于自然界，是构成某些植物的香精、树脂、色素等的主要成分，如玫瑰油、桉叶油、松脂等都含有多种萜类化合物。萜类化合物可分为单萜类、倍半萜类和二萜类。其中单萜类又包括无环（链状）单萜类、单环单萜类、双环单萜类和不规则单萜化合物；倍半萜类包括双环倍半萜类、单环倍半萜类和三环倍半萜类；二萜类则包括三环二萜、四环二萜和二倍半萜。总之萜类化合物是一大类结构复杂、种类繁多的物质，如无环单萜类中的月桂烯、二氢月桂烯、香叶醇、橙花醇、芳樟醇、薰衣草醇、柠檬醛、万寿菊酮，以及单环单萜类中的柠烯、松油烯、水芹烯、薄荷醇、香芹醇、紫苏醇、紫苏醛、薄荷酮、香芹酮等均具有特征性芳香气味。

（4）含硫化合物呈香特点

蔬菜类的香气不如水果类的香气浓郁，但有些蔬菜具有特殊的香辣气味，如蒜、洋葱、韭菜的气味主要源自所含的硫醚类化合物，包括二烯丙基硫醚、二硫化二烯丙基等。另外，在肉香的挥发性成分中，发现有甲硫醇的存在，它对肉香起着重要的作用；还有焙炒芝麻香气的主要特征性成分也是含硫化合物。

（5）含氮化合物呈香特点

食品中低碳原子数的胺类，几乎都有恶臭，多为食物腐败后的产物。甲胺、二甲胺、丁二胺（腐胺）、戊二胺（尸胺）等，不仅具有恶臭味，而且还有毒。

（6）杂环化合物呈香特点

杂环化合物的香气种类复杂多样，气味强烈，具体包括：呋喃类、噻吩类、噻唑类、吡嗪类、吡咯类、吡啶类、多硫杂环类。许多食物在焙烤时都发出诱人的香气，这些香气成分形成于加热过程中发生的糖类热解、美拉德反应、含硫化合物（硫胺素、含硫氨基酸）分解的产物，并由它们综合而成各类食品特有的焙烤香气。如糖类在加热到 300℃以上时，可热解形成多种香气物质，其中最重要的有呋喃衍生物；另外，美拉德反应不仅生成棕黑色的色素，同时还伴随着多种香气物质的形成，食品焙烤时形成的香气大部分是由吡嗪类化合物产生的。当然，也有些杂环化合物有臭味，如吲哚及 β-甲基吲哚就有臭味。

9.4.5 食品中香气形成的途径

尽管食物中的风味化合物千差万别，但是它们的生成途径主要包括两大类：一是生物合成，二是化学反应。其中生物合成的基本途径主要是在酶的直接作用或间接催化下进行的生物合成，许多食物在生长、成熟和贮存过程中产生的香气物质，大多是通过生物合成途径形成的。例如苹果、梨、香蕉等水果中香气物质的形成，某些蔬菜如葱、蒜、甘蓝中香气物质的产生，以及香瓜、番茄等瓜菜中香气成分的形成，基本上通过这条途径。风味化合物形成的另外一条途径是化学反应，如食品在加工过程中受各种物理、化学因素的作用而生成的香气物质。常见的有花生、芝麻、咖啡、面包等在烘炒、焙烤时产生的香气成分；肉、鱼在烹调时形成的香气物质；脂肪被空气氧化时生成的醛、酮、酸等香气成分。

食品中香气物质形成的途径进一步细分，包括以下 6 个方面：生物合成作用、酶的直接作用、酶的间接作用、加热作用、微生物的发酵作用和调香作用。

（1）生物合成作用

食品中的香气物质大多数是食物原料在生长、成熟和贮藏过程中通过生物合成作用形成的，这是食品原料或鲜食食品香气物质的主要来源。如葱、蒜、甘蓝以及香瓜、番茄等蔬菜的香气物质都是通过这种方式形成的。不同食物香气物质生物合成的途径不同，合成的香气物质种类也完全不同。食物中的香气成分主要是以氨基酸、脂肪酸、羟基酸、单糖、糖苷和色素等为前体物质，通过进一步的生物合成而形成的。

例如以脂肪酸为前体物质，通过一系列生化反应最后生成挥发性香味物质。在水果和一些瓜果类蔬菜的香气成分中，常发现含有 C_6 和 C_9 的醇、醛类以及由 C_6 和 C_9 的脂肪酸所形成的酯，它们大多是以脂肪酸为前体通过生物合成而形成的。研究人员发现，与脂肪在单纯的自动氧化中产生的香气劣变不同，由脂肪酸经生物酶促反应合成的挥发性物质通常具有独特的芳香。作为合成前体物的脂肪酸多为亚油酸和亚麻酸。

苹果、香蕉、葡萄、菠萝、桃子中的己醛，香瓜、西瓜的特征性香气物质 2-*trans*-壬烯醛和 3-*cis*-壬烯醇，番茄的特征性香气物质 3-*cis*-己烯醛和 2-*cis*-己烯醇以及黄瓜的特征性香气物质 2-*trans*-6-*cis*-壬二烯醛等，都是以亚油酸和亚麻酸为前体物质在脂肪氧合酶、裂解酶、异构酶、氧化酶等的作用下合成的。一般来说，C_6 的伯醇和醛类会产生青草气味；C_9 的伯醇和醛类往往呈现出甜瓜和黄瓜的香气；而 C_8 化合物（通常为仲醇和酮类）则具有紫罗兰般的香气。

图 9-20 显示了以亚油酸为前体物质，在脂肪氧合酶、裂解酶、异构酶和还原酶的作用下，合成 3-*cis*-壬烯醇、2-*trans*-壬烯醛和 2-*trans*-壬烯醇的过程。其具体合成途径如下：首先亚油酸在氧气和脂肪氧合酶的作用下生成 C_{13}-氢过氧化物和 C_9-氢过氧化物。然后 C_{13}-氢过氧化物在裂解酶的作用下生成己醛，它是苹果、香蕉、葡萄、菠萝、桃子特征香气成分之一；而 C_9-氢过氧化物在裂解酶的作用下生成 3-*cis*-壬烯醛，3-*cis*-壬烯醛又进一步在还原酶的作用下生成 3-*cis*-壬烯醇，同时 3-*cis*-壬烯醛还可在异构酶的作用下生成 2-*trans*-壬烯醛，3-*cis*-壬烯醇和 2-*trans*-壬烯醛是香瓜、西瓜的特征性香气物质。

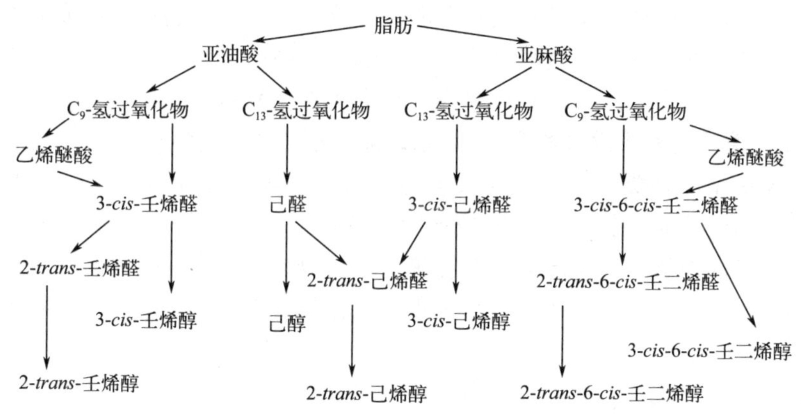

图 9-20 以脂肪酸为前体生物合成香气物质的途径

（2）酶的直接作用

酶对食品香气形成的作用指食物原料在收获后的贮藏或加工过程中在一系列酶的催化下形成香气物质的过程，包括酶的直接作用和酶的间接作用。所谓酶的直接作用是指酶催化某一香气前体物质直接形成香气物质的过程。如芦笋香气的形成就属于酶的直接作用，其具体过程如下：风味前体物质（二甲基-β-硫代丙酸）在风味酶的作用下直接形成二甲基硫和丙烯酸，它们是芦笋的特征香气成分。另外，十字花科蔬菜，包括山葵、辣根、芥菜、榨菜等的特征性香气物质的形成也是通过酶的直接作用形成的，其具体过程如下：首先这些植物组织的细胞遭到破坏，其中的辛辣物质的前体硫代葡萄糖苷和芥子苷酶从细胞中游离出来，发生直接接触；硫代葡萄糖苷在芥子苷酶的催化作用下降解生成一分子葡萄糖、一分子 HSO_4^- 和一分子不稳定的非糖配基；非糖配基随即发生非酶水解，可生成异硫氰酸酯和硫氰酸酯，从而产生辛辣气味。

(3) 酶的间接作用

所谓酶的间接作用主要是指酶促氧化形成的氧化产物对香气前体物质进行氧化而形成香气物质的过程。例如，红茶香气的形成就是一个典型的例子。首先多酚氧化酶氧化儿茶素类化合物形成邻醌或对醌，然后邻醌或对醌进一步氧化红茶中的氨基酸、胡萝卜素及不饱和脂肪酸等，产生红茶特有的香气。

(4) 加热作用

食物在热处理过程中，香气成分的变化十分复杂。除了食品内原有的香气物质因受热挥发而有所损失外，食品中的其他组分也会在加热的作用下发生降解或相互作用而生成大量的新的香气物质。新香气成分的形成既与食物的原料组分等内因有关，也与热处理的方式、温度和时间等外因有关。如鱼、肉等动物性食物在烹煮时可发生非酶反应，包括美拉德反应、维生素的分解、含硫化合物的降解等，生成大量的香气物质。此外，食品在焙烤时也会形成种类繁多的香气物质，主要包括杂环类化合物、烃类及其含氧衍生物和含硫化合物。例如，面包在焙烤过程中会产生多达 70 种的羰基化合物，其中异丁醛、丁二酮等对面包香气影响很大。炒花生、炒瓜子等坚果焙烤的浓郁芳香气味主要是坚果所含有的蛋白质、氨基酸、糖类物质、脂类物质、维生素等在高温下发生了美拉德反应，维生素的降解，油脂、氨基酸和单糖的降解，以及 β-胡萝卜素、儿茶酚等的热降解，形成了呋喃、吡啶、吡嗪类化合物和含硫化合物，这是它们在焙烤时形成的最重要的特征香气成分。

食品加热处理是食品产生特定香气物质的一个重要途径。食品加热形成芳香物质的机理可以分为以下 3 个方面：一是通过美拉德反应形成香气物质，二是通过食品基本组分的热降解形成香气物质，三是由食品其他组分热降解形成的香气物质。

① 通过美拉德反应形成香气物质　研究发现，美拉德反应的产物十分复杂，既和参与反应的氨基酸及单糖的种类有关，也与受热的温度、时间、体系的 pH 值、水分等因素有关。一般来说，当受热时间较短、温度较低时，反应的主要产物除了 Strecker 醛类物质以外，还有特征香气的内酯类和呋喃类化合物等；而当温度较高、受热时间较长时，生成的香气物质的种类更加复杂，如可生成具有焙烤香气特征的吡嗪类、吡咯类、吡咯啉、吡啶类化合物。

有关美拉德反应形成主要香气物质的过程可用图 9-21 加以进一步说明。首先，氨基酸和单糖在加热时可发生羰氨反应，形成中间产物双果糖胺，双果糖胺进一步异构成脱氧邻酮醛糖类；脱氧邻酮醛糖是一个非常重要的中间产物，它可进一步形成吡咯衍生物（氮杂茂），也可进一步形成呋喃衍生物（氧杂茂），另外，脱氧邻酮醛糖还可通过 Strecker 降解途径生成醛、酮类物质和吡嗪衍生物，它们形成了高温加热食品时特有的香气成分。

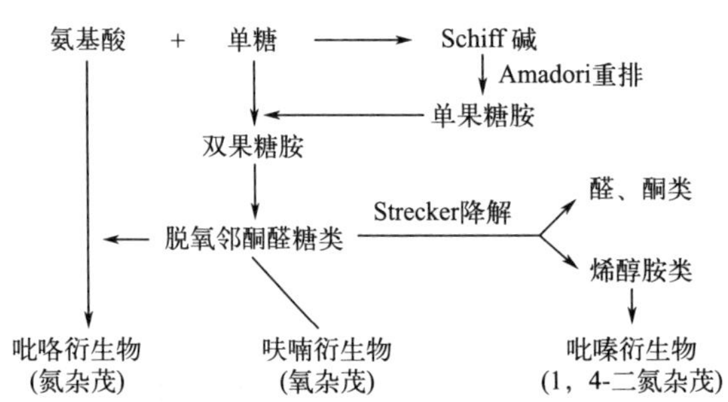

图 9-21　Maillard 反应中形成香气物质的重要途径

② 食品基本组分的热降解形成香气物质　包括糖类物质的热降解、氨基酸的热降解和脂肪的热氧化降解。

a. 糖类的热降解　糖类的热降解是指在没有含氮物质存在的情况下，糖受热而发生的一系列的降解反应。根据受热温度、时间等条件的不同会生成各种不同的香气物质。一般当温度较低或时间较短时，会产生一种牛奶糖样的香气特征；若受热温度较高或时间较长时，则会形成甘苦而无甜香味的焦糖素，有一种焦糊气味。

b. 氨基酸的热降解　与糖类物质热降解相比，氨基酸的热降解过程更加复杂。一般情况下，氨基酸在较高温度受热时，会发生脱羧反应或脱氨、脱羰反应，生成的胺类产物往往具有令人不愉快的气味。但在继续加热作用下，其生成的产物可以进一步相互作用，生成具有良好香气的化合物。在热处理过程中，对食品香气影响较大的氨基酸主要是含硫氨基酸和杂环氨基酸。其中，含硫氨基酸的热分解产物，除了硫化氢、氨、乙醛等物质之外，还会同时生成噻唑类、噻吩类及许多含硫化合物，这些物质大多数都是挥发性极强的香气物质，不少是熟肉香气的重要组分。对于杂环氨基酸，如脯氨酸和羟脯氨酸在受热时则会形成吡咯和吡啶类化合物，具有烤面包、饼干、烘玉米似的香气。此外，赖氨酸的热分解产物则主要是吡啶类、吡咯类和内酰胺类化合物，也有烘烤和熟肉香气。

c. 脂肪的热氧化降解　即在有氧的大气条件下，食品中的脂肪被氧化生成食品的香气物质的过程。如在烹调的肉制品中发现的由脂肪降解形成的香气物质有醛类、酮类、醇类、羧酸类和酯类。

③ 食品其他组分热降解形成的香气物质　常见的有硫胺素的热降解、抗坏血酸的热降解和类胡萝卜素的热降解。其中，纯的硫胺素本身并无香气，但它的热降解产物相当复杂，主要有呋喃类、嘧啶类、噻吩类和含硫化合物等。另外，抗坏血酸极不稳定，在热、氧气或光照条件下均易降解生成糠醛和小分子醛类化合物。糠醛化合物是烘烤后的茶叶、花生以及熟牛肉香气的重要组分之一；生成的小分子醛类本身既是香气成分，也很容易再与其他化合物反应生成新的香气成分。食物中含有的天然色素，如类胡萝卜素和叶黄素在受热时也易氧化降解，生成 *cis*-茶螺烷、β-紫罗兰酮等物质，可使茶叶具有浓郁的甜香味和花香。尽管这些化合物以低浓度存在，但它们分布广泛，可使很多食品产生丰满和谐的香气。

(5) 微生物的发酵作用

发酵食品及调味品的香气成分主要是由微生物作用于发酵基质中的蛋白质、糖类、脂肪和其他物质而产生的，主要香气物质有醇、醛、酮、酸、酯类等。由于微生物代谢的产物种类繁多，各种成分比例各异，使得发酵食品的香气也各有特色。总体而言，发酵对食品香气的影响主要体现在两个方面：一方面是原料中的某些物质经微生物发酵而形成香气物质，如醋的酸味，酱油的香气；另一方面是微生物发酵形成的一些非香气物质在产品的熟化和贮藏过程中进一步转化而形成新的香气物质，如白酒的香气成分。微生物发酵形成香气物质比较典型的例子就是乳酸发酵。乳酸、双乙酰和乙醛共同构成了异型乳酸发酵奶油和乳酪的大部分香气，而乳酸、乙醇和乙醛则构成了同型乳酸发酵酸奶的香气，其中尤以乙醛最重要。双乙酰是某些啤酒和大部分多菌株乳酸发酵食物的特征性香气物质。

(6) 调香作用

食品的调香主要是使用一些香气增强剂来显著增加原有食品的香气强度或使用异味掩蔽剂来掩蔽原有食品的不愉快气味。香气增强剂的种类很多，但广泛使用的主要是麦芽酚和乙基麦芽酚。食品调香中使用的异味掩蔽剂也很多，如各种食品用香精，包括水果香型、花香型和肉类香型的香精香料。

9.4.6 食品加工中香气的控制与增强

食品加工是一个复杂的过程，发生着极其复杂的物理化学变化，同时伴有食物形态、结构、质地、营养和风味的变化。以加工过程中食物的香气变化为例，有些食品加工过程能极大地增强食品的香气，如花生的炒制、面包的焙烤、牛肉的烹调以及油炸食品的生产；而有些食品加工过程却使食品香气丢失或出现不良气味，如果汁巴氏杀菌产生的蒸煮味、常温贮藏绿茶时香气的劣变以及有些蔬菜蒸煮后香气的丢失等。任何一个食品加工过程总是伴有或轻或重的香气变化（即食物原有香气物质的损失，同时伴有新的香气物质的生成）。因此，在食品加工中控制食品香气的生成与减少香气的损失就显得非常重要。

9.4.6.1 食品加工过程中香气的控制

（1）食品原料的选择

不同属性的食品原料，如不同种类和产地、不同成熟度、新陈状况以及采后情况等都会对原料的香气产生重要的影响，甚至同一原料的不同品种其香气差异都可能很大。如自然成熟的番茄，不管是生吃还是做菜味道都十分的鲜美，但是未成熟或者是人工催熟的番茄，其口感和香气一般都比较差，不管是生吃还是做菜，都不受欢迎。因此，食品加工时，选择合适的原料是确保食品具备良好香气的一个重要途径，没有好的原料就很难制造出香气怡人的食品。

（2）加工工艺对食品香气的影响

不同的加工工艺对食品香气的形成也会产生重大的影响。同样的原料利用不同的工艺进行加工可以得到香气截然不同的产品。例如，在绿茶炒青工艺中，有揉捻工艺的绿茶常呈清香型，无揉捻工艺的绿茶常呈花香型。揉捻茶中多数的香气成分低于未揉捻茶，尤其是 *cis*-3-己烯醇和萜烯醇的含量。研究还发现，杀青和干燥是炒青绿茶香气形成的关键工序，适度摊放能增加茶叶中主要香气物质游离态的含量，不同的干燥方式也会对茶叶中香气的形成产生明显的影响。

（3）贮藏条件对食品香气的影响

如茶叶在常温、有氧条件下贮存会很快发生氧化而导致品质劣变、质量下降。因此，应该低温、隔氧、避光贮存，这样有助于保持茶叶的香气。对于常见水果而言，在不同条件下贮藏，水果中香气物质的组成模式也会不同，这主要是因为不同的贮藏条件选择性地抑制或加速了某些香气物质的形成途径。

（4）包装方式对食品香气的影响

不同的包装方式会影响食品内部的物质转化或新陈代谢过程，并最终导致食品香气的变化。如一般双层套袋的苹果中酯类物质的含量偏低，使得芳香味不足。另外，包装方式还会影响食品组分及组分和环境因子的化学反应历程，例如对油脂含量较高的食品，采用密闭、真空、充氮包装，就可以明显抑制油脂的自动氧化和食品香气的劣变。当然目前采用的活性香气释放包装方式，也是改良或保持食品香气的一个有效途径。

（5）食品添加剂对食品香气的影响

有些食品成分或添加剂能与嗅感物质发生一定的相互作用而影响食品的香气。如蛋白质与香气物质之间有较强的结合作用，所以，新鲜的牛奶要避免与异味物质接触，否则这些异味物质会被吸附到牛奶中而产生令人不愉快的气味。又如 β-环糊精由于具有特殊的分子结构和稳定的化学性质，不易受酶、酸、碱、光和热的作用而分解，所以可用于包埋食品的香气物质，减少挥发损失，使香气持久。

9.4.6.2　食品香气增强的方法和途径

（1）香气的回收与再添加

香气回收技术是指先将香气物质在低温下萃取出来，然后再把回收的香气物质重新添加至产品中，使其保持原来的香气。香气回收采用的方法主要有：水蒸气汽提、超临界 CO_2 抽提、分馏等。目前由于超临界 CO_2 流体具有萃取率高、传质快、无毒、无害、无残留、无环境污染等诸多优点，因此在香气回收中具有广阔的应用前景。

（2）添加天然香精

合成香精虽然价格便宜，但考虑其潜在的安全性，使用范围越来越小。而从天然植物或动物中获得的香精，具有香气自然、安全性高等特点，越来越受到人们的欢迎。值得注意的是，由于同一个香气物质在不同浓度时其香味差异非常大，所以在使用香精时要特别注意香精的添加量。

（3）添加香味增强剂

香味增强剂是一类本身没有香气或很少有香气，但能显著提高或改善原有食品香气的物质。其增香机理不是增加香气物质的含量，而是通过对嗅觉感受器的作用，提高感受器对香气物质的敏感性，即降低了香气物质的感受阈值。目前，在实践中应用较多的主要有麦芽酚和乙基麦芽酚。

麦芽酚在酸性条件下增香、调香效果好；在碱性条件下因生成盐而降低其调香作用。麦芽酚在自然界中广泛存在，可从烘烤过的麦芽、咖啡豆和可可豆中提取；工业生产的麦芽酚一般是由大豆蛋白发酵制备的。目前，麦芽酚广泛用于甜味食品加工中，如巧克力、糖果、果酒、饮料、冰淇淋、糕点等。

乙基麦芽酚的增香能力为麦芽酚的 6 倍，化学性质与麦芽酚相似，在食品中的用量一般为 0.4～100mg/kg，有明显的水果香味。乙基麦芽酚安全无毒、用途广、效果好，是饮料、肉制品、海鲜、香精、果酒等良好的香味增效剂，对食品的香味改善和增强具有显著效果，对甜食起着增甜作用，且能延长食品贮存期。

（4）添加香气前体物质

如在鲜茶叶杀青之后可通过向萎凋叶中加入胡萝卜素、抗坏血酸等，来增强红茶的香气，这主要是由于加入的胡萝卜素和抗坏血酸可被邻醌或对醌氧化，从而产生红茶特有的香气。添加香气前体物质与直接添加香精的最大区别就是，添加香气前体物质形成的香气更为自然与和谐。目前，这一方面也是食品风味化学研究的一个重要领域。

（5）酶技术的应用

食品中的香气物质通常以游离态或键合态的形式而存在，但只有游离态香气物质才能引起嗅觉刺激，而键合态香气物质对食品香气的呈现是没有贡献的，即键合态的香气物质是没有香味的。因此，利用酶技术将食品中以键合态形式存在的香气物质释放出来，形成游离态香气物质，肯定会大大提高食品的香气强度。如葡萄、苹果、茶叶、菠萝、芒果、西番莲等很多水果和蔬菜中，都存在一定数量的以糖苷形式存在的键合态香气物质。在成品葡萄酒中添加一定量的糖苷酶能显著提高葡萄酒的香气；而在甘蓝中添加一定量的芥子苷酶也能使产品的香气更加浓郁。在绿茶饮品加工中添加果胶酶，可释放大量的芳樟醇和香叶醇，从而增强绿茶饮品的香气。另外，食品中存在一些香气前体物质，在特定酶的作用下，这些前体物质会转化形成香气物质而增强食品的香气。有研究表明多酚氧化酶和过氧化物酶可用于红茶香气的改良，且效果十分明显。此外，过氧化氢酶和葡萄糖氧化酶可作用于茶饮料中的萜烯类物质，对茶饮料有定香作用。

9.5 小结

风味是衡量食品质量的一个重要指标，它不仅能够影响摄食者的食欲，而且对人的心理和生理有着潜在的影响。食品的风味是对所摄入的食品在各个方面感觉的综合，其中最为重要的是味觉和嗅觉。味觉一般是食品中的水溶性化合物刺激舌黏膜中的化学感受器产生的，而嗅觉主要是由食品中的一些挥发性化合物刺激鼻腔内的嗅觉神经元而产生的。在大多数情况下，食品所产生的味觉或嗅觉是众多呈味物质或呈香物质共同作用的结果。从生理的角度来看，只有酸、甜、苦、咸属于基本味觉。不同类型的物质具有不同的呈味机理，而不同的味觉之间会相互作用。与味觉相比，嗅觉更为复杂，这不仅体现在嗅觉产生的机理复杂，更为重要的是对食品香气作出贡献的化合物的数量很难确定。这些众多的食品呈香物质主要通过生物合成、酶的作用、发酵作用、高温分解作用和食物调香而形成。食品加工过程对食品香气的形成有重大影响，因此应该采取措施增强和保持食品的香气。

思考题

1. 食品的阈值和香气值各指什么，呈味物质的相互作用对风味有何影响?
2. 简述呈味物质的呈甜、呈酸、呈苦、呈鲜机理。
3. 简述食品香气物质的形成途径和控制方法。
4. 简述食品中常见的甜味剂、酸味剂、鲜味剂的呈味特点。
5. 食品的风味与哪些因素有关?
6. 为什么人总是先感觉出甜和辣味，其次是酸味，最后才是苦味?
7. 为什么面团在焙烤后会散发出诱人的香味?
8. 为什么人工催熟的水果不及自然成熟的水果香气浓郁?
9. 为什么俗话说“要想甜，先加盐”?
10. 名词解释：风味，阈值，香气值，相对甜度，味的对比作用，味的变调作用，味的消杀作用，味的相乘作用，味的适应现象，辣味，涩味，鲜味。

参考文献

[1] Fennema O R. Food Chemisty [M]. 4th ed. New York：Marcel Dekker，Inc，2003.

[2] Belitz H D，Grosch W，Schieberle P. Food Chemisty [M]. 4th ed. New York：Springer，2008.

[3] 王璋，许时婴，汤坚．食品化学 [M]. 北京：中国轻工业出版社，2007.

[4] 赵谋明．食品化学 [M]. 北京：中国农业出版社，2012.

[5] 丁耐克．食品风味化学 [M]. 北京：中国轻工业出版社，2006.

[6] 谢笔钧．食品化学 [M]. 北京：科学出版社，2011.

[7] 金燕．蟹肉风味的研究 [D]. 杭州：浙江工商大学，2011.

[8] 黄毅．酱油中氨基酸和香气的分析及质量评价 [D]. 保定：河北农业大学，2012.

[9] 高瑞昌，苏丽，黄星奕，等．水产品风味物质的研究进展 [J]. 水产科学，2013，23 (1)：59-62.

[10] 苗志伟，官伟，刘玉平．酱中挥发性风味物质的研究进展 [J]. 食品工业科技，2012，33 (8)：390-394.

[11] 李丽，高彦祥，袁芳．坚果焙烤香气化合物的研究进展 [J]. 中国食品添加剂，2011 (3)：164-169.